环境系统分析教程
（第三版）

程声通　曾维华　主编

U0301590

Environmental

System

Analysis Tutorial

化学工业出版社

·北京·

内 容 简 介

环境系统分析是环境科学与工程的基础学科之一，主要研究对象是环境系统的系统化、模型化、最优化和决策科学化。通过本课程的学习，培养和提高读者综合分析问题和解决问题的能力。在本书第一版和第二版的基础上，修订后的教程更加突出了系统分析的方法学内涵。本书共九章，较为系统地论述了从污染源到环境的系统分析过程，包括系统的概化、模型化、最优化和决策分析。每章除了正文，还附有例题、思考题和习题，有助于读者加深理解。

本书具有较强的系统性和针对性，可作为高等学校环境科学与工程及其他相关专业的本科生和研究生教材，也可以作为环境评价、环境规划与管理等领域的工程技术人员、科研人员和管理人员的参考书。

图书在版编目（CIP）数据

环境系统分析教程/程声通，曾维华主编．—3版
．—北京：化学工业出版社，2021.11（2024.6重印）
ISBN 978-7-122-39868-0

Ⅰ.①环⋯　Ⅱ.①程⋯②曾⋯　Ⅲ.①环境系统-系统分析 教材　Ⅳ.①X21

中国版本图书馆 CIP 数据核字（2021）第 184316 号

责任编辑：刘兴春　刘　婧　　　　　　文字编辑：丁海蓉
责任校对：刘曦阳　　　　　　　　　　装帧设计：张　辉

出版发行：化学工业出版社（北京市东城区青年湖南街 13 号　邮政编码 100011）
印　　装：北京科印技术咨询服务有限公司数码印刷分部
787mm×1092mm　1/16　印张 18¼　字数 436 千字　　2024 年 6 月北京第 3 版第 2 次印刷

购书咨询：010-64518888　　　　　　　售后服务：010-64518899
网　　址：http://www.cip.com.cn
凡购买本书，如有缺损质量问题，本社销售中心负责调换。

定　　价：68.00 元　　　　　　　　　　　　　　　　版权所有　违者必究

前　言

2005 年，在化学工业出版社的鼎力支持下，《环境系统分析教程》（简称《教程》）第一版问世，为高等学校环境科学与工程专业广为采用；2011 年，结合编者七年的教学实践与读者的意见反馈，对《教程》进行了修订，并于 2012 年 2 月出版了第二版。

进入 21 世纪 20 年代，环境科学与工程学科飞速发展，对环境系统分析提出更新的要求；经过九年教学实践洗礼，《教程》第二版也出现诸多不适与争议。为此，化学工业出版社和《教程》编者都感到有必要对本教材再次修订，以便适应新形势。

经过充分酝酿，确定本次修订的指导思想如下。

（1）聚焦重点，举一反三。系统分析方法几乎适用于当代环境科学与工程学科所有领域。通过有限的篇幅论述环境系统分析的方法与技术是本教程编写和修订的宗旨，修订后的教材将以环境污染控制为主线，讲述系统分析方法的应用。读者可以举一反三，推广到更广阔的领域。

（2）针对第二版内容偏多的问题，避免与现有水环境质量模型以及环境评价、规划与管理课程教学和教材内容重复设置，这次修订将第三章与第四章合并，删掉"第七章 环境质量评价方法与模型"等相关性不大的内容，教材更为精练，系统分析的主题更突出，更有利于教学安排。

（3）增强教程的逻辑性和系统性，全面讲述从污染源到环境的系统化、模型化、最优化和系统决策的分析过程。

与《教程》第二版相比，本次修订的主要内容有：①将常用的系统分析方法和技术单列一章，并增补相应的内容；②增加"环境污染源分析"一章，为污染物的源头治理打下基础；③删去原书第七章（环境质量评价方法与模型）、第十章（城市垃圾处理系统规划）和第十一章（能源-经济-环境系统分析）；④原书第三章（内陆水体水质模型）、第四章（河口及近岸海域水质模型）和第五章（流域非点源模型）合并重组。经过修订的教材由原来的十二章缩减为九章。此外，为弥补原《教程》中建模与优化例题缺乏利用专业软件求解之不足，新版《教程》中各章节选择一定数量建模与优化算法例题，补充了利用 MS Office 中Excel 软件解题与上机实习分析内容，有助于提高学生计算机解题能力。

环境科学与工程领域千头万绪，错综复杂，一本教材不可能包罗万象、面面俱到。系统分析方法学是本教程的核心，通过有限的内容安排掌握分析问题、解决问题的能力是本次修订的宗旨，期望对读者有所帮助。

《环境系统分析教程》问世以来，得到广大读者的厚爱，各位的意见和建议是我们不断改进的动力。我们期望，新一版《环境系统分析教程》能够一如既往得到读者的关心和爱护，更期望得到各位读者的意见反馈。

本书由程声通、曾维华任主编，教材修订和新增部分内容的编写主要由曾维华承担，曹若馨、李晴、胡官正、马鹏宇、傅婕、王明阳和马美若参与本书的校对等工作。徐明德、贾海峰、苏宝林等参加了本书内容编写的讨论，在此表示感谢。

感谢参与本教材历次写作与修订的各位作者与同事，感谢为本教材的出版做出努力的化学工业出版社的编辑和领导。

限于编者水平及编写时间，书中不足和疏漏之处在所难免，敬请读者提出修改建议。

编者

2021 年 5 月

环境系统分析以模型化为手段描述环境系统的特征，模拟和揭示环境系统的发展与变化规律及其与经济系统之间相互依存、相互制约的关系，并通过最优化与科学决策方法对环境系统的结构与运行、对环境-经济的协调发展做出最佳的选择。

环境系统分析的理论基础是系统科学。系统科学认为，世间万物都是由大大小小的系统组成的，系统与系统之间存在着千丝万缕的联系，正是这种联系引导和制约事物的发展、变化。环境系统就是这样一个复杂的大系统。认识环境系统的方法就是按照环境系统自身的规律将其分解成若干个相对比较简单的子系统，研究子系统的特点和规律，研究它们之间的联系，然后对子系统进行综合，找出所有子系统应有的位置和作用，使复杂的原系统具备决策者所期望的功能与目标。这个过程就是系统分析的方法学，也是本书始终努力贯彻的思路。

环境系统分析的最大特征是追求环境系统的最优化，系统最优化是通过对组成系统的各个子系统的协调进行的。每个子系统都有自己的目标，在协调过程中，这些子系统都会本能地力图实现自身的最佳性能和最佳目标。系统论告诉我们，每一个子系统达到最优并不等于总系统的最优，系统分析的最高准则是总目标的最优。对于环境系统分析，人与环境的和谐相处、环境-经济的协调发展是最高的追求目标，也是本书写作的宗旨。

环境系统的复杂性怎么形容都不过分，特别是当环境问题与经济、社会问题发生纠葛时。环境系统分析所涉及的内容非常多，本书汇集了环境系统模型化、最优化和科学决策最基本的内容，共十一章。第一章至第三章为总论篇，讲述环境系统分析的共同性问题；第四章至第八章是模型篇，主要内容是环境系统的模型化；第九章至第十一章是规划决策篇，讲述环境系统的最优化与科学决策问题。环境系统分析是一门综合性很强的学科，需要多学科的知识支持。环境系统分析的学科基础包括数学、运筹学、环境科学与环境工程学等。

本书内容丰富，通过选用其中的不同章节，可以适用于环境科学与工程专业的本科与研究生教学要求，也可以作为参与环境质量评价、规划、管理等的技术人员的参考书。

本书由下列人员编写：程声通编写第一章至第四章、第九章、第十章；徐明德编写第五章、第七章；苏保林编写第六章；贾海峰编写第八章；曾维华编写第十一章；王建平参与了第二章与第四章部分内容的写作。最后，全书由程声通统稿。

由于本学科涉及知识面广，又处在不断发展之中，内容的选编组织和写作一定会有不妥之处，恳请读者批评指正。

编者
2005 年 7 月

环境问题的国际化和全球化日益加剧，环境污染的成因和发展过程日益复杂，解决环境问题的手段和方法日益丰富，系统科学方法在环境领域中的应用日益广泛。这些就是本书修订再版的背景。

2005年，《环境系统分析教程》（第一版）出版，该书总结了系统科学在环境保护领域的研究和应用成果，以循序渐进的方式编写成册，为高校环境专业广为采用，也是广大环境科学研究人员的参考书籍。经过若干年的实践，本书的读者和编者都感到有必要对原著进行修订，补充一些必要的内容，纳入一些近年的发展。在化学工业出版社的鼎力支持下，2011年5月启动修订工作，经过近10个月的努力，完成了修订稿。

在总结系统科学、环境科学发展与教学实践的基础上，修订稿对原书内容做了如下修改和更新。

（1）为适应环境保护形势的发展，新增"城市垃圾处理系统规划"和"经济-能源-环境系统分析"两章。

（2）为提高教学效率，将原书第二章"数学模型概述"和第三章"环境质量基本模型"合并，内容适当调整。

（3）为加深对系统分析的理解，适当扩充一些系统分析辅助方法和技术的内容，如最优化方法、系统动力学方法、层次分析法、情景分析法等。由于这些内容各自都属于专门学问，本书只能做一些粗浅介绍。

（4）根据环境科学的发展和教学一线的信息反馈，对水域和大气质量模型、环境质量评价等章节都补充了一些新的内容。

（5）对本书第一版中的一些错误和疏漏也都做了订正。

系统分析方法的核心可以归纳为"结构化-模型化-最优化"，力求用科学的逻辑和方法研究问题和解决问题。系统分析的理论和方法范围非常广泛，即使经过增订，本书的内容也很有限。即便如此，作为课堂讲授，还需要针对不同的对象做出适当的删减，本书中的某些内容可能更适合作为学生扩展阅读的材料。

本书在 2005 年出版以后，被很多学校选为"环境系统分析"课程的教材，一些任课教师对环境系统分析的教与学进行了探讨，对本书的修改多有裨益。

本书由下列人员编写：第一章、第三章、第八章、第九章由程声通编写；第二章由程声通、徐明德编写；第四章、第六章由徐明德编写；第五章由苏保林编写；第七章由贾海峰编写；第十章由贾海峰和郭茹编写；第十一章由曾维华和王文懿编写；第十二章由曾维华编写；王建平参与了第二章和第三章部分内容的编写。最后书稿由程声通统稿。

欢迎各位读者对本书提出批评和建议。读者的任何意见都是我们继续修改、提高质量的动力。

编者

2012 年 12 月

目 录

第一章
环境系统分析概论

第一节　系统及其特征

一、系统、系统思想与系统分类

1. 系统

　　"系统"一词来源于拉丁语的 systema，一般认为是"群"与"集合"的意思。长期以来，它存在于自然界、人类社会以及人类思维描述的各个领域，早已为人们所熟悉。在社会生活、学术讨论和工程实践中，"系统"一词在不同的场合被赋予不同含义，在此采用钱学森给出的对系统的描述性定义："系统是由相互作用和相互依赖的若干组成部分结合的具有特定功能的有机整体。"从系统的定义可以归纳出系统的 3 个基本属性：

　　① 系统是由若干元素组成的；

　　② 这些元素相互独立又相互制约，相互作用又相互依赖；

　　③ 由于元素间的相互作用（系统结构），系统作为一个整体具有特定的功能。

　　系统元素又可称为子系统，而每个子系统又包含若干个更小的子系统。同样，每个系统又是一个比它更大系统的子系统。

　　一个有机整体的系统，不是其组成子系统的简单叠加，而是按照一定组成结构的有机综合，因此其具有有别于其组成要素的特性，对外表现为一定行为（系统功能）。

　　随着社会的发展与科学技术的进步，人们发现这些千差万别的系统之间存在着共性。抽象、概括并研究这些共性，对于研制、运行和管理具体的系统具有重要意义。于是有关系统、系统分析的研究就应运而生了。

2. 系统思想

　　系统科学思想可归纳总结为整体性与综合性。整体性既要把研究对象看作一个整体，又要把研究对象的过程看作一个整体，从部分之间、整体与部分、整体与环境相互联系、相互制约、相互依赖的关系中揭示研究对象的性质和运动规律。把研究对象看作一个为实现特定目标、由若干要素结合成的整体来处理，即它由各个结构和功能不同的部分组成；把研究对象的研制过程也作为一个整体来对待，即将整个系统的规划、研究、设计、制造、试验和使用等过程作为一个整体，分析这些工作环节的联系，建立系统研制的全过程模型，全面考虑和改善整个工作过程，以实现综合最优化。

　　上古时期的治水策略，由"堵"发展到"疏"，以及战国时期的"田忌赛马"都是应用系统思想的生动体现。但是由于受到科学技术发展水平的限制，系统思想一直没有得到应有的重视，始终没有发展成一个独立的学科和成熟的技术。直到 20 世纪 50 年代，美国才开始把系统思想明确化、具体化，并在工程技术系统的研究和管理中广泛应用；70 年代以后系统思想又被进一步推广到人类社会经济活动几乎所有的领域。

3. 系统分类

现实世界中的系统各种各样，为了便于研究，可以按照一定的规则来分类。

① 按系统的成因，可以分为自然系统、人工系统和复合系统。存在于自然界、不受人类活动干预的系统称为自然系统；由人工建造、独立于自然界、执行某一特定功能的系统属于人工系统；复合系统是由人工系统和自然系统综合而成的系统，环境保护系统基本上属于复合系统。

② 按状态变量的时间过程特征，可以分为动态系统和稳态系统。状态随着时间变化的系统称为动态系统，反之则称为稳态系统。从绝对意义上说，稳态系统是不存在的，人们往往将那些状态随时间变化缓慢，或者在一个时间周期内的平均状态基本稳定的系统称为稳态系统。环境保护系统基本上属于动态系统。

③ 按系统与周围环境的关系，可以分为开放系统和封闭系统。开放系统与其周围的环境存在物质、能量和信息的交换，而封闭系统则不存在这种交换。实际系统一般都属于开放系统，但是某些系统与外界的联系是可以识别和固化的，这些联系可以被看成系统的输入和输出，系统内部的变化在这时可以看成是相对孤立的。环境保护系统一般都属于开放系统。

同一个系统可以按照不同的方法分类，从而同一个系统可以属于不同的类别。例如，环境保护系统既是复合系统也是动态系统和开放系统。

在解决实际问题时，复合系统、动态系统和开放系统都是比较难处理的复杂系统，环境保护系统就属于这样复杂的系统。在处理复杂系统时有两种方法可以选择：采用复杂的技术，力图真实地反映系统的复杂性；或者对系统进行某种程度的简化，采用比较简便的方法反映系统的主要特征。

二、系统的基本特征

一个系统由多个元素组成，"系统"总体的特征与每一个"元素"并不相同，主要表现如下。

1. 目的性

人工系统和复合系统都是"自为"系统，系统是为追求一定的目的建立的，复杂系统往往是一个多目的系统。而系统目的可以分解为多层次的目标，构成一个目标体系（图 1-1）。实现全部的系统目标就等于实现了系统目的。

如果以 G 表示系统目的，以 g_i 表示系统目标，则：

$$G = \{g_i \mid g_i \in G, i = 1, 2, \cdots, p\} \tag{1-1}$$

2. 集合性

一个系统由多个子系统或系统元素组成，如果以 X 表示系统，以 x_i 表示子系统或系统元素，它们之间的关系可以表示为：

$$X = \{x_i \mid x_i \in X, i = 1, 2, \cdots, n, n \geq 2\} \tag{1-2}$$

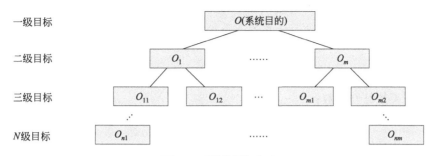

图 1-1　系统的目标体系

3. 阶层性

子系统或者系统元素在系统中是按照一定的层次结构排列的，组成一定的递阶结构（图 1-2），每一个子系统或系统元素的位置都是按照系统的功能确定的。

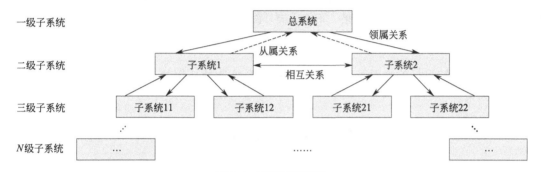

图 1-2　系统的递阶结构

由于子系统或系统元素在系统中作用的差别，它们之间形成如下 3 种关系。

① 领属关系：表示上级子系统或元素对下级的关系。

② 从属关系：表示下级子系统或元素对上级的关系。

③ 相互关系：表示同级子系统或元素之间的关系。

位于同一层次或不同层次的子系统或元素之间存在着物质、能量和信息的交换。

4. 相关性

系统中的各个子系统或元素之间存在着联系和相互作用，没有联系和相互作用的元素不会存在于一个系统之中，每一个元素的变化都会对其他元素产生影响。这些联系和作用有的相互促进，有的相互制约，有的相互拮抗。子系统的相关性可以表达为：

$$S = \{x \mid R\} \tag{1-3}$$

式中　S——系统的总体关系；

R——子系统或系统元素之间的关系。

系统的总体关系是各个子系统或系统元素之间的关系的集合。

5. 整体性

系统的整体性体现了一个系统作为一个有机整体的特征。组成系统的各个元素虽然各自具有不同的特性，但它们都是根据逻辑统一性的要求而构成一个总体的，因此即使每一个元素都不很完善，但也可能组合出一个具有良好功能的系统。反之，即使每一个元素都具有良好的性能，如果它的整体结合性很差，就不可能构成一个性能优良的总系统。

系统整体性要求系统中的所有子系统或系统元素要服从一定的结合方式，追求系统目标的最优：

$$E^* = \max_{P \to G} P\left(X, R, C\right) \tag{1-4}$$

式中　E^*——系统结合函数；

　　　P——整体结合效果函数；

　　　X——子系统或系统元素集合；

　　　R——关系集合；

　　　C——系统阶层集合；

　　　G——系统的整体性约束。

6. 环境适应性

系统目标的实现，不仅取决于系统的整体结构，还取决于它的外部条件，系统只有在满足环境约束的条件下才能取得满意的效果。不能适应外部环境变化的系统是没有生命力的系统。

$$E^{**} = \max_{\substack{P \to G \\ P \to O}} P\left(X, R, C\right) \tag{1-5}$$

该式表明系统目标的实现受系统结构自身和系统所处环境的双重约束，式中 O 表示系统的环境约束。

第二节　系统分析

一、基本概念

系统分析的研究对象是复杂的大系统。大系统的特征是在系统中存在着许多相互矛盾的和不确定的因素，如果没有一套行之有效的辅助决策分析方法，就难以找到设计、运行和管理大系统的方案。人们从长期的工程实践中认识到，要实现系统的优化设计和优化运行就需要对系统进行全面的、互相关联的和动态的分析，也就是系统分析。

系统分析可以被理解为一个对研究对象进行有目的、有步骤的探索的过程，通过分解与综合的反复协调，寻求满足系统目标最佳的方案。

系统分析的最大特点是追求总体目标的最优。为了追求总体目标最优，有时有必要放弃局部目标或子系统目标的最优。一个系统的总体目标最优是通过对系统的反复分解、综合和协调实现的。

图 1-3 表示系统分析的总体过程。

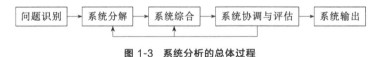

图 1-3　系统分析的总体过程

与传统的工程学科方法不同，系统分析过程除了需要研究系统中各要素的具体性质和特征，解决各元素的具体问题外，还着重研究和解决各个元素之间的有机联系，使得系统中各个元素的关系融洽、协调，力求实现系统总目标最优。

系统分析的对象主要是大系统。大系统的物质流、能量流和信息流的量都很大，关系很复杂，数学模型的建立和求解工作量也很大，利用计算机辅助系统分析是现代系统分析的主要特征之一。

二、系统分析的发展

系统分析是用于解决复杂问题的理论和方法，是对复杂问题进行全面的、互相联系的和发展的研究。系统分析的目标是追求系统的整体最优。

作为一门学科，系统分析开创于 20 世纪 40～50 年代。但是系统分析思想和方法的运用可以追溯到久远的古代，在朴素的系统思想指导下人类曾经做出巨大的成绩。建于战国时期（公元前 250 年左右）的都江堰灌溉、防洪系统，就是运用系统分析思想的杰作。都江堰由"鱼嘴""飞沙堰""宝瓶口"等工程组成。"鱼嘴"司职岷江的分洪，确保灌溉系统的安全；"飞沙堰"用于控制水位，保证灌溉；"宝瓶口"则用于灌溉系统的引水和流量控制。"鱼嘴""飞沙堰""宝瓶口"和下游的干、支、毛渠这些子系统组成了庞大的都江堰灌溉系统，它们分工协作、巧妙配合，千百年来灌溉了万顷良田，养育了富饶的成都平原，发挥了极高的效能。它的规划、设计和施工，以及一整套管理程序，按照今天系统科学的观点分析，仍然称得上是人类发展史上一项伟大的工程。

20 世纪 30 年代，英国科学家在研究军事战略过程中逐步发展起来的"运筹学"可以说是现代系统分析学科的发端。军力的部署、战略物资的储运，借助运筹学可以达到最佳状态，发挥最佳效益。英美联军在第二次世界大战期间曾经利用系统分析方法，完成了后勤战略物资和防空系统的最佳配置方案，并在此基础上促进了系统科学的发展。

20 世纪 40 年代初，美国电话电信公司（贝尔）正式启用"系统工程"一词，系统科学在规划、设计、生产和管理领域得到飞速的发展。1947 年，奥地利生物学家贝塔朗菲提出了"普通系统论"。贝塔朗菲认为，把孤立的各组成部分的活动方式简单相加，不能说明高一级水平的活动性质和活动方式。如果了解各组成部分之间存在的全部联系，那么高一级水平的活动就能由各组成部分推导出来。为了认识事物的整体性，不仅要了解它的组成部分，更要了解它们之间的关系。而传统学科只重分解，忽视综合；重视研究孤立事物的特征，轻视各个具体事物之间的联系，影响了对事物整体性的认识。贝塔朗菲指出，普通系统论属于逻辑学和数学领域，它的任务是确立适用于各种系统的一般原则，不能局限在技术范畴，也不能当作一种数学理论看待。普通系统论的研究领域十分广阔，几乎包括一切与系统有关的学科，如管理学、运筹学、信息论、控制论、科学、哲学、行为科学、经济学、工程学等，给各门学科带来新的研究动力和新的方法，沟通了自然科学与社会科学、技术科学与人文科学之间的联系，促进了现代科学技术的发展。

计算机技术的发展又促进了系统科学的扩张。系统科学的应用已经远远超出传统的工程观念，进入解决各种复杂的社会-技术系统和社会-经济系统的优化规划、优化设计、优化控制和优化管理阶段。

系统分析的主要对象是复杂的大系统，系统科学发展起来的大系统分解协调方法和技术为复杂大系统问题的解决提供了基础。

三、系统分析的特征

系统分析是一个方法学上的概念，其方法体系的基础是运用各种数学方法、计算机技术和控制学理论来实现系统的模型化和最优化。系统分析的基本特点有以下几项。

1. 研究方法上的整体化

整体化的重要表现是将研究对象和研究过程都看作一个整体。实际生活中，任何一个系统都是由若干个子系统组成的，每个子系统都有自己的目标和标准。在系统分析过程中这些子系统更重要的是被视为一个整体，每一个子系统都需要服从总系统的目标。每一个子系统的技术都要求首先从实现整个系统技术协调的观点来考虑，对研究过程中子系统与子系统之间或子系统与总系统之间的矛盾都要从总体协调的需求来选择方案。简言之，"追求总体最优"是系统分析的最高境界。

对于环境保护系统来说，这种整体性显得尤为重要。环境系统是一个开放性的大系统，环境系统的规划、设计和运行与社会系统、经济系统密切相关，环境保护的成败得失只有在一个更大的社会-经济-环境系统中才能进行有效的评价。建设一个经济-环境协调的社会是我们的最高追求，环境目标是建设和谐社会的重要内容。

2. 技术应用上的综合化

系统科学致力于综合运用各种学科和技术领域所获得的成果，它们之间的相互配合，可以使系统达到整体优化。任何复杂的大系统都是一个综合的技术体系，各个学科技术的综合运用是必不可少的；为了解决大系统的优化问题，必须能够熟练掌握和灵活运用各种技术。这里所指的技术不仅包括系统分析的模型化、最优化和大系统分解协调技术，还包括解决各种工程问题的具体技术。一个系统分析人员必须具备对各种技术驾轻就熟使用的能力。

时代的发展导致问题的复杂性和综合性程度越来越高，为了解决一个大系统问题，不仅需要具备工程学科的知识，往往还需要经济学和社会学知识。

3. 管理上的科学化

一个复杂的大规模工程往往存在两个并行的过程：一个是工程技术过程，另一个是对工程技术的控制过程。后一个过程包括规划、组织、进度控制、方案分析、比较和决策等，统称为管理。只有先进的、科学的管理才能充分发挥技术的效能。

四、系统分析的步骤

系统分析过程除了要求解决研究对象的具体技术问题之外，还着重研究和揭示各个要素之间的有机联系，协调系统中各个要素之间的关系，以达到系统总目标最优的目的。

系统分析过程一般包含下述步骤。

1. 明确问题

主要明确研究对象的范围（包括空间和时间范围）和性质以及它们与周围环境之间的关系。为了明确问题，需要阅读和熟悉有关研究对象的资料，有必要对现场进行考察。根据具体条件，实事求是地反映系统的内部结构及其与外界的联系是特别重要的。

2. 设立目标

一般来说，目标就是决策者希望达到的理想境界。一个研究对象有一个总的目标，这个目标可能是单一的目标也可能是多个目标。一个目标往往又可以分解成若干个分目标，与系统的结构模型相对应，总目标和分目标一起构成系统的目标体系。

3. 收集资料

包括收集必要的历史资料和现场实际调查资料。有两个方面的资料需要着重准备：一是为了建立系统模型所需要的系统自身的资料；二是对系统的运行产生约束的系统外部环境资料。资料来源一般有两个方面：一是从历史或当前的文献档案中摘取收集所需要的材料；二是根据实际需要进行必要的补充调查、监测和试验。

4. 建立模型

利用数学模型对环境状态或决策方案进行模拟，存优舍劣，是系统分析的主要特征。在系统分析过程中，通常要用到两类模型：一类是对环境系统进行模拟的模拟模型；另一类是对环境保护系统进行决策分析的决策模型。在第一类模型中，主要有描述水体水质变化过程的各种水质模型、描述空气质量变化的空气质量模型，以及描述环境治理过程的各种模型；在第二类模型中有各种优化决策模型。

5. 制订系统评估标准

评估标准是针对指标体系中的评价指标确定的。某些指标可以建立客观的标准，如环境质量指标等；而另外一些项目则缺少客观的标准，如经济指标和社会发展指标。对已经制定了标准的指标通常可以直接采用，而对于那些缺乏标准的指标则往往需要在研究过程中建立评估准则。

6. 综合分析

综合分析的核心是建立解决问题的方案和替代方案，对方案的性能特征以及环境效益、经济效益进行全面分析、比较，确定优选的推荐方案是综合分析的主要任务。系统分析通常围绕系统模型进行。经典的系统分析方法是最优化技术，对于复杂的环境保护问题，多目标规划，或多目标决策分析技术最为常用。在综合分析时下述策略常常被采用：

① 若所能支付的费用已经确定，则选择在此费用下效益最大的方案；

② 若效益标准已定，则选择实现既定效益所需费用最低的方案；

③ 若费用和效益都没有既定目标，可以选择效益费用比最大的方案；

④ 对于多目标问题，要通过对各个目标的协调分析决定方案的优劣。

除了上述一些取舍策略以外，对一个多目标问题还有很多具体问题需要考虑，例如系统的可靠性问题、系统的可维护性问题、系统实现的时限问题等，这些都需要根据研究对象进行具体设定和研究。

五、系统模型化

系统模型化就是用数学符号来表达研究对象的各个部分及其联系，表达系统的功能、价值及各个价值之间的关系。在系统分析中对模型有如下要求。

（1）现实性 现实性是指模型能够以一定的精度和准确性反映系统的实际情况。

（2）简洁性 在现实性的基础上尽量使模型简单明了，以节省模型建立和求解的时间与费用，并且易于推广应用。

（3）适应性 模型对于外部条件的变化应该具有一定的应变能力，可以根据应用环境进行调节。

上面这些要求在很多情况下可能是相互矛盾的。例如，为了提高现实性，模型的结构可能很复杂，它的求解就很困难，适应性就差。在选择和建立模型的时候经常需要根据实际条件在各种因素之间进行协调，那些结构上相对比较简单、精度上能够满足需求的模型经常成为首选模型。

六、系统最优化

系统最优化是系统综合最重要的方法和手段之一。系统最优化通常通过最优化模型实现。最优化方法很多，要根据问题的性质和条件选用。对于过于复杂的系统需要简化，例如，一个非线性系统可以通过线性化，利用线性方法来求解。通过突出主要因素、忽略次要因素，或改变模型的形式，使最优化方法的应用成为可能。

线性规划、动态规划、非线性规划、网络与图论等最优化技术在环境规划、污染控制过程仿真等领域得到广泛应用。

七、大系统的分解协调

所谓大系统是指规模庞大、结果复杂的各种工程或非工程系统。大系统所关心的目标不是单个的指标。由于系统复杂，大系统一般都是多目标问题，而且约束条件繁多，直接求解存在很多困难。

解决大系统问题的"巧妙"方法是将大系统分解成许多子系统（图1-4），子系统与上一级父系统之间保持联系。由于分解以后的子系统大大简化，求解低层次的子系统相对较为简单。但是子系统的解是否符合总系统的要求，需要通过不断调整上下级系统之间的联系，使得子系统的求解不仅达到最优，而且符合上级父系统的要求。同时，子系统与子系统之间的关系通过父系统进行协调，这个过程需要反复多次。这就是大系统分解协调方法，这种方法被广泛应用于大系统的管理和控制。

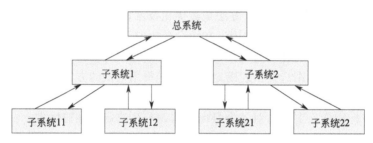

图 1-4　大系统分解

八、系统分析与系统工程

"系统工程"一词是20世纪50年代提出来的，它是合理开发、设计和运行一个系统而采用的思想和方法的总称。从方法学范畴来说，系统分析和系统工程属于相同的概念，它们都是力图全面地、发展地和互相联系地分析研究问题。

如果把一件事情或一项工程从构思到实施完成的整个过程称为系统工程的话，系统分析可以被看作系统工程的一部分（图1-5）。

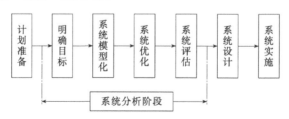

图 1-5　系统工程的程序

一件事情或一项工程项目可以分成计划准备、系统分析、系统设计和系统实施等几个阶段。系统分析是其中的一个主要组成部分。系统分析是针对研究问题的整体，进行全面的、互相联系的和发展的研究，以期找到解决问题的最佳方案或替代方案，并预测这些方案实施后可能产生的后果。

系统设计是在系统分析提出推荐方案的基础上进行的，它运用各种工程方法将系统分析的结果落实在工程措施上，以确保系统分析结果的实现。

系统实施是将系统设计的成果转变成现实的过程。在系统实施阶段各种系统论方法被广泛应用。

在实际工程中，系统分析、系统设计和系统实施这三个阶段的内容在时间上一般是顺序执行的。只有提出一个好的系统分析方案才能保证做出好的系统设计，继而保证最终系统实施的工程质量。但是从认识论的角度，这三个阶段又不是截然可分的。系统分析的成败与前人的工作以及分析者的阅历和经验直接相关，而这些经验中很多要在系统设计和系统实施的过程中取得。同时，在一项工程中，在系统设计或系统实施阶段提出反馈信息，修改或部分修改系统分析成果的事例也屡见不鲜。

第三节　系统结构解析

一个系统是由多个元素或子系统组成的，它们在系统中的排列与位置绝非杂乱无章，而是按照一定的结构秩序有序分布。结构模型解析是确定复杂系统中大量元素之间相互联系的技术，通过各种元素之间的因果关系、大小关系和隶属关系的识别，构建复杂系统的分解和多级递阶结构形式。解析结构模型法（interpretive structural modelling，ISM）得到广泛应用，通过有向图和相邻矩阵的有关运算可以得到可达性矩阵，然后对可达性矩阵进行分解，得到复杂系统条理分明的多级递阶结构形式。

一、有向连接图、相邻矩阵和可达性矩阵

1. 有向连接图

如果一个系统由若干个子系统（或元素）构成，每个子系统之间的关系由带有箭头的线表示，这个系统的图形就构成了有向连接图（图 1-6）。

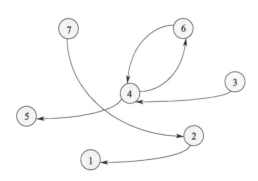

图 1-6　有向连接图

2. 相邻矩阵

用以表示有向连接图中各个元素之间连接状态的矩阵称为相邻矩阵（**A**）。相邻矩阵的元素 a_{ij} 可以定义如下：

$$a_{ij} = \begin{cases} 1 & n_i R n_j & R \text{ 表示可以从 } n_i \text{ 到达 } n_j \\ 0 & n_i \overline{R} n_j & \overline{R} \text{ 表示不能从 } n_i \text{ 到达 } n_j \end{cases} \tag{1-6}$$

由此，与图 1-6 所对应的相邻矩阵为：

$$\boldsymbol{A} = \begin{array}{c} \\ 1 \\ 2 \\ 3 \\ 4 \\ 5 \\ 6 \\ 7 \end{array} \begin{array}{c} 1\ 2\ 3\ 4\ 5\ 6\ 7 \\ \left| \begin{array}{ccccccc} 0 & 0 & 0 & 0 & 0 & 0 & 0 \\ 1 & 0 & 0 & 0 & 0 & 0 & 0 \\ 0 & 0 & 0 & 1 & 0 & 0 & 0 \\ 0 & 0 & 0 & 0 & 1 & 1 & 0 \\ 0 & 0 & 0 & 0 & 0 & 0 & 0 \\ 0 & 0 & 0 & 1 & 0 & 0 & 0 \\ 0 & 1 & 0 & 0 & 0 & 0 & 0 \end{array} \right| \end{array} \tag{1-7}$$

3. 可达性矩阵

可达性矩阵（$\boldsymbol{M}$）是用矩阵形式来反映有向连接图各元素间通过一定路径可以到达的程度。可达性矩阵可以用相邻矩阵加上单位矩阵（$\boldsymbol{I}$）经过一定运算后获得。令：

$$\boldsymbol{A}_1 = \boldsymbol{A} + \boldsymbol{I} = \begin{array}{c} \\ 1 \\ 2 \\ 3 \\ 4 \\ 5 \\ 6 \\ 7 \end{array} \begin{array}{c} 1\ 2\ 3\ 4\ 5\ 6\ 7 \\ \left| \begin{array}{ccccccc} 1 & 0 & 0 & 0 & 0 & 0 & 0 \\ 1 & 1 & 0 & 0 & 0 & 0 & 0 \\ 0 & 0 & 1 & 1 & 0 & 0 & 0 \\ 0 & 0 & 0 & 1 & 1 & 1 & 0 \\ 0 & 0 & 0 & 0 & 1 & 0 & 0 \\ 0 & 0 & 0 & 1 & 0 & 1 & 0 \\ 0 & 1 & 0 & 0 & 0 & 0 & 1 \end{array} \right| \end{array} \tag{1-8}$$

在式(1-8) 中，如果 $a_{ij} = 1$，说明从节点 i 到节点 j 存在一条直接到达的路径。但是 $\boldsymbol{A}_1$ 还不是可达性矩阵，尚未表达出所有可能的路径，需要运用布尔代数法则继续运算。令：

$$(\boldsymbol{A}_1)^2 = (\boldsymbol{A}+\boldsymbol{I})^2 = \boldsymbol{A}^2 + \boldsymbol{A} + \boldsymbol{I} = \begin{array}{c} \\ 1 \\ 2 \\ 3 \\ 4 \\ 5 \\ 6 \\ 7 \end{array} \begin{array}{c} 1\ 2\ 3\ 4\ 5\ 6\ 7 \\ \left| \begin{array}{ccccccc} 1 & 0 & 0 & 0 & 0 & 0 & 0 \\ 1 & 1 & 0 & 0 & 0 & 0 & 0 \\ 0 & 0 & 1 & 1 & 0 & 0 & 0 \\ 0 & 0 & 0 & 1 & 1 & 1 & 0 \\ 0 & 0 & 0 & 0 & 1 & 0 & 0 \\ 0 & 0 & 0 & 1 & 0 & 1 & 0 \\ 0 & 1 & 0 & 0 & 0 & 0 & 1 \end{array} \right| \end{array} + \boldsymbol{I} = \begin{array}{c} \\ 1 \\ 2 \\ 3 \\ 4 \\ 5 \\ 6 \\ 7 \end{array} \begin{array}{c} 1\ 2\ 3\ 4\ 5\ 6\ 7 \\ \left| \begin{array}{ccccccc} 0 & 0 & 0 & 0 & 0 & 0 & 0 \\ 1 & 1 & 0 & 0 & 0 & 0 & 0 \\ 0 & 0 & 1 & 1 & 1 & 1 & 0 \\ 0 & 0 & 0 & 1 & 1 & 1 & 0 \\ 0 & 0 & 0 & 0 & 1 & 0 & 0 \\ 0 & 0 & 0 & 1 & 1 & 1 & 0 \\ 1 & 1 & 0 & 0 & 0 & 0 & 1 \end{array} \right| \end{array} = \boldsymbol{A}_2 \tag{1-9}$$

矩阵 $\boldsymbol{A}_2$ 不同于矩阵 $\boldsymbol{A}_1$，节点之间的路径可以多至两条。可以依次计算 $\boldsymbol{A}_3$，$\boldsymbol{A}_4$，…，$\boldsymbol{A}_{r-1}$，$\boldsymbol{A}_r$，直至 $\boldsymbol{A}_{r-1} = \boldsymbol{A}_r$，此时可得可达性矩阵 $\boldsymbol{A}_{r-1}$。在本算例中，$\boldsymbol{A}_1 \neq \boldsymbol{A}_2 = \boldsymbol{A}_3$，可知本算例的可达性矩阵 $\boldsymbol{M} = \boldsymbol{A}_2 = (\boldsymbol{A}_1 + \boldsymbol{I})^2$。即：

$$\boldsymbol{M} = |m_{ij}| = \boldsymbol{A}_2 = \begin{array}{c} \\ 1 \\ 2 \\ 3 \\ 4 \\ 5 \\ 6 \\ 7 \end{array} \begin{array}{c} 1\ 2\ 3\ 4\ 5\ 6\ 7 \\ \left| \begin{array}{ccccccc} 1 & 0 & 0 & 0 & 0 & 0 & 0 \\ 1 & 1 & 0 & 0 & 0 & 0 & 0 \\ 0 & 0 & 1 & 1 & 1 & 1 & 0 \\ 0 & 0 & 0 & 1 & 1 & 1 & 0 \\ 0 & 0 & 0 & 0 & 1 & 0 & 0 \\ 0 & 0 & 0 & 1 & 1 & 1 & 0 \\ 1 & 1 & 0 & 0 & 0 & 0 & 1 \end{array} \right| \end{array} \tag{1-10}$$

由可达性矩阵 M 可以发现所有节点到达的路线，包括直接到达和间接到达。例如从节点 3 可到达节点 4、5 和 6。与相邻矩阵比较可知，从节点 3 出发，可以直接到达节点 4，间接到达节点 5 和 6。

可达性矩阵反映了系统各元素之间的联系，通过对可达性矩阵的区域分解和级间分解可以求得系统的递阶结构。

二、区域分解和级间分解

1. 区域分解

根据元素之间的关系，将元素分解成不同的区域，不同区域之间的元素是没有关系的。在上述可达性矩阵中，将元素分成可达性集合 $R(n_i)$ 和先行集合 $A(n_i)$，其定义为：

$$R(n_i) = \{n_j \in N \mid m_{ij} = 1\} \tag{1-11}$$
$$A(n_i) = \{n_j \in N \mid m_{ji} = 1\} \tag{1-12}$$

又定义共同集合 T 为：

$$T = \{n_i \in N \mid R(n_i) \bigcap A(n_i) = A(n_i)\} \tag{1-13}$$

如果有两个属于共同集合的元素 T_u、T_v 存在关系 $R(T_u) \bigcap R(T_v) \neq \phi$，则元素 T_u、T_v 属于同一区域，否则属于不同区域。式中，ϕ 为空集合，即不存在任何元素的集合。

经过上述运算可以对可达性矩阵进行区域分解。在上述的可达性矩阵中，3、4、5、6 之间存在联系，1、2、7 之间存在联系，这两组元素之间彼此没有联系，可以将它们集中在分块对角化矩阵中 [式(1-14)]，形成对角化的可达性矩阵：

$$
M =
\begin{array}{c c}
\begin{array}{c}
3 \\ 4 \\ 5 \\ 6 \\ 1 \\ 2 \\ 7
\end{array}
&
\begin{array}{|cccc|ccc|}
\hline
1 & 1 & 1 & 1 & & & \\
0 & 1 & 1 & 1 & & \mathbf{0} & \\
0 & 0 & 1 & 0 & & & \\
0 & 1 & 1 & 1 & & & \\
\hline
 & & & & 1 & 0 & 0 \\
 & \mathbf{0} & & & 1 & 1 & 0 \\
 & & & & 1 & 1 & 1 \\
\hline
\end{array}
\end{array}
=
\begin{array}{|c|c|}
\hline
\mathbf{P_1} & \mathbf{0} \\
\hline
\mathbf{0} & \mathbf{P_2} \\
\hline
\end{array}
\tag{1-14}
$$

上述区域分解的结果可以记作：

$$\prod\nolimits_1(N) = P_1, P_2, \cdots, P_m \tag{1-15}$$

式中 m——分解后的区域数目。上述例中，$m=2$。

可达集合、先行集合和共同集合如表 1-1 所列。

表 1-1 可达集合、先行集合和共同集合

i	$R(n_i)$	$A(n_i)$	$R(n_i) \bigcap A(n_i)$
1	1	1,2,7	1
2	1,2	2,7	2
3	3,4,5,6	3	3
4	4,5,6	3,4,6	4,6
5	5	3,4,5,6	5
6	4,5,6	3,4,6	4,6
7	1,2,7	7	7

2. 级间分解

级间分解是对同一区域内的元素进行分级分解，也就是对各个元素排序。级间分解方法如下：

设 $L_0=\phi$，$j=1$，P 为某一区域内的所有元素，按以下两个步骤反复运算；

① $L_j=\{n_i\in P-L_0-L_1-\cdots-L_{j-1}\mid R_{j-1}(n_i)\bigcap A_{j-1}(n_i)\}$ （1-16）

$R_{j-1}(n_i)=\{n_j\in P-L_0-L_1-\cdots-L_{j-1}\mid m_{ij}=1\}$ （1-17）

$A_{j-1}(n_i)=\{n_j\in P-L_0-L_1-\cdots-L_{j-1}\mid m_{ij}=1\}$ （1-18）

② 当 $\{P-L_0-L_1-\cdots-L_j\}=0$ 时，分解完毕；反之，则令 $j=j+1$，返回步骤①，最后结果可以写成：

$$\prod(P)=L_1,L_2,\cdots,L_l$$

式中　l——级数。

对本例中可达性矩阵 $\boldsymbol{M}$ 第一区域 $\boldsymbol{P}_1$ 进行分级，得表 1-2 所列第一级分解。

表 1-2　第一级分解

i	$R(n_i)$	$A(n_i)$	$R(n_i)\bigcap A(n_i)$
3	3,4,5,6	3	3
4	4,5,6	3,4,6	4,6
5	5	3,4,5,6	5
6	4,5,6	3,4,6	4,6

由表 1-2 可知，

$L_1=\{n_i\in P_1-L_0\mid R(n_i)\bigcap A(n_i)=R(n_i)\}=\{n_5\in(n_3,n_4,n_5,n_6)-0\mid R(n_5)\bigcap A(n_5)\}$
$=\{R(n_5)\}=\{n_5\}$

$\{P_1-L_0-L_1\}=\{(n_3,n_4,n_5,n_6)-0-n_5\}=\{n_3,n_4,n_6\}\neq0$

因此需要继续分级分解，得到如表 1-3、表 1-4 所列的第二级分解和第三级分解。

表 1-3　第二级分解

i	$R(n_i)$	$A(n_i)$	$R(n_i)\bigcap A(n_i)$
3	3,4,6	3	3
4	4,6	3,4,6	4,6
6	4,6	3,4,6	4,6

表 1-4　第三级分解

i	$R(n_i)$	$A(n_i)$	$R(n_i)\bigcap A(n_i)$
3	3	3	3

由表 1-2 可知，第一区域 P_1 的第一级为 n_5；由表 1-3 可知，第一区域 P_1 的第二级为 n_4 和 n_6；由表 1-4 可知，第一区域 P_1 的第三级为 n_3。

同样对第二区域分级处理后可得第一级为 n_1；第二级为 n_2；第三级为 n。用公式表示为：

$$\prod(P_1)=L_1^1,L_2^1,L_3^1=\{n_5\},\{n_4,n_6\},\{n_3\}$$

$$\prod(P_2)=L_1^2,L_2^2,L_3^2=\{n_1\},\{n_2\},\{n_7\}$$

通过级间分解，可达性矩阵可以按照级别重新排列，得：

$$\boldsymbol{M}=\begin{array}{c}\\ 5\\4\\6\\3\\1\\2\\7\end{array}\begin{array}{c}5\ 4\ 6\ 3\ 1\ 2\ 7\\\left[\begin{array}{ccc|ccc}1\ 0\ 0\ 0 & \\ 1\ 1\ 1\ 0 & \boldsymbol{0}\\1\ 1\ 1\ 0 & \\1\ 1\ 1\ 1 & \\\hline & 1\ 0\ 0\\ \boldsymbol{0} & 1\ 1\ 0\\ & 1\ 1\ 1\end{array}\right]\end{array}=\begin{array}{c}5\ 4\ 6\ 3\ 1\ 2\ 7\\\left[\begin{array}{c|c}\boldsymbol{P}_1 & \boldsymbol{0}\\\hline \boldsymbol{0} & \boldsymbol{P}_2\end{array}\right]\end{array}\begin{array}{c}5\\4\\6\\3\\1\\2\\7\end{array}$$ （1-19）

由式(1-19) 可以看出，$\{n_4\}$和$\{n_6\}$的相应行与列的元素完全一样，可以将两者当作一个元素看待，可以从中削减一个元素（例如 n_6）的相应行和列，得到新的可达性矩阵 $\boldsymbol{M}'$，称为缩减矩阵：

$$\boldsymbol{M}' = \begin{array}{c} \\ 5 \\ 4 \\ 3 \\ 1 \\ 2 \\ 7 \end{array} \begin{array}{ccc|ccc} 5 & 4 & 3 & 1 & 2 & 7 \\ \hline 1 & 0 & 0 & & & \\ 1 & 1 & 1 & & \boldsymbol{0} & \\ 1 & 1 & 1 & & & \\ \hline & & & 1 & 0 & 0 \\ & \boldsymbol{0} & & 1 & 1 & 0 \\ & & & 1 & 1 & 1 \end{array} \tag{1-20}$$

三、系统结构解析

所谓求解结构模型就是建立系统的多级递阶结构矩阵 $\boldsymbol{A}'$，根据结构矩阵可以绘制系统多级递阶结构图。

求解结构矩阵的步骤如下所述。

① 从缩减矩阵 $\boldsymbol{M}'$中减去单位矩阵 $\boldsymbol{I}$ 得到新的矩阵 $\boldsymbol{M}''$：

$$\boldsymbol{M}'' = \boldsymbol{M}' - \boldsymbol{I} = \begin{array}{c} \\ 5 \\ 4 \\ 3 \\ 1 \\ 2 \\ 7 \end{array} \begin{array}{ccc|ccc} 5 & 4 & 3 & 1 & 2 & 7 \\ \hline 0 & 0 & 0 & & & \\ 1 & 0 & 1 & & \boldsymbol{0} & \\ 1 & 1 & 0 & & & \\ \hline & & & 0 & 0 & 0 \\ & \boldsymbol{0} & & 1 & 0 & 0 \\ & & & 1 & 1 & 0 \end{array} \tag{1-21}$$

② 在 $\boldsymbol{M}''$中寻找系统元素第一级和第二级之间的关系，例如，$m''_{45}=1$，说明存在 $n_4 \rightarrow n_5$ 的关系；然后再找出第二级与第三级元素之间的关系，例如 $m''_{34}=1$，说明存在 $n_3 \rightarrow n_4$ 的关系。同样，在区域 P_2 中，有 $m''_{21}=1$ 和 $m''_{72}=1$。于是可以将矩阵元素 $m''_{45}=1$、$m''_{34}=1$、$m''_{21}=1$、$m''_{72}=1$ 作为矩阵元素得到结构矩阵：

$$\boldsymbol{A}' = \begin{array}{c} \\ 5 \\ 4 \\ 3 \\ 1 \\ 2 \\ 7 \end{array} \begin{array}{ccc|ccc} 5 & 4 & 3 & 1 & 2 & 7 \\ \hline 0 & 0 & 0 & & & \\ 1 & 0 & 0 & & \boldsymbol{0} & \\ 0 & 1 & 0 & & & \\ \hline & & & 0 & 0 & 0 \\ & \boldsymbol{0} & & 1 & 0 & 0 \\ & & & 0 & 1 & 0 \end{array} \tag{1-22}$$

根据前面的分析，系统的递阶结构模型可以表示为图1-7。

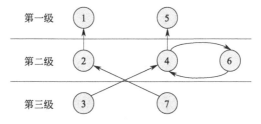

图 1-7　多级递阶结构图

第四节　环境系统分析

一、发展概况

20 世纪 50 年代以后，随着世界各国工业化和城市化的加速，一些经济发达国家相继出现了爆炸性的公害事件。开始人们只将它们作为一般的生产事故或安全事故，但是很快人们就发现这些事件不同于简单的中毒或工伤问题，而是在时间上和空间上都有非常广泛的综合效应，它们的解决必须调动社会各个领域的力量，协同配合才有成效。在这种形势下，美国、日本、英国等先进工业国先后建立了全国性的研究机构和管理机构，展开了全国性和区域性的污染防治规划的研究和实施。环境问题的全局性、复杂性和综合性等特点，为系统分析方法的应用提供了广阔的领域，世界上很多著名的环境污染防治工程研究和实施都应用了系统分析的方法。

1959～1962 年，美国在特拉华河口的污染控制规划研究中全面应用了水环境质量模型、决策方案的多目标分析和综合决策方法，可以说是系统分析在环境保护领域应用的开端。1972 年，美国人瑞奇首次以《环境系统工程》（英文）为名发表专著，阐述了环境工程过程及其与环境之间的关系；1977 年，日本学者高松武一郎发表同名专著（日文），应用化工过程系统工程的研究成果阐述环境系统的规划、治理等问题。这期间出现了很多应用运筹学、决策学解决环境问题的论著和文章，极大推动了环境系统分析的发展。

系统分析思想在我国很早就得到应用，但是对于现代系统科学的理论和方法的研究开始于 20 世纪 80 年代以后。1980 年，北京市东南郊环境质量评价研究中首次应用了水质数学模拟技术，其后在全国各地开展了区域环境影响评价研究，广泛应用了数学模型和决策分析技术。1985 年，清华大学出版社出版了《水污染控制系统规划》一书，运用系统分析的思想和方法阐述了水污染控制系统的模型化和最优化问题；同年，南京大学出版社出版了《环境系统工程概论》一书，广泛讨论了系统论在环境保护领域的应用问题。1987 年，烃加工出版社出版了《环境系统工程概论》，探讨了环境系统的建模与优化。1990 年，高等教育出版社出版了《环境系统分析》，全面、系统地论述了环境系统的模型化和最优化以及环境决策的方法与过程。在过去几十年时间里，我国政府在几个五年计划中都安排了一定数量的区域性环境研究项目，它们的实施对环境系统分析在我国的实践与发展起到了很大的促进作用。

二、环境系统的分类与组成

在研究人与环境这个矛盾统一体时，把由两个或两个以上的与环境及人类活动相关的要素组成的有机整体称为环境系统。按照不同的分类方法，可以得到不同类型的环境系统（表1-5、图 1-8～图 1-10）。

表 1-5　环境系统的分类

分类方法	系统名称
环境系统尺度	全球环境系统、区域环境系统、局域环境系统等
环境系统边界	流域环境系统、城市环境系统与乡村环境系统等
环境系统组成结构	人口-资源-环境系统、环境-经济系统等

分类方法	系 统 名 称
环境保护对象	自然保护区系统、生态保护区系统、空气污染控制系统、水污染控制系统、都市生态（环境）系统等
环境管理功能	环境监测系统、环境执法系统、环境规划管理系统、排污申报管理系统、环境统计管理系统与排污收费管理系统等
污染源	工业污染源系统、农业污染源系统、交通污染源系统等
污染物的发生与迁移过程	污染物发生系统、污染物输送系统、污染物处理系统、接受污染物的环境系统等
产业类型	矿山环境系统、冶金环境系统、环保产业系统等

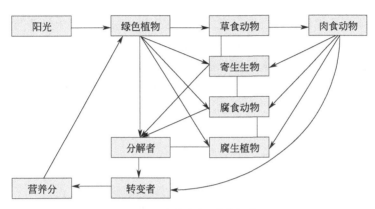

图 1-8　水生生态系统的组成

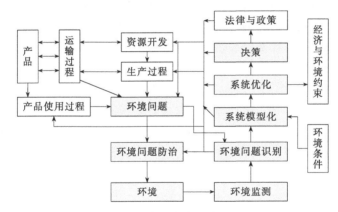

图 1-9　资源-经济-环境系统

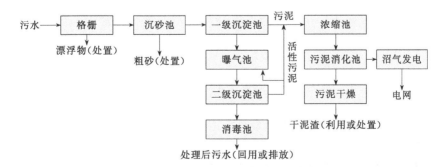

图 1-10　活性污泥法污水处理系统

环境系统千差万别，表 1-5 与图 1-8～图 1-10 所示只是其中一些例子。

三、环境系统分析的任务

当前，由于工业化和城市化带来的环境问题日益凸现，空气污染、水体污染、生态破坏威胁着人类社会的可持续发展。现在的环境问题绝对不是局部性的、暂时性的，而是全局性的、持久性的。没有全社会的协调和努力，追求环境保护与经济发展的协调是不可能的，建设和谐社会的美好愿望也难以实现。

鉴于当代环境问题的特点，系统分析在解决这些问题时具有明显的优势。研究环境系统内部各组成部分之间的对立统一关系，寻求最佳的环境污染防治体系，建设健康协调的环境生态系统，以及研究环境保护与经济发展之间的对立统一关系，寻求经济与环境协调发展的途径，是环境系统分析工作者所面临的两大任务。

在解决环境问题的过程中环境系统分析工作者的最高目标是追求社会的可持续发展，追求经济效益、社会效益与环境效益的统一。最高目标的实现不会是一帆风顺的，在追求这个目标的过程中必定会与其他目标产生矛盾，只有正确处理和解决这些矛盾，协调各方面的利益关系，才能一步一步地实现总目标。

四、环境系统分析的基础知识

环境系统分析的基础知识主要涵盖环境学科和系统学科两个方面。

环境学科是一门范围广泛的组合学科，其涉及的学科门类很多，与环境系统分析紧密相关的内容主要有：环境污染控制的原理与方法，环境质量评价和预测的理论与方法，环境区划与环境规划原理与方法，环境毒理学与环境标准，生态学原理，工程经济与环境经济学等。此外，环境法学、环境社会学等知识也很重要。上述这些内容有助于理解环境系统内部的功能结构、特征和变化规律，只有掌握这些知识才能对系统进行概化，建立系统概化模型，进而建立系统数学模型。

系统学的理论基础之一——运筹学，是实现环境系统最优化和辅助环境问题决策的重要手段。规划论、图论、博弈论等在环境规划和管理中起着重要作用。由于大多数环境系统的多目标、多层次和多变量特征，大系统分解协调技术具有广阔的应用前景。

作为技术手段，解析数学和计算数学、计算机应用技术在系统分析中占有重要地位。

环境系统分析涉及政治、经济、法学、美学、工程等领域及现代科学技术的几乎所有领域。作为环境系统分析人员，不仅要求具备环境学科、系统学科方面的基础知识，还要求有较多的社会知识和解决实际问题的能力。作为环境系统分析工作者，必须具有较高的政治素养和科学素质。一个好的系统分析人员，既是脚踏实地的工程师又是高瞻远瞩的战略家。

习题与思考题

1. 简要描述系统概念及其三个基本属性。
2. 概述系统分类及其基本特征。
3. 用生活或工作中的具体事例说明系统分析方法解决问题的思路与步骤。
4. 下图所示为一个孩子学习不好的因果关系图，其中：1—成绩不好；2—老师常批评；

3—上课不认真；4—平时作业不认真；5—学习环境差；6—太贪玩；7—父母常打牌；8—父母不管。试用 ISM 模型给出该系统的层次递阶结构。

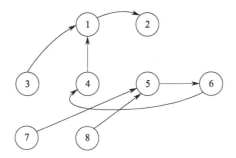

第二章
环境系统分析的主要技术方法

系统分析的最高境界是实现系统的最优化。在实际的环境问题中系统一般都存在多个目标，而且各个目标之间往往存在矛盾和冲突，单个目标的最优化几乎是奢望。因此，系统分析的目标就只能求其次：实现多个目标相协调的较优选择或次优选择。

在协调多目标问题时人们创造了各种方法，它们的共同特点是追求各个相互制约的目标之间合理的利益分配，以求达到系统的"满意解"。这些方法各有优势和不足，人们在解决实际问题时，有针对性地选择某种最为适用的方法，或者变通运用某种方法，或者联合运用两种方法，可以不拘一格。《孙子兵法》中说"兵无常势，水无常态"，环境系统分析亦然。

第一节　数学规划（最优化）技术

一、最优化模型的一般形式

最优化模型一般包括两部分：一是目标函数；二是约束条件。如下式所示：

$$\text{Opt} f(\vec{x})$$
$$G(\vec{x}) \geqslant 0 \tag{2-1}$$

式中，$\text{Opt} f(\vec{x})$ 为目标函数。若目标取最大值，则可写为 $\text{Max} f(\vec{x})$；若取最小值，则为 $\text{Min} f(\vec{x})$。$\vec{x} = (x_1, x_2, \cdots, x_n)^{\text{T}}$，为 n 维变量，包括状态变量和决策变量。状态变量是指那些用以描述事物性质和所处环境条件的指标，如污水处理中的流量、污染物浓度等；决策变量是指那些在决策过程中可以由决策者控制的变量，如污水处理程度等，通过调整决策变量实现目标优化。

$G(\vec{x}) \geqslant 0$ 称为约束条件，是对优化过程中的各种限制性因素的表达，它们是变量 $\vec{x}$ 的多元函数。

如果目标函数和约束条件全部是线性函数，则该最优化问题称为线性规划，否则称为非线性规划。

二、线性规划（LP）和整数规划

线性规划的一般表达式为：

$$\text{Max(Min)} \quad f = c_1 x_1 + c_2 x_2 + \cdots + c_n x_n \tag{2-2}$$

$$\begin{cases} a_{11}x_1 + a_{12}x_2 + \cdots + a_{1n}x_n \leqslant b_1 \\ a_{21}x_2 + a_{22}x_2 + \cdots + a_{2n}x_n \leqslant b_2 \\ \cdots \\ a_{m1}x_1 + a_{m2}x_2 + \cdots + a_{mn}x_n \leqslant b_m \end{cases} \tag{2-3}$$

式(2-2) 表示由 n 个决策变量构成的目标函数；式(2-3) 表示由 n 个决策变量和 m 个约束方程组成的约束条件。迈巴赫事故和约束条件都是线性方程。

单纯性方法是求解线性规划问题的基本方法，对于简单的线性规划问题，可以用图解法求解。一般情况下，线性规划可以得到全域最优解。

【**例 2-1**】 某地拟投入 9 亿元资金与 5000 个劳动力等发展资源用于发展电力行业和旅游业。如发展电力行业，建设 100 万千瓦时发电厂需投入资金 30 万元和劳动力 1 人；如果发展旅游业，每接待一个游客需投入资金 20 万元和劳动力 2 人。同时，每 100 万千瓦时电力的年收入是 8000 元，每接待 1 个游客的旅游收入是 6000 元。如何安排发展资源，使得地区的年收益最大？

【**解**】 假定 x_1 为最佳的发电量（100 万千瓦时），x_2 为最佳的游客人数（人），可以建立线性规划模型如下：

目标函数：Max $Z = 0.8x_1 + 0.6x_2$

约束条件：$\begin{cases} 30.0x_1 + 20.0x_2 \leqslant 90000.0 \\ 1.0x_1 + 2.0x_2 \leqslant 5000.0 \end{cases}$

上述线性规划模型最经典的求解方法是作图求解，分别取决策变量 x_1、x_2 为坐标向量建立直角坐标系，画出线性规划约束区域，也就是可行域，再通过移动目标函数等值线找到最优解。

如图 2-1 所示，为了使目标函数最大，该问题的最优解是两条约束条件对应的直线的交点 (2000，1500)，说明当 $x_1 = 2000$，$x_2 = 1500$，也就是建设发电厂 2000×100 万千瓦时，发展旅游业接待游客 1500 人时，得到最大年总收益为 $Z = 0.8 \times 2000 + 0.6 \times 1500 = 2500$（万元）。

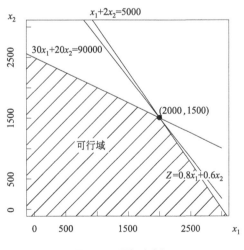

图 2-1 图解法求解

本例也可以通过单纯性算法求解，或者借助 Excel 等计算平台求解。

整数规划是线性规划的特例，当目标函数和约束条件中的变量全部为整数时称为整数规划。分支定界法、割平面法、枚举法是较为常用的方法。

三、非线性规划

非线性规划的一般表达式为：

$$\begin{cases} \text{Max(Min)}\, f(\vec{x}) \\ g_i(\vec{x}) \geq 0, i=1,2,\cdots,m \end{cases} \tag{2-4}$$

在非线性规划中，无论目标函数还是约束条件都不一定是线性函数。求解非线性规划的基础是函数的极值理论，最速下降法、牛顿法等应用较多。对于较复杂的非线性规划问题，由于存在多个极值，一般得到的解多为局域最优解。

四、动态规划

动态规划是解决多阶段最优化问题的数学方法。在现实生活中，一个问题可以按照其活动过程划分为若干个相互联系的阶段，对其每一个阶段都需要做出决策，而每一阶段的决策结果都会影响下一阶段的决策，从而影响全过程的决策。所有阶段决策的总和组成了全过程决策序列，通常称为一个决策策略。由于每一个阶段可供选择的决策往往不止一个，这就形成了总体决策过程的多个策略。动态规划解决这种多阶段决策的原理为：作为多阶段决策问题，这个过程应具有这样的性质，即无论过去的状态和决策如何，对前面的决策和状态而言余下的诸决策必须构成最优策略。上述动态规划原理可以用下述数学形式表达：

$$\begin{cases} f_k(x_k)=\text{Opt}\{d_k(x_k,U_k)+f_{k-1}(U_k)\}, k=1,2,\cdots,n \\ f_1(x_1)=d_1(x,G) \end{cases} \tag{2-5}$$

式中 k——阶段编号；

x——某阶段的状态；

U——采取的决策措施。

动态规划的求解过程是从最后阶段依次向前递推。下面通过一个河流污染控制的例子具体说明整数规划的过程和原理。

【例 2-2】 某一河段上分布 4 个排放口，拟建 4 座污水处理厂，其目标是 4 个河段的污水处理费用最低，约束条件是 4 个河段执行的水质标准。根据河流与排放口状况（图 2-2），形成如下的数学规划问题，试用动态规划方法求解最优的污水处理组合 $\eta_i(i=1,2,3,4)$。

$$\begin{aligned} \text{Min}\, f(\vec{\eta}) &= (115+575\eta_1^2)+(76.5+3822\eta_2^2)+(96+480\eta_3^2)+(115+575\eta_4^2) \\ &= 402.5+575\eta_1^2+3822\eta_2^2+480\eta_3^2+575\eta_4^2 \end{aligned}$$

满足：$$\begin{cases} 1.5296\eta_1 \geq 1 \\ 0.7417\eta_1+0.6655\eta_2 \geq 1 \\ 0.3742\eta_1+0.3359\eta_2+0.6045\eta_3 \geq 1 \\ 0.1898\eta_1+0.1703\eta_2+0.3064\eta_3+0.5743\eta_4 \geq 1 \end{cases}$$

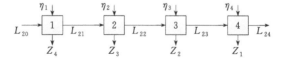

图 2-2 4 个河段示意

图 2-2 中，L_{2i} 表示上一河段输出的 BOD_5 浓度；η_i 表示相应河段污水处理程度，为决策变量；Z_i 表示各河段的污水处理费用，万元。

【**解**】 动态规划的算法是从最后一个阶段开始向前递推。计算过程如下：

第一步 第四阶段优化：

$$Z_1 = \text{Min} f(\eta_4) = \text{Min}(\eta_4^2)$$

由第四阶段的约束条件可以得到：

$$\eta_4 \geqslant \frac{1}{0.5743}(1 - 0.1898\eta_1 - 0.1703\eta_2 - 0.3064\eta_3)$$

即 $\eta_4 \geqslant 1.7413 - 0.3305\eta_1 - 0.2966\eta_2 - 0.5355\eta_3$。显然，此时的最优决策是（取等号时费用最低）：

$$\eta_4' = 1.7413 - 0.3305\eta_1 - 0.2966\eta_2 - 0.5355\eta_3$$

第四阶段的污水处理最低费用为：

$$Z_1 = 575(1.7413 - 0.3305\eta_1 - 0.2966\eta_2 - 0.5335\eta_3)^2$$

通过上述运算，第四阶段的最优决策（η_4'）和最低污水处理费用（Z_1）可以表示为第一～第三阶段的决策变量的函数，也就是说，第四阶段的决策取决于前三个阶段的决策。

第二步 第三阶段优化：

类似于第四阶段的计算过程，得到第三阶段的最优决策：

$$\eta_3' = 1.6543 - 0.6191\eta_1 - 0.5556\eta_2$$

$$Z_2 = 480(1.6543 - 0.6191\eta_1 - 0.5556\eta_2)^2 + 575(0.8587 - 0.00021\eta_1 - 0.00018\eta_2)^2$$

第三步 第二阶段优化：

$$\eta_2' = 1.5026 - 1.1145\eta_1$$

$$Z_3 = 3822(1.5026 - 1.1145\eta_1)^2 + 480(0.8194 - 0.0001162\eta_1)^2 + 575(0.8584 - 0.0001\eta_1)^2$$

第四步 第一阶段优化：

第一阶段的目标函数可以表示为：

$$\begin{aligned}
Z_4 &= \text{Min} f(\eta_1) = \text{Min}(575\eta_1^2 + Z_3) \\
&= \text{Min}\left\{ \begin{array}{l} 575\eta_1^2 + 3822(1.5026 - 1.1145\eta_1)^2 \\ + 480(0.8194 - 0.0001162\eta_1)^2 + 575(0.8584 - 0.0001\eta_1)^2 \end{array} \right\}
\end{aligned}$$

至此，目标函数中只存在一个决策变量 η_1，可以用单元函数求极值的方法求解：

令 $\dfrac{\mathrm{d}f(\eta_1)}{\mathrm{d}\eta_1} = 0$，可以得到：

$\eta_1 = 0.6538$，将其代入各阶段的决策方程，可以得到最优化的污水处理程度组合：

$$\begin{cases} \eta_2 = 1.5026 - 1.1145\eta_1 = 0.7739 \\ \eta_3 = 1.6543 - 0.6191\eta_1 - 0.5556\eta_2 = 0.8196 \\ \eta_4 = 1.7413 - 0.3305\eta_1 - 0.2966\eta_2 - 0.5335\eta_3 = 0.8584 \end{cases}$$

相应的污水处理费用为：

$$\begin{aligned} Z' &= 402.5 + 575 \times 0.6538^2 + 3822 \times 0.7739^2 + 480 \times 0.8196^2 + 575 \times 0.8584^2 \\ &= 1624.2(\text{万元}) \end{aligned}$$

第二节　系统动力学方法

一、系统动力学的演化历程

系统动力学源自系统科学，主要用来分析复杂反馈系统，是连接自然科学与社会科学、解决系统问题的交叉学科。

系统动力学以系统理论为基础，以管理科学为背景，利用反馈理论和系统力学理论，把社会问题和自然问题标准化，得到构造系统的一般方法，然后利用计算机仿真实现对真实系统的模拟。

系统动力学的主要研究对象是社会、经济、环境等复杂、复合系统。系统动力学非常看重系统的整体性、联系性、变化性和非线性，是一种"定性-定量-定性"的认识与解决问题的方法，应用系统动力学所建立的模型，通过计算机模拟仿真来分析、研究复杂系统的各种问题。系统动力学不但是一种计算方法，更是一种实验手段。

1956 年，美国麻省理工学院（MIT）的 Jay. W. Forrester 教授率先提出系统动力学，并于 1961 年撰写了享誉全球的 *Industrial Dynamics* 一书，阐述了系统动力学的原理与经典应用。当时，系统动力学主要服务于工业企业管理系统，因此被叫作"工业动力学"。其后，应用范围逐渐扩展到经济学、自然科学、工业设计、医学、管理学和心理学等领域，研究对象包罗城市规划、人口态势、公害问题等，大大超出了工业的范畴，终于在 1966 年正式更名为"系统动力学"，在一系列社会经济领域（如全球发展预测和城市发展问题等）得到成功应用。

系统动力学一个震惊世界的研究是由罗马俱乐部资助，以 Meadows 为领导的国际小组所研究的世界模型课题成功地分析了世界范围的人口、工业、农业、资源和环境污染等因素的相互关系，并推动了举世闻名的《增长的极限》（*Limits to Growth*）一书的出版。

经过二三十年的研究发展，系统动力学的研究几乎囊括了当今世界发展的所有领域，包括社会经济系统、商业系统、企业规划与政策设计、城市系统、农业系统及农业政策、生态系统、洪水预测、水资源管理、卫生保健政策研究、流行病的应对措施研究、环境系统、水资源规划、水资源临时转移评价、全球水资源模型、社会 经济 环境 资源 能源系统等。

以现实存在为前提，不依赖抽象的、假设的系统动力学方法是一种面向实际的建模方法，在建模时借助于流图，其中存量、流量、变量等都具有明确的物理意义，它的终极目的不是追求最优解，而是探寻改善系统行为的机会和途径。

二、系统动力学的基本概念

1. 系统动力学基本结构及其描述

系统动力学中，复杂系统的结构是用反馈回路来描述的，系统的基本单元是一阶反馈回路，反馈回路是指系统的存量、流率与信息的闭合耦合通道，复杂系统中通过信息反馈的自我调节来产生决策行动。我们将基本结构按照子系统、多层次进行组织，最终形成复杂系统总的反馈系统结构。系统的总功能行为就是由这些反馈回路的交叉、相互作用形成的，并通过反馈回路对外部环境的变化做出反应。

在系统动力学中，我们一般描述研究对象的过程为：把系统按照特点与性质划分成若干个相互关联的子系统，且

$$U=(S,R_{jk}) \quad S=\{s_i \mid i \in I\} \quad \boldsymbol{R}_{jk}=\{r_{jk} \mid j \in J,k \in K,J+K=I\} \tag{2-6}$$

式中　U——整个系统；

　　　S——子系统；

　　$\boldsymbol{R}_{jk}$——关系矩阵。

各子系统之间的相互关系可以通过关系矩阵描述出来，然而并不是每一个系统或系统中的所有要素都可以用微分方程精确地描述出来，这需要在系统分析中根据实际情况进行不同系统的概化。

2. 系统流图

系统动力学把系统中的物质和信息的运动比拟为流体的运动，使用因果关系图（causal loop diagram）或系统流图（stock and flow diagram）来表示系统的结构。系统流图就是由特有符号组成的系统结构的图，主要包括"存量""流率""物质流""信息流"等，非常鲜明地反映系统结构和动态特征。系统流图由表达各个子系统（或要素）所处状态的状态变量和状态之间的联系组成。系统动力学认为，组成系统的各子系统（要素）之间存在由复杂的物质流和信息流构成的联系。因此，要搞清楚系统的运动、变化规律，就需要搞清楚系统元素之间的联系。系统动力学方程的基础便是建立流图，其构造元素如下。

（1）存量　又称水平变量，用以描述系统状态，为系统输入输出流量之差，即系统内流量的积累，如 GDP、费用等，符号为矩形。

（2）流率　表述流的活动状态，亦称决策函数，为单位时间内流入或流出存量的流量，符号形似阀门，任何决策过程均可用流的反馈回路描述。

（3）物质流　具有实体物体的流通路径，用实线表示。

（4）信息流　用来传输信息的路线或可以表示系统要素间的依赖或作用等，以虚线表示。

（5）辅助变量　通常放置在存量与流率之间的信息通道上的变量，符号为圆。

（6）常量　在模拟仿真时间内保持不变的参数值。

（7）源和汇　表示来自系统外的流的源头和离开系统后流的归宿，符号为半月状封闭曲线。

图 2-3 所示是经济环境系统中几个要素的系统流图。图中实线方框内的内容表示需要模拟或预测的状态变量，虚线方框图中的内容表示计算过程中的参数或系统外输入变量，箭头线表示物质流或信息流的方向。箭头线边上的符号表示物质流或信息流的增量：（＋）表示正的增量，即输出单元对输入单元产生正的影响；（－）表示负的增量，即输出单元对输入单元产生负的影响。

因果关系图以反馈回路为其组成要素，反馈回路为一系列原因和结果的闭合路径。反馈回路的多少是系统复杂程度的标志。两个系统变量从因果关系看可以是正关系、负关系、无关系或复杂关系。当这种关系从某一变量出发经过一个闭合回路的传递，最后导致该变量本身的增加，这样的回路称为正反馈回路，反之则称为负反馈回路。

系统流图内的主要参数有状态变量（又称水平变量或流位）、速率变量（又称流率）和辅助变量。这些变量可以组成 5 类方程式来构建系统流图，具体如下。

（1）状态变量方程（流位方程）　状态变量是速率变量的差值和初始值经过时间累积后的量，在流图中以矩形表示，方程通常为微分方程：

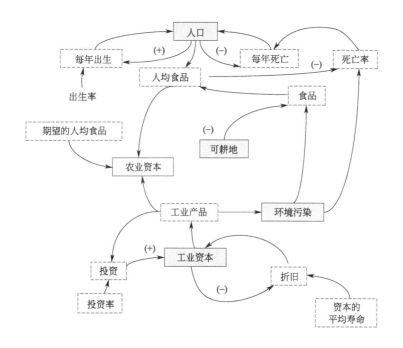

图 2-3 人口、资本、服务和资源的反馈回路

（引自：Meadows D H，Meadows D L，J Behrens Ⅲ. The Limits to Growth：

A Report for the Club of Rome's Project on the Predicament of Mankind [M]. New York：Universe Books，1972）

$$L_j = L_i + \mathrm{d}t(FI_{ij} - FO_{ij}) \tag{2-7}$$

式中 L_j——j 时刻状态变量值；

$\qquad L_i$——j 的前一时刻 i 的状态变量值；

$\qquad \mathrm{d}t$——时刻 i 至时刻 j 的时间长度，又称时间步长；

$\quad FI_{ij}$——$\mathrm{d}t$ 内的状态变量 L 的流入速率；

$\quad FO_{ij}$——$\mathrm{d}t$ 内的状态变量 L 的流出速率。

（2）速率变量方程（流率方程） 状态变量和辅助变量构成的函数决定了速率变量，此函数即为速率变量方程。方程得到的速率变量对状态变量会进行新的增减，从而又影响到下一个时间步长后的方程和速率变量。

（3）辅助方程 辅助方程是设定速率变量的"转换器"，它用来描述状态变量对速率变量的影响，但在速率变量方程之前计算。此方程既不符合状态变量方程也不符合速率变量方程，是两者之外的对流率的额外描述。辅助方程中可使用表函数来表示变量随时间的非线性变化。

（4）常量方程 为了使系统尽可能简练，常使用常数作为参量。给常数赋值的方程即为常量方程。

（5）表函数 表函数是一种可以表示变量之间非线性关系的函数，它在系统动力学模型中得到了非常普遍的应用。应变量和自变量的关系可以随时间变化，例如在模拟政策影响时可通过从某一时刻开始改变表函数中的参数值来进行考察。

三、系统动力学方法的特点与适用范围

1. 特点

通常高阶次、非线性、多重反馈的复杂系统可以用系统动力学来研究。系统动力学将研究

的巨系统分割为若干子系统，并且在各子系统间建立因果关系，所以系统动力学不仅探讨系统整体，更加注重研究各子系统间的关系。与其他预测方法相比系统动力学方法具有如下特点。

① 容纳变量多，一般几千个以上的变量都可以容纳在模型中。

② 它是一种结构模型，以系统的结构为起点，系统内部的动态结构和反馈机制将决定系统的行为、模式与属性，这种分析相对来说更加可靠，验证"结构决定行为"这一科学原理。

③ 可以通过人和计算机的互补结合对实际系统进行实验。研究者的分析、理解、创造、推理、评价等能力的优势可以被充分发挥，又能利用计算机高速计算及跟踪分析，获得丰富的信息，作为选择最优或次优解决方案的超级工具。

2. 适用范围

一般通过计算机仿真实验分析系统动力学模型，主要结果是在预测期内随时间变化的目标变量曲线。通常高阶次、非线性、多重反馈的复杂时变系统（如社会-经济-环境-资源-能源系统）的有关问题都是系统动力学模型可以处理的。它主要适合于解决以下一些问题。

① 长期性和周期性的问题。如自然界的生态平衡、经济危机、环境污染、资源短缺等问题都呈现明显的周期性规律，并需通过一段历史阶段来观察。这些问题的机理已有不少系统动力学模型可以对其进行合理解释。

② 数据不足的问题。数据不足或某些指标难以量化的问题经常出现在建模中，系统动力学有着严谨的结构，可通过有限的数据，利用各要素间的因果关系进行推算。

③ 精度要求不高的、复杂的社会经济问题。不少系统的描述方程是高阶非线性动态的，运用一般数学方法很难求解，而系统动力学借助于计算机及仿真技术可获得主要信息。

四、系统动力学建模步骤

系统动力学建模一般过程包括确定系统分析目的、确定系统边界和主要变量、模型设计、确定参数取值、模型检验与修正、参数灵敏性分析、模型（情景）模拟仿真、结果分析与政策制定等步骤，如图 2-4 所示。

1. 确定系统分析目的

进行系统分析的主要目的是明确建模目的，确定要解决的问题和达到的目的。

2. 确定系统边界和主要变量

划定出系统的边界，并确定系统的输入和输出。系统边界的划定是建立模型的基础。正确划分系统边界的基本原则是力图把那些与建模目的息息相关的量都划入界限，并保证系统边界是封闭的。

3. 模型设计

系统的重要特点是具有多层次性，它由多个层次、多个复杂度的功能结构单元组成。因此，有必要对系统进行划分，将其分成相对独立的若干个子系统，研究各子系统内部以及子系统之间的因果反馈关系。

4. 确定参数取值

根据研究区历史数据、现状数据和规划数据以及相应的实地调查资料，确定调控参数值。

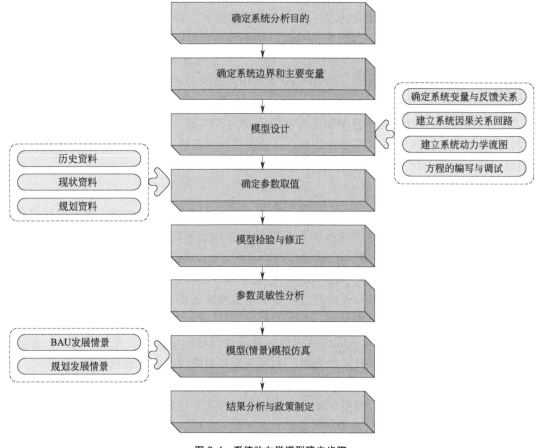

图 2-4　系统动力学模型建立步骤

5. 模型检验与修正

　　检验模型的真实性与可信度。首先进行一致性检验；然后根据历史数据和系统动力学模型模拟结果进行比较，根据结果对模型和参数进行必要的修正；最后再做仿真测试，直到得到满意的结果。

6. 参数灵敏性分析

　　参数灵敏性分析就是通过调试，寻找模型中较为灵敏的参数，即实际系统分析所寻找的杠杆作用点，并借此寻找最佳方案。因此，可以说通过模型对参数进行的灵敏性测试，相当于实际系统对方案改变的测试。

7. 模型（情景）模拟仿真

　　设计研究区未来社会、经济与环境发展情景，应用建立的系统动力学模型，对设计发展情景进行模拟。

8. 结果分析与政策制定

　　基于发展情景模拟仿真结果，分析区域社会经济发展对资源、能源和环境的影响，提出缓解这些影响的政策建议，为未来的发展决策提供科学依据。

　　一般而言，系统动力学更强调系统结构的合理性和准确性。反馈系统建模的经验表明：

倘若模型的结构是错误的或不完整的，参数估计的技术再完善也不会产生有用的结论；系统动力学模型一般关心社会经济系统的总行为趋势及其政策变化的影响等问题，精度要求不是很高。因为系统动力学模型是基于系统结构的，系统运行需要大量参数，很多参数的估计存在实际的困难，参数的精确度受到限制。目前大多通过调查历史、调查现状、专家咨询、统计资料、依据经验和合理猜测六种方法取参数的数值。

例：湖泊生态系统动力学模型

以藻类生长为核心的湖泊生态模型是一个典型的系统动力学模型，通过建立流程图和微分方程组，描述系统各组成部分之间的正负反馈关系，模拟系统的动态平衡（详细内容见本书第五章湖泊水库的生态系统模型部分）。

第三节　费用效益分析

费用效益分析通过评价各种项目方案或政策所产生的效益和成本，权衡利弊，指导决策。

一、费用效益分析的基本步骤

费用效益分析包括以下 4 个主要步骤。

1. 明确问题类型与确定分析范围

明确分析问题，是建设项目评估或污染控制方案编制，还是环境政策设计等。同时，确定分析范围，分析范围要足够大，以便能包括最主要的、可以识别的结果与影响，且尽量消除外部影响。

2. 分析和确定重要影响的物理效果

在识别了主要影响后，就要确定这些影响的物理效果的范围和程度，即对系统功能、结构与环境的损害，以及由这些损害所导致的经济损失。这需要确定物理效果（如环境质量）及由此造成的系统功能、结构与环境损害间的剂量反应关系。

3. 损害与效果的货币估值

损害与效果的货币估值难度较大，是费用效益分析的重点，需要专门的费用效益分析技术。

4. 综合费用效益分析

在损害与效果的货币估值基础上，综合计算总的效益、费用与净效益。其中费用包括间接损失费用与直接控制成本，减去可能的费用节省；效益包括直接效益与间接效益。最后，根据评价准则确定最佳方案。

二、费用效益分析评价准则

费用效益的比较评价，通常采用效费比与净效益两种评价指标（或准则）。

1. 效费比

环境效费比即环境总效益与总费用的比：

$$效费比 = \frac{总效益}{总费用} \tag{2-8}$$

如果效费比大于 1，说明效益大于该项目或方案的费用，项目或方案是可以接受的；反之，应该放弃。效费比的实际含义是单位费用所能获取的效益，在实际应用中也有用费效比作为评价指标的，它是效费比的倒数。

2. 净效益

净效益是总效益减去总费用的差额：

$$净效益＝总效益－总费用 \tag{2-9}$$

若净效益大于 0，表明所得大于所失，项目或方案可以接受；否则，应该放弃。

三、费用效益分析的技术方法

费用效益分析技术包括三类：第一类是直接根据市场价值或劳动生产率分析；第二类是利用替代物或相辅货物的市场价值分析；第三类是应用调查技术的方法。

表 2-1 为三类方法所采用的主要技术与应用领域。

表 2-1　三类方法所采用的主要技术与应用领域

类型	主要技术	应用领域
市场价值或生产率法	直接市场价格法或生产率法 剂量-反应关系法 人力资本法或收入损失法 机会成本法或预定收入法	大气污染控制引起农作物价值的增加； 污染引起疾病率与死亡率上升而损失的收入； 固体废物占用农田的经济损失
替代市场法	资产价值法 工资差额法 旅行费用法	酸雨引起住宅财产价值的下降； 工人为改善环境而愿意损失的工资； 对开辟或保存公园的娱乐效益评价
调查评价法	投标博弈法 权衡博弈法 无费用选择法	为改善公园水环境质量的支付愿望； 对河流的舒适性评价； 对水质改善的支付愿望评价

1. 直接市场价格法

直接市场价格法有时称常规市场法，是根据生产率的变动情况来评估资源与环境变动所带来的影响的方法。它把资源与环境看作是一个生产要素。资源与环境的变化会导致生产率和生产成本的变化，从而导致产品价格和产出水平的变化，而价格和产出的变化是可以观察到并且是可测量的。直接市场价格法利用市场价格（如果市场价格不能准确反映产品或服务的稀缺特征，则要通过影子价格进行调整），赋予损害以价值（成本）或评价资源供给与环境改善所带来的效益。

2. 剂量-反应关系法

剂量-反应关系法是通过一定的手段评估资源与环境变化给受损者造成影响的物理效果。剂量-反应关系法的目的在于建立损害（反应）和造成损害的原因之间的关系，评价在一定的资源短缺与污染水平下产品或服务产出的变化，并进而通过市场价格（或影子价格）对这种产出的变化进行价值评估。

3. 人力资本法

人力资本法是用于估算资源短缺与环境变化造成的健康损失成本的主要方法，或者说是通过评价反映在人体健康上价值的方法。

4. 机会成本法

机会成本法即用资源环境的机会成本来衡量资源紧缺与环境质量变化带来的环境效益与费用。所谓资源环境的机会成本是指把该资源环境投入某一特定用途后，所放弃的在其他用途中所能够获得的最大利益。在评估无价格的资源环境方面，运用机会成本法估算保护无价格的环境资源的机会成本，可以用该资源作为其他用途时可能获得的收益来表征。

5. 资产价值法

资产价值法又称内涵价格法，它认为人们赋予资源与环境的价值可以从他们购买的具有资源与环境属性的商品的价格中推断出来。资产价值法将环境质量作为影响资产价值的一个因素，在影响资产价值的其他因素不变的情况下，以资源与环境质量变化引起资产价值的变化量来估算资源短缺与环境污染或改善带来的损失或效益。

6. 工资差额法

与资产价值法类似，工资差额法利用不同资源供给与环境质量条件下工人工资的差异来估计资源短缺与环境污染或改善带来的费用或效益。在众多影响工资的因素中，资源供给与环境状况是其中之一，往往需要高工资吸引工人到污染严重的工作环境中去工作，由此导致的工资差异可用来估计环境污染或环境改善带来的环境费用或效益。

7. 旅行费用法

旅行费用法是一种评价无价产品的方法，常常被用来评价那些没有市场价格的户外旅游资源或环境资源的价值。它要评估的是旅游者通过消费这些环境商品或服务所获得的效益，或者说对这些旅游场所的支付意愿（旅游者对这些环境商品或服务的价值认同）。

8. 投标博弈法

投标博弈法属于一种调查评价法，它要求调查者对假设的情况，说出他对不同数量与质量的环境物品或服务的支付意愿或接受赔偿意愿（补偿变差）。

投标博弈方法又可分为单次投标博弈和收敛投标博弈。在单次投标博弈中，调查者首先要向被调查者解释要估价的环境物品或服务的特征及其变动的影响，以及保护这些环境物品或服务（或者说解决环境问题）的具体办法，然后询问被调查者的最大的支付意愿，例如为了保护该热带森林或水体不受污染最多愿意支付多少钱，或者反过来询问被调查者的最小接受赔偿意愿，例如最少需要多少钱才愿意接受该森林被砍伐或水体污染的事实。在收敛投标博弈中，被调查者不必自行说出一个确定的支付意愿或接受赔偿意愿的数额，而是被问及是否愿意对某一物品或服务支付给定的金额时，根据被调查者的回答不断改变这一数额，直至得到最大支付意愿或最小的接受赔偿意愿。通过上述调查得来的信息被用于建立总的支付意愿函数或接受赔偿意愿函数。

9. 权衡博弈法

权衡博弈法要求被调查者在不同的环境物品与相应数量的货币，即多种支出间进行偏好选择。其中最简单的就是一定数量的货币和一定数量的环境物品。后者称为基本支出，即只有一定数量的环境物品而没有货币支出；前者为可选择的支出，即由个人的一些钱数和多于基本支出提供的环境物品数量组成。进一步，调查每个人愿意选择哪种支出方式，并计划改变可选择支出中捐赠的钱数，直到对两种支出的选择一样为止。由此得到的可选择支出的钱数就是个人为增加环境物品数量而做出的货币权衡，即个人对这种增加的支付愿望。最后，通过访问足够多的、有代表性的人群和统计显著性试验，就可以估算出调查者对环境物品增加量的总支付愿望。

10. 无费用选择法

无费用选择法通过询问个人在不同的物品或服务之间的选择来估算环境物品或服务的价

值。选择在多个方案中进行，而且全部方案都不用真正花钱，即选择是无费用的。其中一个方案是无价格的环境物品，其他方案可以是一笔钱或者是足够的收入就能买到的具体商品。如果有两个方案，那么某个人选择了环境物品，就意味着他放弃了那笔钱。如果改变上述钱数，而保持环境物品的数量不变，这种方法就变成投标博弈法。由此，可以估计环境物品的最小价值，同时使投标博弈法中的某些偏移减至最小。

第四节　多属性目标分析

一、层次分析方法

层次分析是一种定性与定量相结合的多目标分析方法。在分析过程中，决策者根据自己的经验对各决策要素进行量化，并对其进行权重分析，根据权重的大小推荐优选方案。在决策目标结构复杂并缺乏足够数据支持的情况下，层次分析是一种较为实用的方法。

层次分析一般按以下步骤进行：建立指标体系（层次结构模型）；建立判断矩阵；计算各层次的相对权重；一致性检验；推荐优选方案。

层次结构模型类似于决策目标体系，一般可以分为目标层、准则层和方案层。对于更为复杂的问题可以分为目标层、子目标层、准则层和方案层或更多层次（图 2-5）。

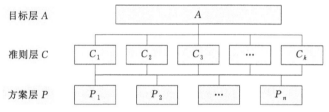

图 2-5　层次结构模型

判断矩阵是一个无量纲矩阵，矩阵中的数字表示下一级别的元素对上一级别中某一元素的相对重要性（或称权重），因为相对重要性的数值需要由决策者和决策分析者根据主客观推荐进行判断，所以该矩阵称为判断矩阵。

目标层有一个元素，假设准则层包含 k 个准则，方案层包含 n 个方案，由决策者各层各因素之间的两两比较判断矩阵。图 2-6 表示准则层对目标层的判断矩阵，简称 A-C 矩阵；图 2-7 表示方案层相对于准则层的判断矩阵，简称 C_i-P 矩阵（$i=1,2,\cdots,k$），C_i-P 的数目与准则层的准则数目一致。

A	C_1	C_2	$\cdots$	C_k
C_1	a_{11}	a_{12}	$\cdots$	a_{1k}
C_2	a_{21}	a_{22}	$\cdots$	a_{2k}
$\vdots$	$\vdots$	$\vdots$	$\ddots$	$\vdots$
C_k	a_{k1}	a_{k2}	$\cdots$	a_{kk}

图 2-6　A-C 判断矩阵

C_i	P_1	P_2	$\cdots$	P_n
P_1	a_{11}	a_{12}	$\cdots$	a_{1n}
P_2	a_{21}	a_{22}	$\cdots$	a_{2n}
$\vdots$	$\vdots$	$\vdots$	$\ddots$	$\vdots$
P_n	a_{n1}	a_{n2}	$\cdots$	a_{nn}

图 2-7　C_i-P 判断矩阵

判断矩阵中的元素由决策者赋值，根据每一个元素相对于上一级父元素的相对重要性给出 1～9 的标度（表 2-2），这个过程可以通过两两比较的方法进行。

表 2-2　层次分析法的标度

标度 a_{ij}	定　义
1	因素 i 与因素 j 具有相同的重要性
3	因素 i 与因素 j 略重要
5	因素 i 与因素 j 较重要
7	因素 i 与因素 j 非常重要
9	因素 i 与因素 j 绝对重要
2,4,6,8	上述各种判断的中间状态的标度
倒数	若因素 j 与因素 i 比较得到判断值为 a_{ji}，则 $a_{ji}=1/a_{ij}$，且 $a_{ii}=1$

设目标层 A、准则层 C 和方案层 P 构成层次模型的结构；准则层 C 的各个元素对目标层 A 的相对权重为 $\overline{w}_i^{(1)}=[w_1^{(1)},w_2^{(1)},\cdots,w_k^{(1)}]^T$；方案层 P 的各个方案对准则层 C 各个准则的相对权重为 $\overline{w}_l^{(2)}=[w_{1l}^{(2)},w_{2l}^{(2)},\cdots,w_{nl}^{(2)}]^T$，$l=1,2,\cdots,k$；各个方案对目标的相对权重 $[v_i^{(2)}]$ 可以通过 $\overline{w}_j^{(1)}$ 和 $\overline{w}_l^{(2)}$ $(l=1,2,\cdots,k)$ 的组合得到，计算过程可以按照表 2-3 进行。

表 2-3　方案的组合权重计算

项目		因数及权重 $c_1,c_2,\cdots,c_k$；$w_1^{(1)},w_2^{(1)},\cdots,w_n^{(1)}$	组合权重 $v^{(2)}$
方案层 P	P_1	$w_{11}^{(2)}\quad w_{12}^{(2)}\quad\cdots\quad w_{1k}^{(2)}$	$v_1^{(2)}=\sum_{j=1}^k w_j^{(1)}w_{1j}^{(2)}$
	P_2	$w_{21}^{(2)}\quad w_{22}^{(2)}\quad\cdots\quad w_{2k}^{(2)}$	$v_2^{(2)}=\sum_{j=1}^k w_j^{(1)}w_{2j}^{(2)}$
	$\vdots$	$\vdots$	$\vdots$
	P_n	$w_{n1}^{(2)}\quad w_{n2}^{(2)}\quad\cdots\quad w_{nk}^{(2)}$	$v_n^{(2)}=\sum_{j=1}^k w_j^{(1)}w_{nj}^{(2)}$

方案对目标的相对权重 $[v_i^{(2)}]$ 是方案排序和优选的依据，方案的 $v^{(2)}$ 值越高，优势越大。

一致性检验的目的在于检查决策者在赋值时对"相对重要性"的认识是否一致。一致性检验的指标为：

$$C.I=\frac{\lambda_{\max}-n}{n-1}=\frac{-\sum_{i\neq\max}\lambda_i}{n-1} \tag{2-10}$$

式中　$\lambda_{\max}$——判断矩阵的最大特征值，当 $\lambda_{\max}=n$，$C.I=0$ 时，为完全一致；$C.I$ 值越大，判断矩阵的一致性越差。一般认为，$C.I\leqslant0.1$ 可以接受，否则需要对矩阵元素重新进行两两比较。

判断矩阵的最大特征值 $\lambda_{\max}$ 的近似计算如下。

计算判断矩阵每行所有元素的平均值：

$$\overline{w}_i=\sqrt[n]{\prod_{i=1}^n a_{ij}}(i=1,2,\cdots,n)，得到 \overline{W}=(\overline{w}_1,\overline{w}_2,\cdots,\overline{w}_n)^T \tag{2-11}$$

对 $\overline{w}_i$ 进行归一化处理：

$$令\ w_i=\frac{\overline{w}_i}{\sum_{j=1}^n \overline{w}_j}(i=1,2,\cdots,n)，得到 W=(w_1,w_2,\cdots,w_n)^T \tag{2-12}$$

矩阵的最大特征值：

$$\lambda_{max} = \sum_{i=1}^{n} \frac{(A\overline{w})_i}{n\overline{w}_i} \qquad (2\text{-}13)$$

式中　$(A\overline{w})_i$——向量 Aw 的第 i 个元素。

二、多准则决策分析

1. 基本概念

多准则决策分析法（SMAT）由层次分析发展而来。SMAT 认为目标的价值通常包含绝对价值和相对价值两方面内容。绝对价值是对一个目标大小的绝对值的度量，例如"工程的投资额是多少亿元""占地面积多少公顷"等；相对价值是对一个目标在决策过程中所起作用大小的度量，是相对于其他目标的作用大小而言的，例如"工程投资在方案决策中能够起多大作用""工程占地问题在决策中重要吗"等。人们在对一个目标的价值做出判断的时候，总是同时考虑绝对价值和相对价值，并力图将其综合考虑。

在 SMAT 中，目标的相对价值被称为权重（值），绝对价值被称为属性（值）。目标、权重和属性是决策分析的三要素。绝对价值（属性）和相对价值（权重）都大的目标在决策分析中所起的作用也大，两者皆小的目标则作用也小。

2. 目标的识别

目标是决策过程所追求的目的。一个多层次、多变量的方案决策问题，包含多个目标，根据目标的层次性构成一个树状结构的目标体系。目标体系通常可以用经验方法建立，例如环境目标可以分解成水环境目标和空气环境目标等，其中水环境目标又可以进一步分解为各种水质目标等。对于一些比较复杂的问题，系统工程学的系统识别方法（如结构化模型方法，ISM）可以提供支持。目标在决策过程中的作用是通过目标的权重值和目标的属性值体现的，它们是目标的两个量化特征。

3. 权重

权重反映一个目标在整个目标体系中的相对重要程度，这种重要性在很大程度上取决于决策者对事物的认识水平和人们所追求的目标。

权重值可采用"背靠背"的书面调查和"面对面"的会议调查相结合的方法，经多次反复协商确定。决策者或分析者可以通过"两两比较"和"全量比较"两种形式给出每一个指标对于父指标的相对重要性（权重）。权重的大小可以用"1、3、5、7、9"这样一些数字表示，数字越大表示权重越大。

4. 属性

属性是决策目标的固有特性，反映了目标绝对价值的大小。例如，污水排放对水体水质的影响，水体中的污染物质的浓度增量等。属性分析是一项"纵向"的研究工作，一般说来由各个领域的专家担任属性分析的任务。

属性值的计算有如下几种方法。

（1）直接计算法　大多数的环境指标和经济目标都可以直接计算。环境质量预测模型是计算环境目标的主要工具；经济目标可以采用工程经济方法计算。

（2）间接计算法　某些目标虽然难以直接计算，但可以通过间接方法计算，例如某些环境损益目标的值可以用机会成本法、替代市场法、旅行费用法等进行估算。

（3）相对赋值法　对于某些既不能直接计算，又不能间接计算的目标，如大多数社会影响目标和工程目标可以采用相对赋值的方法。在分析的基础上，根据同一个父目标下的各个子目标的相对权重大小给以"很小、小、中等、大、很大"的描述。

对于一个复杂的问题，指标的属性值存在不同的量纲，为了计算方案的总价值，有必要对所有的属性值进行规范化。规范化的结果是将所有的属性值都转化成可以统一度量的无量纲标量。例如，对理想方案赋予最高分（如100分），对刚好满足准则的可行方案赋予及格分（如60分），其他方案的同一目标的规范化属性值通过线性插值计算。

5. 方案的价值计算

方案的总价值可以用下述方法计算：

$$V_i = \sum_{j=1}^{m} w_j S_{ij} \tag{2-14}$$

式中　V_i——第 i 个方案的总价值；

j——目标体系中底层目标的顺序编号；

m——目标体系中底层目标的数目；

w_j——目标体系中底层目标的权重；

S_{ij}——对应于方案 i 的底层目标的属性值。

6. 灵敏度分析

在权重-属性分析过程中，决策者和分析者的主观判断起了很大作用，包含一定的不确定性，这种不确定性可以通过灵敏度分析进行识别。

方案总价值和方案排序对权重的灵敏度：

$$S_W^V = \left(\frac{\Delta V}{V}\right)\bigg/\left(\frac{\Delta W}{W}\right) \tag{2-15}$$

$$\Delta V = S_W^V(V)\frac{\Delta W}{W} \tag{2-16}$$

$$V^1 = V + \Delta V \tag{2-17}$$

式中　S_W^V——某一方案的总价值 V 对某一目标的权重 W 的灵敏度；

$\dfrac{\Delta V}{V}$——方案总价值的变化幅度；

$\dfrac{\Delta W}{W}$——某目标权重的变化幅度；

V^1——权重受到扰动后的方案的总价值。

为了考察某目标的权重对方案排序的影响，需要依次计算各方案的总价值对该目标权重的灵敏度［式(2-15)］、该权重的相对变化引起各方案总价值的增量［式(2-16)］和权重的相对变化引起的各方案总价值的绝对量［式(2-17)］，按照扰动后各方案的总价值对备选方案重新排序。

方案总价值对属性值的灵敏度：

$$S_S^V = \left(\frac{\Delta V}{V}\right)\bigg/\left(\frac{\Delta S}{S}\right) \tag{2-18}$$

式中 S_S^V——某一方案的总价值 V 对某一方案的属性值 S 的灵敏度；

　　ΔS，S——某个目标的属性值增量和属性值。

通过灵敏度分析，可以发现对方案排序影响显著的目标及其权重与属性，对于这些权重和属性要加强考察，必要时要根据调整后的权重和属性值调整方案的排序。

【例 2-3】 城市污水处理与海洋处置工程的方案选择。

（1）背景 某地计划建设大型污水海洋处置工程，将城市中心区 $200 \times 10^4 \, \mathrm{m}^3/\mathrm{d}$ 的污水经处理后进行海洋处置。给定的约束条件如下：污水处理厂候选位置为 A 和 B；污水处理方法为化学混凝沉淀（CEPT）加紫外线（UV）消毒、生物部分脱氨（BN）加紫外线消毒，或生物脱氮（BNR）处理加紫外线消毒；污水海洋处置候选地点 4 处，为甲、乙、丙和丁。对上述约束条件进行组合，形成 198 个初始方案，经技术经济分析、逻辑分析和水质模拟，提出 7 个候选方案，这些方案都是可行方案和非劣方案。

（2）决策目标 该项研究的总目标是从 7 个候选方案中寻求满意的方案。根据项目任务书的指引和项目的主客观条件，准则层包括环境目标、经济目标、工程目标和社会目标 4 个目标，从这 4 个上层目标逐步分解，得到一个树状的目标体系。这个目标体系由分布在 5 个层次上的 79 个分目标和子目标组成，其中以环境目标的分支最多，含有 4 个层次，37 个分目标和子目标（图 2-8）。

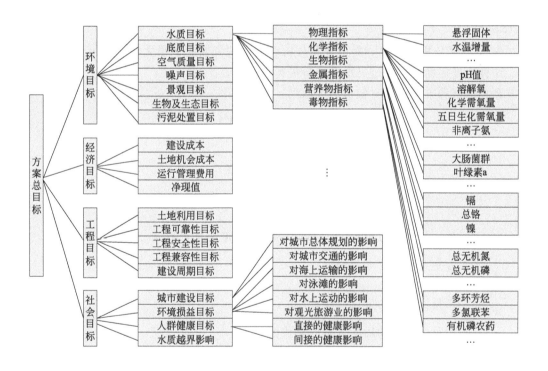

图 2-8　方案决策目标体系（图中仅列出部分目标）

（3）权重调查 权重调查采用书面形式，调查表的设计基于"全量比较"方法，即将同一个父目标下的子目标列在同一栏内，由被调查者给出它们各自相对于父目标的重要性，用"1、3、5、7、9"作为相对重要性的标度。被调查对象是该项研究的管理小组成员，共 11 人，他们是参与群体决策的决策者。调查结果的最大认同率（MIR）见表 2-4。

表 2-4　权重调查的最大认同率（MIR）

级别	本级目标总数	MIR≥50%	
		目标数	占总数的百分比/%
第2级	4	3	75
第3级	12	7	58
第4级	18	9	50
第5级	17	11	65
总和	51	30	59

第一次调查结果的最大权重认同率（MIR）超过50%的目标就达到60%。特别是对于环境目标，所有被调查者的认识完全一致，都给出了"9"的最高分。经过第二次调查，被调查者对个指标的权重已经达到高度一致。

（4）属性分析　属性分析的任务有两个：一是分析并确定目标的绝对价值；二是对目标的绝对价值进行规范化处理。

目标体系中的大多数环境指标和经济指标都可以直接计算，水质模型、空气质量模型、噪声预测模型和工程经济方法是计算的工具。水质变化对海洋生物和生态的影响、水质的改善与变化的经济损益等通过间接的算法或替代算法实现。有一些属性通过相对赋值法获得，几乎所有的工程目标和社会目标都属于这一类。

属性值的规范化采用百分制、分级线性插值的形式实现。

（5）方案总价值与排序　7个备选方案的总价值计算和排序结果列于表2-5和表2-6。

表 2-5　7个备选方案的总价值

方案价值	权重	方案 编 号							最高价值与最低价值之差
		Ⅰ	Ⅱ	Ⅲ	Ⅳ	Ⅴ	Ⅵ	Ⅶ	
方案总价值		76.8	80.7	79.5	71.4	78.6	72.6	78.1	9.3
环境	0.3361	66.4	70.7	78.8	81.0	74.9	81.2	65.7	15.5
海洋环境	0.1794	41.1	49.4	64.6	75.6	57.3	78.1	40.2	37.9
近岸环境	0.1567	95.0	95.0	95.0	87.1	95.0	84.8	95.0	10.2
经济	0.2297	79.4	79.6	77.7	52.2	75.0	49.9	80.4	30.5
工程	0.2341	94.6	96.0	88.7	76.2	91.3	75.5	95.2	20.5
社会	0.2002	70.6	80.9	72.1	71.8	74.2	80.6	76.2	10.3

表 2-6　7个备选方案的排序

排序依据	方案 排 序						
	Ⅰ	Ⅱ	Ⅲ	Ⅳ	Ⅴ	Ⅵ	Ⅶ
按方案总价值	5	1	2	7	3	6	4
按环境价值	6	5	3	2	4	1	7
按海洋环境价值	6	5	3	2	4	1	7
按近岸环境价值	1	1	1	6	1	7	1
按经济价值	3	2	4	6	5	7	1
按工程价值	3	1	5	6	4	7	2
按社会价值	7	1	5	6	4	2	3

（6）灵敏度分析　以方案排序对权重的灵敏度为例，当对主要目标的权重扰动为±20%时，得到的方案排序如表2-7所列。由灵敏度分析可以看出，方案Ⅱ表现出较大的优势，始终占据首位。根据上述分析，决定将方案Ⅱ列为推荐方案供决策者参考。

表 2-7　主要目标权重扰动 ± 20 % 时的方案排序

项目	主要目标的权重				方 案 编 号						
	环境	经济	工程	社会	I	II	III	IV	V	VI	VII
原始权重	0.3361	0.2297	0.2341	0.2002	5	1	2	7	3	6	4
环境＋20％	0.4033	0.2064	0.2104	0.1799	5	1	2	7	3	6	4
环境－20％	0.2689	0.2529	0.2578	0.2204	5	1	2	7	4	6	3
经济＋20％	0.3160	0.2756	0.2202	0.1882	5	1	2	7	3	6	4
经济－20％	0.3561	0.1837	0.2481	0.2121	5	1	2	7	3	6	4
工程＋20％	0.3155	0.2156	0.2810	0.1879	5	1	2	7	3	6	4
工程－20％	0.3566	0.2437	0.1873	0.2124	5	1	2	7	3	6	4
社会＋20％	0.3193	0.2182	0.2224	0.2402	5	1	2	7	3	6	4
社会－20％	0.3529	0.2411	0.2458	0.1601	5	1	2	7	3	6	4

第五节　情景分析法

在环境系统分析过程中，需要把握未来的社会、经济与环境发展动态，由此才能制定出具有针对性的环境系统规划。但是，由于环境系统是个复杂系统，其组成要素与结构及发展规律都异常复杂，且具有很强的不确定性，由此导致环境系统未来的发展趋势往往很难准确把握。为解决这一问题，情景分析法（也称情景规划法）应运而生。

一、情景分析法的演化历程

情景分析法在西方已有几十年的发展和应用历史。作为一种军事规划方法，情景规划（scenario planning）最早出现在第二次世界大战之后。20 世纪 40 年代末，美国兰德公司的国防分析员对核武器可能被敌对国家利用的各种情形加以描述，这是情景分析（规划）法的雏形。在 20 世纪 60 年代，著名的未来学家赫尔曼·卡恩（Herman Kahn）把这种军事规划方法提炼成一种商业预测工具。"情景"（scenario）一词最早出现于 1967 年出版的《2000年》一书中，作者 Herman Kahn 和 Wiener 认为：未来的发展存在多种可能，通向这种或那种未来结果的途径也并不是唯一的，对可能出现的一种未来以及通向这种未来的途径的描述就构成一个情景。基于此，"情景"可以定义为对未来情形以及能使事态由初始状态向未来状态发展的一系列事实的描述，包括未来可能出现的潜在结果以及实现这种未来结果的途径。基于"情景"的"情景分析法"（scenario analysis）是在对社会、经济或环境的重大演变提出各种关键假设的基础上，通过对未来详细地、严密地推理和描述来构想未来各种可能的方案。

到了 20 世纪 70 年代，兰德公司在为美国国防部就导弹防御计划做咨询时进一步发展了该方法。今天，许多世界著名的跨国公司，如美国的壳牌石油公司、波音公司，德国的 BASF 公司、戴姆勒-奔驰公司等在制定战略规划时都使用情景分析方法。一些国家政府也采用了该方法，如南非白人政府的种族隔离制度的和平变革，就是利用该方法推导了各种可能的结果之后做出的选择。

1972 年，传奇式的情景规划大师皮埃尔·瓦克领导壳牌情景规划小组，设计了一种"能源危机"的情景：一旦西方的石油公司失去对世界石油供给的控制，将会发生什么，以及怎样应对。在 1973～1974 年冬季 OPEC（石油输出国组织）宣布石油禁运政策时，壳牌有良好的准备，成为唯一一家能够抵挡这次危机的大石油公司。在 1986 年石油价格崩落前夕，壳牌情景规划小组又一次预先指出了这种可能性。

正是由于在军事与商业上的成功应用，情景分析（规划）方法已成为许多世界著名的跨国公司在制定战略规划时采用的主流方法，同时很多国家政府与科研机构也采用了该方法。

情景分析用作一种评估与预测思想时，是其他学科的理论和方法的综合集成。因此，多数进行经济评价与预测的研究者，通常选择某种定量分析工具对一些指标进行量化评估，再借助定量工具得出不同情景下的发展状况，然后对这些结果进行比较、分析，提出相应的措施与建议。国外运用情景分析进行经济评估与预测的研究非常多，主要在交通规划、农业发展、能源需求、气候变化等领域。在环境系统规划领域，情景分析（规划）方法是目前最常用的方法之一。

基于"情景"的情景分析法是在对经济、社会的重大演变提出各种假设的基础上，通过详细、严密地推理构想各种可能的方案以及方案实施后可能产生的后果进行分析和评估，最终选定实施方案的方法。情景分析法的最大优势是使管理者能发现未来变化的某些趋势和避免两个最常见的决策错误：过高或过低估计未来的变化及其影响。

传统的工程设计中采用的"方案比较"，从方法学上也可以归入"情景分析"的范畴，只不过用于方案比较的目标只有工程目标，较为单一。

二、情景分析法的特点

情景分析（规划）法是一套在高度不确定的环境中帮助企业、政府高瞻远瞩地开展战略规划的方法，它不仅能帮助决策者进行一些特定的决策，同时也使决策者对需要变革的信号更为敏感。情景分析（规划）的核心在于系统思考、改变组织的心智模式以及激发雄心与想象力，具有以下特点：

① 承认未来的发展是多样化的，有多种可能发展的趋势，其预测结果也将是多维的。

② 承认人在未来发展中的"能动作用"，把分析未来发展中决策者的群体意图和愿望作为情景分析中的一个重要方面，并在情景分析过程中与决策者之间保持畅通的信息交流。

③ 在情景分析中，特别注意对组织发展起重要作用的关键因素和协调一致性关系的分析。

④ 情景分析中的定量分析与传统趋势外推型的定量分析的区别在于：情景分析在定量分析中嵌入了大量的定性分析，以指导定量分析的进行，所以是一种集定性与定量分析于一体的新预测方法。

⑤ 情景分析是一种对未来研究的思维方法，它所使用的技术方法手段大都来源于其他相关学科，重点在于如何有效获取和处理专家的经验知识，这使得情景分析具有心理学、未来学和统计学等学科的特征。

情景分析法的作用包括：分析环境和形成决策，提高组织的战略适应能力，提高团队的总体能力，实现资源的优化配置。

三、情景分析法的基本概念与表征方法

1. 基本概念

概念一：情景分析法，又称前景描述法或脚本法，是在推测的基础上对可能的未来情景

加以描述，同时将一些有关联的单独预测集形成一个总体的综合预测。

概念二：情景分析就是就某一主体或某一主题所处的宏观环境进行分析的一种特殊研究方法。概括地说，情景分析的整个过程是通过对环境的研究，识别影响研究主体或主题发展的外部因素，模拟外部因素可能发生的多种交叉情景分析和预测各种可能前景。

2. 情景的表征与设计原则

情景表征属性包括结束状态（end-state）、策略（strategy）、驱动力（driving force）和逻辑（logics）四个要素，每个要素都可以有多种发展方式。

情景设计的主要原则包括以下几项。

（1）系统思考（system thinking）　传统的管理方法侧重于对单一个体的分析，忽略了对系统整体的认识，因此常常导致失败。所以必须加强对复杂系统的整体性分析。

（2）开放式未来思考（future-open thinking）　因为未来不可能只有一种结局，因此人们应该习惯把多种可能的结局考虑进来。

（3）策略性思考（strategic thinking）　情景分析法的最基本观点应该是未来充满不确定性，但有些还是可以预测的。这是由不确定性的特征决定的。如果对不确定性进行分解，我们可以发现，不确定性由两部分构成：一是"影响系统"中本质上的不确定因素，是无法预测的；二是缺乏信息和缺乏对影响系统的了解。如果采用比较科学、系统的方法来把可预测的东西同不确定的东西分离出来，通过对影响系统和其可预测的、规律性的因素的更多了解，就可以大幅度降低不确定性，从而能预测未来的某些发展。

四、情景分析法的一般步骤

情景分析法包括以下步骤。

① 确定主题，阐明情景分析内容；

② 关键影响因素辨识与选择，主题所处环境的改造；

③ 潜在的情景单元描述与筛选；

④ 情景生成，即将关键影响因素的具体描述进行组合，生成多个初步的未来情景描述方案；

⑤ 情景分析，即预测潜在方案的发展趋势，进行模拟仿真，针对情景中出现的各种情况或问题制订出对应策略的过程；

⑥ 情景决策，即评价潜在方案的影响，筛选最佳对策，制订战略；

⑦ 推荐最佳情景。

一个典型的情景分析过程应该包含一系列的阶段（如图 2-9 所示），其中包括情景生成、情景分析和情景决策三个主要步骤，整个情景分析过程是一个互动和不断反馈的过程。

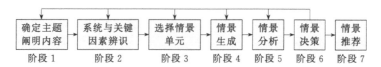

图 2-9　情景分析的技术框架

图 2-9 所示为情景分析的技术框架，需强调的是情景分析流程常常需要重复多次才能完成。有经验的研究人员都知道，情景分析中最主要的工作是提出正确的问题，只有通过对设

想的情景反复探讨从而加深对影响系统的了解才能发现恰当的问题。而系统越复杂，越需要多次反复探讨才能有比较深刻的理解。

与以往的预测或决策方法不同的是，情景分析方法没有统一的理论框架，情景分析的结果在很大程度上取决于分析者的水平和投入。与其说情景分析是一门技术，不如说其是一门艺术。

五、情景分析法的应用领域

情景分析法的应用领域如下。

（1）未来分析　分析历史；从定性分析到定量规划；预测未来发展和变化趋势。

（2）差距分析　预测发展；找到现状与未来的差距；分析填补差距的解决方案。

（3）目标展开　提出需要，即"需要系列"的展开；实现需要而展开的目标设计，即"规划"展开。

情景分析法适用于资金密集、产品或技术开发的前导期长、战略调整所需投入大、风险高的产业，如石油、钢铁等产业。还适用于不确定因素太多、无法进行唯一准确预测的情况，例如制药业、金融业以及相关的股市等。情景分析法应用领域主要包括企业管理、交通规划、农业发展、能源需求、气候变化、经济评价与预测，以及环境影响评价与环境系统规划等。

六、扩展分析

"情景分析"中对环境的分析可以运用多种分析工具，如 PEST 分析。PEST，即政治（political）、经济（economical）、社会（social）、技术（technological）。政治包括政治环境、法律环境、政府管制与产业政策等。经济包括要素市场与供给水平，劳动力市场，价格水平，财政与税收政策，顾客因素，资本市场，利率、汇率与融资，WTO。社会包括社会态度、信念与价值观、人口的年龄结构与教育程度及绿色化等。技术包括技术变革与技术替代。

基于 SWOT 分析的道斯矩阵是情景分析的重要工具之一，包括优势（strength）、劣势（weakness）、外部机会（opportunity）、外部威胁（threat）分析。

除此以外，利益相关性分析在情景分析中用得也非常广泛，该方法主要解决以下问题：一是相关的利益群体是哪些；二是他们有什么样的利益诉求；三是这些利益需求的变化趋势是怎样的。

七、情景分析法的局限性

采用情景分析法比较人员出现的错误主要来自分析者的失误和方法自身的局限性两个方面。

情景分析对于分析者有较高的要求，分析者知识或逻辑能力的不足常常导致对问题的判断失误，以至于抓不住事物的本质与核心；限于分析者的阅历和经验，所设定的备选方案有可能不属于最优或较优之列；限于分析者的修养，在分析过程中容易受先入为主观念的影响，不愿意倾听不同的意见和声音，因此失去改进和完善方案的机会。

分析者的错误属于主观错误，采用任何分析方法都可能出现，需要通过不断提高分析者的认知水平和责任心来解决。

情景分析自身的局限性源自方法本身的复杂性和缺乏统一程序化的解决模式，操作和控制比较困难。能否解决问题或问题解决的好坏在很大程度上依赖于分析者的直觉。情景分析的工作量较大，往往需要高层领导者投入较多的时间，这在某种程度上影响了决策者参与情景分析的兴趣。情景分析要想获得成功，需要决策者超越传统的思维模式，承认发展过程中既有连续式的发展阶段，也有跳跃式的发展阶段。

对于情景分析自身的局限性，需要依靠分析者和决策者的主观努力加以克服。

【例2-4】　水污染防治规划的情景分析。

一个典型的水污染防治情景分析过程应该包含识别主要环境问题、拟订水污染防治初始方案、通过剔除不可行方案和劣方案生成备选方案（组）、对备选方案组进行全面的影响分析、通过决策分析推荐优选方案等内容（图2-10）。整个情景分析过程是一个互动和不断反馈的过程，图2-10中虚线框内所示为情景分析的核心内容。

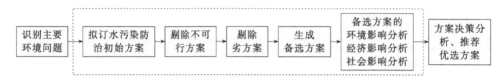

图2-10　水污染防治规划情景分析的技术框架

水污染防治的初始方案是通过组合水污染防治各个子系统的各种决策变量生成的，在研究对象规模较大时决策变量的数目也可能很大，所生成的备选方案数量很多。为了避免生成过多的、没有实际意义的初始方案，在组控制变量时要注意排除那些明显不合理或不可能的因素，例如当地的环境条件、政策许可、技术约束等。

如何从众多的初始方案中优选出推荐方案是情景分析的主要目的。两种方法被用来挑选方案，即排除法和评比法。从初始方案生成备选方案组，采用排除法，即：通过排除非可行方案，保留可行方案；通过排除劣方案，保留非劣方案。从备选方案组中优选推荐方案则采用评比法，即对所有的备选方案进行环境影响、经济影响和社会影响等全面分析，通过一定的方法评比优劣，找出推荐方案。

在初始方案的生成过程中，已经充分考虑了每一个情景的工程可行性，例如城市污水处理厂的处理程度选择、污水处理厂的位置选择、污水输送的路线选择等，都考虑了法规的限制及当地的条件，一般不会成为方案实施的障碍。在初始方案生成阶段，一般不能确切知道一个方案对水质的影响。因此，通过对初始方案进行水质模拟，可以确定其水环境目标的可行性：所有不能满足水环境功能区质量要求的方案都属于不可行方案。将所有不可行方案淘汰，剩余的方案属于可行方案。除了水质目标外，不能满足其他必要条件的备选方案也属于不可行方案，例如，建设费用过高、现阶段无力负担的方案，技术条件不具备、不适宜在当地建设的方案等。

剔除不可行方案以后，剩余的方案都属于可行方案。在可行方案中，通过两两比较又可以筛选出"劣方案"和"非劣方案"。在比较甲、乙两个方案时，可以发现：甲方案的所有指标都优于乙方案，那么乙方案就被称为"劣方案"，甲方案就被称为"非劣方案"；如果两个方案之间难以从指标值上分出优劣，则甲、乙两个方案同属"非劣方案"。显然，"劣方案"将被淘汰，所有被保留的非劣方案组成备选方案组。

对备选方案组中的方案进行全面评比，产生满意的推荐方案。一般说来，对方案进行全面评比的内容应包括方案的环境影响、社会影响和经济影响，这是一项烦琐、复杂的工作，不仅工作量大、技术要求高，而且需要参与分析的人员具备较强的逻辑思维能力、较丰富的工作经验和较高超的组织能力。保留进入全面评比阶段的方案数目不宜太多，一般不超过5～7个，经验证明决策者在决策时所能应对的方案数目是有限的。

上述整个过程可以看作情景分析的典型流程。

第六节　Excel 高级数据分析功能

环境系统分析的核心是对现实的环境系统建立数学模型，然后进行模拟和求解，以达到系统最优或较优。建立和求解数学模型是环境系统分析的两个核心内容。由于环境系统的复杂性和多变性，建模过程一般还需要人工干预，针对具体的环境条件建立适用于研究对象的数学模型。

求解数学模型的技术，大多属于经典的数学方法，例如一元和多元回归方法、数字迭代方法、微分方程数值解法、各种优化算法等。在前计算机时代，完成数学模型的求解计算主要依靠人工，最多辅助以手摇或电动计算器。在计算机问世以后，人们通过编写各种应用程序求解，大大加快了计算进度，提高了计算精度。

随着计算技术的发展，将编程过程集成在计算平台，读者只需按照平台的要求，按一定的规则输入变量和参数，计算平台可以自动计算，节省了大量的编程工作量。

随着计算机软硬件的飞速发展，出现大量计算机专业软件系统，无论是统计分析还是运筹学的各种优化模型都可以利用专业软件辅助分析求解。常用的专业统计软件包括 SPSS、SAS 与时下比较流行的 R 语言。常用的专业优化软件包括 Lindo、Lingo 与 GAMS。综合建模软件包括 MATLAB 与 Mathematica。再有就是时下较为流行的 Python 语言，有各种算法包，可以支持包括机器学习与深度学习等前沿算法。这些专业辅助建模软件功能都很强大，在高等学校本科与硕士学习阶段都有专门课程讲授。

除此以外，微软公司开发的 MS Office 也包括统计分析与优化在内的高级建模分析功能。本教程的教学对象主要是高年级本科生，已经学过 MS Office，但大多没有学这些高级的建模分析。因此，本书拿出一节讲授 Excel 在环境系统分析中的应用。

一、安装 Excel 高级数据分析功能模块

在利用 Excel 进行高级数据分析前，首先得安装 Excel 的数据分析功能，安装过程如下所述。

① 单击【Excel 选项】（不同版本【Excel 选项】位置不同，通常在文件菜单下选项子菜单）（见图 2-11）。

② 找到【加载项】，在管理选项中选择【Excel 加载项】，然后单击【转到】Excel 加载项窗口。

③ 选择【分析工具库】与【规划求解加载项】，然后单击【确定】。

④ 安装完后，就可以在【数据】板块看到【数据分析】功能。

二、基于 Excel 添加趋势线功能的模型结构选择

【例 2-5】　十二胺是一种萃取剂，在水中的降解过程可以用下述实验数据表达，试描述其反映的某些结构。

图 2-11　Excel 选项窗口

时间/h	0	1	3	5	7	9	23	27	31
浓度/（mg/L）	2.3	2.22	1.92	1.60	1.52	1.07	0.73	0.50	0.45

【解】

（1）绘制散点图　将数据输入 Excel，以时间为横坐标，以浓度为纵坐标，在插入-图表中选择散点图，在图表元素中添加图表标题、坐标轴、坐标轴标题等，如图 2-12 所示。

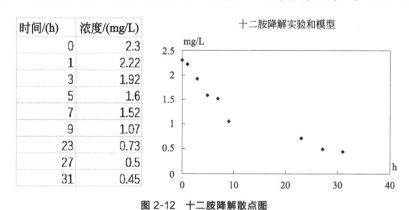

图 2-12　十二胺降解散点图

（2）选择模型结构　在散点图中选择图表中散点元素，单击鼠标右键，弹出添加趋势线窗口（如图 2-13 所示）。

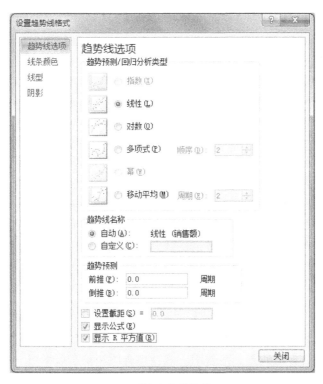

图 2-13　选择添加趋势线界面

选择线性、指数、对数等变量关系曲线，发现：浓度随时间的变化关系可能为线性关系或指数关系，在图表元素中添加趋势线-更多选项，分别绘制线性和指数趋势线，并设置公式和 R 平方值，结果如图 2-14 所示。

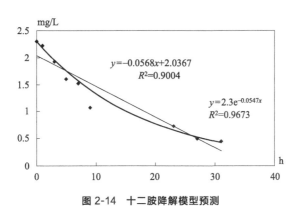

图 2-14　十二胺降解模型预测

由图 2-14 可知，线性关系与对数曲线的 R 平方值分别为 0.9004 与 0.9673。由此可见，二者间相关关系更接近负指数相关，因此十二胺的降解可以用下式表达：

$$C = C_0 e^{-kt} = 2.3 e^{-0.0547x}$$

式中　k——十二胺降解速度的参数，$k = -0.0547$。

三、基于 Excel 高级数据分析的回归分析

【例 2-6】　某污水处理厂某月入水与出水 COD 浓度如下表所列，试利用 Excel 数据分析

建立出水 COD 浓度与入水 COD 浓度的线性关系。

单位：mg/L

序号	入水 COD	出水 COD	序号	入水 COD	出水 COD
1	678	123	13	691	156
2	631	118	14	543	98
3	942	216	15	771	186
4	1022	173	16	690	175
5	940	184	17	743	108
6	948	150	18	712	102
7	802	197	19	584	134
8	992	156	20	841	118
9	1010	197	21	870	182
10	728	128	22	1120	186
11	800	136	23	654	144
12	826	154	24	695	152

① 单击【数据分析】按钮，弹出数据分析选择框，选择【回归】，然后点击【确定】，弹出回归对话框。

② 在回归对话框中【X 值输入区域】选择入水 COD 的单元格（如果选择标志行，则必须勾选标志选项），【Y 值输入区域】选择出水 COD 的单元格，同时勾选如图 2-15 所示的选项，包括标志、残差、标准残差、残差图、线性拟合图和正态概率图。

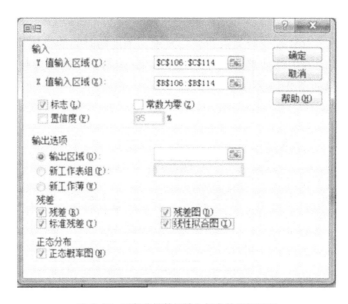

图 2-15　回归分析数据输入与参数选择界面

③ 残差和标准残差如图 2-16 所示。

图 2-17 为回归分析结果，结果为 43.26，斜率为 0.14。回归结果为 $Y=0.14X+43.26$。

④ 图 2-18 为残差图，是关于实际值与预测值之间差距的图表，如果残差图中的散点在中轴上下两侧分布，那么拟合直线就是合理的，说明预测有时多些有时少些，总体来说是符合趋势的，但如果都在上侧或者下侧就不行了，这样有倾向性，需要重新进行数据处理。

⑤ 图 2-19 为线性拟合图，在线性拟合图中可以看到，除了实际的数据点外，还有经过

拟合处理的预测数据点。

SUMMARY OUTPUT

回归统计	
Multiple R	0.630237283
R Square	0.397199033
Adjusted R Squa:	0.369798989
标准误差	26.22009461
观测值	24

方差分析

	df	SS	MS	F	significance F
回归分析	1	9966.104	9966.104	14.49629	0.000964
残差	22	15124.85	687.4934		
总计	23	25090.96			

图 2-16　残差分析结果图

项目	Coefficients	标准误差	t Stat	P-value	Lower 95%	Upper 95%	下限 95.0%	上限 95.0%
Intercept	43.25681942	29.32712	1.474977	0.154387	-17.5639	104.0775	-17.5639	104.0775
入水COD	0.136995598	0.035981	3.8074	0.000964	0.062375	0.211616	0.062375	0.211616

图 2-17　回归分析结果

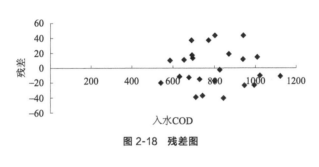

图 2-18　残差图

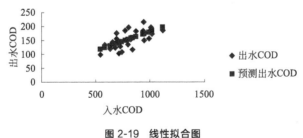

图 2-19　线性拟合图

误差分析与残差分析结果表明：公式 $Y = 0.14X + 43.26$ 所示曲线是一条值得信赖的预测曲线。

四、基于 Excel 高级数据分析的规划求解

利用 Excel 规划求解功能求解例题【例 2-1】。

用 Excel 的规划求解模块解上述线性规划模型。首先，将有关数据按一定的规范录入，如图 2-20 所示，其中单元格 B3、B4 中的数值为预设的迭代初始值［相当于 $x_1(0) = 1, x_2(0) = 1$］。

定义目标函数：在 E6 单元格中输入公式"＝E3＊B3＋E4＊B4"。这相当于定义目标函数公式：

$$Z=0.8x_1+0.6x_2$$

定义约束条件：在 C6 单元格中输入公式"＝C3＊B3＋C4＊B4"；在 D6 单元格中输入公式"＝D3＊B3＋D4＊B4"。这相当于输入约束条件的左半边：

$$\begin{cases} 30.0x_1+20.0x_2 \leqslant 90000.0 \\ 1.0x_1+2.0x_2 \leqslant 5000.0 \end{cases}$$

定义完毕后，数据表给出基于初始值的结果，见图 2-20。

	A	B	C	D	E
		可变单元格	约束		目标函数
		数量	资金	劳动力	年收益
3	发电量x_1	1	30	1	0.8
4	游客人数x_2	1	20	2	0.6
5	限量	0	90000	5000	Z
6	总量		50	3	1.4

图 2-20　录入数据并定义有关单元格

规划选项：利用 Excel 中的规划求解工具，分别导入目标函数、可变单元格以及约束条件，如图 2-21 所示。

图 2-21　规划求解参数对话框

输出结果如图 2-22 所示，结果得到 $x_1=2000$，$x_2=1500$。就是说，线性规划的最优解是建设发电厂 2000×100 万千瓦时，发展旅游业接待游客 1500 人，其最大年总收益为 $Z=$

$0.8 \times 2000 + 0.6 \times 1500 = 2500$（万元）。并且从图 2-23 的运算结果报告可看出，资金和劳动力均已达到了限制值，都得到充分利用。

	A	B	C	D	E
1		可变单元格	约束		目标函数
2		数量	资金	劳动力	年收益
3	发电量x_1	2000	30	1	0.8
4	游客人数x_2	1500	20	2	0.6
5	限量	0	90000	5000	Z
6	总量		90000	5000	2500

图 2-22 规划求解结果

Microsoft Excel 16.35 运算结果报告
工作表: [工作簿1]Sheet1
报告的建立: 2020/5/3 5:13:51 下午
结果: 规划求解找到一解，可满足所有的约束及最优状况。
规划求解引擎
规划求解选项

目标单元格 (最大值)

单元格	名称	初值	终值
E6	总量 Z	1.4	2500

可变单元格

单元格	名称	初值	终值	整数
B3	发电量x_1数量	1	2000	约束
B4	游客人数x_2数量	1	1500	整数

约束

单元格	名称	单元格值	公式	状态	型数值
C6	总量 资金	90000	C6 ≤ C5	到达限制值	0
D6	总量 劳动力	5000	D6 ≤ D5	到达限制值	0
B4=整数					

图 2-23 运算结果报告

习题与思考题

1. 假设某地区有两类产业，需要三种资源，已知各产业单位投资的利润、各种资源的限量和各产业单位投资的资源消耗系数如下表所列。

项　　目	产业 A	产业 B	资源限量
水资源/单位投资	9	4	360
能源/单位投资	4	5	200
原材料/单位投资	3	10	300
利润/单位投资	70	120	

如何安排投资，使收益最大化？试给出目标函数与约束条件，并分别用图解法与 Excel 规划求解。

2. 简述系统动力学建模过程。

3. 费用效益分析评价准则及其技术分类方法有哪些？

4. 试利用层次分析法对某 6 个城市的水系统健康状况进行综合评价。表 1 为城市水系统健康状态的综合指标体系。表 2 为第一层分目标成对比较判断矩阵，试计算分目标第一层次指标权重。表 3 为水环境分指标第二层、第三层子目标权重系数，试计算各指标综合权重。表 4 为六个参评城市水系统健康状态指标值统计表，试计算各城市水系统健康状态评价综合指标，并进行健康状态排序。

表 1　城市水系统健康状态的综合指标体系

总体目标	分目标		指标层	
城市水系统 健康状态	水资源	水资源供需	水资源保障率	
	水生态	水生态健康状态	健康水生态系统占有率	
	水环境	水环境管理制度	执行优良率	
		水环境质量	地表水环境质量	地表水环境达标率
			地下水环境质量	地下水环境达标率
		城市污水资源化	城市污水资源化率	

表 2　第一层分目标成对比较判断矩阵

分目标	水资源	水生态	水环境
水资源	$1(a_{11})$	$1/3(a_{12})$	$1/5(a_{13})$
水生态	$3(a_{21})$	$1(a_{22})$	$1/3(a_{23})$
水环境	$5(a_{31})$	$3(a_{32})$	$1(a_{33})$

表 3　水环境分指标第二层、第三层子目标权重系数

层次	水环境分指标及其权重系数		
第二层	水环境管理制度	水环境质量	城市污水资源化
	0.1634	0.5396	0.297
第三层	地表水环境达标率	地下水环境达标率	
	0.667	0.333	

表 4　六个参评城市水系统健康状态指标值统计表

评价指标	城市					
	A	B	C	D	E	F
城市污水资源化	95	92	94.8	95.6	89.1	77.4
地表水达标率	88.1	91.2	90	94	93.6	92.2
地下水达标率	15.4	8.3	7.9	3.1	9.5	3.7
水环境管理制度	74.7	53.4	61.9	50	61.9	67.1
水生态	54.7	20.7	26.1	20	27.4	35.5
水资源	41.3	41.4	22.8	20	34	30.3

5. 试概述情景分析法的基本概念与一般步骤。

第三章
环境污染源分析

第一节　污染源与污染物

一、污染源与环境系统分析

1. 污染源分析释义

环境污染源分析是环境系统分析的重要组成部分，它既是环境系统分析的出发点也是环境系统分析的归宿。

出现环境污染问题，首先要找到污染的源头，通过调查、分析，制订出污染源治理的备选方案（通常是多个可行方案），然后与环境系统、经济系统和社会系统协调分析，选出推荐的治理方案，最终落实在污染源治理上。这样推选出来的方案，在经济、环境和社会影响上都是较为满意的或都是可以接受的较佳方案。

环境系统分析中所讨论的污染源是指那些直接向环境排放污染物的场所，不同于环境行政管理数据库中的污染源，它既可能是单个的工厂企业或居民小区，也可能是众多污染源的一个综合排放口。经过几十年的环境治理，出现在环境系统分析中的更多的是后者。

环境污染源的调查、分析、预测和治理是一件十分复杂的事情，需要专门研究。在环境系统分析中主要是应用污染源调查、研究的成果，按照环境系统分析的要求，重新排列组合，发挥新的作用。

2. 重点研究的污染因子

环境系统分析是在宏观或准宏观尺度上研究环境系统内部或环境系统与经济、社会系统之间的关系，寻求污染源治理的较佳方案。因此，所选取的环境污染因子应该是那些具有全局性影响的"量大面广"的因子。

水体和水质污染最普遍的问题是有机物污染，解决有机物污染问题需要多方面、多层次的协调。例如，在研究河流污染时主要考虑的污染因子是 BOD（生物需氧量）、COD（化学需氧量）和 DO（溶解氧）等；在研究湖泊水库水质保护时，重点考虑可能会导致水体富营养化的 P、N 和 BOD 等因子；在研究空气污染时主要考虑能源燃烧产生的污染因子，如 SO_2、NO_x、颗粒物等。

当然，对于那些污染范围较小、影响程度较轻的污染物或污染源，也可应用系统分析方法找出较佳解决方案。

3. 污染源与环境的状态匹配

通常所说的污染源是一个十分庞大的系统，凡是有人类活动的地方都有污染源和污染物，它几乎无所不在、无所不包。在解决具体的环境问题时，需要根据问题的性质选取那些与研究对象相匹配的污染源和污染物。

在选取污染物时，重点选取那些影响面广且普遍存在的污染物，如产生水体污染的有机物和能源燃烧产物等。

在选取污染源时，除了考虑那些直接进入环境系统的污染源外，更重要的是要与环境对象相匹配，要根据环境对象的特点决定污染源的取舍。

例如河流的水质污染大多发生在枯水期，这时基本上没有地表径流产生，因而基本上没有面源发生，与之配套的污染源数据应该是点源数据，不必考虑面源的影响。但是，在研究的河流长度跨过多个时区，上游和下游存在不同的气象过程时就要根据各河段所处的气象条件决定污染源的取舍和匹配。

在研究水库湖泊的富营养化时时间尺度可能要以年计，这时点源和面源都应该是考虑的因素。

冬季是空气污染常发的季节，除了考虑冬季的不利气象条件之外，冬季额外的能源燃烧（如采暖）也需要考虑。

二、污染源及其分类

进入环境以后，可能对人群和生态系统直接或间接产生不利影响的物质称为污染物或污染因子，污染物的发生场所称为污染源。

根据污染物的来源可以将污染源分为自然污染源和人为污染源两大类。自然污染源又可以分为生物类污染源和非生物类污染源。人为污染源又可以分为生产性污染源和生活污染源。工业、农业污染源比较复杂，可以根据各种方法进一步分类。

按照污染源存在的空间形态可以将其分为点污染源、线污染源和面污染源（简称点源、线源和面源，线源和面源又称非点源）。

点源是指那些污染源的产生地点比较集中，以"点"的形式将污染物排放到环境中的污染源，例如工厂的污水排放、建有下水道系统的城市污水排放、工厂的烟囱排放等。

线源是指那些以"线"的形式向环境排放污染物的污染源，例如行驶在川流不息的高速公路上的汽车尾气排放、由径流造成的沿河岸边的污染物排放等。

面污染源是指以"面"的形式向环境排放污染物的污染源，广大的森林、农田、没有下水道的农村和城镇都属于面污染源，在降水径流过程中所产生的大量污染物都以"面"的形式进入水环境。城镇和农村中大面积的无组织燃烧（如居民炊具）产生的污染物也是以面的形式排入空气环境中。

"面"是一个形象用词，为无处不在、处所不定之意。随着点源控制程度的提高，面污染源在环境污染中的相对比重越来越高。

还可以按照接收污染物的环境类别划分，例如水环境污染源、环境空气污染源、土壤污染源等。

在解决实际环境问题时，污染源的分类并非从一而终，各种分类方法可以交错使用，如图 3-1 所示，污染源的第二层次按照污染物接收环境的类别分类，而第三层次则按照污染源存在的空间形态分类。在环境系统分析中针对具体的问题可以采用不同的分类方法。

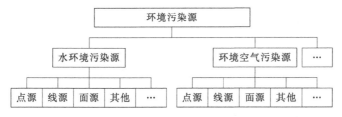

图 3-1　环境污染源的分类

污染源的进一步细分将在其后对各类污染源进行分析时具体展开。

三、污染物的分类

环境中存在的污染物种类繁多、形态各异，存在不同的分类方法，举例如下。

1. 按照理化特性分类

按照理化特性可以将污染物分为物理类污染物、化学类污染物与生物类污染物。

物理类污染物是指在物理变化过程中产生的污染物，如热污染、噪声污染、颗粒物污染等。物理类污染物通常通过物理方法进行处理，例如稀释、淋洗、沉淀、过滤等。

化学类污染物是指通过化学变化或化学反应产生的污染物，例如废水中的金属化合物、有机化合物、各种络合物，废气中的二氧化硫、氮氧化物等。化学类污染物是存在于废水、废气中最为广泛的污染物，它们的治理方法复杂多样，各种物理方法、化学方法、物理化学方法、生物学方法被广泛采用。

生物类污染物是指环境介质中存在的有害微生物、寄生虫、病原体等。生物类污染物是传染病发生的重要病因。消毒是去除生物类污染物的主要方法，物理方法、化学方法和物理化学方法也常用于处理生物类污染物。

2. 按照存在形态分类

按照存在形态，可以将污染物分为离子态、分子态、胶体态、颗粒物等。

废水中的化学类污染物例如重金属、氮、磷等大多以离子态的形式存在，而废水和废气中很多有机污染物则是以分子态的形式存在；但在一定条件下，重金属和有机物都可能以胶体态存在于废水、废气中；颗粒物一般是指那些粒径比较大的无机类污染物。

3. 根据环境质量标准分类

根据水质标准可以将污染物分为感官污染物、毒理学污染物、细菌学污染物、放射性污染物等。在《地表水环境质量标准》（GB 3838—2002）中，根据水的用途和重要性，污染物可以分为三类：第一类"基本项目"24 项；第二类"补充项目"5 项；第三类"特定项目"80 项。

在《环境空气质量标准》（GB 3095—2012）中，环境空气污染物可以分为两类：第一类"基本项目"6 项；第二类"其他项目"4 项。

根据不同的环境问题人们选取不同的污染物作为研究对象。环境系统分析的主要目的是在宏观或准宏观尺度上研究环境-经济-社会的协调发展，为宏观经济-环境系统管理决策服务，通常采用一些具有代表性的、综合性的、"量大面广"的指标，如水质指标 COD、DO，环境空气质量指标 SO_2、颗粒物等作为研究对象。通过研究它们在环境介质中的迁移转化规律以及与人工处理之间的关系，寻求经济发展-社会公平-环境保护的合理平衡。

四、污染源分析的内容

在环境系统分析中，需要对现有各类污染源数据库（如环境监测数据库、环境统计数据库、污水和烟囱排放口数据库等）中的现有数据进行分析、重组和补充，以满足环境系统分析的需求。

1. 对现有污染源数据的收集、归纳和分析

现有的污染源数据可以从各级环境、城建、水利、气象、农业等部门获得。对于在系统分析中使用的数据具有如下特点和要求。

（1）收集直接进入环境的污染源源强信息　原始的污染源数据库一般都非常庞杂。环境系统分析所用到的数据是直接排放到环境中的污染物强度数据（包括介质和污染物浓度），这些数据一般可以从各类污染源数据库中直接获取，有的需要用原始数据加工。例如，城镇污水处理厂可以被看成是一个集成的污染源，在系统分析中只需要收集污水处理厂排放口的介质流量和污水浓度，不需要再解析污水处理厂上游的单个污染源，除非需要对污水处理厂的数据进行审核。

污水排放口和烟囱是污水和废气进入环境的重要通道；对于无组织排放的污染源，则可以按照面源处理。

（2）收集污染源的时间变化信息　污染源的时空变化信息对于系统分析至关重要，污染源的源强、接收污染物的环境特性都是时间的函数，只有掌握它们的时间变化规律才能做出符合客观规律的环境模拟，才能对污染源的变化做出合理的预测。

（3）收集污染源的空间位置（包括高程）信息　污染源的空间位置决定了环境污染发生的地点和空间变化规律，而选择合理的污染物排放地点，以协调发展与环境的关系，也是环境系统分析的重要内容。

2. 建立污染源（物）清单

在污染源分析的基础上，建立污染源（物）清单，它是污染源分析的中间成果，是连接污染源和环境系统之间的桥梁。

在建立污染源（物）清单之前，需要鉴别所研究的环境系统特征，如河流处于丰水期、枯水期还是平水期，空气环境处在冬季还是夏季，数据清单要与环境特征相匹配。

污染源清单包括源强的信息和污染源的空间信息。

环境系统分析过程是以模型为驱动，污染源清单要按照模型的需求建立。清单的内容与格式因时因地而异，取决于环境特征、选择的模型等。举例如表 3-1、表 3-2 所列。

表 3-1　××市冬季 SO_2 排放清单（点源）

序号	排气量 /（m³/h）	SO_2 浓度(小时平均) /（mg/m³）	SO_2 浓度（日平均） /（mg/m³）	坐标		排气筒高度 /m
				x	y	
高架点源 1						
高架点源 2						
…						
中架点源 1						
中架点源 2						
…						

表 3-2 ××市冬季 SO₂ 排放清单（面源）

序号	排气量 /（m³/h）	SO₂ 浓度(小时平均) /(mg/m³)	SO₂ 浓度（日平均） /(mg/m³)	中心坐标		面积 /m²
				x	y	
网格 1						
网格 2						
...						

3. 污染源预测

　　如果环境系统分析的时间目标年是未来的某个年限，则需要对目标年的污染源进行预测。污染源预测主要包括以下两个方面的内容。

　　（1）排放口位置预选　排放口是污染物进入环境的节点，在系统分析中有可能需要提供一个以上的污水排放口或烟囱的位置（包括高度）作为备选，最终通过整体的优化选择确定最合适的排放口空间位置。

　　（2）污染源排放强度预测　污染物介质排放流量和污染物浓度是强度预测的两项内容。时间序列方法、排放定额法、实测数据计算法等是污染源排放强度预测的常用方法。

4. 生成可行的污染源治理方案

　　系统分析的重要成果是编制污染源的治理方案，而最终方案是对一系列可行方案进行评价以后产生的。因此，推荐可行方案有可能成为系统分析成败或优劣的关键。只有在最先推荐的可行方案中列出了优秀或比较优秀的方案，环境系统分析的结果才有可能是优秀或比较优秀的。

　　可行方案的生成，技术固然重要，丰富的经验和扎实的实践知识可能尤其重要。

　　可行方案的生成将在相应环境要素的系统分析中讨论。

第二节　污染源核算和预测的一般方法

一、污染源核算和预测的含义

　　污染源核算是对污染源所排放的某种污染物强度（简称源强）的核查与计算。源强是指单位时间所排放的某种污染物总量。在水环境和空气污染控制中污染源的源强可以表达为：

$$M = CQ \qquad (3\text{-}1)$$

式中　M——污染源中某种污染物源强；

　　　C——废水或废气中某种污染物的浓度；

　　　Q——介质（废水或废气）的流量。

　　经过数十年的建设，我国已经建成了较为完善的污染源数据库，基本上可以满足环境系统分析对污染源基础数据的需求，这些信息包括污染物排放的空间位置、时间序列数据和排放总量数据。

　　如果发现污染源数据与数据库不符，或者污染源发生变化（关停产、工艺变更、新建工厂或居住小区等），则需要进行污染源核算。

　　污染源预测是对污染源在规划目标年的污染物排放强度的核算。未来的污染源数据，在各类污染源数据库中是找不到的，需要分析人员做出预测。

　　从技术层面来说，"核算"和"预测"是同一个概念，前者是针对当前污染源进行的核对和计算，后者则是对未来的污染源进行核对和计算，两者在方法学上是一致的，只不过所选取的变量不同而已。

污染源预测实际上是对污染源排放中某些参数，即介质的流量和污染物排放浓度的预测。

二、污染源核算方法

常用的污染源核算方法有实测法、产污系数法、排污系数法、类比法、物料衡算法、实验法。

1. 实测法

在污染物排放口（工厂、城镇的污水排放口、烟囱出口等）设置采样点，按照监测规范测定介质流量和污染物浓度后经计算得到污染源强度数据。

2. 产污系数法和排污系数法

产污系数的定义是生产单位产品所产生的某种污染物的数量；排污系数是指生产单位产品所排放到环境中的某种污染物的数量。对某一种产品而言，排污系数小于或等于产污系数。

根据第一次全国污染源普查数据编制的《污染源普查产排污系数手册》，其中有工业污染源产排污系数、城镇生活源产排污系数、集中式污染治理设施产排污系数等内容，几乎涵盖了社会生产生活的各个领域，可以作为污染源核算的依据。

产排污系数是在特定的生产和处理工艺条件下获得的，使用时要根据实际情况适当调整。

3. 类比法

类比法是以现有的国内外采用相同或相似工艺的企业的产排污数据作为核算依据。这种方法对于缺少实际数据的新建企业较为适用。

4. 物料衡算法

（1）概念　物料衡算是确定化工生产过程中物料比例和物料转变的定量关系的过程，是化工工艺计算中最基本、最重要的内容之一。物料衡算是化学工程的开发与放大的基础。

根据原料与产品之间的定量转化关系，计算原料的消耗量、各种中间产品和副产品的产量、生产过程中各阶段的消耗量以及组成，最后得到除产品和副产品以及回收的原料以外的量即为进入环境的污染物量。

（2）物料衡算流程

$$\sum G_{投入} = \sum G_{产品} + \sum G_{流失} + \sum G_{回收} \tag{3-2}$$

式中　$\sum G_{投入}$——投入系统的物料总量；

$\sum G_{产品}$——系统产出的产品和副产品总量；

$\sum G_{流失}$——系统中流失的物料总量；

$\sum G_{回收}$——系统中回收的物料总量。

其中产品量应包括产品和副产品；流失量包括除产品、副产品及回收量以外各种形式的损失量，污染物排放量即包括在其中。

环境影响评价中的物料平衡计算法即是通过这个物料平衡的原理，在计算条件具备的情况下估算出污染物的排放量。

物料平衡计算包括总物料平衡计算、有毒有害物料平衡计算及有毒有害元素物料平衡计算。进行有毒有害物料平衡计算时，当投入的物料在生产过程中发生化学反应时，可按下列总量法或定额工时进行衡算：

$$\sum G_{排放} = \sum G_{投入} - \sum G_{回收} - \sum G_{处理} - \sum G_{转化} - \sum G_{产品} \tag{3-3}$$

式中　$\sum G_{投入}$——投入物料中的某物质总量；

　　　$\sum G_{回收}$——进入回收产品中的某物质总量；

　　　$\sum G_{处理}$——经净化处理的某物质总量；

　　　$\sum G_{转化}$——生产过程中被分解、转化的某物质总量；

　　　$\sum G_{产品}$——进入产品结构中的某物质总量；

　　　$\sum G_{排放}$——某物质以污染物形式排放的总量。

物料衡算法适用于反应过程清晰、与外界环境交换明了的生产过程，计算过程复杂，在实际中较少采用。

5. 实验法

对于一些新产品、新工艺投产可能带来的环境污染问题，缺少现有的数据和参照对象，具有一定的不可知性。如果预计对环境可能产生较严重的影响，可以通过实验室的模拟或现场的小型实验获取相关参数。

三、污染源预测方法

所谓污染源预测是对目标年污染源源强的核算，其基本计算方法与污染源核算一致，即：

$$M = CQ \tag{3-4}$$

式中　M——污染源中某种污染物的排放强度；

　　　C——排放介质中某种污染物的浓度；

　　　Q——排放介质的流量。

污染源预测实际上是对目标年的污染源的介质流量和污染物浓度的预测。通常情况下，污染物的浓度相对比较稳定，在生产工艺、生活条件基本稳定的情况下变化不大。因此，污染源预测的重点在介质流量的预测。

常用的预测方法有回归分析法、弹性系数法、定额法、灰色预测法等。

1. 时间序列回归分析法

回归分析法多用于预测线性变化的量或通过数学变换可以转变为线性变化的量。线性函数表达式可以写作：

$$Q = a + bt \tag{3-5}$$

式中　Q——预测年的介质排放量；

　　　t——从基准年到预测年的时间间隔；

　a，b——可以根据历史资料通过回归分析标定的系数，分别称为截距和斜率。

如果已知多年（t_i）的介质排放量数据（Q_i），按下式计算 a 和 b：

$$a = \frac{\sum_{i=1}^{n} Q_i t_i \sum_{i=1}^{n}(t_i - t_0) - \sum_{i=1}^{n} Q_i \sum_{i=1}^{n} t_i^2}{\left(\sum_{i=1}^{n} t_i\right)^2 - n\sum_{i=1}^{n} t_i^2}, \quad b = \frac{\sum_{i=1}^{n} t_i \sum_{i=1}^{n} Q_i - n\sum_{n=1}^{n} Q_i t_i}{\left(\sum_{i=1}^{n} t_i\right)^2 - n\sum_{i=1}^{n} t_i^2} \tag{3-6}$$

式中　t_i——计算数据的任一年份；

　　　t_0——基准年；

Q_i——对应于 t_i 的介质排放量；

n——用于计算的数据年限。

公式与曲线的拟合精度可以用相关系数 r（$r \leqslant 1$）表示 [式(3-7)]，r 越大，拟合程度越好。

$$r = \frac{\sum\limits_{i=1}^{n}[(Q_i - \overline{Q})(Q_i' - \overline{Q'})]}{\sqrt{\sum\limits_{i=1}^{n}(Q_i' - \overline{Q'})^2 \sum\limits_{i=1}^{n}(Q_i - \overline{Q})^2}} \tag{3-7}$$

式中　$\overline{Q}$——所有年份流量的平均值；

$\overline{Q'}$——所有年份计算流量的平均值；

Q_i——第 i 年实测流量；

Q_i'——第 i 年根据公式得到的计算流量。

【例 3-1】　已知某城市连续 11 年的污水量排放数据（表 3-3），试预测 10 年以后（第 21 年）该市的城市污水排放量。

表 3-3　污水量排放数据

年份(t_i)	1	2	3	4	5	6	7	8	9	10	11
污水量/($10^4 \mathrm{m^3/d}$)	1.82	1.88	1.95	1.99	2.05	2.10	2.17	2.25	2.33	2.48	2.55

【解】　根据上述数据计算如下：

$$\sum_{i=1}^{10}Q_i t_i = 149.25, \sum_{i=1}^{10}t_i = 66, \sum_{i=1}^{10}Q_i = 23.57, \sum_{i=1}^{10}t_i^2 = 506, \left(\sum_{i=1}^{10}t_i\right)^2 = 4356$$

$$a = \frac{149.25 \times 66 - 23.57 \times 506}{4356 - 11 \times 506} = \frac{9850.5 - 11926.42}{-1210} = 1.716$$

$$b = \frac{66 \times 23.57 - 11 \times 149.25}{4356 - 11 \times 506} = \frac{1555.62 - 1641.75}{-1210} = 0.0712$$

由此得到污水排放量的回归计算式如下：

$$Q = 1.716 + 0.0712t$$

根据估计的参数 a 和 b 反算各年的污水量 Q_i' 以及相关系数 r（表 3-4）。

表 3-4　污水量预测结果

年份(t_i)	1	2	3	4	5	6	7	8	9	10	11	$\sum\limits_{i=1}^{11}$
实际值 $Q_i/10^4\mathrm{m^3}$	1.82	1.88	1.95	1.99	2.05	2.10	2.17	2.25	2.33	2.48	2.55	23.57
计算值 $Q_i'/10^4\mathrm{m^3}$	1.79	1.86	1.93	2.00	2.07	2.14	2.21	2.29	2.36	2.43	2.50	23.58

$$r = \frac{\sum\limits_{i=1}^{n}[(Q_i - \overline{Q}) \times (Q_i' - \overline{Q'})]}{\sqrt{\sum\limits_{i=1}^{n}(Q_i' - \overline{Q'})^2 \sum\limits_{i=1}^{n}(Q_i - \overline{Q})^2}} = \frac{0.5586}{\sqrt{0.5703 \times 0.5594}} = 0.988$$

相关系数 r 接近 1，说明公式的拟合误差很小，可以用于预测。将 $t = 20$ 代入计算式，得到 10 年以后的污水排放量：

$$Q_{20} = 1.716 + 0.0712 \times 20 = 3.14 \times 10^4 (\text{m}^3/\text{d})$$

本例题也可以应用 Excel 求解。

时间序列回归分析方法也可以用于目标年的污染物排放年度预测。

2. 弹性系数法

(1) 弹性系数预测概念　一个系统中如果存在两个相关的变量 x_i 和 y_i，弹性系数 ε 的定义为两个变量相对增长量的比值，即：

$$\varepsilon = \frac{\dfrac{y'-y}{y}}{\dfrac{x'-x}{x}} = \frac{\dfrac{\Delta y}{y}}{\dfrac{\Delta x}{x}} \tag{3-8}$$

$\varepsilon > 0$，y 的变化率与 x 的变化率同向；$\varepsilon = 0$，y 不随 x 变化；$\varepsilon < 0$，y 的变化率与 x 的变化率反向。如果 $|\varepsilon| < 1$，y 的变化率大于 x 的变化率；$|\varepsilon| = 1$，y 的变化率与 x 的变化率相等；$|\varepsilon| > 1$，y 的变化率小于 x 的变化率。

弹性系数方法根据变量之间的变化率的相对关系进行预测，与回归分析方法相比其可靠性和预测精度都有一定的提高。弹性系数方法广泛用于能源、销售价格等预测，也可以用于废水量的宏观预测。

如果定义弹性系数 ε 为介质排放量 Q 的增长率与国民经济 M 增长率的比值，即：

$$\varepsilon = \left(\frac{\Delta Q}{Q}\right) \bigg/ \left(\frac{\Delta M}{M}\right) \tag{3-9}$$

在一段时间观察的基础上，如果知道弹性系数 ε，根据今后经济发展的速度就可以预计废水增长的速度，进而求得预测年的介质排放量：

$$\frac{\Delta Q}{Q} = \varepsilon \frac{\Delta M}{M} \tag{3-10}$$

$$\frac{\Delta Q}{Q} = \varepsilon \frac{\Delta M}{M} \Rightarrow \frac{Q - Q_0}{Q} = \varepsilon \frac{M - M_0}{M}$$

如果给定预测年的经济发展水平 M，就可以根据基准年的经济发展水平 M_0 和废水排放量 Q_0 求出预测年的介质排放量 Q：

$$Q = \frac{Q_0}{1 - \varepsilon \left(1 - \dfrac{M_0}{M}\right)} \tag{3-11}$$

(2) 弹性系数的计算

① 设介质排放量 Q 的年平均增长率为 α，GDP（国内生产总值）M 的年平均增长率为 β，则：

$$Q = Q_0 (1 + \alpha)^{t - t_0} \tag{3-12}$$

$$M = M_0 (1 + \beta)^{t - t_0} \tag{3-13}$$

② 将上式进行变换，可得：

$$\alpha = \left(\frac{Q}{Q_0}\right)^{\frac{1}{t - t_0}} - 1, \beta = \left(\frac{M}{M_0}\right)^{\frac{1}{t - t_0}} - 1 \tag{3-14}$$

③ 弹性系数 ε 就可以根据给定的起始年份和终了年份的 GDP 数据(M_0、M)和介质排放量数据(Q_0、Q)计算：

$$\varepsilon = \frac{\alpha}{\beta} = \left[\left(\frac{Q}{Q_0} \right)^{\frac{1}{t-t_0}} - 1 \right] \Big/ \left[\left(\frac{M}{M_0} \right)^{\frac{1}{t-t_0}} - 1 \right] \tag{3-15}$$

【例 3-2】 已知某市连续 11 年的 GDP 发展数据和相应的污水量排放数据（表 3-5），试用弹性系数法预测 20 年后的污水排放量（假设 10 年后的 GDP 较 10 年前翻一番）。

表 3-5　GDP-污水量弹性系数预测数据

年份(t_i)	1	2	3	4	5	6	7	8	9	10	11
GDP/亿元	201.6	225.8	250.9	278.2	315.2	350.3	389.9	442.7	477.2	534.1	598.1
污水量/($10^4\,m^3/d$)	1.82	1.88	1.95	1.99	2.05	2.10	2.17	2.25	2.33	2.48	2.55

【解】 计算 GDP 的平均增长速率：

$$\beta = \left(\frac{M}{M_0} \right)^{\frac{1}{t-t_0}} - 1 = \left(\frac{598.1}{201.6} \right)^{\frac{1}{11-1}} - 1 = 2.967^{0.1} - 1 = 1.115 - 1 = 0.115$$

计算废水排放量的平均增长速率：

$$\alpha = \left(\frac{Q}{Q_0} \right)^{\frac{1}{t-t_0}} - 1 = \left(\frac{2.55}{1.82} \right)^{\frac{1}{11-1}} - 1 = 1.034 - 1 = 0.034$$

计算弹性系数：

$$\varepsilon = \frac{\alpha}{\beta} = \frac{0.034}{0.115} = 0.296$$

根据弹性系数的定义，可得（以第 11 年为基准年）：

$$Q_{21} = \frac{Q_{11}}{1 - 0.5\varepsilon} = \frac{2.55}{1 - 0.5 \times 0.296} = 3.0 \times 10^4\,(m^3/d)$$

20 年后的污水排放量为 $3 \times 10^4\,m^3/d$。

弹性系数法也可以用于污染物排放浓度的预测。

3. 定额法

近年来，各级和各地政府相关部门相继制定了一批污染源管理方面的规范、标准，编制了污染源管理手册，如《污水综合排放标准》《程氏污水处理厂污染物排放标准》《大气污染物综合排放标准》以及《污染源源强核算技术指南准则》等，都规定了介质的最高允许排放流量（速率）和污染物浓度在环境管理比较健全的地方可以作为污染源核定和预测的依据。

第三节　水环境污染源的核算和预测

一、水环境污染源分类

水环境污染源十分复杂，存在各种不同的分类方法，下面的分类将被用于环境系统分析过程（图 3-2）。

二、点源核算和预测

1. 城镇生活污染源

（1）历史数据分析　对于已经建成下水道系统的城镇，可以利用排放口（总排放口或小区排放口）的污水流量和浓度监测数据，得到时间序列的人均污水排放量（$\overline{Q}$）数据和污染物浓度

（$\overline{C}$）数据，这些数据可以用来预测目标年的相应数据。

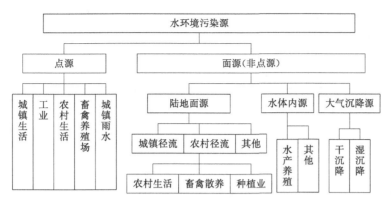

图 3-2　水环境污染源的分类

目标年的人均污水排放量（$Q_{目标年}$）和目标年的污染物浓度（$C_{目标年}$）都可以通过时间序列方法或弹性系数方法预测。

在缺乏监测数据时，也可以参考相关规范或标准预测目标年的源强。

（2）污水排放量预测　在数据积累充分时，可以做出目标年的人均污水排放量预测，否则可以根据相关的标准和规范如《室外给水设计规范》选取人均供水量的数据，换算成污水排放量数据。

$$Q_{目标年} = R\overline{q}_{目标年} \tag{3-16}$$

或
$$Q_{目标年} = \alpha Q_{用} = \alpha R q_{定} \tag{3-17}$$

式中　$Q_{目标年}$——预测的目标年城镇污水排放量；

　　$\overline{q}_{目标年}$——根据历史数据预测的人均污水排放量；

　　$Q_{用}$——预测的城镇目标年用水量；

　　R——目标年的城镇人口量，人；

　　$q_{定}$——人均用水定额，与城市规模及城市的地理位置有关；

　　α——用水量转换成污水量的转换系数，通常可以取 $\alpha = 0.8 \sim 0.85$。

（3）污水排放浓度预测　与污水排放量一样，目标年污水排放浓度（$\overline{C}_{目标年}$）也可以通过历史数据进行预测。在缺乏历史数据的条件下，可以通过相关标准和规范如《供排水设计手册》选取目标年的污染物浓度（$C_{目标年}$），也可以借鉴类似地区的数据。

（4）源强预测　目标年城镇污染源的源强（$W_{目标年}$）：

$$W_{目标年} = Q_{目标年}\overline{C}_{目标年} \tag{3-18}$$

或
$$W_{目标年} = Q_{目标年} C_{目标年}(1-\lambda) \tag{3-19}$$

式中　λ——污染物的处理程度。

2. 工业污染源

较之城镇生活污染源，工业污染源更为复杂，通常可以通过下述途径核算和预测。

① 对于现有企业，如果生产工艺变化不大，可以根据以往的排放情况，用时间序列方法预测目标年的源强。其计算方法和城镇生活污染源类似。

② 对于新建或改建企业，可以参照具有相同工艺的现有企业的污染物排放数据，计算目标年的源强。

③ 对于新建企业，如果没有参照数据，可以根据相关标准，如《污水综合排放标准》《工业污染物产生和排放系数手册》等估算单位产品的污水排放量和污染物排放量（浓度），进而计算目标年的源强。

3. 农村污染源

（1）生活污水　凡建有生活污水排水系统的农村，生活污水按照点源处理，其计算方法与城镇污水相同。一般情况下，农村生活污水的收集率和处理率都要低于城镇，需要通过调查确定。

（2）规模化畜禽养殖业污水　规模化畜禽养殖场可能是农村点源污染物排放的主要来源。畜禽养殖源强的预测方法与生活污水类似，只是其主变量是畜禽的养殖数量。

通过历年记录的单位畜禽日排水量和污染物排放量数据，预测目标年的单位畜禽排水量和污染物排放量，用以计算目标年的畜禽养殖场的源强。

在缺乏本地数据时，可以参考环境条件类似地区的畜禽养殖数据，也可以采用相关的标准、规范如《畜禽养殖业污染物排放标准》的数据，它们对规模化养殖场的允许污水排放量和污染物浓度都做出了规定。

三、面源核算和预测

面源较之点源更为复杂，几乎无所不在。按照来源，可以将其分为陆地面源、大气沉降源和水体内源三类。

1. 陆地面源

（1）陆地面源分析的一般思路　陆地面源污染一般是由于降水对地面的冲刷，径流挟带存在于地面上的污染物，呈无组织状态进入水体而形成的（图 3-3）。陆地面源对水体的影响程度主要取决于下述 2 个因素。

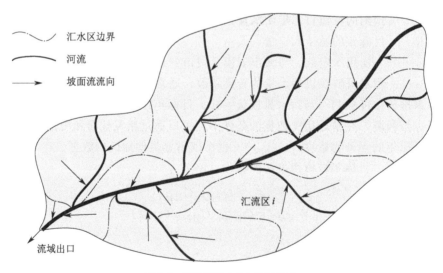

图 3-3　陆地面源产生与迁移示意

① 面源的源强，即单位汇水面积上单位时间内产生的污染物量。面源的源强取决于土地利用的性质，大致可以分为城镇面源（主要指无组织的污水和雨水排放）、无组织排放的农村生活污水、散养放养的畜禽养殖、水田旱地种植等。源强的数值因时因地相差很大，可参照当地的监测和研究成果确定。

② 降水是面源产生的动力，可以说没有径流就不会产生面源。降水的强度和历时，以及形成径流的大小直接影响面源的流失量。降水对面源污染的影响可以通过"径流系数"体现。径流系数是一定汇水面积的径流量与降水量的比值，综合反映了流域内自然地理要素对径流的影响。

径流系数的数值介于0～1之间，地面坡度越大、植被覆盖度越低、该次降水强度越大，径流系数越大；反之则越小。对于一般的小流域而言，在山地坡度较大的暴雨区径流系数可高达0.70或以上；在地形较为平缓、植被发达的地区，径流系数在0.40左右或以下；丘陵河谷地区，径流系数介于0.40～0.70之间。

在宏观分析时，可将陆地面源污染归纳为源强和入河（湖）系数两个要素，简称为陆地面源估算的入河系数法。

入河系数应该理解为堆存在某一个汇流区地面上的面源污染物总量在降水坡面流的作用下进入最近一个河道的分数。入河系数并不能说明面源污染物对一个具体的目标水体的影响，但是对于宏观估算一个地区面源污染物进入水体的总量具有一定价值。

（2）陆地面源源强与污染物入河（湖）总量估算　在估算陆地面源时，通常将陆地划分为若干个汇水区，对每一个汇水区分析其土地利用情况，然后根据土地利用情况估算该汇水区的源强。

采用入河系数估算污染物入河量的方法属于黑箱模型，它主要根据污染物的输入和输出关系建立统计模型。

$$M_i = \sum_{j=1}^{n} A_j I_{ij} \tag{3-20}$$

式中　M_i——汇水区某种污染物的源强；

A_j——第 j 种土地利用类型的面积；

I_{ij}——第 j 种土地利用类型土地产生第 i 种污染物的单位面积源强。

各类面源单位面积产生的污染物量，可以参考相关的文献、规范或标准估算。

那么，整个陆地污染源进入水体的污染物总量为：

$$M = \sum_{i=1}^{m} \lambda_i M_i \tag{3-21}$$

式中　M——污染物入河（湖）总量；

λ_i——第 i 个汇水区的入河系数。

（3）入河系数　根据式(3-21)，入河系数可以通过汇水区的源强和入河污染物量计算：

$$\lambda_i = \frac{M}{\sum_{i=1}^{n} M_i} \tag{3-22}$$

通过现场检测数据标定入河系数 λ_i 是一项十分艰巨的工作，通常可以借鉴已有的研究成果的对比分析取值。

影响入河系数取值的因素很多，其不仅与地形地貌、土壤性质有关，还与降水历时、降水强度有关，与海域污染物的特性有关，各地的取值范围相差很大。在进行一项具体研究时，需要根据当地的历史数据加以识别。下面列举几组数据供参考。

郝芳华等对我国各大水系三级区的面源入河系数进行了系统研究，大部分数据在0.5～0.7之间，最高值为0.80，最低值为0.50。上海市郊区的一项调查发现：在饲养和储粪过程中，有50%的猪尿和牛尿、24%的鸭粪进入水环境，其他粪类进入水环境的较少。表3-6

是畜禽粪便污染物进入水体流失率数据。

表 3-6　畜禽粪便污染物进入水体流失率　　　　　　　单位：%

项目	牛	羊	猪	禽类
COD	6.16	5.50	5.58	8.59
氨氮	2.22	4.10	3.04	4.15
总氮	5.68	5.30	5.25	8.47
总磷	5.50	5.20	5.25	8.42

来源：金春久，李环，蔡宇．松花江流域面源污染调查方法初探．东北水利水电，2004，22（6）：54-55。

蔡明等根据多年的观察，提出一组与径流模数相关联的入河系数的数值（表 3-7）。

表 3-7　某流域入河系数估值

年份	年径流模数/[m³/(s·m²)]	λ 值	年份	年径流模数/[m³/(s·m²)]	λ 值
1991	1.529	0.1947	1996	1.766	0.2312
1992	2.085	0.2789	1997	1.517	0.1927
1993	1.787	0.2344	1998	1.695	0.2204
1994	1.296	0.1584	1999	1.657	0.2145
1995	0.674	0.0654			

来源：蔡明，李怀恩，等．改进的输出系数法在流域非点源污染负荷估算中的应用．水利学报，2004（7）：40-45。

2. 大气沉降源

（1）干沉降与湿沉降　存在于大气中的污染物，通过自然沉降或降水挟带转移到地面或水面的过程称为大气污染物的干沉降和湿沉降。酸性污染物（如硫氧化物、氮氧化物等）的沉降可能会导致湖泊的酸化，营养物（如氮、磷等）的沉降可能会导致湖泊、水库的富营养化。

单位时间单位面积上的大气沉降量称为表观总沉降率，简称总沉降率，以 R_T 表示。每个地方的大气总沉降率可以通过室外采样实验获得，由实验数据计算表观总沉降率的公式如下：

$$R_T = k_1 C_i V f / S = 56.59 C_i V f \tag{3-23}$$

式中　R_T——表观总沉降率，$kg/(km^2 \cdot 月)$；

　　　k_1——换算系数；

　　　S——沉降实验的降尘缸面积，m^2，当采用直径为 $\phi 150mm$ 标准玻璃降尘缸时，将 S 并入 k_1 中，k_1 取 56.59；

　　　C_i——总氮（TN）或总磷（TP）的浓度，mg/L；

　　　V——干湿沉降物液体总体积，L；

　　　f——采样时间系数，$f = t/30$，其中 t 为实际采样时段，d。

在总沉降率中，由雨、雪、雾、露、雹等引起的大气中 TN、TP 污染物的月沉降通量为湿沉降率，以 R_W 表示，计算公式如下：

$$R_W = \sum k_2' C_i V / A = \sum k_2 C_i h \tag{3-24}$$

式中　R_W——湿沉降率，$kg/(km^2 \cdot 月)$；

　　　C_i——第 i 次降雨组分浓度，mg/L；

　　　V——降雨总体积，m^3；

　　　A——降雨区面积，m^2；

　　　h——降雨量，mm；

　　　k_2'，k_2——单位换算系数。

表观总沉降率 R_T 与湿沉降率 R_W 之差称为表观干沉降率，简称干沉降率，以 R_D 表示，以 $kg/(km^2 \cdot 月)$ 计，计算式为：

$$R_D = R_T - R_W \tag{3-25}$$

（2）大气沉降的污染物入河量计算　对于水环境功能区，大气沉降的入河污染物分为两部分：一部分直接沉降在水面上；另一部分沉降在陆地上，随着降雨径流进入水体。通过干湿沉降进入水体的年污染物总量可以按下式计算：

$$W = \frac{1}{1000} \sum_{i=1}^{12} (A_水 R_T + \lambda A_陆 R_T) \tag{3-26}$$

式中　W——通过干湿沉降进入水体的污染物总量，t/a；

$A_水$——水环境功能区的水面面积，km^2；

R_T——月平均表观总沉降率，$kg/(km^2 \cdot 月)$；

λ——入河系数（在此可以采用径流系数）；

$A_陆$——汇水区陆地总面积，km^2。

3. 水体内源

水产养殖业是水体主要的内部污染源。有研究表明：用人工配合饲料每生产 1kg 鱼，约有 800g 有机物、70g 氮和 14g 磷进入水体。

水产养殖业对水体的污染主要体现在：过剩饵料污染、鱼类粪便和排泄物污染、动植物残体污染和残余化学药品污染四个方面。

水产等产生的内源污染物按全部进入水体计量。

第四节　污染源治理方案

一、污染物排放口空间位置方案

排放口是指污染物从污染源进入环境系统的出口，也是污染源与环境系统的接口。一般来说，排放口附近是污染物比较集中的地方，也是对环境形成集中冲击负荷的地方。

排放口空间位置的选择主要考虑 2 个因素：①环境稀释扩散条件较好，对周围社会人文活动的影响尽可能低；②尽量避免在城镇或人口密集区的河流上游或上风向设置排放口。

一般情况下可供选择的排放口位置不会太多。为了便于综合考虑环境、社会、经济等因素，有必要提出多个可行的排放口方案。

对当地的环境条件进行详尽调查非常重要，丰富的经验也是排放口位置选择的重要条件。

二、污染源治理方案

制订污染物处理预案也是污染源分析的重要任务。选择那些技术先进、经济上可行的处理方案作为环境系统分析的备用方案（通常要提出多个备选方案），在环境-经济-社会全面评价中选出其中比较优秀的方案，或者对各方案进行排序，提出决策建议。

要尽可能提出较为优秀的方案，只有在备选方案中包含了优秀方案，最后的评选结果才有可能选出好的方案。

制订治理方案并不难，但要推选出一个各方面都优秀的方案也不是一件易事，对污染源治理工艺有较为深刻的理解和深厚的污染源治理经验不可或缺。

【例 3-3】 水污染源估算。估算污染控制区污染物 COD、NH_3-N、TN、TP 的发生量和入河量。我国东南部某城市，汇水区总面积 1870hm²，即 18.7km²，平均年降水量 800mm；水环境功能区的河段长度 35km，平均水面宽度 20m，90%保证率的河流径流量为 6m³/s；功能区水质标准采用Ⅲ类[《地面水环境质量标准》(GB 3838-2002)]。土地利用情况见表 3-8，图 3-4 表示土地利用布局。

表 3-8　土地利用情况

地块编码	土地功能	面积/hm²	土地利用情况描述
A	城市商住区	200	城市新区，常住人口 2 万。下水道系统雨污分流，城市生活污水经二级处理排放
B	山林地	360	丘陵，平均坡度在 30°以内，约 50%为果树林，施氮肥(折纯)100kg/(hm²·a)，其余是以针叶林为主的次生林。林木覆盖度很好。降雨径流经排洪沟(全长约 4km)排入河流
C	农村	220	为农村居住地，居民户 1500 户，常住人口 4000 人，无集中式下水道，人粪尿都用作农田肥料。散养奶牛 50 头，猪 300 头，鸡 2000 只
D	水田	240	全部为水稻田，平均施用氮肥(折纯)250kg/(hm²·a)，磷肥(折纯)20kg/(hm²·a)
E	旱地	300	坡耕水浇地，部分种植旱作粮食作物，部分种植蔬菜。平均施用氮肥(折纯)300kg/(hm²·a)，磷肥(折纯)30kg/(hm²·a)。降雨径流经排洪沟(全长约 5km)排入河流。另外建有养猪场一处，年均饲养肉猪 5000 头
F	城市商住区	300	老城区，常住人口 3 万。下水道系统为雨污合流制，污水未经处理排入河流
G	工业区	200	工业区，根据最近"环境统计"数据，该汇水区工业废水量为 50×10⁴m³/a，COD、NH_3-N、TN、TP 的排放量分别为 50t/a、20t/a、30t/a 和 1.5t/a

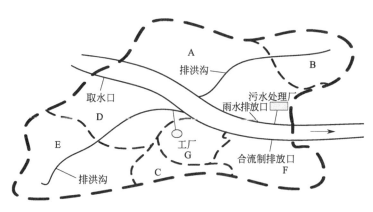

图 3-4　土地利用布局

【解】 计算内容涵盖：城市生活点源、工业点源、大气沉降、种植业、养殖业、城市面源、农村生活、林地等的污染物发生量与入河量。

1. 污染物产生量（源强）估算条件

（1）城市生活污染

① 老城区：人口 3 万，综合生活用水定额取 300L/(人·d)；污水中 COD、NH_3-N、TN 和 TP 浓度分别取 400mg/L、35mg/L、40mg/L 和 8mg/L；污水排放前未经处理。

② 新城区：人口 2 万，最高日人均用水量取 350L/(人·d)，污水排放前经二级处理，出水满足《城镇污水处理污染物排放标准》（GB 18918—2002）中一级 B 的要求，即 COD 60mg/L，NH_3-N 8mg/L，TN 20mg/L，TP 1mg/L。

（2）工业污染：根据"环境统计"提供的数据估算。

（3）大气沉降

① 水面大气沉降：水环境功能区水面面积＝35×0.02＝0.7(km^2)，NH_3-N 表观总沉降率取 4000kg/(km^2·a)，TN 取 8000kg/(km^2·a)，TP 取 200kg/(km^2·a)。

② 陆地大气沉降：陆地面积＝18.7－1.75＝16.95(km^2)，表观总沉降率取值同前。

（4）种植业

① 水田：种植面积 240hm^2，氮肥施用量（折纯）250kg/(hm^2·a)（NH_3-N 或 TN），磷肥施用量（折纯）20kg/(hm^2·a)（TP）。

② 旱地：种植面积 300hm^2，氮肥施用量（折纯）300kg/(hm^2·a)（NH_3-N 或 TN），磷肥施用量（折纯）30kg/(hm^2·a)（TP）。

（5）畜禽散养：计算条件见表 3-9。

表 3-9　畜禽排放系数取值

畜禽		COD 排放系数/(g/d)	NH_3-N 排放系数/(g/d)	TN 排放系数/(g/d)	TP 排放系数/(g/d)
种类	数量/只				
奶牛	50	2000	10	150	40
肉猪	300	187	24	133	6
蛋鸡	2000	7.0	0.24	1	0.7

（6）农村生活污水：居民 1500 户、常住人口 4000 人，用水量按 80L/(人·d)计算。人均 COD 负荷取 40g/(人·d)，NH_3-N 取 4g/(人·d)，TN 取 6g/(人·d)，TP 取 0.5g/(人·d)。

（7）规模化养猪场：年均存栏 5000 只肉猪，采用干捡粪，污水经简单处理排放，污染物去除率约 30%。用水量取 7.5L/(只·d)；原污水中污染物浓度 COD、NH_3-N、TN 和 TP 分别取 $2.64×10^3$mg/L、$2.61×10^2$mg/L、$3.70×10^2$mg/L 和 43.5mg/L。

（8）城市径流面源：城区面积 700hm^2。

① 老城区：面积 300hm^2，COD、NH_3-N、TN 和 TP 的径流平均浓度取 400mg/L、2.5mg/L、3.0mg/L 和 0.5mg/L，综合径流系数取 0.6。

② 新城区：面积 200hm^2，COD、NH_3-N、TN 和 TP 的径流平均浓度取 400mg/L、2.5mg/L、3.0mg/L 和 0.5mg/L，综合径流系数取 0.5。

③ 工业区：面积 200hm^2。COD、NH_3-N、TN 和 TP 的径流平均浓度取 250mg/L、1.5mg/L、2.0mg/L 和 0.4mg/L，综合径流系数取 0.6。

（9）林地

① 果树林：约 180hm^2，氮肥（折纯）施用量 100kg/(hm^2·a)。

② 次生林：无人工施肥。

（10）农村垃圾：垃圾产生率取 0.25kg/(人·d)；TN 释放率取 14kg/t；TP 释放率取 2.8kg/t。

$$农村垃圾产生量＝0.25×4000＝1000(kg/d)＝365(t/a)$$

2. 污染物产生量（源强）估算结果

见表 3-10。

表 3-10　污染物产生量估算结果表

污染源 类别		污废雨水 排放量 /($10^4 m^3$/a)	COD 产生量 /(t/a)	NH_3-N 产生量 /(t/a)	TN 产生量 /(t/a)	TP 产生量 /(t/a)
点源	老城区生活污水	262.8	1051.2	91.98	105.12	21.02
	新城区生活污水	204.4	122.64	16.35	40.88	2.04
	养猪场冲洗水	1.37	25.29	2.50	3.55	0.42
	工业废水	50	50	20	30	1.5
	小计	518.57	1249.13	130.83	179.55	24.98
面源	水面大气沉降			7	14	0.35
	陆地大气沉降			67.8	135.6	3.39
	水田				60	4.8
	旱地				90	9
	散养畜禽		62.09	2.99	18.03	1.9
	农村生活污水		58.4	5.84	8.76	0.73
	老城区径流面源	24	96	0.6	0.72	0.12
	新城区径流面源	16	64	0.4	0.48	0.08
	工业区径流面源	16	40	0.24	0.32	0.064
	果树林				18	
	次生林					
	垃圾淋滤水				5.11	1.02
	小计		320.49	84.87	351.02	21.454
合计			1569.62	215.7	530.57	46.434

3. 污染物入河量估算条件

（1）城市生活污染

① 老城区：入河系数取 1.0，各种污染物的入河量等于产生量。

② 新城区：入河系数取 1.0，各种污染物的入河量等于产生量。

（2）工业污染：入河系数取 1.0，各种污染物的入河量等于产生量。

（3）大气沉降

① 水面大气沉降：入河系数取 1.0，各种污染物的入河量等于产生量。

② 陆地大气沉降：其入河量已经计入地面径流，不再重复计算。

（4）种植业

① 水田：种植面积 240hm^2，根据相关参数计算入河量，即 COD、NH_3-N、TN 和 TP 的排放系数分别取 120kg/($hm^2 \cdot$ a)、5.5kg/($hm^2 \cdot$ a)、11.5kg/($hm^2 \cdot$ a)和 0.75kg/($hm^2 \cdot$ a)。

② 旱地：种植面积 300hm^2；年平均施用氮肥（折纯）300kg/($hm^2 \cdot$ a），磷肥（折纯）30kg/($hm^2 \cdot$ a)；入河系数取 0.3。

（5）畜禽散养：入河系数取 0.3，在污染物产生量基础上计算。

（6）农村生活污水：因为人粪尿被用作肥料还田，不再单独计算入河量。

（7）养猪场：污水入河系数取 1.0，即各种污染物的入河量等于产生量。

（8）城市径流面源

① 老城区：通过雨污合流系统排放，入河系数取 1.0。

② 新城区：通过雨水系统排放，入河系数取 1.0。

③ 工业区：通过雨水系统排放，入河系数取 1.0。

（9）林地

① 果树林：面积约 180hm²，氮肥（折纯）施用量 100kg/(hm²·a)，入河系数取 0.3。

② 次生林：无人工施肥。

（10）农村垃圾：垃圾淋滤液入河系数取 0.6。

4. 污染物入河量估算结果

见表 3-11。

表 3-11　污染物入河量估算结果

	污染源类别	污废雨水排放量/(10⁴m³/a)	COD入河量/(t/a)	NH₃-N入河量/(t/a)	TN入河量/(t/a)	TP入河量/(t/a)
点源	老城区生活污水	262.8	1051.2	91.98	105.12	21.02
	新城区生活污水	204.4	122.64	16.35	40.88	2.04
	养猪场冲洗水	1.37	25.29	2.50	3.55	0.42
	工业废水	50	50	20	30	1.5
	小计	518.57	1249.13	130.83	179.55	24.98
面源	水面大气沉降			7	14	0.35
	水田		28.8	1.32	2.76	0.18
	旱地				27	2.7
	散养畜禽		18.63	0.90	5.41	0.57
	农村生活污水	0	0	0	0	0
	老城区径流面源	24	96	0.6	0.72	0.12
	新城区径流面源	16	64	0.4	0.48	0.08
	工业区径流面源	16	40	0.24	0.32	0.064
	果树林				5.4	
	次生林					
	垃圾淋滤水				3.07	0.61
	小计	56	247.43	10.46	59.16	4.674
	合计	574.57	1496.56	141.29	238.71	29.65

第五节　环境空气污染源的核算与预测

一、环境空气污染源分类

1. 按照污染物排放的几何形态分类

大型工厂、机关与学校集中排放烟气的烟囱一般都是点源。点源又分为高架点源和非高架点源，我国规定凡不经过排气筒的废气排放以及排放高度低于 15m 的排气筒均不视为高架点源。实际研究中，高架点源排放高度阈值也可按照研究范围和模拟或预测尺度而定。在环境规划研究或总量计算中也有根据污染源排放高度分为高架源、中架源和低架源的划分方式。高架点源一般都属于有组织排放。为简化建模工作，可将不经过排气筒的废气排放以及排放高度低于 15m 的排气筒作为面源处理。线源则是空间上连续线型分布组成的污染源。交通频繁的铁路、公路及街道可以视为线源。面源是污染物在平面上均匀分布排放，构成一个区域性的污染源，居民区一般的家庭排烟、商业区的排烟可以看作面源。

2. 按照污染物排放的时间分类

连续源指的是污染物连续排放，如工厂的排气筒等。间断源指的是污染物排放时断时续，如取暖锅炉和间歇性生产废气排放。瞬时源主要指排放时间短暂的污染源，如爆炸事故的排放。

3. 按照污染源存在的形态分类

固定源指的是位置固定的污染源，如工业企业烟囱的排烟排气。移动源指的是位置可以移动，移动过程中排放污染物的污染源，如汽车等。

4. 按污染物排放空间特征分类

高架源：在距地面一定高度排放污染物，如电厂烟囱等。

低架源：在地面上或离地面高度很低的排放源。

一定高度以下的源统称地面源。

5. 按照污染物的发生源分类

工业污染源包括燃料燃烧排放的污染物、生产过程中的排气等；农业污染源包括农用燃料燃烧排气、农药扩散、化肥分解等对大气的污染等；生活污染源主要为民用炉灶和取暖锅炉排放污染物、焚烧城市垃圾等的废气、城市垃圾堆放过程中分解排出的废气等；交通运输源是指交通运输工具燃料燃烧排放的废气。

二、环境空气污染物

环境空气污染物种类较多，按照污染物的化学特性可分为无机气态物、有机气态物和颗粒物。

无机气态物主要包括硫氧化物、氮氧化物、一氧化碳、二氧化碳、臭氧、氨、氯化物和氟化物等。

有机化合物主要包括烃类、醇类、醛类、酯类、酮类等。

颗粒物主要包括固态颗粒物、液态颗粒物和生物颗粒物。固态颗粒物包括燃烧产生的烟尘，工业生产过程中产生的粉尘和扬尘等。扬尘又可以分为一次扬尘和二次扬尘。颗粒物根据粒子直径不同划分为总悬浮微粒和飘尘。其中空气动力学直径小于 $100\mu m$ 的颗粒称为总悬浮微粒，记为 TSP；空气动力学直径小于 $10\mu m$ 的粒子称为飘尘，也叫可吸入颗粒物，记为 PM_{10}；飘尘对人体健康影响较大。近年来直径小于 $2.5\mu m$ 的细微粒子 $PM_{2.5}$ 引起更大的关注，它可以进入人体的肺泡中永久沉积，对人体健康影响最大。直径大于 $100\mu m$ 的粒子称为降尘，在重力作用下很快下降，在一般天气情况下不会远距离传输。液态颗粒物主要是酸雨和酸雾。生物颗粒物则主要是微生物、植物种子和花粉。

污染物按照生成源可分为一次污染物和二次污染物。一次污染物指的是从各类污染源排出的物质，又可分为反应性污染物和非反应性污染物。反应性污染物性质不稳定，在大气中常与其他物质发生化学反应或作为催化剂促进其他污染物产生化学反应；非反应性污染物性质较为稳定，难发生化学反应。一次污染物在大气中的物理作用或化学作用主要有化学反应、粒状污染物对气态污染物的吸附、气态污染物在气溶胶中的溶解或在阳光作用下的光化学反应。二次污染物指的是大气中污染物由化学反应或光化学反应生成的一系列新的污染物，常见的二次污染物有臭氧、过氧化乙酰硝酸酯、硫酸及硫酸盐气溶胶等。

目前环境空气中比较引人注意的污染物是粉尘、二氧化硫、氮氧化物和一氧化碳等，我国《环境空气质量标准》（GB 3905—2012）中所列污染物有二氧化硫、总悬浮颗粒物、可吸入颗粒物、氮氧化物、二氧化氮、一氧化碳、臭氧、铅、苯并 [a] 芘和氟化物。在大气质量预测和大气污染控制规划中二氧化硫和粉尘是主要的研究对象。

工业污染源排放的污染物则种类较多，我国《大气污染物综合排放标准》（GB 16297）中列有二氧化硫、氮氧化物、颗粒物、氯化氢、铬酸雾、硫酸雾、氟化物、氯气等共 33 种污染物。不同行业则关注行业特征性污染物，如火电厂将烟尘、二氧化硫、氮氧化物作为控制污染物，而机械化炼焦工业将颗粒物、苯可溶物和苯并 [a] 芘作为控制污染物。

汽车尾气中引人注意的污染物是一氧化碳、烃类化合物和氮氧化物。

三、污染源核算

源强是研究大气污染的基础数据，其意义就是污染物的排放速率。对于瞬时点源，源强就是点源一次排放的总量；对于连续点源，源强就是点源在单位时间里的排放量；对于线源，源强是指单位时间单位长度线源的排放量；对于面源，源强就是单位时间单位面积面源的排放量。

污染源源强核算方法主要包括以下几种。

① 现场实测法：通过测定烟气中污染物的浓度，根据实际排烟量很容易计算污染物的排放量。

② 排污系数法：根据同类燃烧设备的排污系数、燃料组成和燃烧状态，预测烟气量和污染物浓度。各种污染物的排污系数由其形成机理和燃烧条件决定。

③ 污染源详细调查法：根据各个源的基本工况和排放因子模型，建立污染源清单和数据库，据此可以分析各个源排放对排放量的贡献及对空气质量的相对影响，确定重点污染源。

1. 现场实测法

现场实测法是在废气排放的现场实地进行废气样品的采集和废气流量的测定，以此确定空气污染物源强的一种客观方法。

废气样品的采集和废气流量的测定一般在排气筒或烟道内进行。排气筒或烟囱内部，废气中某种污染物的浓度分布和废气排放速度的分布是不均匀的。为准确测定废气中某种污染物的浓度和废气流量的大小，需设许多点进行采样和测量，最后取平均浓度和平均废气流量值。

空气污染物源强可由实测的平均浓度和实测的平均流量相乘而得。计算式如下：

$$G = CQ \tag{3-27}$$

式中　G——源强，即单位时间内某种污染物的产生量（或排放量）；

　　　C——该种污染物的实测平均浓度；

　　　Q——废气的实测平均流量。

其中，平均浓度：样品经分析测定即可得到每个采样点的浓度值，若干个浓度值的平均值为废气排放平均浓度。平均排放速度：每个测量点均可测出废气的排放速度，若干个排放速度的平均值为废气的平均排放速度。废气的流量：平均排放速度与废气通过的截面积相乘，为废气的流量。

现场实测法的优点：只要测点密度较大，测量次数足够多，测量质量较高，用这种方法估算的污染物产生量或排放量接近实际情况，估算结果准确。

现场实测法的缺点：有很大的局限性，只能用于已建成运行的污染源；所需人力、物力较多，费用较大。

2. 排污系数法

目前使用的排放系数有两种。一种是在没有污染治理设施的情况下，生产某单位产品所排放的污染物的量，称为污染物产生系数（简称产污系数）。产污系数是指正常技术、经济和管理等条件下，生产单位产品或产生污染活动的单位强度所产生的原始污染物的量。另一种是在有污染物治理设施的情况下，生产某单位产品所排放的污染物的量，称为污染物排放系数（简称排污系数）。排污系数是指在上述条件下经污染控制措施削减后或经削减直接排放到环境中的污染物的量。

产污系数和排污系数与产品生产工艺、原材料规模、设备技术水平及污染控制措施有关，产污系数和排污系数的数值是企业正常生产条件下，通过实测或物料衡算或调查所得到的单位产品产生或排放的污染物的量。排污系数一般在产污系数确定的基础上进行，如无治理措施，排污系数与产污系数相同。

（1）万元产值排污系数法　对于某些企业，生产规模不大，生产产品又较杂，经常使用每生产 1 万元产值所排放污染物的数量（简称万元产值排污系数）作为某行业的排放系数。利用排放系数可以方便地根据产品产量或生产规模计算出污染物的排放量。

$$G = KM \tag{3-28}$$

式中　G——污染物排放量；

　　　K——污染物排放系数；

　　　M——产品产量。

（2）源强核算的一般模型

$$Q_i = K_i W_i (1 - \eta_i) \tag{3-29}$$

式中　Q_i——源强，对瞬时点源以 kg 或 t 计，对连续稳定排放点源以 kg/h 或 t/h 计；

　　　W_i——燃料的消耗量，对固体燃料以 kg 或 t 计，对液体燃料以 L 计，对气体燃料以 $100 m^3$ 计，时间单位以 h 或 d 计；

　　　η_i——净化设备对污染物的去除效率；

　　　K_i——某种污染物的排放因子；

　　　i——污染物的编号。

（3）燃煤的二氧化硫排放源强一般计算模型

$$Q_{SO_2} = 1.6 WS (1 - \eta) \tag{3-30}$$

式中　Q_{SO_2}——二氧化硫排放源强，对连续稳定排放点源以 kg/h 或 t/h 计；

　　　W——燃煤量，以 kg/h 或 t/h 计；

　　　η——二氧化硫去除效率，%；

　　　S——煤中的全硫分含量，%；

　　　1.6——二氧化硫排放因子，表示煤中硫的转化率为 80%。

（4）燃煤烟尘排放源强一般计算模型

$$Q_{尘} = WAB(1-\eta) \tag{3-31}$$

式中　$Q_{尘}$——烟尘排放源强，对连续稳定排放点源以 kg/h 或 t/h 计；

　　　W——燃煤量，以 kg/h 或 t/h 计；

　　　A——煤的灰分，%；

　　　B——烟气中烟尘的质量分数；

　　　η——烟尘去除效率，%。

（5）流动源（汽车尾气）源强模型　汽车尾气源强与车型、燃料类型、行驶工况等关系密切，通常用综合排放因子描述特定行车条件下汽车尾气的平均源强，然后根据车流量和车流组成计算道路汽车尾气总源强：

$$Q = \sum_{i=1}^{n} N_i E_i / 3600000 \left[g/(m \cdot s) \right] \tag{3-32}$$

式中　n——道路汽车类型总数；

　　　N_i——i 类型汽车的车流量，辆/h；

　　　E_i——i 类型汽车尾气的综合排放因子，g/km。

3. 污染物排放因子

在污染源源强模式计算中，污染物排放因子的确定是非常重要的。各种污染物排放因子受燃烧方式和燃烧条件影响很大。例如：燃煤锅炉排烟中粉尘占总量的比例，因燃烧方式不同而有很大变化，如链条炉产生的飘尘占煤中灰分的 $10\% \sim 25\%$，而煤粉炉的这个数字可以高达 $75\% \sim 80\%$。

四、污染源预测

污染源预测是一个复杂的过程。目前的污染源预测技术各有特点，不过都还难以达到准确预测的程度。即便如此，通过预测，人们还是可以预见到污染源在一个时期内的变化趋势，为宏观决策分析提供一定的依据。目前常用的污染源预测方法有趋势外推法、万元产值法、定额法和弹性系数法等。

1. 趋势外推法

趋势外推法是时间序列法中的一种，预测的基础是历年的污染源监测数据。其预测模型如下：

$$Q_1 = Q_{t_0}(1+\alpha)^{t-t_0} \tag{3-33}$$

式中　Q_1——规划年污染物排放量，$10^4 \text{m}^3/\text{a}$；

　　　Q_{t_0}——基准年污染物排放量，$10^4 \text{m}^3/\text{a}$；

　　　α——年均增长率；

　　　t——规划年；

　　　t_0——基准年。

通过对等号两边取对数，将式(3-33)化为线性方程：

$$\ln Q_1 = \ln Q_{t_0} + (t-t_0)\ln(1+\alpha)$$

令 $Q = \ln Q_1$，$a = \ln Q_{t_0}$，$T = t - t_0$，$b = \ln(1+\alpha)$，得：

$$Q = a + bT \tag{3-34}$$

式(3-34)表明，Q 和 T 呈线性关系，式中系数 a 和 b 可根据多年数据用最小二乘法求得。在社会结构和经济结构没有重大变化的情况下这种方法简单易行，也有一定的精确度。

2. 万元产值法

万元产值法适用于预测那些产品价格和生产工艺比较稳定的工业污染源排放，其预测模型为：

$$Q_2 = D_t A_t = D_{t_0}(1+\gamma)^{t-t_0} A_t \tag{3-35}$$

式中　Q_2——预测工业污染物排放量，$10^4\,m^3/a$；

　　　D_t——预测年工业产值，万元；

　　　D_{t_0}——基准年工业产值，万元；

　　　A_t——预测年万元工业产值（不变价）污染物排放量，$10^4\,m^3/(a\cdot万元)$；

　　　γ——工业产值年均增长率。

由于技术与管理的改进，万元工业产值废气排放量将会逐年递减。考虑上述因素的公式如下：

$$Q_2' = D_t A_t = D_{t_0}(1+\gamma)^{t-t_0} A_t = D_{t_0}(1+\gamma)^{t-t_0} A_{t_0}(1-\beta)^{t-t_0} \tag{3-36}$$

式中　Q_2'——预测工业污染物排放量，$10^4\,m^3/a$；

　　　A_{t_0}——基准年万元工业产值工业污染物排放量，$10^4\,m^3/(a\cdot万元)$；

　　　β——万元工业产值污染物排放量年均递减率（$\beta \leqslant 0$）。

3. 弹性系数法

弹性系数 ε 的定义为污染物（或介质）的年增长率与国民经济生产总值的年增长率的比值，即：

$$\varepsilon = \frac{\left(\dfrac{Q}{Q_0}\right)^{1/(t-t_0)} - 1}{\left(\dfrac{M}{M_0}\right)^{1/(t-t_0)} - 1} \tag{3-37}$$

式中　M，M_0——历史资料的末年（t）和初年（t_0）的国民生产总值；

　　　Q，Q_0——相应年份的污染物（或介质）的排放量。

若知道基准年的污染物（或介质）的排放量 Q_0 和国民生产总值 M_0，以及预测年的国民生产总值 M，则可预测出预测年的污染物（或介质）的排放量 Q：

$$Q = Q_0 \left\{ \varepsilon \left[\left(\frac{M}{M_0}\right)^{1/(t-t_0)} - 1 \right] + 1 \right\}^{t-t_0} \tag{3-38}$$

【例 3-4】　表 3-12 为某市在十字路口测量的汽车流量与大气中 NO_x 含量的关系及逐年平均车流量。用弹性系数法预测 2020 年时空气中 NO_x 的含量（假设 2020 年的年车流量为 2013 年的 2.5 倍）。

表 3-12　某市某道口逐年汽车流量和大气中 NO_x 含量

年份	2004	2005	2006	2007	2008	2009	2010	2011	2012	2013
车流量/（辆/h）	35	45	52	60	69	75	80	82	86	91
NO_x/（mg/m³）	0.07	0.075	0.085	0.084	0.09	0.13	0.14	0.15	0.14	0.15

【解】根据弹性系数公式（3-37）得：

$$\varepsilon = \frac{\left(\dfrac{Q}{Q_0}\right)^{1/(t-t_0)} - 1}{\left(\dfrac{M}{M_0}\right)^{1/(t-t_0)} - 1} = \frac{\left(\dfrac{0.15}{0.07}\right)^{\frac{1}{9}} - 1}{\left(\dfrac{91}{35}\right)^{\frac{1}{9}} - 1} = 0.789$$

由式(3-38) 得：

$$Q = Q_0 \left\{ \varepsilon \left[\left(\frac{M}{M_0}\right)^{1/(t-t_0)} - 1 \right] + 1 \right\}^{t-t_0}$$

以 2013 年为基准年，则 2020 年空气中 NO_x 含量为：

$$Q = 0.15 \left\{ 0.789 \times \left[\left(\frac{2.5 \times 91}{91}\right)^{\frac{1}{7}} - 1 \right] + 1 \right\}^{7} = 0.31 (mg/m^3)$$

五、污染源核算与预测的不确定性分析简介

污染源核算与预测过程中不可避免地存在着监测误差、随机误差、关键数据缺乏以及数据代表性不足等固有的不确定性因素，如果这些不确定性因素不能被正确识别和量化，将有可能导致对排放趋势、排放源分配、重要不确定性源的识别以及污染源与空气质量关系等产生错误认识，甚至可能因此而制定错误的空气污染控制策略。

图 3-5 为污染源核算与预测的不确定性分析过程。不确定性定量方法涉及对排放源清单模型输入（排放因子和活动水平）的不确定性识别，以及通过该模型将不确定性传播到模型的输出，以量化排放源清单不确定性的大小。其中：

(1) 输入参数的不确定性分析　统计分析或专家判断。

(2) 排放源清单模型中的传播分析　蒙特卡罗模拟法分析。该法因灵活性较强而得到广泛使用，从模型输入中随机抽取 1 个值，计算相应的模型输出大小，经过 n 次重复抽样，由 n 个模型输出构成的概率分布代表了模型输出的不确定性，从而量化了排放源清单的不确定性。

(3) 重要不确定性源分析　敏感性分析，相关性分析。

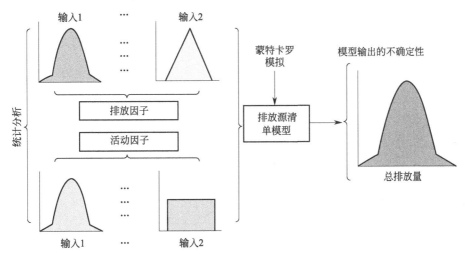

图 3-5　污染源核算与预测的不确定性分析过程

习题与思考题

1. 简述污染源与污染物分类。

2. 污染源核算方法有哪些？

3. 污染源预测方法有哪些？

4. 下表为某市某 5 年的人口数统计表，试分别利用所学预测方法预测该市 2020 年与 2025 年的人口数。如果城镇生活污水排放量取值 200L/（人·d），其中 COD 浓度按 250mg/L 计算，总氮浓度按 50mg/L 计算，总磷浓度按 8mg/L 计算，NH_3-N 按 30mg/L 计算。试核算 2020 年与 2025 年上述四种污染物的排污负荷。

年份	2011	2012	2013	2014	2015
总人口/万人	50.5	52.1	53.9	56.1	58.2

5. 已知某焦化厂 2010 年的焦炭产量是 20 万吨，平均生产每吨焦炭排放 SO_2 量是 400g，2015 年的焦炭产量是 25 万吨，平均生产每吨焦炭排放 SO_2 量是 340g，若该厂 2025 年的焦炭产量要达到 40 万吨，求到 2025 年时 SO_2 的总排放量。

6. 已知某城市 2012～2021 年的一组 SO_2 排放量数据如下表所列，试预测 2022 年与 2027 年该市 GDP，并在此基础上利用弹性系数法预测该城市 2015 年 SO_2 的排放量。

年份	2012	2013	2014	2015	2016	2017	2018	2019	2020	2021
SO_2 排放量/（10^4t/a）	1.052	1.081	1.123	1.119	1.150	1.212	1.254	1.315	1.420	1.440
GDP/亿元	23.1	24.2	25.1	25.6	26.2	27.1	28.3	29.4	31.6	32.3

7. 概要描述污染源核算与预测的不确定性分析方法。

第四章
环境质量基本模型

第一节　数学模型概述

环境质量基本模型是通过对所研究的环境系统抽象化建立的数学模型。在此简要介绍数学模型的相关内容。

一、数学模型基本概念

1. 定义与特征

根据所观察到的现象，归结成一套反映其数量关系的数学关系式与算法，用以描述对象的运动规律，这套公式和算法称为数学模型。广义的数学模型既包含由数学符号组成的数学公式，也包括用框图或文字表达的计算方法和计算过程。

尽管模型所模拟的是一个现实实体或一个实际事件的过程，但模型一旦建立，一个形象思维问题就可以转化为抽象思维问题，数学本身的规律和特征就反映了实际系统的结构和运动规律。

抽象性是数学模型的最重要特征，在建立数学模型的过程中对研究对象的本质进行高度的抽象，应用数学规律研究实际问题，可以突破实际系统或物理模型的约束，可以反映事物更为本质的内容。运用数学模型研究复杂的实际问题具有以下优势。

① 由于数学模型的抽象性，可以突破变量数目的约束，同时模拟数十个甚至更多的变量。例如现代的水环境数学模型和大气环境质量模型一般都包括几个至几十个变量。这在实际系统或物理模型中是难以做到的，通常一个精心设计的物理模型中同时模拟 3 个变量就已经很难了，至于对化学反应过程和生态变化的模拟几乎不可能。

② 在进行模拟和试验时，数学模型可以任意改变模型参数的数值，甚至改变模型的结构，以便进行各种控制条件下的研究，更有利于发现事物的本质特征，以及对客观系统进行控制的优化条件。

③ 与实物模型或物理模型相比，采用数学模型可以不需要太多的试验设备和空间。在信息技术空前发达的今天，计算机成为数学模拟的主要工具，其速度和存储量不再是数学模拟的障碍，各种类型的通用计算机为研究工作提供了快捷、经济的研究手段。由于不需要建设专用的试验设备，数学模拟的速度较快、费用较低。

④ 除了描述目标系统的状态以外，数学模拟还可以提供更多的分析功能，例如模型中各个变量和参数的灵敏度，以及模型的不确定性分析。

数学模型是人类认识自然、改造自然的有力工具，在人类社会发展过程中起着极为重要的作用。但数学模型也有它的局限性，数学模型的抽象性来源于人们对实际系统的抽象，任何抽象过程都不可能一成不变地演绎出模拟对象，特别是像环境系统这样一个极其复杂的系统。为了对实际事物进行抽象，需要对研究对象做出一系列的简化和假定，这些简化和假定可能会偏离事物原来的特征，或者只反映事物的某些特征，使得模拟结果与实际系统产生偏离和失真。

模型与实际系统的偏离与失真主要来源于以下 3 个方面。

① 环境系统是一个开放性的复杂系统，系统结构和参数都存在一定的不确定性，这种不确定性可能会造成严重失真。

② 模型的结构与实际系统的差异。例如模型中的主要变量是否反映了实际系统中的状态，如果状态抽象不正确，模型的模拟结果势必差之甚远。再例如，模型中变量的变化规律与实际系统中变量的变化规律是否一致，所模拟的变量之间的关系能否反映真实系统中变量之间的关系等。任何一次抽象过程都会产生偏差，如果抽象的内容并非事物的本质，数学模型就不能付诸应用。

③ 模型中的参数是否能够反映实际系统运动过程的量的特征。如果说模型反映的是一类事物的普遍规律，放之四海皆准，那么参数反映的则是模型在某种条件下的具体规律，是模型活的灵魂。模型的参数不准确，即使一个好的模型也不会得到好的模拟结果。

在建立和应用数学模型的过程中，要充分认识数学模型的特点，趋利避害。需要特别注意的是：

① 对模拟对象要有深入的认识，包括占有实际系统在各种条件下的数据资料，对现场进行实地考察，了解模拟对象历史变迁等；

② 在有条件的情况下，利用实际系统进行观察和试验，通过精心设计的试验，掌握更多的数据；

③ 对掌握的数据进行深入分析，通过分析发现和掌握研究对象的变化发展规律。

上述这些过程在模型建立和应用过程中需要认真、细致地操作。

模拟对象的实际状态是建立数学模型的依据，尽管客观世界具有时空瞬变特点，与数学模型所提供的结果很不一致，但必须清楚：一个最好的数学模型也不会比实际系统更真实，尊重实际是一个模型工作者的基本素质。

2. 模型的分类

实际世界中应用的模型可以分为具体模型和抽象模型两大类（图 4-1），在此基础上还可以进一步细分。

- 模型
  - 具体模型
    - 模拟模型：电模拟、模拟计算机模拟
    - 实物模型：建筑模型、风洞模型等
  - 抽象模型
    - 数学模型：方程式、函数、逻辑关系式等
    - 图像模型：流程图、方向图、框图等
    - 计算机程序模型：计算程序、模拟程序等

图 4-1 模型分类

按照变量与时间的关系可以分为动态模型和稳态模型。模型变量随着时间变化的模型称为动态模型，反之则称为稳态模型。

按照变量之间的关系可以分为线性模型和非线性模型。前者各个变量之间呈线性关系，

后者则为非线性关系。

按照变量的变化规律可以分为确定性模型和随机模型。变量的变化服从某种确定规律的模型称为确定性模型，变量随机变化的模型称为随机模型。

按照模型的用途可以分为模拟模型和管理模型。模拟模型用于描述研究对象的运动规律，而管理模型则用于辅助方案的选择和决策。

按照模型参数的性质，可以分为集中参数模型和分布参数模型。模型中的参数随着时间、空间变化的模型称为分布参数模型，否则称为集中参数模型。

从不同的角度还可以有其他的分类方法。各种分类方法之间相互交叉，同一个模型按照不同的分类方法可以归入不同的类别。由于环境系统自身的复杂性，通常的环境系统模型既是一个动态模型又是一个非线性模型，还属于随机模型和分布参数模型。实际上，同时具有上述特点的模型几乎是不可求解的，无论采用解析方法还是数值方法。在针对一个实际系统进行模拟时，要根据对象的特点，抓住反映事物本质的主要因素和主要规律进行适当的简化，对于简化过程中造成的偏差可以通过灵敏度分析和不确定分析进行估计和校正。

二、数学模型的建立

1. 对模型的基本要求

建立数学模型所需要的信息通常来自两个方面：一是对客观系统的结构和运动规律的认识和理解；二是对系统的输入输出数据的观察。利用前一类信息建立模型的方法称为演绎法，通过演绎建立的模型称为机理模型，亦称白箱模型；利用后一类信息建立模型的方法称为归纳法，通过归纳法建立的模型称为经验模型或统计模型，也称为黑箱模型。

在实际环境系统中经验模型被广泛应用，但经验模型的依据只是具体的输入输出数据，其应用范围比较局限。完全的白箱模型实际上是不存在的，因为人们对于实际系统，特别是复杂的环境系统的认识受到条件的限制，不可能通过演绎建立一个既符合基本规律，又能够应用于任意条件下的机理模型。

目前应用比较广泛的模型属于"灰箱模型"，即介于机理模型和经验模型之间的模型。通过逻辑推理方法建立起模型结构，然后利用输入输出数据确定模型中的参数，这样的模型就是灰箱模型。灰箱模型是应用最为广泛的模型。

一个能够付诸应用的模型，不管它是用什么方法建立的，都必须满足下述基本要求。

（1）依据充分　模型是客观实体的映射，只有充分掌握研究对象的资料和数据才可建立起能够反映对象的模型。要有比较充分的数据用以表达建模的自变量和因变量之间的相关关系，同时模型应用的时空条件与其各种约束需要有明确的表达。

（2）足够的精确度　精确度是指模型的计算结果与实际测量数据吻合的程度，是衡量模型质量的重要指标，也是决定一个模型是否能够应用的重要指标。影响模型精度的最重要因素是模型结构的合理性与模型参数取值的合理性。没有合理的模型结构，模型的计算结果有可能出现原则性错误，谈不上精确度；参数的数值是影响精确度的重要因素，参数估计是建模过程中的重要环节。对精度的要求取决于研究对象，一般来说，研究对象越复杂，问题越宏观，精度要求不可能很高，特别是对于环境保护这样的开放性系统。模型的精度通常用计算数据与实测数据的差值表示。

（3）可操作、实用　可操作性和实用性是评估模型的重要指标。模型的复杂程度与其实用性呈负相关，但复杂模型往往又是表达一个复杂系统所必需的。因此，在建模过程中需要缜密权衡模型的精度和实用性。应该说，在相同精确度的条件下模型结构较简单、参数较少的模型是首选目标。

对于一个管理模型，存在可控变量是衡量模型可操作性的重要指标，以便人们按照既定的目标，通过对控制变量的调整，使研究对象向着有利于系统目标的方向变化。模型的可控变量也称决策变量。

2. 建模过程

一个模型要能真实地反映客观实体，必须经过实践—抽象—再实践的多次反复，需要经过数据收集与分析、模型结构选择与确定、模型参数估值、模型验证与修正等过程。只有经过验证的模型才可以付诸应用。

（1）数据收集与分析　在建立模型之前，需要尽可能多地收集反映研究对象特征的各种数据，这些数据可以是为了建模进行观察或现场试验所取得的数据，也可以是关于研究对象的历史数据，在某种意义上历史数据具有更重要的价值。

对数据进行分析，找出数据中各种变量之间的关系是确定模型结构的重要环节。这些关系主要有以下几种。

① 变量与变量的关系，特别是因变量与自变量之间的关系。通过绘制变量之间的关系曲线，发现变量之间的函数关系，作为描述模型中变量关系的依据（图 4-2）。

② 变量与时间的关系。通过绘制变量的时间过程线，发现变量随时间的变化规律。时间过程线是确定模型属于动态模型还是稳态模型的基础，也是确定模型动态参数的基础。

③ 变量与空间的关系。通过描述变量的空间变化特征，反映模型中变量的空间边界及其随空间的变化规律。

（2）模型结构选择与确定　模型的结构大致可以分为白箱、黑箱和灰箱三类。

① 白箱模型又称机理模型，它是以研究对象的变化规律为基础建立起来的，可以在广泛的范围内使用。例如，牛顿力学定律在低速运动范围内是普遍适用的。根据质量平衡和动力学过程建立各种形

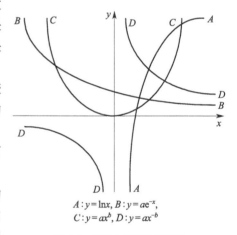

$A: y = \ln x, \quad B: y = ae^{-x},$
$C: y = ax^b, \quad D: y = ax^{-b}$

图 4-2　变量之间的关系举例

式的微分方程和偏微分方程是最常用的建立白箱模型的方法。建立模型所需的物质流方向与通量、物质反应的方式和速度、各种反应物之间的量化关系，都要通过实际观察获取。

② 黑箱模型又称输入-输出模型、统计模型或经验模型。黑箱模型是在研究对象的输入、输出数据的基础上建立的，而不管系统内部的变化过程与机理。黑箱模型通常是针对一个具体系统的具体状态建立的，因此它的应用是有条件的。建立黑箱模型的首要条件是需要掌握大量的输入、输出数据。这些数据可以是在日常观测中积累的，也可以是专门针对建模测定的。

在现实世界中完全的白箱模型，即机理模型是很少的，黑箱模型的应用范围又受到限制，介于白箱模型和黑箱模型之间的灰箱模型就应运而生。

③ 灰箱模型又称半机理模型。由于人们对客观世界认识的局限性，往往只知道事物内

部各因素之间质的（即定性）关系，但并不确切了解其量的关系，还需要用一个或多个经验系数来加以量化。例如，摩擦力计算公式 $f = aF$ 中，摩擦力 f 与正压力成正比例关系，但它们之间量的关系还需要借助一个摩擦系数 a 确定。a 的数值取决于材料表面的粗糙度等因素，一般无法由推理获得，只能由实验确定。因此，灰箱模型中既包含机理部分又包含经验部分，是一个半经验、半机理模型。灰箱模型建模时，首先根据研究对象内各个变量之间的物理的、化学的或生物学过程建立起原则关系，然后根据输入、输出数据确定待定参数的数值。环境系统中用到的模型大多属于灰箱模型。

【例 4-1】 十二胺是一种萃取剂，在水中的降解过程可以用下述实验数据表达，试描述其反映的结构。

时间/h	0	1	3	5	7	9	23	27	31
浓度/（mg/L）	2.3	2.22	1.92	1.60	1.52	1.07	0.73	0.50	0.45

【解】 将十二胺的浓度随时间的变化关系作成曲线（图 4-3），寻找变量与时间的关系。从图中可以发现，十二胺的降解符合负指数律，可以用下式表达：

$$C = C_0 e^{-kt}$$

式中　k——十二胺降解速度的参数。

本例题可以利用 Excel 趋势线求解。

（3）模型参数估值　一个灰箱模型至少存在一个待定参数，这些参数的数值需要根据试验数据确定。一个结构上合理的模型只有在获得合理的参数数值后才具有生命力。

估计参数的过程在整个建模过程中需要较多的时间，参数估值的技术繁多，且处在快速发展中。对于具有确定估计范围的参数，经验公式法、最小二乘法、最优化方法等得到广泛应用。近年来，对于非线性目标的全局搜索技术得到广泛的重视与发展。具体的参数估值方法将在本节叙述。

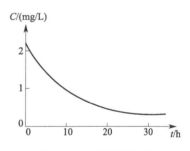

图 4-3　十二胺的降解过程

【例 4-2】 根据【例 4-1】的模型结构，估计参数 k。

【解】 在【例 4-1】所导出的表达式中，C 是十二胺在不同时间的浓度，C_0 是十二胺的初始浓度，t 是试验延续时间，k 是反映十二胺降解速度的模型参数，在环境条件相对稳定时 k 可以被认为是常数。根据实验数据，通过线性回归可以求得参数：$k = 0.0519 \mathrm{h}^{-1} = 1.25 \mathrm{d}^{-1}$。相关系数：$r = 0.99$。

本例题可以利用 Excel 数据分析中回归分析功能求解。

（4）模型验证与修正　经过模型结构选择和参数估值，数学模型已经基本建立，但是一个能够付诸实际应用的模型还需要进行模型验证，以确认数学模型的性能稳定性。模型验证需要采用实际监测的数据，用于模型验证的数据与用于参数估计的数据应该相互独立。

（5）模型的应用和反馈　一个实际模型的建立，还需要在实际中不断校正和完善，利用实际数据提高模型精度是最好的途径。模型的使用过程也就是模型不断完善和改进的过程。图 4-4 表示了数学模型建模的全过程。

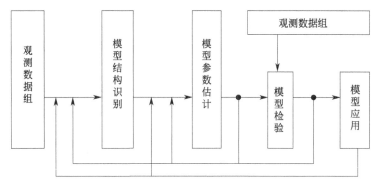

图 4-4　数学模型建模的全过程

三、参数估计方法

1. 基于回归拟合的方法

（1）图解法　图解法适用于线性模型或可以转化成线性模型的参数的估计。如果给定一个线性模型：

$$y = b + mx \tag{4-1}$$

根据一组测定的表达 y、x 关系的数据，就可以 x 为横坐标、y 为纵坐标作图，直线的截距为 b，斜率则为 m（图 4-5）。

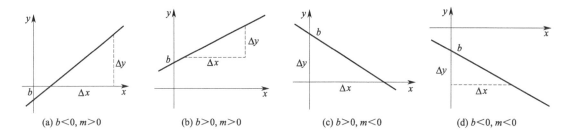

图 4-5　作图法求解参数

作图法的误差取决于点位的精度和绘制直线的精度。对于精心绘制的图形，其总体误差在 0.5% 左右。

【例 4-3】　下表为 x 与 y 的一组对应值，试用图解法求线性方程 $y = b + mx$ 中的 b 和 m。

x	1	3	8	10	13	15	17	20
y	3.0	4.0	6.0	7.0	8.0	9.0	10.0	11.09

【解】　根据所给数据，在直角坐标纸上作图（图 4-6）。由图上坐标可得：

$$b = 2.73$$

$$m = \frac{\Delta y}{\Delta x} = \frac{11.09 - 2.73}{20 - 0} = 0.418$$

于是得到线性方程：

$$y = 2.73 + 0.418x$$

（2）一元线性回归　一元线性回归同样适用于线性或可以转化为线性的模型。一元线性回归方法有如下假设：①自变量没有误差，因变量则存在测量误差；②与各测量点拟合最好的直线，为使各点至直线的竖向偏差（因变量偏差）之平方和最小的直线。

一元线性回归即采用最小二乘原理，由最小二乘法可以得到：

$$b = \frac{\sum\limits_{i=1}^{n} x_i y_i \sum\limits_{i=1}^{n} x_i - \sum\limits_{i=1}^{n} y_i \sum\limits_{i=1}^{n} x_i^2}{(\sum\limits_{i=1}^{n} x_i)^2 - n \sum\limits_{i=1}^{n} x_i^2} \qquad (4\text{-}2)$$

$$m = \frac{\sum\limits_{i=1}^{n} x_i \sum\limits_{i=1}^{n} y_i - n \sum\limits_{i=1}^{n} x_i y_i}{(\sum\limits_{i=1}^{n} x_i)^2 - n \sum\limits_{i=1}^{n} x_i^2} \qquad (4\text{-}3)$$

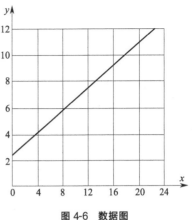

图 4-6　数据图

【例 4-4】　数据同【例 4-3】，试用一元线性回归求解线性方程 $y = b + mx$ 中的参数 b 和 m。

【解】　首先计算求解参数的中间值：$\sum\limits_{i=1}^{8} x_i = 87$，$\sum\limits_{i=1}^{8} y_i = 58.0$，$\sum\limits_{i=1}^{8} x_i^2 = 1257$，$\sum\limits_{i=1}^{8} x_i y_i = 762.0$。然后计算截距和斜率：$b = 2.66$ 和 $m = 0.42$（图 4-7）。最后得到：

$$y = 2.66 + 0.42x$$

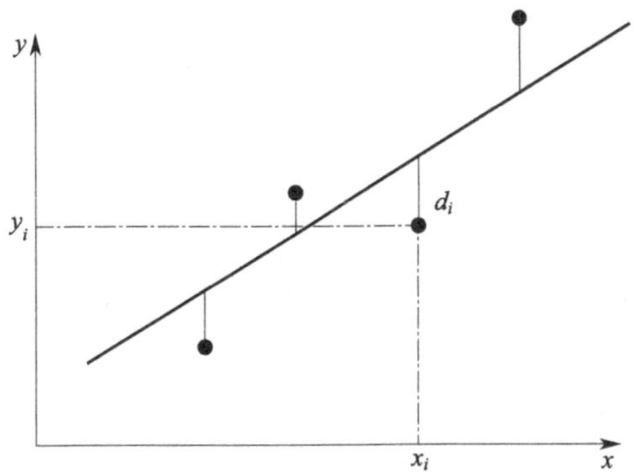

这个例题也可以通过 Excel 中数据分析中回归功能求解。

（3）多元线性回归　多元线性回归适用于自变量的数目≥2 的线性模型。下式为二元线性模型，x_1 和 x_2 为自变量，a、b_1 和 b_2 是模型参数。

$$y = a + b_1 x_1 + b_2 x_2 \qquad (4\text{-}4)$$

与一元线性回归相同，根据一组观察数据，可以求得模型参数：

图 4-7　一元线性回归

$$a = \overline{y} - b_1 \overline{x}_1 - b_2 \overline{x}_2 \qquad (4\text{-}5)$$

$$b_1 = \frac{\alpha_1 \beta_2 - \alpha_2 \gamma}{\beta_1 \beta_2 - \gamma^2} \qquad (4\text{-}6)$$

$$b_2 = \frac{\alpha_2 \beta_1 - \alpha_1 \gamma}{\beta_1 \beta_2 - \gamma^2} \qquad (4\text{-}7)$$

式中，

$$\alpha_1 = \sum_{i=1}^{n} (y_i - \overline{y}_i)(x_{1i} - \overline{x}_1) \qquad (4\text{-}8)$$

$$\alpha_2 = \sum_{i=1}^{n} (y_i - \overline{y}_i)(x_{2i} - \overline{x}_2) \qquad (4\text{-}9)$$

$$\beta_1 = \sum_{i=1}^{n} (x_{1i} - \overline{x}_1)^2 \qquad (4\text{-}10)$$

$$\beta_2 = \sum_{i=1}^{n}(x_{2i} - \overline{x}_2)^2 \qquad (4\text{-}11)$$

$$\gamma = \sum_{i=1}^{n}(x_{1i} - \overline{x}_1)(x_{2i} - \overline{x}_2) \qquad (4\text{-}12)$$

【例 4-5】 已知一组数据适合方程 $y = a + b_1 x_1 + b_2 x_2$，试估计参数 a、b_1 和 b_2。

x_1	1.0	1.2	1.4	1.6	1.8	2.0	2.2	2.4
x_2	2.5	3.6	1.8	0.9	1.3	3.4	5.2	2.1
y	0.06	−0.34	0.25	0.56	0.48	−0.12	−0.62	0.36

【解】 首先计算各中间参数：

$\overline{y} = 0.078$，$\overline{x}_1 = 1.70$，$\overline{x}_2 = 2.60$，$\alpha_1 = 0.049$，$\alpha_2 = -4.01$，$\beta_1 = 1.68$，$\beta_2 = 13.88$，$\gamma = 1.04$

然后计算模型参数：

$$b_1 = \frac{\alpha_1\beta_2 - \alpha_2\gamma}{\beta_1\beta_2 - \gamma^2} = 0.16, \quad b_2 = \frac{\alpha_2\beta_1 - \alpha_1\gamma}{\beta_1\beta_2 - \gamma^2} = -0.30, \quad a = \overline{y} - b_1\overline{x}_1 - b_2\overline{x}_2 = 0.61$$

由此得到估值后的多元线性模型：

$$y = 0.61 + 0.16x_1 - 0.30x_2$$

这一例题也可以利用 Excel 数据分析中回归功能求解。

2. 基于试验或经验的方法

试验方法是对物理意义明确的参数通过试验测定辅助确定的方法，例如耗氧速率、复氧系数等，测定方法参见后面章节或环境监测相关书籍。对于复杂环境系统的模拟模型，模型参数的意义并不完全等同于概化过程中参数的物理意义，而是各种过程的集成反映。因此，一般不宜也很难通过试验测定来确定模型参数，通常采用率定的方式进行参数识别。

经验公式法是人们经过长期研究提出来诸多经验公式。在环境数学模型中有很多参数使用频率很高，如河流中的复氧速率常数、空气质量模型中的均方差等，这些参数均有不少研究者给出了经验公式，应注意的是经验公式通常仅适用于一定的条件。

3. 基于搜索的方法

基于搜索的方法可按搜索方式分为网格法（枚举法）、最优化方法和随机采样法等。基于搜索的方法适用于较复杂模型的参数估计以及计算机辅助下的参数自动识别（auto calibration）。

（1）网格法　网格法可以说是各种参数估计方法中最简单的一种，属于有限搜索法。在预先给定待估计参数区间的情况下，可以将参数区间分成若干等份，计算所有区间顶点处的目标函数值，比较各目标值的大小，对应于目标函数值最小的参数数值即被视为最佳的参数数值。

假定有 n 个待定参数，其中 θ_i $(i = 0, 1, \cdots, n)$ 的搜索区间为 $[a_i, b_i]$，如果将区间分成 m_i 等份，等分点的参数数值为 $\theta_i^k (k = 0, 1, \cdots, m_i)$，其中，$\theta_i^0 = a_i$，$\theta_i^m = b_i$。于是，参数空间 $\vec{\theta} = (\theta_1, \theta_2, \cdots, \theta_n)$ 被分割成一个多维的空间网格系统，计算网格定点上的目标函数值，并通过比较其大小即可确定最佳的参数组合。

（2）最优化方法　最优化方法估计参数的原理与线性回归方法类似，即假设存在这样一组参数，使得模型的计算值与实测值之差的平方和最小，这样一组参数则被称为最优化的参数。最优化方法适合于具有单峰极值的非线性模型的参数估计。

如果给定模型：

$$y = f(\vec{x}, \vec{\theta})$$

式中　$\vec{x}$——一组自变量；

　　　$\vec{\theta}$——一组模型参数。

参数估值的条件是已知一组实际的因变量 $y_j (j = 1, 2, \cdots, m)$ 和自变量 $\vec{x}$ 的值，据此推算最好的一组参数 $\vec{\theta}$ 的值。求解最优参数值的目标函数可以定义为：

$$\text{Min} Z = \sum_{j=1}^{m} [y_j - f_j(\vec{x}, \vec{\theta})]^2 \qquad (4\text{-}13)$$

式中　y_j——一组实测值；

　　　f_j——一组计算值；

　　　$\vec{x}$——一组自变量；

　　　$\vec{\theta}$——需要估计的参数。

在参数估计时，x_j、y_j 和 f_j 为已知条件。

鉴于一般的模型难以解析求解，通常采用迭代技术求解，步骤如下。

① 设定参数初值 θ_i^0（$i = 1, 2, \cdots, n$）和允许迭代误差 ε。参数初值一般根据经验给定。一般情况下，由于非线性目标函数的多极值，参数估值的结果受参数初值的影响很大，给定参数初值要十分谨慎。允许迭代误差在某种程度上决定了模型的精度，同时给定的迭代误差越小，所需的迭代次数越多，迭代时间越长。为了计算上的方便，开始时可以给定较高的允许迭代误差，然后逐步缩小，以取得精度与迭代时间的平衡。

② 计算目标函数的初值。在给定参数的数值 θ_i^0 以后，就可以根据自变量 x_j 的数值计算因变量 f_j 的值，与相应的实测值相比较，计算目标函数的初始值：

$$Z^0 = \sum_{j=1}^{m} [y_j - f_j(x_j, \theta_1^0, \theta_2^0, \cdots, \theta_n^0)]^2 \qquad (4\text{-}14)$$

③ 计算目标函数对参数的梯度。在目标函数的形式比较简单时，可以通过解析方法求解导数的数值，一般情况下，解析导数计算比较困难，可以采用数值导数方法：

$$\frac{\partial \vec{Z}}{\partial \theta_i} = \frac{\vec{Z}(x, \theta_i^0 + \Delta\theta_i^0, \theta_k^0) - Z^0}{\Delta\theta_i^0}, (i = 1, 2, \cdots, n; k \neq i) \qquad (4\text{-}15)$$

④ 计算参数的修正步长。参数的初值是人为给定的，需要不断修正，以使目标函数值达到最低，每一次修正的量可以通过参数修正的步长计算：

$$\lambda = \frac{\nabla \vec{Z}(\vec{\theta^0})^{\mathrm{T}} \nabla \vec{Z}(\vec{\theta^0})}{\nabla \vec{Z}(\vec{\theta^0})^{\mathrm{T}} \vec{H}(\vec{\theta^0}) \nabla(\vec{\theta^0})} \qquad (4\text{-}16)$$

式中　$\nabla \vec{Z}(\vec{\theta^0})$——目标函数对目标向量的梯度向量；

　　　$\vec{H}(\vec{\theta^0})$——目标函数对参数向量的二阶梯度矩阵，亦称海森矩阵。

$\vec{H}(\vec{\theta^0})$ 矩阵表达：

$$\vec{H}(\vec{\theta^0}) = \begin{bmatrix} \dfrac{\partial^2 Z}{\partial(\theta_1^0)^2} & \cdots & \dfrac{\partial^2 Z}{\partial(\theta_1^0)\partial(\theta_n^0)} \\ \vdots & \ddots & \vdots \\ \dfrac{\partial^2 Z}{\partial(\theta_n^0)\partial(\theta_1^0)} & \cdots & \dfrac{\partial^2 Z}{\partial(\theta_n^0)^2} \end{bmatrix} \qquad (4\text{-}17)$$

对处于海森矩阵主对角线上的元素，可以按下式计算：

$$\frac{\partial^2 Z}{\partial \theta_i^2} = \frac{1}{(\Delta \theta_i)^2} \left[Z(\theta_i + \Delta \theta_i, \theta_k) - 2Z(\theta_i, \theta_k) + Z(\theta_i - \Delta \theta_i, \theta_k) \right] \tag{4-18}$$

对处于非主对角线上的元素，可以按下式计算：

$$\frac{\partial^2 Z}{\partial \theta_i \partial \theta_k} = \frac{1}{\Delta \theta_i \Delta \theta_k} \left[Z(\theta_i + \Delta \theta_i, \theta_k + \Delta \theta_k) - Z(\theta_i + \Delta \theta_i, \theta_k) - Z(\theta_i, \theta_k + \Delta \theta_k) + Z(\theta_i, \theta_k) \right] \tag{4-19}$$

⑤ 计算参数的修正值。对假定的参数数值进行修正，以改进目标函数的数值。按照下式进行参数的修正：

$$\theta_i^1 = \theta_i^0 - \lambda \frac{\partial z}{\partial \theta_i} \quad (i = 1, 2, \cdots, n) \tag{4-20}$$

⑥ 计算新的目标函数值。根据修正以后的参数数值计算新的目标函数数值：

$$Z^1 = \sum_{j=1}^{m} \left[y_j - f_j(x_j, \theta_1^1, \theta_2^1, \cdots, \theta_n^1) \right]^2 \tag{4-21}$$

⑦ 比较新旧目标函数值 Z^1 和 Z^0

若

$$\frac{|Z^1 - Z^0|}{Z^1} \leqslant \varepsilon \tag{4-22}$$

则迭代结束，输出参数 θ_i^1；否则，令 $\theta_i^0 = \theta_i^1$，返回步骤③重新开始迭代，直至迭代误差小于预定的数值。上述用最优化方法估计参数的过程可以用图 4-8 表达。

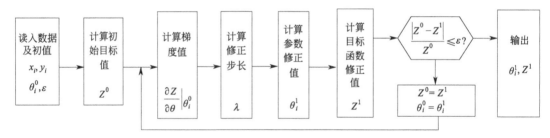

图 4-8　用最优化方法估计参数的过程

【例 4-6】 河流沿程溶解氧测定数据如下表所列。若起点 BOD 浓度（L_0）为 20mg/L，饱和溶解氧（C_S）浓度为 10.0mg/L，河流平均流速 $u_x = 4$km/h。试求 BOD 降解系数 k_d 和溶解氧（DO）复氧系数 k_a。

x/km	0	8	28	36	56
DO/(mg/L)	10.0	8.5	7.0	6.1	7.2

沿程溶解氧变化的数学模型为：

$$C = C_S - (C_S - C_0) e^{-\frac{k_a x}{u_x}} + \frac{k_d L_0}{k_a - k_d} \left(e^{-\frac{k_a x}{u_x}} - e^{-\frac{k_d x}{u_x}} \right)$$

【解】 根据例题提供的数据，可以建立目标函数：

$$Z(k_d, k_a) =$$

$$\left\{ 10.0 + \frac{20 k_d}{k_a - k_d} \left[e^{-k_d(8/4)} - e^{-k_a(8/4)} \right] - 8.5 \right\}^2 + \left\{ 10.0 + \frac{20 k_d}{k_a - k_d} \left[e^{-k_d(28/4)} - e^{-k_a(28/4)} \right] - 7.0 \right\}^2$$

$$+ \left\{ 10.0 + \frac{20 k_d}{k_a - k_d} \left[e^{-k_d(36/4)} - e^{-k_a(36/4)} \right] - 6.1 \right\}^2 + \left\{ 10.0 + \frac{20 k_d}{k_a - k_d} \left[e^{-k_d(56/4)} - e^{-k_a(56/4)} \right] - 7.2 \right\}$$

设定参数初值 $k_d^0 = 1.0 \text{ d}^{-1}$，$k_a^0 = 2.0 \text{ d}^{-1}$，$\varepsilon = 10^{-6}$，按照上述的步骤求解，得到：$k_d = 0.053 \text{h}^{-1} = 1.27 \text{d}^{-1}$；$k_a = 0.19 \text{h}^{-1} = 4.67 \text{d}^{-1}$，此时的目标函数值 $Z = 0.4681$。

以上所述的基于梯度的最优化方法属局部搜索算法，能较好地利用梯度信息来搜索参数，具有搜索快、计算量相对较小的优点。但是，环境模型参数优化属于复杂非线性问题，参数响应曲面存在很多凹谷和平坦区域，有大量局部极小点，所以最优化方法的搜索结果往往是局部最优解，具有很强的初值依赖性。此外，参数反演问题经常是"病态"的，梯度法很难收敛。

这个例题也可以利用 Excel 中规划求解功能解答。

（3）随机采样法　针对以上问题，研究人员做了以下几方面的可行尝试：①摒弃烦琐的梯度求解过程，采用一些直接搜索和启发性搜索机制，包括随机采样方法、智能搜索法，如遗传算法及其混合算法均采用了这一思想；②针对梯度法局部收敛和"病态"的缺陷，开发高效的全局收敛算法，如智能搜索法，有关智能搜索法的实现可参阅智能优化相关书籍；③放弃传统的参数最优识别思想，采用基于贝叶斯理论的参数不确定性分析方法，不再"强求"一组单一的最优参数，而是获取模型参数的后验分布。

为了克服和解决传统参数最优识别思想中的参数不可识别问题，基于贝叶斯理论的不确定性参数识别思路应运而生。Tiwari 最早将贝叶斯理论用于生态模型的参数识别。随后 Hornberger 与 Spear 提出了区域灵敏度分析方法（regionalized sensitivity analysis，RSA），Beven 提出了 GLUE（generalized likelihood uncertainty estimation）法。基于贝叶斯理论的参数识别方法，如 RSA 法和 GLUE 法等，可充分利用先验信息，获得参数后验分布，不再是一组单一的最优参数，在一定程度上避免了由"最优"参数失真带来的决策风险。

贝叶斯方法是一种古老的概率统计方法。在统计推断中使用先验分布的方法就是贝叶斯方法，即是否使用先验分布是区分贝叶斯统计和非贝叶斯统计的标志。非贝叶斯理论在做统计推断时只依据两类信息，即模型结构信息和数据信息，而贝叶斯统计除了依据以上两类信息外，还要利用另一类信息，即未知参数的分布信息。由于这类信息是在获得实际观测数据以前就有的，因此一般称为先验信息（prior information）。贝叶斯统计要求这类信息能以未知参数的统计分布来表示，这个概率分布就称为先验分布。根据贝叶斯理论，参数的先验分布、样本信息和后验分布具有如下关系：

$$p(\theta|y) = \frac{p(y|\theta)p(\theta)}{p(y)} \tag{4-23}$$

式中　$p(\theta|y)$——参数的后验分布密度；

$\quad\quad\quad p(\theta)$——参数的先验分布密度；

$\quad\quad\quad p(y|\theta)$——在现有数据条件下参数的似然度信息；

$\quad\quad\quad p(y)$——比例常数。

贝叶斯方法结构简单，概率形式优美。然而，它的数值解法并非总是容易的、直接的。实际应用中均需进行随机变量的离散化，如 RSA 法和 GLUE 法。以下简要介绍一下这两种方法。

① RSA 方法。20 世纪 80 年代初，Hornberger 和 Spear 认识到模型参数识别的困难，将过于强硬的优化条件弱化，转化为一些可以用定量或定性语言描述的条件来决定参数的取舍，在一定程度上克服了采用优化方法进行参数识别带来的不确定性问题，这就是 RSA 方法。RSA 方法是基于行为和非行为的二元划分进行参数识别的，即给定一组参数，如果系

统的模拟行为满足事先设定的条件，这组参数就是可接受的，否则是不可接受的。RSA 方法是贝叶斯方法最为简单直观的应用形式。当参数满足行为条件时，其似然度为 1，参数以同等概率接受；否则似然度为 0，参数被拒绝。这正是 RSA 方法的基本思想。

　　具体步骤如下：a. 确定参数的取值范围和先验分布；b. 在参数空间随机产生符合先验分布的样本点；c. 将参数代入模型获取模型预测值；d. 根据行为准则决定参数的取舍；e. 重复步骤 b～d，直到取得足够的样本点为止。

　　② GLUE 法。GLUE 法在 1992 年由 Beven 提出，它吸收了 RSA 方法和模糊数学方法的优点。GLUE 法认为与实测值最接近的模拟值所对应的参数应具有最高的可信度，离实测值越远，可信度越低，似然度越小。当模拟值与实测值的距离大于规定的指标时，就认为这些参数的似然度为 0。可见，GLUE 方法不同于 RSA 方法对参数集"是"和"否"的二元划分，而是采用似然度对不同的参数进行区分。

　　具体步骤如下：a. 确定参数的取值范围和先验分布，如果对参数的先验信息不是很了解，可设为均匀分布；b. 选取似然度函数；c. 在参数空间随机产生符合先验分布的样本点；d. 根据参数的模型预测值与观测值对比求出该参数的似然度；e. 利用公式（4-23）求出该参数的后验概率；f. 重复步骤 c～e，直到取得足够的样本点为止。

四、模型的检验与误差分析

1. 图形表示法

　　这是一种最简便的模型检验方法，在模型计算误差较大的情况下广为使用。以观察值为横坐标、相应的计算值为纵坐标，如果测量值与计算值的交点位于 45°线附近一定范围内（例如±22.5°），则可以认为模型模拟的结果是合格的（图 4-9）。如果定义误差检验范围为距中心线±22.5°夹角，那么图形检验的最大允许误差为：

$$\varepsilon_{允许}=\frac{|观察值-计算值|}{观察值}=\frac{|观察值-(观察值\times\tan22.5°)|}{观察值}=1-\tan22.5°=58.6\%$$

$$(4-24)$$

　　或

$$\varepsilon_{允许}=\frac{|观察值-计算值|}{观察值}=\frac{|观察值-(观察值\times\tan67.5°)|}{观察值}$$

$$=|1-\tan67.5°|=141.4\%$$

$$(4-25)$$

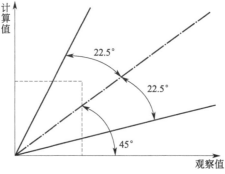

图 4-9　模型的图形检验

用图形表示模型检验的结果非常直观，但不能用数字表示，其结果不便于相互比较。

2. 相关系数法

相关系数是统计学上用以衡量曲线拟合程度的量，这里用来度量计算值和观察值的吻合程度。如果以 y_i 和 $y'_i(i=1,2,\cdots,n)$ 分别表示一组观察值和一组计算值，相关系数可以按式(4-26)计算：

$$r=\frac{\sum_{i=1}^{n}(y_i-\overline{y})(y'_i-\overline{y'})}{\sqrt{\sum_{i=1}^{n}(y'_i-\overline{y'})^2\sum_{i=1}^{n}(y_i-\overline{y})^2}} \tag{4-26}$$

式中　y_i，$\overline{y}$——实测值和实测值的平均值；

　　　y'_i，$\overline{y'}$——计算值和计算值的平均值。

$0\leqslant r\leqslant1$，r 值越大，计算结果越好。相关系数法适用于线性程度较高的模型。

3. 相对误差法

相对误差可以表示为：

$$e_i=\frac{|y_i-y'_i|}{y_i} \tag{4-27}$$

式中　y_i——测量值；

　　　y'_i——对应的计算值；

　　　e_i——相应的相对误差。

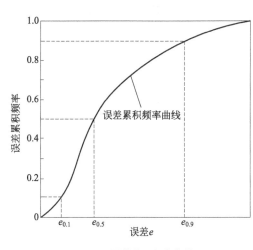

图 4-10　误差累积频率曲线

如果存在 n 个观察值与相应条件下的计算值，可以根据式(4-27)计算得到 n 个相对误差。将 n 个误差从小到大排列，可以求得小于某一误差值的误差的出现频率。根据所有测量点的误差，作出误差分布曲线——误差累积频率曲线(图 4-10)。由于在累积误差曲线两端的误差存在很大的不确定性，可以选择中值误差(即累积分布频率为 50% 的误差)作为衡量模型的依据，如中值误差≤10%，则认为模型的精度可以满足需要。

在统计学上，中值误差就是概率误差，概率误差可以通过下式计算：

$$e_{0.5}=0.6745\sqrt{\frac{\sum_{i=1}^{n}\left(\frac{y_i-y'_i}{y_i}\right)^2}{n-1}} \tag{4-28}$$

式中　$e_{0.5}$——中值误差(概率误差)；

　　　n——测量数据的数目。

中值误差也可以用绝对误差表示：

$$e'_{0.5} = 0.6745 \sqrt{\frac{\sum_{i=1}^{n}(y_i - y'_i)^2}{n-1}} \tag{4-29}$$

R. V. Thomann 对美国 19 个有代表性的溶解氧模型做过仔细的分析，提出中值误差 10% 作为溶解氧模型的检验目标。

五、模型灵敏度分析

1. 灵敏度分析的意义

环境系统是一个开放性系统，受到自然条件和人为因素的干扰，干扰非常复杂，难以精确量化。在利用数学模型对环境系统进行模拟时模型结构、模型参数都会存在偏差。

通过对模型灵敏度的分析，可以估算模型计算结果的偏差，并有利于根据需要探讨建立高灵敏度或低灵敏度的模型。灵敏度分析还广泛地被应用于确定合理的设计裕量。

假定研究模型的形式如下：

目标函数为
$$\text{Min} Z = f(\vec{x}, \vec{u}, \vec{\theta}) \tag{4-30}$$

约束条件为
$$G(\vec{x}, \vec{u}, \vec{\theta}) = 0 \tag{4-31}$$

式中　$\vec{x}$——状态变量组成的向量，如空气中的 SO_2 浓度、水体中的 BOD_5 浓度等；

$\vec{u}$——决策变量组成的向量，例如排放污水中的 SS、BOD_5 等；

$\vec{\theta}$——模型参数组成的向量，如水体的大气复氧速率常数 k_a，大气湍流扩散系数 D_y、D_z 等。

在环境保护系统中主要研究两种灵敏度：①状态与目标对参数的灵敏度，即研究参数的变化对状态变量和目标值产生的影响；②目标对状态的灵敏度，即研究状态变量的变化对目标值的影响。

2. 状态与目标对参数的灵敏度

定义：在 $\theta = \theta_0$ 附近，状态变量 x（或目标 Z）相对于原值 x^*（或 Z^*）的变化率和参数 θ 相对于 θ_0 的变化率的比值称为状态变量（或目标）对参数的灵敏度。

（1）单个变量时的灵敏度　为了便于讨论，首先研究单个变量时的灵敏度。假定模型中状态变量和参数的数目均为 1，同时假定决策变量保持不变，则状态变量 x 和目标 Z 都可以表示为参数 θ 的函数。

$$x^* = f(\theta_0) \tag{4-32}$$

$$Z^* = F(\theta_0) \tag{4-33}$$

根据灵敏度的定义，状态对参数的灵敏度可以表示如下：

$$S_\theta^x = \frac{\left(\dfrac{\Delta x}{x^*}\right)}{\left(\dfrac{\Delta \theta}{\theta_0}\right)} = \left(\frac{\Delta x}{\Delta \theta}\right)\frac{\theta_0}{x^*} \tag{4-34}$$

目标对参数的灵敏度可以表示如下：

$$S_\theta^z = \frac{\left(\dfrac{\Delta Z}{Z^*}\right)}{\left(\dfrac{\Delta \theta}{\theta_0}\right)} = \left(\frac{\Delta Z}{\Delta \theta}\right)\frac{\theta_0}{Z^*} \tag{4-35}$$

当 $\Delta\theta \rightarrow 0$ 时，可以忽略高阶微分项，得：

$$S_\theta^x = \left(\frac{\mathrm{d}x}{\mathrm{d}\theta}\right)_{\theta=\theta_0} \frac{\theta_0}{x^*} \tag{4-36}$$

$$S_\theta^z = \left(\frac{\mathrm{d}Z}{\mathrm{d}\theta}\right)_{\theta=\theta_0} \frac{\theta_0}{Z^*} \tag{4-37}$$

式中　$\left(\frac{\mathrm{d}x}{\mathrm{d}\theta}\right)_{\theta=\theta_0}$，$\left(\frac{\mathrm{d}Z}{\mathrm{d}\theta}\right)_{\theta=\theta_0}$——状态变量和目标函数对参数的一阶灵敏度系数，它们反映了系统的灵敏度特征。

（2）多变量时的灵敏度　设最优化模型为：

$$\mathrm{Min}Z = f(\vec{x}, \vec{u}, \vec{\theta}) \tag{4-38}$$

$$G(\vec{x}, \vec{u}, \vec{\theta}) = 0 \tag{4-39}$$

如果设定 G 是 n 维向量函数，$\vec{x}$ 是 n 维状态变量，$\vec{u}$ 是 m 维决策变量，$\vec{\theta}$ 是 p 维参数向量，则状态变量对参数的一阶灵敏度系数是一个 $n \times p$ 维的矩阵：

$$\frac{\partial \vec{x}}{\partial \vec{\theta}} = \begin{bmatrix} \dfrac{\partial x_1}{\partial \theta_1} & \cdots & \dfrac{\partial x_1}{\partial \theta_p} \\ \vdots & \ddots & \vdots \\ \dfrac{\partial x_n}{\partial \theta_1} & \cdots & \dfrac{\partial x_n}{\partial \theta_p} \end{bmatrix} \tag{4-40}$$

而目标对参数的灵敏度系数则是一个 p 维向量：

$$\frac{\partial Z}{\partial \vec{\theta}} = \left(\frac{\partial Z}{\partial \theta_1}, \cdots, \frac{\partial Z}{\partial \theta_p}\right)^{\mathrm{T}} \tag{4-41}$$

由于参数不仅对目标产生直接影响，还通过对状态的影响对目标产生影响：

$$\frac{\partial Z}{\partial \vec{\theta}} = \frac{\partial f}{\partial \vec{\theta}} + \left(\frac{\partial f}{\partial \vec{x}}\right)\left(\frac{\partial \vec{x}}{\partial \vec{\theta}}\right) \tag{4-42}$$

参数对状态的影响可以由约束条件推导：

$$\left(\frac{\partial G}{\partial \vec{x}}\right)\left(\frac{\partial \vec{x}}{\partial \vec{\theta}}\right) + \frac{\partial G}{\partial \vec{\theta}} = 0 \tag{4-43}$$

如果 $\frac{\partial G}{\partial \vec{x}}$ 的逆存在，则 $\frac{\partial \vec{x}}{\partial \vec{\theta}} = -\left(\frac{\partial G}{\partial \vec{x}}\right)^{-1}\left(\frac{\partial G}{\partial \vec{\theta}}\right)$，目标对参数的一阶灵敏度系数可以表达为：

$$\frac{\partial Z}{\partial \vec{\theta}} = \frac{\partial f}{\partial \vec{\theta}} - \left(\frac{\partial f}{\partial \vec{x}}\right)\left(\frac{\partial G}{\partial \vec{x}}\right)^{-1}\left(\frac{\partial G}{\partial \vec{\theta}}\right) \tag{4-44}$$

【例 4-7】　BOD_5 降解规律为 $L = L_0 e^{-k_d t}$，若已知起点 BOD_5 浓度 $L_0 = 15\mathrm{mg/L}$，BOD_5 衰减速率常数 $k_d = 0.1\mathrm{d}^{-1}$，k_d 的变化幅度为 $\pm 10\%$，试求 $t = 2\mathrm{d}$ 处的 BOD_5 值及其变化幅度。

【解】　$t = 2\mathrm{d}$ 处的 BOD_5 为：

$$L^* = L_0 e^{-k_{d0}t} = 15 e^{-0.1 \times 2} = 12.28 (\mathrm{mg/L})$$

BOD_5 对 k_d 的一阶灵敏度系数为：

$$\left(\frac{\mathrm{d}L}{\mathrm{d}k_d}\right)_{k_d=0.1} = -L_0 t e^{-k_{d0}t} = -15 \times 2 e^{-0.2} = -24.56$$

BOD_5 对 k_d 的灵敏度为：

$$S_{k_d}^L = \left(\frac{dL}{dk_d}\right)_{k_d = -0.1} \left(\frac{k_{d0}}{L^*}\right) = -24.56 \times \frac{0.1}{12.28} = -0.20$$

$\mathrm{BOD_5}$ 的变化幅度：

$$\frac{\Delta L}{L^*} = S_{k_d}^L \left(\frac{\Delta k_d}{k_{d0}}\right) = -0.2 \times (\pm 10\%) = \mp 2\%$$

由 k_d 的不确定性引起的 $\mathrm{BOD_5}$ 的变化值：

$$\Delta L = L^* (\mp 2\%) = \mp 0.25 \mathrm{mg/L}$$

由参数变化引起状态变化的速度低于参数变化的速度，本例的 $\mathrm{BOD_5}$ 模型属于低灵敏度模型。

3. 目标对状态的灵敏度

如果给定下述模型：

目标函数为 $\qquad\qquad \mathrm{Min}Z = f(\vec{v}, \vec{u}, \vec{\theta})$ $\qquad\qquad$ (4-45)

约束条件为 $\qquad\qquad G(\vec{v}, \vec{u}, \vec{\theta}) = 0$ $\qquad\qquad$ (4-46)

式中　$\vec{v}$——m 维决策变量；

$\qquad \vec{u}$——n 维状态变量；

$\qquad \vec{\theta}$——参数向量。

根据定义，目标对状态（约束）的灵敏度可以表达为：

$$S_G^f = \frac{\left[\dfrac{df(\vec{x})}{f^*(\vec{x})}\right]}{\left[\dfrac{dG(\vec{x})}{\vec{g}(\vec{x})}\right]_{\vec{x} = \vec{x}^0}} = \left[\frac{df(\vec{x})}{dG(\vec{x})}\right]\left[\frac{\vec{g}(\vec{x})}{f^*(\vec{x})}\right] \qquad (4\text{-}47)$$

同时，约束条件的变化取决于状态变量和决策变量的变化：

$$dG(\vec{x}) = \frac{\partial G(\vec{x})}{\partial \vec{u}} d\vec{u} + \frac{\partial G(\vec{x})}{\partial \vec{v}} d\vec{v} = \vec{A} d\vec{u} + \vec{B} d\vec{v} \qquad (4\text{-}48)$$

此外，目标函数的变化也取决于状态变量和决策变量的变化：

$$df(\vec{x}) = \frac{\partial f(\vec{x})}{\partial \vec{u}} d\vec{u} - \frac{\partial f(\vec{x})}{\partial \vec{v}} d\vec{v} = \vec{C} d\vec{u} + \vec{D} d\vec{v} \qquad (4\text{-}49)$$

式中，

$$\vec{A} = \begin{bmatrix} \dfrac{\partial g_1}{\partial u_1} & \cdots & \dfrac{\partial g_1}{\partial u_n} \\ \vdots & \ddots & \vdots \\ \dfrac{\partial g_n}{\partial u_1} & \cdots & \dfrac{\partial g_n}{\partial u_n} \end{bmatrix}, \vec{B} = \begin{bmatrix} \dfrac{\partial g_1}{\partial v_1} & \cdots & \dfrac{\partial g_1}{\partial v_m} \\ \vdots & \ddots & \vdots \\ \dfrac{\partial g_n}{\partial v_1} & \cdots & \dfrac{\partial g_n}{\partial v_m} \end{bmatrix} \qquad (4\text{-}50)$$

$$\vec{C} = \left(\frac{\partial f(\vec{x})}{\partial u_1} \quad \cdots \quad \frac{\partial f(\vec{x})}{\partial u_n}\right), \vec{D} = \left(\frac{\partial f(\vec{x})}{\partial v_1} \quad \cdots \quad \frac{\partial f(\vec{x})}{\partial \vec{v}}\right) \qquad (4\text{-}51)$$

如果 $\vec{A}$ 存在逆矩阵，由约束条件的变换式可以得出：

$$d\vec{u} = \vec{A}^{-1} dG(\vec{x}) - \vec{A}^{-1} \vec{B} d\vec{v} \qquad (4\text{-}52)$$

将其代入目标函数的变化表达式，得到：

$$\begin{aligned} df(\vec{x}) &= \vec{C}[\vec{A}^{-1} dG(\vec{x}) - \vec{A}^{-1} \vec{B} d\vec{v}] + \\ &\quad \vec{D} d\vec{v} = \vec{C} \vec{A}^{-1} dG(\vec{x}) + (\vec{D} - \vec{C} \vec{A}^{-1} \vec{B}) d\vec{v} \end{aligned} \qquad (4\text{-}53)$$

根据库恩-塔克定律,在最优点处:

$$(\vec{D} - \vec{C}\vec{A}^{-1}\vec{B})d\vec{v} = 0 \tag{4-54}$$

所以:

$$df(\vec{x})\big|_{\vec{x}=\vec{x}^0} = \vec{C}\vec{A}^{-1}dG(\vec{x}) \tag{4-55}$$

由此可以得到目标对约束的灵敏度系数:

$$\frac{df(\vec{x})}{dG(\vec{x})}\big|_{\vec{x}=\vec{x}^0} = \vec{C}\vec{A}^{-1} \tag{4-56}$$

【例 4-8】 给定最优化模型如下:

$$\text{Min} f(\vec{x}) = -10x_1 - 4x_2 + x_1^2 + x_2^2 - x_1 x_2$$

$$g_1(\vec{x}) = 6 - x_1 \geqslant 0$$

$$g_2(\vec{x}) = 4 - x_2 \geqslant 0$$

已知上述最优化模型的解为:

$$x_1^* = 6, x_2^* = 4, f^*(\vec{x}) = -48$$

计算目标对决策变量的约束系数向量:

$$\vec{C} = \left[\frac{\partial f(\vec{x})}{\partial x_1}, \quad \frac{\partial f(\vec{x})}{\partial x_2}\right] = (-2, -2)$$

计算约束对决策变量的灵敏度系数矩阵:

$$\vec{A} = \begin{bmatrix} \dfrac{\partial g_1(\vec{x})}{\partial x_1} & \dfrac{\partial g_1(\vec{x})}{\partial x_2} \\ \dfrac{\partial g_2(\vec{x})}{\partial x_1} & \dfrac{\partial g_2(\vec{x})}{\partial x_2} \end{bmatrix} = \begin{bmatrix} 1 & 0 \\ 0 & 1 \end{bmatrix}$$

计算 $\vec{A}$ 的逆矩阵:

$$\vec{A}^{-1} = \vec{A} = \begin{bmatrix} 1 & 0 \\ 0 & 1 \end{bmatrix}$$

计算目标对约束的一阶灵敏度系数:

$$\frac{df(\vec{x})}{dG(\vec{x})}\big|_{\vec{x}=\vec{x}^0} = \vec{C}\vec{A}^{-1} = (-2 \quad -2)\begin{bmatrix} 1 & 0 \\ 0 & 1 \end{bmatrix} = (-2 \quad -2)$$

若约束变量变化分别为 $+10\%$ 和 -5%,即:

$$\Delta G(\vec{x}) = (0.6 \quad -0.2)^{\mathrm{T}}$$

于是得到目标的增值为:

$$\Delta f(\vec{x}) = (-2 \quad -2)\begin{pmatrix} 0.6 \\ -0.2 \end{pmatrix} = -0.8$$

则目标的变化幅度为:

$$\frac{-0.8}{-48} = +1.67\%$$

六、模型的不确定性分析

1. 不确定性的概念

由于环境系统的复杂性和不可预见性、观测数据的不足以及系统表观描述的局限性等原因，环境系统建模存在较大的不确定性。不确定性分析通俗地讲就是误差分析，分析由于系统外部输入的不确定性和环境机理认识的不确定性导致的模型结构不确定性、参数识别不确定性和预测未来的不确定性。

事实上，不确定性更多地体现了人类对复杂环境系统认识能力的不足。1973 年，O′Neill 等首次在生态系统研究中提出了不确定性和误差分析的概念。此后，不确定性分析逐渐受到重视。20 世纪 80 年代初，Spear 和 Hornberger 等将 Monte Carlo 模拟与灵敏度分析结合起来，提出了区域性灵敏度分析方法（regionalized sensitivity analysis，RSA）。RSA 方法应用方便，假设条件较少，无需进行模型修改，在模型不确定性分析中得到了广泛的使用。与此同时，其他的不确定性分析方法也被引入了水环境分析中，例如最大似然方法（maximum likelihood，ML）、广义的卡尔曼滤波方法（extended Kalman filter，EKF）等。1987 年，Beck 在《水质模拟：不确定性分析》中对环境系统模型的不确定性研究进行了系统回顾与综述，该文对数学模型不确定性产生的原因、传播、参数识别以及如何进行试验设计以减少不确定性进行了系统的分析和阐述。1992 年，Beven 吸收了 RSA 方法和模糊数学方法的优点，提出了 GLUE（generalized likelihood uncertainty estimation）法，GLUE 法将似然度分析引入不确定性分析领域，认为与实测值最接近的模拟值所对应的参数应具有最高的可信度，离实测值越远，可信度越低，似然度越小。如今，不确定性分析已经成为模型应用不可缺少的一部分。模型不确定分析的基本框架如图 4-11 所示。

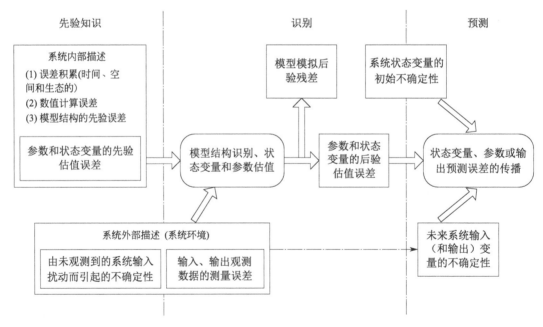

图 4-11　模型不确定分析的基本框架

2. 不确定性分类

数学模型的不确定性可以分为 3 类：①环境系统的随机性和不可预见性；②数据不确定性，包括数据缺失和失真；③模型不确定性，包括模型结构和参数两个方面。对参数识别过程而言，主要的不确定性有数据不确定性、模型结构不确定性和参数估计方法带来的不确定性。

不确定性的表达方式反映了人们认识不确定性的方法。目前广泛使用的方法为随机采样方法，如 RSA 法、GLUE 法、灵敏度分析法、一阶和二阶误差分析法、卡尔曼滤波法等。结构不确定性是模型不确定性的根本所在，并直接导致了模型参数的不确定性。由于直接研究模型结构不确定性非常困难，实际不确定性研究通常从参数不确定性开始。

（1）不确定性的分析方法　参数不确定性分析方法可分为三类，即参数不确定性分析发展的三个阶段：①传统的一阶估算法；②贝叶斯推理法；③马尔可夫链蒙特卡罗（Markov chain Monte Carlo，MCMC）法。

假设模型系统为 f，模型输入为 ξ，模型输出为 y，模型参数为 θ，则模型输出可表示为：

$$y = f(\xi, \theta) + \varepsilon \tag{4-57}$$

式中　ε——均值为 0、方差为 σ^2 的独立误差。

假设残差 ε 相互独立，并符合高斯分布且方差恒定，在 t 时刻状态变量观测值为 $\hat{y}(t)$、模拟值为 $y(t)$ 的情况下，参数 θ 的似然度计算公式如下：

$$L(\theta \mid y) = (2\pi\sigma)^{-n/2} \prod_t \exp\left\{ -\frac{[\hat{y}(t) - y(t)]^2}{2\sigma^2} \right\} \tag{4-58}$$

式中　n——观测样本数；

σ——样本方差。

（2）传统的一阶估算法　传统的参数后验分布一阶估算法是利用公式（4-59）在全局最优解 θ_{opt} 处的一阶泰勒展开来计算的，展开后的参数后验分布可表示为：

$$p(\theta \mid y) \propto \exp\left[-\frac{1}{2\sigma^2} (\theta - \theta_{opt})^T X^T X (\theta - \theta_{opt}) \right] \tag{4-59}$$

式中　X——θ_{opt} 的雅可比矩阵（Jacobian），或称灵敏矩阵。

显然当模型为线性或接近线性时，方程估算的参数后验分布能较好地反映参数的真实不确定性，然而对于非线性模型（大多数环境模型）这一方法的适用性很差。

（3）贝叶斯法　贝叶斯法可充分利用先验信息，获得参数后验分布，不再是一组单一的最优参数，在一定程度上避免了"最优"参数失真带来的决策风险。贝叶斯方法模式简单，概率形式优美。然而，它的数值解法并非总是容易的、直接的。实际应用中均需进行随机变量的离散化。贝叶斯方法应用的主要障碍出在计算上，即使采用高性能计算机进行模拟也面临着计算复杂的问题。有关贝叶斯理论和离散方法参见参数估值一节中的介绍。

（4）MCMC 法　自 1907 年俄国数学家 Markov 提出马尔可夫链（Markov chain）的概念以来，经过世界各国几代数学家的相继努力，目前马尔可夫链已成为内容十分丰富、理论较完善的数学分支。马尔可夫链有严格的数学定义，其直观意义可理解为：随机系统中下一个将要达到的状态仅依赖于目前所处的状态，与以往所经历过的状态无关。

用马尔科夫链的样本对不变分布、Gibbs 分布、Gibbs 场、高维分布或样本空间非常大的离散分布等作采样，并用以随机模拟的方法，这是动态的 Monte Carlo 方法。由于这种方法的问世，随机模拟在很多领域的计算中显示出巨大的优越性，相比 Monte Carlo 法，MCMC 法可大大降低计算量。

MCMC 法用于模型参数不确定性分析的研究是近年来才发展起来的一种方法。一般过程如下：

① 随机产生初始参数集 $\theta = \theta^0$，迭代变量 $i = 0$。

② 利用参数推荐分布（proposal distribution，也有文献称为：candidate generation densities，候选点产生分布；transition kernel，状态转移核）$q(\theta^*|\theta^i)$ 产生新个体 θ^*，新个体仅与 θ^i 相关。

③ 计算接受概率（acceptance probability）α，α 依赖于模型结构、推荐分布、参数先验分布、θ^* 和 θ^i。计算公式如下：

$$\alpha = \min\left\{1, \frac{p(y|\theta^*)p(\theta^*)q(\theta^i|\theta^*)}{p(y|\theta^i)p(\theta^i)q(\theta^*|\theta^i)}\right\} \tag{4-60}$$

参数物理意义同前。

④ 产生随机数 $u \sim U[0,1]$。

⑤ 若 $u < \alpha$，接受 $\theta^{i+1} = \theta^*$，否则 $\theta^{i+1} = \theta^i$。

⑥ 重复步骤②～⑤直到产生足够的样本为止。

MCMC 法采集的序列 $\{\theta^1, \theta^2, \cdots, \theta^n\}$ 最终收敛到一个不变分布，即参数的后验分布。

第二节　污染物在环境介质中的运动特征

环境介质是指在环境中能够传递物质和能量的物质，典型的环境介质是空气和水，它们都是流体。污染物在空气中和水体中的运动具有相似的特征。

污染物进入环境以后，做着复杂的运动，主要包括：污染物随着介质流动的推流迁移运动；污染物在环境介质中的分散运动以及污染物的衰减转化运动。

一、推流迁移

推流迁移是指污染物在气流或水流作用下产生的转移作用。污染物由于推流作用在单位时间内通过单位面积的推流迁移通量可以用下式计算：

$$f_x = u_x C, f_y = u_y C, f_z = u_z C \tag{4-61}$$

式中　f_x，f_y，f_z——x、y、z 三个方向上的污染物推流迁移通量；

　　　u_x，u_y，u_z——环境介质在 x、y、z 方向上的流速分量；

　　　C——污染物在环境介质中的浓度。

推流迁移只能改变污染物的位置，并不能改变污染物的存在形状和浓度。

二、分散作用

讨论污染物的分散作用时，假定污染物质点的动力学特性与介质质点完全一致。这一假设对于多数溶解污染物或浮力中性的颗粒物质是可以满足的。污染物在环境介质中的分散作用包括分子扩散、湍流扩散和弥散。

1. 分子扩散

分子扩散是由分子的随机运动引起的质点分散现象。分子扩散过程服从斐克（Fick）第一定律，即分子扩散的质量通量与扩散物质的浓度梯度成正比：

$$I_x^1 = -E_m \frac{\partial C}{\partial x}, I_y^1 = -E_m \frac{\partial C}{\partial y}, I_z^1 = -E_m \frac{\partial C}{\partial z} \tag{4-62}$$

式中　I_x^1，I_y^1，I_z^1——x、y、z 三个方向上的污染物扩散通量；

E_m——分子扩散系数，分子扩散系数在各个方向上相同，表示分子扩散是各向同性的。

式（4-62）中右边的负号表示污染物质点的运动指向浓度梯度的负方向。

2. 湍流扩散

湍流扩散是湍流流场中质点的各种状态（流速、压力、浓度等）的瞬时值相对于其时间平均值的随机脉动而导致的分散现象。湍流扩散项可以看成是对取状态的时间平均值后所形成的误差的一种补偿。可以借助分子扩散的形式表达湍流扩散：

$$I_x^2 = -E_x \frac{\partial \overline{C}}{\partial x}, I_y^2 = -E_y \frac{\partial \overline{C}}{\partial y}, I_z^2 = -E_z \frac{\partial \overline{C}}{\partial z} \qquad (4-63)$$

式中 I_x^2，I_y^2，I_z^2——x、y、z 三个方向上由湍流扩散所导致的污染物质量通量；

$\overline{C}$——环境介质中的污染物的时间平均浓度；

E_x, E_y, E_z——x、y、z 三个方向上的湍流扩散系数。

式（4-63）中各等式右边的负号表示湍流扩散的方向是污染物浓度梯度的负方向。与分子扩散不同，湍流扩散是各向异性的。

3. 弥散

弥散作用是由横断面上实际的状态（如流速）分布不均匀与实际计算中采用断面平均状态（如流速）之间的差别引起的，为了弥补采用状态的空间平均值所导致的计算误差，必须考虑一个附加的量——弥散通量。同样借助 Fick 定律来描述弥散作用：

$$I_x^3 = -D_x \frac{\partial \overline{\overline{C}}}{\partial x}, I_y^3 = -D_y \frac{\partial \overline{\overline{C}}}{\partial y}, I_z^3 = -D_z \frac{\partial \overline{\overline{C}}}{\partial z} \qquad (4-64)$$

式中 I_x^3，I_y^3，I_z^3——x、y、z 三个方向上由弥散所导致的污染物质量通量；

$\overline{\overline{C}}$——环境介质中的污染物的时间平均浓度的空间平均值；

D_x, D_y, D_z——x、y、z 三个方向上的弥散系数。

式（4-64）中各等式右边的负号表示弥散方向是污染物浓度梯度的负方向。弥散也是各向异性的。

在实际计算中都采用时间平均值的空间平均值 $\overline{\overline{u}}$（见图 4-12）。为了修正这一简化所造成的误差，引进了湍流扩散项和弥散扩散项，而分子扩散项在任何时候都是存在的，但就数量级来说弥散项的影响最大，而分子扩散则往往可以忽略。分子扩散系数在大气中的量级为 $1.6 \times 10^{-5} \, \text{m}^2/\text{s}$，在河流中大致为 $10^{-5} \sim 10^{-4} \, \text{m}^2/\text{s}$；而湍流扩散系数的量级要大得多，在大气中为 $2 \times 10^{-2} \sim 10^{-1} \, \text{m}^2/\text{s}$（垂直方向）和 $10 \sim 10^5 \, \text{m}^2/\text{s}$（水平方向），在海洋中的量级为 $10^{-5} \sim 10^{-2} \, \text{m}^2/\text{s}$（垂直方向）和 $10^2 \sim 10^4 \, \text{m}^2/\text{s}$（水平方向），河流中的扩散系数量级为 $10^{-2} \sim 10^0 \, \text{m}^2/\text{s}$。

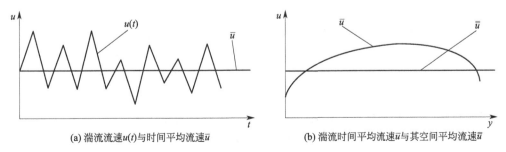

(a) 湍流流速$u(t)$与时间平均流速$\overline{u}$　　　　(b) 湍流时间平均流速$\overline{u}$与其空间平均流速$\overline{\overline{u}}$

图 4-12　流速分布与分散作用

弥散作用只有在取湍流时间平均值的空间平均值时才发生。弥散作用大多发生在河流或地下水的水质计算中。通常所说的弥散作用实际上包含了弥散、湍流扩散和分子扩散三者的共同作用。

为了便于书写，符号 $\overline{\overline{C}}$ 通常写作 C。

三、污染物的衰减和转化

进入环境中的污染物可以分为守恒污染物和非守恒污染物两大类。

守恒污染物可以长时间在环境中存在，它们随着介质的运动和分散作用而不断改变位置和浓度，但是在环境中的总量不会减少，可以在环境中积累。重金属、很多高分子有机化合物都属于守恒污染物。对于那些对生态环境有害，或者暂时无害但可以在环境中积累，从长远来看可能有害的守恒污染物，要严格控制排放，因为环境系统对它们没有净化能力。

非守恒污染物在环境中能够降解，它们进入环境以后，除了随环境介质的流动不断改变位置、不断分散降低浓度外，还会因为自身的衰减而加速浓度的下降。非守恒污染物的降解有两种方式：一种是由污染物自身的运动变化规律决定的，例如放射性物质的衰减；另一种是在环境因素的作用下，由于化学或生物反应而不断衰减，例如有机物的生物化学氧化过程。环境中非守恒污染物的降解多遵循一级反应动力学规律：

$$\frac{\mathrm{d}C}{\mathrm{d}t} = -kC \tag{4-65}$$

式中　k——降解速率常数。

污染物在环境中的推流迁移、分散和衰减作用可以用图 4-13 说明。

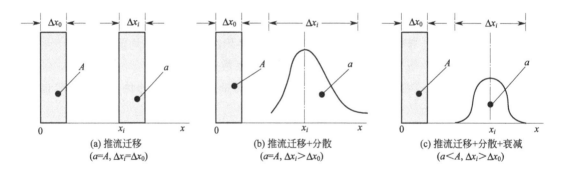

图 4-13　污染物在环境介质中的推流迁移、分散和衰减作用

假定在 $x=x_0$ 处，向环境中排放物质总量为 A，其分布为直方状，全部物质通过 x_0 的时间为 Δt。经过一段时间，该污染物的重心迁移至 x_i，污染物的总量为 a。如只存在推流迁移[图 4-13(a)]，则 $a=A$，且污染物在两处的分布形状相同；如果存在推流迁移和分散的双重作用[图 4-13(b)]，则仍然有 $a=A$，但污染物在 x_i 处的分布形状与初始形状不同，呈钟形曲线状分布，延长了污染物的通过时间；如果同时存在推流迁移、分散和衰减的三重作用[图 4-13(c)]，则不仅污染物的分布形状发生变化，且污染物的总量也发生变化，此时 $a<A$。

推流迁移只改变污染物的位置，而不改变其分布；分散作用不仅改变污染物的位置，还改变其分布，但不改变其总量；衰减作用则能够改变污染物的总量。

污染物进入环境以后同时发生着上述各种过程，用以描述这些过程的模型是一组复杂的数学方程式。

第三节　环境质量基本模型的推导

一、环境质量模型的基本概念

1. 基本模型的定义

反映污染物质在环境介质中运动的基本规律的数学模型称为环境质量基本模型。基本模型反映了污染物在环境介质中运动的基本特征，即污染物的输移扩散规律。

2. 基本假定

基本假定：进入环境的污染物能够与环境介质相互融合，污染物质点与介质质点具有相同的流体力学特征；污染物在进入环境以后能够均匀地分散开，不产生凝聚、沉淀和挥发，可以将污染物质点当作介质质点进行研究。

3. 模型基本原理

为了建立环境系统的模型，一般需要取得 2 个方面的信息：①输移污染物的介质（如大气、水）的流动特性；② 污染物被输移过程中发生的质与量的变化。利用这 2 个方面的信息，根据物质与能量平衡原理即对污染物在流体介质中的浓度以及流体质量、动量或热量进行衡算来建立环境质量基本模型。

4. 基本模型解的形式

环境质量基本模型从空间上即依据研究问题的维数，有不同维数模型的解；从时间上即依据与时间的关系，有稳态和非稳态解；按照排放方式即依据瞬时排放和连续排放，有瞬时解与稳态定解。排放方式与时间关系对应的解的形式是相关的。按照求解的方法也可分为解析解与数值解。

二、零维基本模型

所谓零维模型是描述研究空间范围内不产生环境质量差异的模型。此时空间范围类似于一个完全混合反应器。零维模型是最简单的一类模型。图 4-14 所示为一个连续流完全混合反应器，进入反应器的污染物能够在瞬间分布到反应器的各个部位。

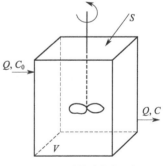

图 4-14　连续流完全混合反应器

根据质量守恒原理，可以写出反应器中的平衡方程：

$$V\frac{\mathrm{d}C}{\mathrm{d}t}=QC_0-QC+S+rV \tag{4-66}$$

式中　V——反应器的容积；

Q——流入与流出反应器的物质流量；

C_0——输入反应器的污染物浓度；

C——输出反应器的污染物浓度，即反应器中的污染物浓度；

r——污染物的反应速率；

S——污染物的源与汇。

若 $S=0$，则：

$$V \frac{\mathrm{d}C}{\mathrm{d}t} = Q(C_0 - C) + rV \tag{4-67}$$

如果污染物在反应器中的反应符合一级反应动力学降解规律，即 $r=-kC$，则上式可以写作：

$$V \frac{\mathrm{d}C}{\mathrm{d}t} = Q(C_0 - C) - kCV \tag{4-68}$$

式中　k——污染物的降解速率常数。

式(4-68)就是零维环境质量模型的基本形式。零维模型广泛应用于箱式空气质量模型和湖泊、水库水质模型中。

三、一维基本模型

一维基本模型是指描述在一个空间方向（如 x）上存在环境质量变化，即存在污染物浓度梯度的模型。通过对一个微小体积单元的质量平衡过程的推导可以得到一维基本模型（图 4-15）。

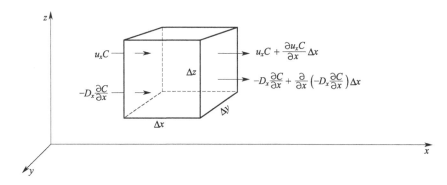

图 4-15　微小体积单元的质量平衡

图 4-15 表示一个微小体积元在 x 方向的污染物输入、输出关系。Δx、Δy、Δz 分别代表体积元 3 个方向的长度。由图 4-15 可以写出以下各式。

① 单位时间内由推流和弥散输入该体积单元的污染物量为：

$$\left[u_x C + \left(-D_x \frac{\partial C}{\partial x} \right) \right] \Delta y \Delta z$$

② 单位时间内由推流和弥散输出的污染物量为：

$$\left[u_x C + \frac{\partial u_x C}{\partial x} \Delta x + \left(-D_x \frac{\partial C}{\partial x} \right) + \frac{\partial}{\partial x} \left(-D_x \frac{\partial C}{\partial x} \right) \Delta x \right] \Delta y \Delta z$$

③ 单位时间内在微小体积单元中由于衰减输出的污染物量为：

$$kC \Delta x \Delta y \Delta z$$

那么，单位时间内输入该微小体积单元的污染物总量为：

$$\frac{\partial C}{\partial t} \Delta x \Delta y \Delta z = \left[u_x C + \left(-D_x \frac{\partial C}{\partial x} \right) \right] \Delta y \Delta z -$$

$$\left[u_x C + \frac{\partial u_x C}{\partial x} \Delta x + \left(-D_x \frac{\partial C}{\partial x} \right) + \frac{\partial}{\partial x} \left(-D_x \frac{\partial C}{\partial x} \right) \Delta x \right] \Delta y \Delta z - kC \Delta x \Delta y \Delta z \tag{4-69}$$

将上式简化，并令 $\Delta x \rightarrow 0$，得：

$$\frac{\partial C}{\partial t} = -\frac{\partial u_x C}{\partial x} - \frac{\partial}{\partial x}\left(-D_x \frac{\partial C}{\partial t}\right) - kC \tag{4-70}$$

在均匀流场中，u_x 和 D_x 都可以作为常数，则上式可以写作：

$$\frac{\partial C}{\partial t} = D_x \frac{\partial^2 C}{\partial x^2} - u_x \frac{\partial C}{\partial x} - kC \tag{4-71}$$

式中　C——污染物的浓度，它是时间 t 和空间位置 x 的函数；

　　D_x——纵向弥散系数；

　　u_x——断面平均流速；

　　k——污染物的衰减速率常数。

式(4-71) 就是均匀流场中的一维基本环境质量模型，其较多地应用于比较长而狭窄的河流水质模拟。

四、二维和三维基本模型

与推导一维模型相似，当在 x 方向和 y 方向存在浓度梯度时可以建立起 x、y 方向的二维环境质量基本模型：

$$\frac{\partial C}{\partial t} = D_x \frac{\partial^2 C}{\partial x^2} + D_y \frac{\partial^2 C}{\partial y^2} - u_x \frac{\partial C}{\partial x} - u_y \frac{\partial C}{\partial y} - kC \tag{4-72}$$

二维模型较多应用于宽的河流、河口，较浅的湖泊、水库，也用于空气线源污染模拟。

如果在 x、y、z 三个方向上都存在污染物浓度梯度，则可以写出三维空间的环境质量基本模型：

$$\frac{\partial C}{\partial t} = E_x \frac{\partial^2 C}{\partial x^2} + E_y \frac{\partial^2 C}{\partial y^2} + E_z \frac{\partial^2 C}{\partial z^2} - u_x \frac{\partial C}{\partial x} - u_y \frac{\partial C}{\partial y} - u_z \frac{\partial C}{\partial z} - kC \tag{4-73}$$

由于不采用状态的空间平均值，三维模型不存在弥散修正。空气点源扩散模拟、海洋水质模拟大多使用三维模型。

第四节　非稳定源排放的解析解

实际的环境质量模型大多属于复杂模型，不易求得模型的解析解。但是由于解析解的应用简便，人们还是努力探寻解析解的方法。对于大多数环境质量模型，只有在某些特定条件下才有可能求得解析解。求解环境质量模型时，假定介质的流动状态稳定、均匀，即空气或水体的流动状态在研究时段内不随时间变化，这时污染物的分布只随污染源变化。

一、一维流场中的瞬时点源排放

1. 忽略弥散

忽略弥散即 $D_x = 0$，由式(4-71) 得：

$$\frac{\partial C}{\partial t} + u_x \frac{\partial C}{\partial x} + kC = 0 \tag{4-74}$$

该模型可以用特征线方法求解，将其写成两个方程：

$$\frac{\mathrm{d}x}{\mathrm{d}t} = u_x \quad 和 \quad \frac{\mathrm{d}C}{\mathrm{d}t} = -kC$$

前者称为特征线方程，表示污染物进入环境以后的位置 $x(t)$；后者则表示污染物在某一位置处的浓度。上式的解是：

$$C(x,t)=C_0\exp(-kt)=C_0\left(-\frac{kx}{u_x}\right) \tag{4-75}$$

由于不考虑弥散作用，污染物在环境中某一位置的出现时间都是一瞬间。

2. 考虑弥散

考虑弥散即 $D_x\neq0$，根据式（4-71）则有：

$$\frac{\partial C}{\partial t}-D_x\frac{\partial^2 C}{\partial x^2}+u_x\frac{\partial C}{\partial x}+kC=0 \tag{4-76}$$

式（4-76）可以通过拉普拉斯变换及其逆变换求解。对变量 C 做拉普拉斯变换 $\mathscr{L}$ 并令：

$$L=L(s,y)=\mathscr{L}[C(x,t)]=\int_0^\infty C(x,t)\mathrm{e}^{-st}\,\mathrm{d}t$$

根据拉普拉斯变换性质，得 $\mathscr{L}\left(\dfrac{\partial C}{\partial t}\right)=sL$，则原式可以写作：

$$sL-D_x\frac{\mathrm{d}^2 L}{\mathrm{d}x^2}+u_x\frac{\mathrm{d}L}{\mathrm{d}x}+kL=0$$

或

$$\frac{\mathrm{d}^2 L}{\mathrm{d}x^2}-\frac{u_x}{D_x}\times\frac{\mathrm{d}L}{\mathrm{d}x}-\frac{1}{D_x}(k+s)=0$$

其特征多项式为：

$$\lambda^2-\frac{u_x}{D_x}\lambda-\frac{k+s}{D_x}=0$$

其特征值为：

$$\lambda_{1,2}=\frac{u_x}{2D_x}\left(1\pm\frac{2\sqrt{D_x}}{u_x}\sqrt{\frac{u_x^2}{4D_x}+k+s}\right)$$

则拉普拉斯方程的解为：

$$L=A\,\mathrm{e}^{\lambda_1 x}+B\,\mathrm{e}^{\lambda_2 x}$$

代入初始条件 $L(0,s)=C_0$ 和 $L(\infty,s)=0$，得 $A=0$ 和 $B=C_0$，则：

$$L=C_0\exp\left[\frac{u_x x}{2D_x}\left(1-\frac{2\sqrt{D_x}}{u_x}\sqrt{\frac{u_x^2}{4D_x}+k+s}\right)\right]$$

根据拉普拉斯逆变换公式：

$$L^{-1}\left[\exp(-y\sqrt{s+Z})\right]=\frac{y\exp(-Zt)}{2\sqrt{\pi}(t)^{1.5}}\exp\left(-\frac{y^2}{4t}\right)$$

同时令 $y=\dfrac{x}{\sqrt{D_x}}$，$Z=\dfrac{u_x^2}{4D_x}+k$，代入上式，得：

$$C(x,t)=\frac{u_x C_0}{\sqrt{4\pi D_x t}}\exp\left[-\frac{(x-u_x t)^2}{4D_x t}\right]\exp(-kt) \tag{4-77}$$

式中　C_0——起点浓度。

在污染物瞬时投放时，$C_0=\dfrac{M}{Q}$，又 $Q=Au_x$，所以：

$$C(x,t)=\frac{M}{A\sqrt{4\pi D_x t}}\exp\left[-\frac{(x-u_x t)^2}{4D_x t}\right]\exp(-kt) \tag{4-78}$$

式中　M——污染物瞬时投放量；

　　　A——河流断面面积；

其余符号意义同前。

【例 4-9】　瞬时向河流投放示踪剂溶液，含罗丹明染料 5kg，在起始断面处充分混合。假定河流平均宽度 10m，平均水深 0.5m，平均流速 0.5m/s，纵向弥散系数 $D_x = 0.5 \text{m}^2/\text{s}$。试求距投放点下游 500m 处罗丹明浓度分布的时间过程线。

【解】　设罗丹明在试验时间内不降解，即 $k=0$。利用式(4-78)列表计算投放点下游 500m 处，投放后 10～22min 的罗丹明浓度。

t/min	10	12	14	16	18	20	22
C/(mg/L)	5×10^{-14}	1.8×10^{-5}	0.305	10.456	5.788	0.178	6.7×10^{-4}

根据计算数据绘制罗丹明浓度-时间过程线图（图 4-16）。由图可见，在测量时间节点，罗丹明浓度由零逐渐增大，至第 16min 时达到最高值；然后又逐渐下降至无穷小。整个曲线的形状类似"钟"形，这样的分布曲线称为钟形曲线。

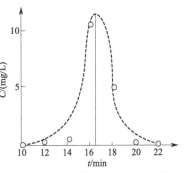

图 4-16　罗丹明的浓度-时间过程线

如果污染物不是瞬时投放，假设投放的延续时间是 Δt，即在 $0 \leqslant t \leqslant \Delta t$ 的时段内，投入质量为 M 的污染物。这时，在任意地点任意时间的污染物浓度可以用下式计算：

$$C(x,t) = \int_0^{\Delta t} \frac{C_0 u_x}{\sqrt{4\pi D_x(t-t')}} \exp\left\{\frac{[x-u_x(t-t')]^2}{4D_x(t-t')}\right\} \exp[-k(t-t')] \, dt' \quad (4\text{-}79)$$

式中　C_0——在 $0 \leqslant t \leqslant \Delta t$ 时，投放点处的环境中污染物的浓度。

C_0 值可以用下式计算：

$$C_0 = \frac{M}{Q(\Delta t)} = \frac{M}{u_x A(\Delta t)} \quad (4\text{-}80)$$

式中　M——在 Δt 时段内投放的污染物总量；

　　　Q——河流的流量；

　　　A——河流的断面面积。

将式(4-80)代入式(4-79)，可以得到：

$$C(x,t) = \int_0^{\Delta t} \frac{M}{A\Delta t \sqrt{4\pi D_x(t-t')}} \exp\left\{-\frac{[x-u_x(t-t')]^2}{4D_x t}\right\} \exp[-k(t-t')] \, dt'$$

$$(4\text{-}81)$$

式(4-81)的解是一组复杂的表达式：

$$C(x,t) = \frac{C_0}{2}[\exp(A_1)\text{erfc}(A_2) + \exp(A_3)\text{erfc}(A_4)]\exp\left(\frac{u_x x}{2D_x}\right)$$

$$-\frac{C_0}{2}[\exp(A_1)\text{erfc}(A_5) + \exp(A_3)\text{erfc}(A_6)]\exp\left(\frac{u_x x}{2D_x}\right)\theta(t-\Delta t)$$

$$(4\text{-}82)$$

式中，$\theta(t-\Delta t)=\begin{cases}0(t\leqslant\Delta t)\\1(t>\Delta t)\end{cases}$。

$$A_1=\frac{x}{\sqrt{D_x}}\sqrt{\frac{u_x^2}{4D_x}+k} \tag{4-83}$$

$$A_2=\frac{x}{2\sqrt{D_xt}}+\sqrt{\frac{u_x^2t}{4D_x}+kt} \tag{4-84}$$

$$A_3=-A_1 \tag{4-85}$$

$$A_4=\frac{x}{2\sqrt{D_xt}}-\sqrt{\frac{u_x^2t}{4D_x}+kt} \tag{4-86}$$

$$A_5=\frac{x}{2\sqrt{D_x(t-\Delta t)}}+\sqrt{\frac{u_x^2(t-\Delta t)}{4D_x}+k(t-\Delta t)} \tag{4-87}$$

$$A_6=\frac{x}{2\sqrt{D_x(t-\Delta t)}}-\sqrt{\frac{u_x^2(t-\Delta t)}{4D_x}+k(t-\Delta t)} \tag{4-88}$$

式中，$\mathrm{erfc}(x)$ 为余误差函数，与误差函数 $\mathrm{erf}(x)$ 有如下关系：

$$\mathrm{erfc}(x)=1-\mathrm{erf}(x) \tag{4-89}$$

$$\mathrm{erf}(x)=\frac{2}{\sqrt{\pi}}\int_0^x e^{-u}\mathrm{d}u \tag{4-90}$$

误差函数的数值可以由误差函数表查出，它是通过级数展开计算的：

$$\mathrm{erf}(x)=x-\frac{x^3}{(1!)3}+\frac{x^5}{(2!)5}-\frac{x^7}{(3!)7}+\cdots \tag{4-91}$$

【例 4-10】　在 10min 的时间里，向河流中投加罗丹明染料，总量 20kg，在起始点充分搅拌。已知河流宽度 20m，水深 0.8m，平均流速 0.5m/s，纵向弥散系数 500m^2/s。试求距投放点下游 500m 处的浓度-时间过程线。

【解】　根据式(4-80)计算 C_0：

$$C_0=\frac{M}{Q\Delta t}=\frac{20\times1000}{20\times0.8\times0.5\times10\times60}=4.17(\mathrm{mg/L})$$

$$\exp\left(\frac{u_xx}{2D_x}\right)=1.28$$

列表计算排放点下游 500m 处，罗丹明投加后 4～20min 的浓度-时间过程线（图 4-17）。

t/min	4	6	8	10	12	14	16	18	20
A_1	0.25	0.25	0.25	0.25	0.25	0.25	0.25	0.25	0.25
A_2	0.89	0.79	0.75	0.73	0.71	0.70	0.70	0.70	0.70
A_3	−0.25	−0.25	−0.25	−0.25	−0.25	−0.25	−0.25	−0.25	−0.25
A_4	0.55	0.38	0.27	0.19	0.12	0.067	0.02	0	0
A_5					1.14	0.89	0.79	0.75	0.73
A_6					0.90	0.55	0.38	0.27	0.19
$\exp(A_1)$	1.28	1.28	1.28	1.28	1.28	1.28	1.28	1.28	1.28
$\exp(A_3)$	0.78	0.78	0.78	0.78	0.78	0.78	0.78	0.78	0.78
$\mathrm{erfc}(A_2)$	0.21	0.26	0.29	0.30	0.32	0.32	0.32	0.32	0.32
$\mathrm{erfc}(A_4)$	0.44	0.59	0.70	0.79	0.87	0.93	0.98	1.0	1.0

续表

t/min	4	6	8	10	12	14	16	18	20
$\text{erfc}(A_5)$					0.11	0.21	0.26	0.29	0.30
$\text{erfc}(A_6)$					0.20	0.44	0.59	0.70	0.79
$C/(\text{mg/L})$	1.63	2.11	2.45	2.67	2.11	1.40	1.01	0.73	0.51

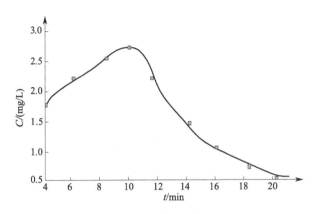

图 4-17　罗丹明的浓度-时间过程线

由计算结果和图 4-17 可以发现，罗丹明在投放后 4min 以前就已经到达下游 500m 处，最大浓度值出现在示踪剂开始投放后 10min 左右。

二、瞬时点源排放的二维模型

假定所研究的二维平面是 x、y 平面，瞬时点源二维模型的解析解为：

$$C(x,y,t)=\frac{M}{4\pi ht\sqrt{D_xD_y}}\exp\left[-\frac{(x-u_xt)^2}{4D_xt}-\frac{(y-u_yt)^2}{4D_yt}\right]\exp(-kt) \qquad (4\text{-}92)$$

式中　u_y——y 方向的速度分量；

D_y——y 方向的弥散系数；

h——平均扩散深度；

其余符号意义同前。

式(4-92) 是在无边界约束（即环境空间无限大）条件下的解。其边界条件是：当 $y\rightarrow\infty$ 时，$\dfrac{\partial C}{\partial y}=0$。

如果污染物的扩散受到边界的影响，需要考虑边界的反射作用。边界的反射作用可以通过一个假定的虚源实现（图 4-18）。把边界作为一个反射镜面，以边界为轴，在实源的对称位置设立一个与实源具有相等源强的虚源。虚源的作用可以代表边界对实源的反射。

在有边界的条件下，式 （4-92） 的解应为：

$$C(x,y,t)=\frac{M\exp(-kt)}{4\pi ht\sqrt{D_xD_y}}\left\{\exp\left[-\frac{(x-u_xt)^2}{4D_xt}-\frac{(y-u_yt)^2}{4D_yt}\right]+\exp\left[-\frac{(x-u_xt)^2}{4D_xt}-\frac{(2b+y-u_yt)^2}{4D_yt}\right]\right\}$$

$$(4\text{-}93)$$

式中　b——实源或虚源到边界的距离。

式(4-93) 中大括号中的第一项是模拟实源的排放，第二项则是模拟虚源的排放。若点源的位置逐步向边界移动，至 $b=0$，即污染物在边界上排放时，虚源与实源合二而一，这

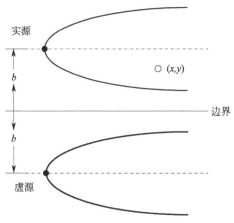

图 4-18　边界的反射

时的浓度计算如下：

$$C(x,y,t)=\frac{M\exp(-kt)}{2\pi ht\sqrt{D_xD_y}}\exp\left[-\frac{(x-u_xt)^2}{4D_xt}-\frac{(y-u_yt)^2}{4D_yt}\right] \tag{4-94}$$

三、瞬时点源排放的三维模型

瞬时点源排放在均匀稳定的三维流场中的解析解为：

$$C(x,y,z,t)=\frac{M\exp(-kt)}{8\sqrt{(\pi t)^3E_xE_yE_z}}\exp\left\{\frac{1}{4t}\left[\frac{(x-u_xt)^2}{E_x}+\frac{(y-u_yt)^2}{E_y}+\frac{(z-u_zt)^2}{E_z}\right]\right\}$$

$$\tag{4-95}$$

式中　E_x，E_y，E_z——x、y、z 方向上的湍流扩散系数。

第五节　稳定源排放的基本模型解析解

在环境介质处于均匀稳定的条件下，如果污染物稳定排放，那么污染物在环境中的分布也将是稳定的，这时污染物在某一空间位置的浓度将不会随时间而变化，这种不随时间变化的状态称为稳态（或称动稳态）。

由于稳态问题的处理比较简便，人们经常通过各种措施，将一个实际问题处理成一个稳态问题。例如，如果所研究对象的时间尺度很大，在这样一个时间尺度内污染物的浓度围绕一个平均值变化，这时可以通过取时间平均值，将这样一个问题作为稳态问题处理。

一、零维模型的稳态解

依据零维基本模型式（4-68），在稳态条件下，即在 $\frac{dC}{dt}=0$ 时，有：

$$C=\frac{C_0}{(Q+kV)/Q}=\frac{C_0}{1+k\dfrac{V}{Q}} \tag{4-96}$$

式中　$\dfrac{V}{Q}$——理论停留时间。

二、一维模型的稳态解

典型一维模型是一个二阶线性偏微分方程：

$$D_x \frac{\partial^2 C}{\partial x^2} - u_x \frac{\partial C}{\partial x} - kC = 0 \tag{4-97}$$

该微分方程的特征方程为：

$$D_x \lambda^2 - u_x \lambda - k = 0$$

特征方程的特征根为：

$$\lambda_{1,2} = \frac{u_x}{2D_x}(1 \pm m)$$

式中，$m = \sqrt{1 + \frac{4kD_x}{u_x^2}}$。

一维稳态模型式(4-97)的通解是：

$$C = A e^{\lambda_1 x} + B e^{\lambda_2 x}$$

对于保守或衰减物质，λ 不应取正值。同时，若给定初始条件为 $x = 0$ 时，$C = C_0$，则一维稳态模型式(4-97) 为：

$$C = C_0 \exp\left[\frac{u_x t}{2D_x}\left(1 - \sqrt{1 + \frac{4kD_x}{u_x^2}}\right)\right] \tag{4-98}$$

在推流存在的情况下，弥散作用在稳态条件下往往可以忽略。此时：

$$C = C_0 \exp\left(-\frac{kx}{u_x}\right) \tag{4-99}$$

式中 C_0——起点处的污染物浓度。

对于一维模型：

$$C_0 = \frac{QC_1 + qC_2}{Q + q} \tag{4-100}$$

式中 Q——河流的流量；

$\quad\quad q$——污水流量；

$\quad\quad C_1$——河流中的污染物本底浓度；

$\quad\quad C_2$——污水中的污染物浓度。

【例 4-11】 河流中稳定排放污水，污水量 $q = 0.15 \text{m}^3/\text{s}$，污水中 $BOD_5 = 30 \text{mg/L}$，河流径流量 $Q = 5.5 \text{m}^3/\text{s}$，平均流速 $u_x = 0.3 \text{m/s}$，河水 BOD_5 的本底浓度为 0.5mg/L，已知 BOD_5 的衰减速率常数 $k = 0.2 \text{d}^{-1}$，弥散系数 $D_x = 10 \text{m}^2/\text{s}$。试求排放点下游 10km 处的 BOD_5 浓度。

【解】 计算起初点完全混合后的 BOD_5 初始浓度：

$$C_0 = \frac{0.15 \times 30 + 5.5 \times 0.5}{0.15 + 5.5} = 1.2832 (\text{mg/L})$$

根据式(4-98) 算河流推流与弥散共同作用下下游 10km 处的 BOD_5 浓度：

$$C = 1.2832 \exp\left\{\frac{0.3 \times 10000}{2 \times 10} \times \left[1 - \sqrt{1 + \frac{4 \times (0.2/86400) \times 10}{0.3^2}}\right]\right\} = 1.18793 (\text{mg/L})$$

若忽略弥散作用，其浓度值为：

$$C = 1.2832 \exp\left(-\frac{0.2 \times 10000}{0.3 \times 86400}\right) = 1.18791 (\text{mg/L})$$

从本例可以看出，在稳态条件下两者的计算结果十分接近，说明存在一定的推流作用的条件下，纵向弥散系数对污染物分布的影响很小。

三、 二维模型的稳态解

假定三维空间中，在 z 方向不存在浓度梯度，即 $\frac{\partial C}{\partial z} = 0$，就构成了 x、y 平面上的二维问题。稳态条件下的二维环境质量模型的基本形式是：

$$D_x \frac{\partial^2 C}{\partial x^2} + D_y \frac{\partial^2 C}{\partial y^2} - u_x \frac{\partial C}{\partial x} - u_y \frac{\partial C}{\partial y} - kC = 0 \tag{4-101}$$

在均匀流场中，式（4-101）的解析解为：

$$C(x, y) = \frac{Q}{4\pi h (x/u_x) \sqrt{D_x D_y}} \exp\left[-\frac{(y - u_y x/u_x)^2}{4D_y x/u_x}\right] \exp\left(-\frac{kx}{u_x}\right) \tag{4-102}$$

式中 Q——源强，即单位时间内排放的污染物量；

其余符号意义同前。

在均匀、稳定流场中，D_x 和 u_y 往往可以忽略，则式（4-101）的解为：

$$C(x, y) = \frac{Q}{u_x h \sqrt{4\pi D_y x/u_x}} \exp\left(-\frac{u_x y^2}{4D_y x}\right) \exp\left(-\frac{kx}{u_x}\right) \tag{4-103}$$

式（4-102）和式（4-103）适于无边界排放的情况[图 4-19(a)]。如果存在边界，则需要考虑边界的反射作用，此时可以通过假设的虚源来模拟边界的反射作用。

如果存在有限边界，即有两个边界，污染源处在两个边界之间 [图 4-19（b）]，这时的反射就是连锁式的。这时式（4-101）的解析解就是：

$$C(x, y) = \frac{Q\exp(-kx/u_x)}{u_x h \sqrt{4\pi D_y x/u_x}} \left\{\exp\left(-\frac{u_x y^2}{4D_y x}\right) + \sum_{n=1}^{\infty} \exp\left[-\frac{u_x (nB - y)^2}{4D_y x}\right] + \sum_{n=1}^{\infty} \exp\left[-\frac{u_x (nB + y)^2}{4D_y x}\right]\right\}$$

$$\tag{4-104}$$

式中 B——扩散环境的宽度。

式（4-104）中大括号中的第一项代表实源的贡献，第二项代表虚源 1 的贡献，第三项代表虚源 2 的贡献。由于边界的关系，这种贡献将无穷次地进行下去。

如果污染源处在环境边界上，对于宽度无限大的环境 [图 4-19(a)]，则有：

$$C(x, y) = \frac{2Q}{u_x h \sqrt{4\pi D_y x/u_x}} \exp\left(-\frac{u_x y^2}{4D_y x}\right) \exp\left(-\frac{kx}{u_x}\right) \tag{4-105}$$

对于环境宽度为 B 的边界上的排放，同样可以通过假设虚源来模拟边界的反射作用，此时：

$$C(x, y) = \frac{2Q\exp(-kx/u_x)}{u_x h \sqrt{4\pi D_y x/u_x}} \left\{\exp\left(-\frac{u_x y^2}{4D_y x}\right) + \sum_{n=1}^{\infty} \exp\left[-\frac{u_x (2nB - y)^2}{4D_y x}\right] + \sum_{n=1}^{\infty} \exp\left[-\frac{u_x (2nB + y)^2}{4D_y x}\right]\right\}$$

$$\tag{4-106}$$

虚源的贡献随着反射次数的增加衰减很快，实际计算中，取 $n = 2 \sim 3$ 已经可以满足精

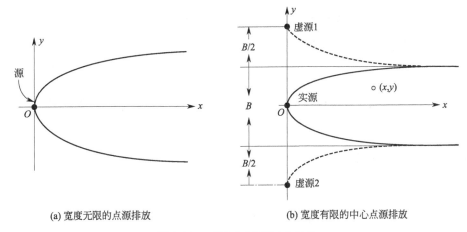

(a) 宽度无限的点源排放   (b) 宽度有限的中心点源排放

图 4-19　二维稳态点源的中心排放

度要求。

【例 4-12】　连续点源排放，源强为 $50g/s$，河流水深 $h=1.5m$，流速 $u_x=0.3m/s$，横向弥散系数 $D_y=5m^2/s$，污染物衰减速率常数 $k=0$。试求：

（1）在无边界的情况下，$(x,y)=(2000m,10m)$ 处的污染物浓度；

（2）在边界上排放，环境宽度无限大情况下，$(x,y)=(2000m,10m)$ 处的污染物浓度；

（3）在边界上排放，环境宽度 $B=100m$ 时，$(x,y)=(2000m,10m)$ 处的污染物浓度。

【解】

（1）无边界条件下的连续点源排放，按照式（4-103）计算：

$$C_1(2000,10)=\frac{50}{0.3\times1.5\sqrt{4\pi\times5\times(2000/0.3)}}\exp\left(-\frac{0.3\times10^2}{4\times5\times2000}\right)=0.17(mg/L)$$

（2）在边界上排放，环境宽度无限大时，按照式（4-105）计算：

$$C_2(2000,10)=2C_1(2000,10)=0.34(mg/L)$$

（3）在边界上排放，环境宽度 $B=100m$ 时，按照式（4-106）计算：

$$C_3(2000,10)=\frac{2\times50}{0.3\times1.5\sqrt{4\pi\times5\times(2000/0.3)}}$$

$$\left\{\exp\left(-\frac{0.3\times10^2}{4\times5\times2000}\right)+\sum_{n=1}^{4}\exp\left[-\frac{0.3(2n\times100-10)^2}{4\times5\times2000}\right]+\sum_{n=1}^{4}\exp\left[-\frac{0.3(2n\times100+10)^2}{4\times5\times2000}\right]\right\}$$

$$=0.7678\times[0.9993+(0.7628+0.3196+0.0735+0.0093)$$

$$+(0.3308+0.2834+0.0614+0.0073)]$$

$$=2.19(mg/L)$$

四、三维模型的稳态解

一个连续稳定排放的点源，在三维均匀、稳定流场中的解析解为：

$$C(x,y,z)=\frac{Q}{4\pi x\sqrt{E_yE_z}}\exp\left[-\frac{u_x}{4x}\left(\frac{y^2}{E_y}+\frac{z^2}{E_z}\right)\right]\exp\left(-\frac{kx}{u_x}\right) \tag{4-107}$$

式中　E_y，E_z——y、z 方向的湍流扩散系数。

在解析解式（4-107）中，忽略了 E_x、u_y 和 u_z。

解析模型的形式比较简单，应用比较方便。一维解析模型被广泛应用于各种中小型河流的水质模拟，三维解析模型在空气环境质量预测中被普遍采用。在流场均匀稳定的条件下，二维解析模型也可以用于模拟河流的水质。

在采用解析模型时一定要注意解析模型的定解条件。

第六节　污染物在均匀流场中的分布特征

一、浓度场的正态分布

1. 一维流场（瞬时点源）的浓度分布

对于一维流场中的瞬时点源排放，排放点下游某处任意时间的污染物浓度可以按式（4-78）计算：

$$C(x,t) = \frac{M\exp(-kt)}{\sqrt{4\pi D_x t}}\exp\left[-\frac{(x-u_x t)^2}{4D_x t}\right]$$

如果令 $\sigma_x = \sqrt{2D_x t}$，或 $\sigma_t = \sigma_x/u_x$，上式可以写成：

$$C(x,t) = \frac{M\exp(-kt)}{A\sigma_x \sqrt{2\pi}}\exp\left[-\frac{(x-u_x t)^2}{4D_x t}\right] \tag{4-108}$$

如果在污染物排放点下游的 x 断面处观察污染物浓度随时间的变化过程，就可以得到如图 4-20 所示的浓度分布时间过程线。该曲线反映了浓度随时间变化的正态特征，它与式（4-108）所反映的规律是一致的。从式（4-108）中可以发现如下规律。

断面 x 处出现最大浓度的时间是：

$$\bar{t} = \frac{x}{u_x} \tag{4-109}$$

相应的最大浓度值为：

$$C_{\max} = \frac{M\exp(-kt)}{A\sigma_x \sqrt{2\pi}} \tag{4-110}$$

式（4-108）中的 σ_x 表示正态分布曲线的离散程度。在同一断面处，如果测得的 σ_x 越大，曲线的离散程度就越大。

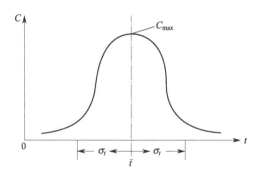

图 4-20　浓度分布的时间过程线

根据正态分布规律，在最大浓度发生点附近 $\pm 2\sigma_x$ 的范围内，曲线下的面积占曲线下总面积的 95%，如果曲线代表污染物的浓度过程线，则在最大浓度发生点附近 $\pm 2\sigma_x$ 的范围内，包含了大约 95% 的污染物总量。

2. 二维流场中的分布（稳定源）

如果令 $\sigma_y = \sqrt{2D_y x/u_x}$，模拟二维流场中稳定点源排放的式（4-103）可以写成：

$$C(x,y) = \left[\frac{Q\exp(-kx/u_x)}{u_x h}\right]\frac{1}{\sigma_y\sqrt{2\pi}}\exp\left(-\frac{u_x y^2}{2\sigma_y^2}\right) \tag{4-111}$$

式（4-111）表明，污染物排放点下游 x 处，污染物在横断面 y 方向上呈正态分布（图 4-21）。断面最大浓度发生在 x 轴（$y=0$）上，最大浓度的值为：

$$C(x,y) = \left[\frac{Q\exp(-kx/u_x)}{u_x h}\right]\frac{1}{\sigma_y\sqrt{2\pi}} \tag{4-112}$$

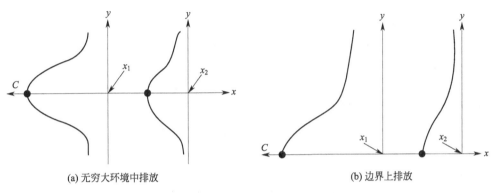

(a) 无穷大环境中排放   (b) 边界上排放

图 4-21　二维流场中污染物的横向分布

如果定义污染物扩散羽的宽度为包含断面上污染物总量 95% 的宽度，那么这个宽度就是 $\pm 2\sigma_y$（无穷大环境中排放或中心排放）或 $2\sigma_y$（边界上排放）。

在横向弥散系数 D_y 增大时，σ_y 随之增大，断面的最大值下降，钟形曲线变得扁平。随着流场的推流迁移，钟形曲线逐渐扁平，最后接近直线，即在横断面上接近均匀分布。

二、 污染物到达边界所需的距离

定义：在有限边界二维环境中，污染物中心排放的条件下，当边界处的污染物浓度达到断面平均浓度的 5% 时，则称污染物到达边界。由污染物排放点到污染物到达断面的边界的最小距离称为污染物到达边界所需的距离。

任意一个断面的污染物平均浓度可以表达如下：

$$\overline{C} = \frac{Q}{hu_x B}\exp\left(-\frac{kx}{u_x}\right) \tag{4-113}$$

式中　B——环境的宽度。

根据式（4-106）和式（4-113）可以得到断面上任意一点的浓度与断面平均浓度的比值：

$$\frac{C}{\overline{C}} = \frac{1}{\sqrt{4\pi x'}}\left\{\exp\left(-\frac{y^2}{4x'B^2}\right) + \exp\left[-\frac{(B-y)^2}{4x'B^2}\right] + \exp\left[-\frac{(B+y)^2}{4x'B^2}\right] + \cdots\right\} \tag{4-114}$$

$$x' = \frac{D_y x}{u_x B^2} \tag{4-115}$$

如果污染物在两个边界中心排放，断面最小浓度发生在 $y=B/2$ 处，代入上式，得：

$$\frac{C_{\min}}{C}=\frac{1}{\sqrt{4\pi x'}}\left[2\exp\left(-\frac{1}{16x'}\right)+2\exp\left(-\frac{9}{16x'}\right)+\cdots\right] \tag{4-116}$$

根据定义，当边界浓度达到断面平均浓度的 5% 时，被认为污染物到达边界，即 $\frac{C_{\min}}{\overline{C}}=$ 0.05，可以求出 $x'=0.0137$。根据式（4-115）以求得中心排放时，污染物到达边界所需距离：

$$x=\frac{0.0137u_x B^2}{D_y} \tag{4-117}$$

若污染物在边界上排放，即 $y=B$，那么污染物到达彼岸所需距离为：

$$x=\frac{0.055u_x B^2}{D_y} \tag{4-118}$$

从式（4-117）和式（4-118）可以看出，污染物到达边界的距离与介质的速度成正比，与横向弥散系数成反比，而与边界之间距离的平方成正比，宽度是影响污染物到达边界所需距离最主要的影响因素。

三、完成横向混合所需的距离

定义：当断面上任意一点的污染物浓度与断面平均浓度之比介于 0.95～1.05 之间时，则称该断面已经完成横向混合。由污染物排放点至完全混合断面的最小距离称为完成横向混合所需的距离。

根据断面上任意一点的浓度与断面平均浓度之间的关系，当 $C_{\min}/\overline{C}=0.95$ 时，求得 $x'=0.1$。同时，断面最大浓度发生在 $y=0$ 处，当 $x'=0.1$ 时，可以求得 $C_{\min}/\overline{C}=1.038<$ 1.05。所以可以认为，当 $x'=0.1$ 时，已经完成横向混合。在中心排放时，完成横向混合所需的距离为：

$$x=\frac{0.1u_x B^2}{D_y} \tag{4-119}$$

污染物在边界上排放时，则有：

$$x=\frac{0.4u_x B^2}{D_y} \tag{4-120}$$

【例 4-13】　河流宽度 50m，平均深度 2m，平均流量 $25m^3/s$，横向弥散系数 $D_y=2m^2/$ s，污染物边界上排放，试计算：

（1）污染物到达彼岸所需距离；

（2）完成横向混合所需距离。

【解】　计算断面平均流速：$u_x=25/(50\times2)=0.25(m/s)$

（1）根据式（4-118）计算污染物到达对岸所需距离：

$$x=\frac{0.055u_x B^2}{D_y}=\frac{0.055\times0.25\times50^2}{2}=17.18(m)$$

（2）根据式（4-120）计算完成横向混合所需距离：

$$x=\frac{0.4u_x B^2}{D_y}=\frac{0.4\times0.25\times50^2}{2}=125(m)$$

【例 4-14】　在流场均匀的河段中，河宽 $B=500\text{m}$，平均水深 $h=3\text{m}$，流速 $u_x=0.5\text{m/s}$，横向弥散系数 $D_y=1\text{m}^2/\text{s}$。岸边连续排放污染物，排放量 $Q=1000\text{kg/h}$。试求下游 2km 处的污染物最大浓度、污染物的横向分布、扩散羽的宽度，以及完成横向混合所需的时间。

【解】　已知污染物的源强 $Q=1000\text{kg/h}=277.78\text{g/s}$。首先计算下游 2km 处的污染物分布方差：

$$\sigma_y=\sqrt{2D_yx/u_x}=89.44(\text{m})$$

污染物的最大浓度发生在 $y=0$ 处，可以由下式计算：

$$C(x,y)=\frac{2Q}{u_xh\sqrt{4\pi D_yx/u_x}}\left[1+2\exp\left(-\frac{u_xB^2}{D_yx}\right)+2\exp\left(-\frac{4u_xB^2}{D_yx}\right)+2\exp\left(-\frac{9u_xB^2}{D_yx}\right)+\cdots\right]$$

$$=\frac{2\times277.78}{0.5\times3\sqrt{4\pi\times1\times2000/0.5}}\left[1+2\exp\left(-\frac{0.5\times500^2}{1\times2000}\right)+\cdots\right]=1.65(\text{mg/L})$$

污染物的横向分布可以通过计算不同的 y 值处的浓度值，然后作图表示（图 4-22）。

y/m	0	25	50	100	150	200	250	300	400	500
$C/(\text{mg/L})$	1.652	1.528	1.208	0.478	0.092	0.011	6.6×10^{-4}	2.1×10^{-5}	3.4×10^{-9}	4.4×10^{-14}

扩散羽的宽度由下式确定：

$$b=2\sigma_y=178.88(\text{m})$$

完成横向混合所需的距离为：

$$x=\frac{0.4u_xB^2}{D_y}\approx50(\text{km})$$

完成横向混合所需的时间为：

$$t=\frac{x}{u_x}=27.78(\text{h})$$

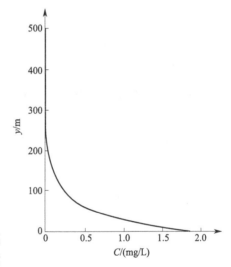

图 4-22　污染物的横向分布

四、估计弥散系数

1. 作图法求 D_x、D_y

一维流场的污染物瞬时投放，在投放点下游某处测得一组时间 t_i 和浓度 C_i 的过程数据，符合式（4-78）：

$$C(x,t)=\frac{M}{A\sqrt{4\pi D_xt}}\exp\left[-\frac{(x-u_xt)^2}{4D_xt}\right]\exp(-kt)$$

此式可以改写为：

$$C_i(x,t)\sqrt{t_i}=\frac{M}{A\sqrt{4\pi D_x}}\exp\left[-\frac{(x-u_xt_i)^2}{4D_xt_i}\right] \tag{4-121}$$

对式（4-121）等号两边取对数，得：

$$\ln\left[C_i(x,t_i)\sqrt{t_i}\right]=\ln\frac{M}{A\sqrt{4\pi D_x}}-\frac{1}{D_x}\left[\frac{(x-u_xt_i)^2}{4t_i}\right] \tag{4-122}$$

在直角坐标系上对 $\ln\left[C_i(x,t_i)\sqrt{t_i}\right]$ 和 $\dfrac{(x-u_xt_i)^2}{4t_i}$ 作图，得到的直线斜率即为 $-\dfrac{1}{D_x}$。

可以用类似的方法求横向弥散系数 D_y。假设污染物的排放点位于河流中心线上，污染物在试验期间稳定排放。在下游某断面测得示踪剂的横向浓度分布（y_i，C_i）可以用式(4-103)表达：

$$C(x,y)=\frac{Q}{u_x h \sqrt{4\pi D_y x/u_x}}\exp\left(-\frac{u_x y^2}{4D_y x}\right)\exp\left(-\frac{kx}{u_x}\right)$$

对式(4-103)两边取对数并加以改写，得：

$$\ln C_i(x,y)=A-\frac{1}{D_y}\left[\frac{u_x y_i^2}{4x}\right] \tag{4-123}$$

式中，$A=\ln\left[\dfrac{Q}{u_x h \sqrt{4\pi D_y(x/u_x)}}\right]-\dfrac{kx}{u_x}$。

对式(4-123)的$\ln C_i(x,y_i)$和$\dfrac{u_x y_i^2}{4x}$作图，所得直线的斜率即为$-\dfrac{1}{D_y}$。

当然，基于上述处理方式，可以应用第二章线性回归的方法进行弥散系数的估算。

【例4-15】　在一河流岸边排放口下游1.5km处测量半江的COD横向浓度分布，得到如下数据：

y_i/m	10	20	30	40	50	70	100	150	200	300
C_i/(mg/L)	35.0	31.2	28.3	20.5	14.5	7.6	1.05	0.02	约0	约0

已知河流平均流速$u_x=1.0$m/s，流场在观察时间内是稳定的，COD的降解可以忽略。试用图解法求解河段的横向弥散系数。

【解】　首先列表计算纵坐标的数值$\ln C_i(x,y_i)$与横坐标的数值$\dfrac{u_x y_i^2}{4x}$：

y_i/m	10	20	30	40	50	70	100	150	200	300
$\ln C_i$	3.56	3.44	3.34	3.02	2.67	2.03	0.049	-3.91	$-\infty$	$-\infty$
$\dfrac{u_x y_i^2}{4x}$	0.017	0.067	0.15	0.27	0.42	0.82	1.67	3.75	6.67	15.0

根据计算结果作图（图4-23），由图可以计算直线的斜率：

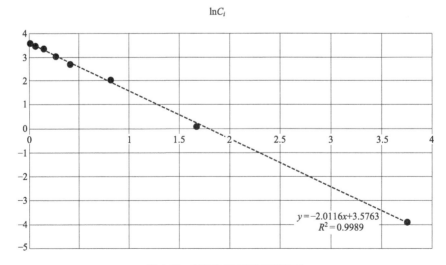

图4-23　图解法求解横向弥散系数

$$m = \frac{3.56 - (-3.91)}{0.017 - 3.75} = -2.0$$

计算横向弥散系数：

$$D_y = -\frac{1}{m} = 0.5 (\mathrm{m}^2/\mathrm{s})$$

2. 矩法求解 D_x、D_y

对于正态分布函数 $y = f(x)$，可以绘出如图 4-20 所示的钟形曲线，基于 $f(x)$ 与坐标原点的关系可以计算它的零阶矩、一阶矩、二阶矩、三阶矩等。根据统计学原理可知，零阶矩表示钟形曲线下面的总面积，如果曲线代表污染物的浓度过程线，则：零阶矩代表整个过程的污染物总量；一阶矩则代表图形重心出现的位置（距坐标原点）；二阶矩则代表曲线偏差的平方和；三阶矩则代表曲线的偏倚程度。在求解弥散系数时，主要的依据是函数的二阶矩。函数的各阶矩计算如下：

零阶矩（表示污染物的排放总量）：

$$M_0 = \int_{-\infty}^{+\infty} f(x) \mathrm{d}x \tag{4-124}$$

一阶矩（表示污染物重心的位置）：

$$M_1 = \int_{-\infty}^{+\infty} x f(x) \mathrm{d}x / M_0 \tag{4-125}$$

二阶矩（表示污染物分布的方差）：

$$M_2 = \int_{-\infty}^{+\infty} (x - M_1)^2 f(x) \mathrm{d}x / M_0 \tag{4-126}$$

三阶矩（表示分布曲线的对称程度）：

$$M_3 = \int_{-\infty}^{+\infty} (x - M_1)^3 f(x) \mathrm{d}x / M_0 \tag{4-127}$$

二阶矩 M_2 表示分布的方差，对于一维流场的瞬时点源排放，$\sigma_t^2 = M_2$，同时由于 $\sigma_x = \sigma_t u_x$ 和 $\sigma_x = \sqrt{2 D_x \bar{t}}$，可以得到：

$$D_x = \sigma_x^2 / (2\bar{t}) = \sigma_t^2 u_x^2 / (2\bar{t}) = M_2^2 x^2 / (2\bar{t}) \tag{4-128}$$

对于二维稳态流场稳定点源的排放，可以得到：

$$D_y = \sigma_y^2 / (2\bar{t}) = M_2^2 u_x / (2x) \tag{4-129}$$

在实际问题中，求解曲线的积分往往很困难，在计算各阶矩时可以采用离散求和的方法。

【例 4-16】 在一维河流中瞬时投放一定量的罗丹明染料，在下游 8km 处测得时间过程的罗丹明浓度如下表所列。试用矩法求河流的纵向弥散系数 D_x。

t_i/h	4.0	4.1	4.2	4.3	4.4	4.5	4.6	4.7	4.8	4.9	5.0
C_i/(μg/L)	0.29	29.0	810	6690	18000	17000	6100	870	53	1.4	0.018

【解】 首先计算染料云分布的零阶矩、一阶矩和二阶矩：

$$m_0 = \sum_{i=1}^{n} C_i \Delta t_i = 4955.37 (\mu\mathrm{g} \cdot \mathrm{h/L})$$

$$m_1 = \bar{t} = \sum_{i=1}^{n} t_i C_i \Delta t_i / m_0 = 4.4477 (\mathrm{h})$$

$$m_2 = \sigma_t^2 = \sum_{i=1}^{n} (t_i - \bar{t})^2 C_i \Delta t_i / m_0 = 0.009896(\text{h}^2)$$

然后计算染料云的方差：

$$\sigma_x^2 = \sigma_t^2 u_x^2 = \sigma_t^2 x^2 / \bar{t}^2 = 0.03202(\text{km}^2)$$

最后计算纵向弥散系数：

$$D_x = \sigma_x^2 / (2\bar{t}) = 0.03202 / (2 \times 4.4477) = 0.003600(\text{km}^2/\text{h}) = 1.00(\text{m}^2/\text{s})$$

第七节　环境质量基本模型的数值解

基本模型的解析解所要求的条件非常严格，复杂的环境条件通常很难满足这些要求，因此数值解就成为环境模拟中常用的方法，其中有限差分法和有限单元法是常用的两种方法。

一、有限差分法

将一个空间和时间连续的系统变成一个离散系统，形成空间和时间的网格体系，然后计算各个网格节点处的系统状态值，用以代表节点附近的值，这就是有限差分方法。

有限差分法的核心是用一个差分方程近似代表相应的微分方程。由偏导数的概念可知：

状态对 x 的一阶导数：
$$\frac{\partial u}{\partial x} \approx \frac{u(x+h, y) - u(x, y)}{h} \tag{4-130}$$

状态对 x 的二阶导数：

$$\frac{\partial^2 u}{\partial x^2} \approx \frac{u(x+h, y) - 2u(x, y) + u(x-h, y)}{h^2} \tag{4-131}$$

状态对 y 的一阶导数：
$$\frac{\partial u}{\partial y} \approx \frac{u(x, y+h) - u(x, y)}{h} \tag{4-132}$$

状态对 y 的二阶导数：

$$\frac{\partial^2 u}{\partial y^2} \approx \frac{u(x, y+y) - 2u(x, y) + u(x, y-h)}{h^2} \tag{4-133}$$

式中　h——x 或 y 的微小增量。

下面介绍几种常用的差分解法。

1. 一维动态水质模型的显式差分解法

一维动态水质模型的基本形式为：

$$\frac{\partial C}{\partial t} + u_x \frac{\partial C}{\partial x} = D_x \frac{\partial^2 C}{\partial x^2} - kC$$

用向后差分表示，则有：

$$\frac{C_i^{j+1} - C_i^j}{\Delta t} + u_x \frac{C_i^j - C_{i-1}^j}{\Delta x} = D_x \frac{C_i^j - 2C_{i-1}^j + C_{i-2}^j}{\Delta x^2} - kC_{i-1}^j \tag{4-134}$$

由上式可以得到：

$$C_i^{j+1} = C_{i-2}^j \left(\frac{D_x \Delta t}{\Delta x^2} \right) + C_{i-1}^j \left(\frac{u_x \Delta t}{\Delta x} - \frac{2D_x \Delta t}{\Delta x^2} - k \Delta t \right) + C_i^j \left(1 - \frac{u_x \Delta t}{\Delta x} + \frac{D_x \Delta t}{\Delta x^2} \right) \tag{4-135}$$

式中　i——空间网格节点的编号；

j——时间网格节点的编号。

上式表明，为了计算第 i 个节点处第 $j+1$ 个时间节点的污染物浓度值，必须知道本空间节点（i）和前 2 个空间节点（$i-1$ 和 $i-2$）处的前一个时间节点（j）处的污染物浓度值 C_i^j、C_{i-1}^j 和 C_{i-2}^j。因此，采用向后差分时，根据前两个时间层的浓度的空间分布，就可以计算当前时间层的浓度分布。对第 $j+1$ 个时间层：

对 $i=1$，$C_1^{j+1}=C_0^j\beta+C_i^j\gamma$

对 $i=2$，$C_2^{j+1}=C_0^j\alpha+C_1^j\beta+C_2^j\gamma$

$\vdots$

对 $i=i$，$C_i^{j+1}=C_{i-2}^j\alpha+C_{i-1}^j\beta+C_i^j\gamma$ （$i=1,2,\cdots,n$）

当 D_x、k、u_x、Δx 和 Δt 均为常数时，α、β 和 γ 亦为常数，即：

$$\alpha=\frac{D_x\Delta t}{\Delta x},\beta=\frac{u_x\Delta t}{\Delta x}-\frac{2D_x\Delta t}{\Delta x^2}-k\Delta t,\gamma=1-\frac{u_x\Delta t}{\Delta x}+\frac{D_x\Delta t}{\Delta x^2}$$

式中 Δx，Δt——空间网格的步长和时间网格的步长。

显式差分是有条件稳定的，Δx 和 Δt 的选择应该满足下述稳定性条件：

$$\frac{u_x\Delta t}{\Delta x}\leqslant 1,\frac{D_x\Delta t}{\Delta x^2}\leqslant\frac{1}{2}$$

根据差分格式的逐步求解过程，可以写出：

$$\vec{C}^{j+1}=A\vec{C}^j \tag{4-136}$$

$$\vec{C}^{j+1}=(C_1^{j+1},C_2^{j+1},\cdots,C_n^{j+1})^{\mathrm{T}},\vec{C}^j=(C_1^j,C_2^j,\cdots,C_n^j)^{\mathrm{T}}$$

$$A=\begin{bmatrix} \beta & \gamma & 0 & \cdots & 0 \\ \alpha & \ddots & \ddots & \ddots & \vdots \\ 0 & \ddots & \ddots & \ddots & 0 \\ \vdots & \ddots & \ddots & \ddots & \gamma \\ 0 & \cdots & 0 & \alpha & \beta \end{bmatrix}$$

求解式(4-136) 的初始条件是 $C(x_i,0)=C_i^0$，边界条件是 $C(0,t_j)=C_0^j$。

2. 一维动态模型的隐式差分解法

显式差分是有条件稳定的，在某些情况下，为了保证稳定性，必须取很小的时间步长，从而大大增加计算时间。

隐式差分是无条件稳定的。隐式差分可以采用向前差分格式。

对 $i=1$，$\dfrac{C_1^{j+1}-C_1^j}{\Delta t}+u_x\dfrac{C_1^j-C_0^j}{\Delta x}=D_x\dfrac{C_2^{j+1}-2C_1^{j+1}+C_0^{j+1}}{\Delta x^2}-k\dfrac{C_1^{j+1}+C_0^j}{2}$

对 $i=2$，$\dfrac{C_2^{j+1}-C_2^j}{\Delta t}+u_x\dfrac{C_2^j-C_1^j}{\Delta x}=D_x\dfrac{C_3^{j+1}-2C_2^{j+1}+C_1^{j+1}}{\Delta x^2}-k\dfrac{C_2^{j+1}+C_1^j}{2}$

$\vdots$

对 $i=i$，$\dfrac{C_i^{j+1}-C_i^j}{\Delta t}+u_x\dfrac{C_i^j-C_{i-1}^j}{\Delta x}=D_x\dfrac{C_{i+1}^{j+1}-2C_i^{j+1}+C_{i-1}^{j+1}}{\Delta x^2}-k\dfrac{C_i^{j+1}+C_{i-1}^j}{2}$ （$i=1,2,\cdots,n$）

如果令：

$$\alpha=-\frac{D_x}{\Delta x^2} \tag{4-137}$$

$$\beta = \frac{1}{\Delta t} + \frac{2D_x}{\Delta x^2} + \frac{k}{2} \tag{4-138}$$

$$\gamma = -\frac{D_x}{\Delta x^2} \tag{4-139}$$

$$\delta_i = \left(\frac{1}{\Delta t} - \frac{u_x}{\Delta x}\right)C_i^j + \left(\frac{u_x}{\Delta x} - \frac{k}{2}\right)C_{i-1}^j \tag{4-140}$$

可以写出隐式差分求解的一般格式：

$$\alpha C_{i-1}^{j+1} + \beta C_i^{j+1} - \gamma C_{i+1}^{j+1} = \delta_i \tag{4-141}$$

对于第一个（$i=1$）和第 n 个（$i=n$）方程，C_0^{j+1} 和 C_{n+1}^{j+1} 是上下边界的值。若令：
$C_{n+1}^{j+1} = C_n^{j=1} + (C_n^{j+1} - C_{n-1}^{j=1}) = 2C_n^{j+1} - C_{n-1}^{j+1}$，则有：

$$\beta C_1^{j+1} - \gamma C_2^{j+1} = \delta_1'$$
$$\vdots$$
$$\alpha C_{i-1}^{j+1} + \beta C_i^{j+1} - \gamma C_{i+1}^{j+1} = \delta_i$$
$$\vdots$$
$$\alpha_n' C_{n-1}^{j+1} + \beta_n' C_n^{j+1} = \delta_n$$

由此可以写出矩阵方程：

$$B\vec{C}^{j+1} = \vec{\delta} \tag{4-142}$$

式中，$\vec{\delta} = (\delta_1', \delta_2, \cdots, \delta_n)^{\mathrm{T}}$。

$$\boldsymbol{B} = \begin{bmatrix} \beta & \gamma & 0 & \cdots & 0 \\ \alpha & \ddots & \ddots & \ddots & \vdots \\ 0 & \ddots & \ddots & \ddots & 0 \\ \vdots & \ddots & \ddots & \ddots & \gamma \\ 0 & \cdots & 0 & \alpha_n' & \beta_n' \end{bmatrix}$$

其中，$\delta_1' = \delta_1 - \alpha C_0^{j+1}$，$\alpha_n' = \alpha - \gamma$，$\beta_n' = \beta + 2\gamma$。

对于第 $j+1$ 个时间层的浓度空间分布，可以由下式解出：

$$\vec{C}^{j+1} = B^{-1}\vec{\delta} \tag{4-143}$$

采用隐式有限差分格式时，计算 $\vec{C}_i^{j+1}$ 的表达式中，出现了 $\vec{C}_{i+1}^{j+1}$ 的值，因此方程组不可能递推求解，而必须联立求解。

隐式差分虽然是无条件稳定的，但为了防止数值弥散，应该满足 $\dfrac{u_x \Delta t}{\Delta x} \leqslant 1$ 的条件。

3. 二维动态模型的差分解法

二维动态模型的一般形式为：

$$\frac{\partial C}{\partial t} = D_x \frac{\partial^2 C}{\partial x^2} + D_y \frac{\partial^2 C}{\partial y^2} - u_x \frac{\partial C}{\partial x} - u_y \frac{\partial C}{\partial y} - kC$$

该模型的求解可以借助 P-R（Peaceman-Rachfold）的交替方向法。P-R 方法的差分格式如下：

$$\frac{C_{i,k}^{2j+1}-C_{i,k}^{2j}}{\Delta t}=D_x\frac{C_{i+1,k}^{2j+1}-2C_{i,k}^{2j+1}+C_{i-1,k}^{2j+1}}{\Delta x^2}+D_y\frac{C_{i,k+1}^{2j}-2C_{i,k}^{2j}+C_{i,k-1}^{2j}}{\Delta y^2}$$

$$-u_x\frac{C_{i+1,k}^{2j+1}-C_{i,k}^{2j+1}}{\Delta x}-u_y\frac{C_{i,k+1}^{2j}-C_{i,k}^{2j}}{\Delta y}-\frac{k}{4}(C_{i,k}^{2j+1}+C_{i+1,k}^{2j+1}) \tag{4-144}$$

$$\frac{C_{i,k}^{2j+2}-C_{i,k}^{2j+1}}{\Delta t}=D_x\frac{C_{i+1,k}^{2j+1}-2C_{i,k}^{2j+1}+C_{i-1,k}^{2j+1}}{\Delta x^2}+D_y\frac{C_{i,k+1}^{2j+2}-2C_{i,k}^{2j+2}+C_{i,k-1}^{2j+2}}{\Delta y^2}$$

$$-u_x\frac{C_{i+1,k}^{2j+1}-C_{i,k}^{2j+1}}{\Delta x}-u_y\frac{C_{i,k+1}^{2j+2}-C_{i,k}^{2j+2}}{\Delta y}-\frac{k}{4}(C_{i,k}^{2j+2}+C_{i,k+1}^{2j+2}) \tag{4-145}$$

在相邻两个时间层（$2j+1$ 和 $2j+2$）中交替使用上面两个差分方程，前者是在 x 方向上求解，后者是在 y 方向上求解。

二、有限单元法

有限单元法又称有限容积法，在一维流场问题中也称有限段法。

有限单元法的基本思路是将一个连续的环境空间离散为若干个单元（段），每一个单元（段）都可以视为一个完全混合的子系统，通过对每一个单元建立质量平衡方程，从而建立起系统模型。

根据质量平衡原理，对任何一个单元都可以写出：

$$V_j\frac{\mathrm{d}C_j}{\mathrm{d}t}=\sum_i(G_{ji}+H_{ji})+S_j \tag{4-146}$$

式中　V_j——第 j 个有限单元的体积；

　　　S_j——第 j 个有限单元的污染物的来源（源）与削减（汇）；

　　　G_{ji}——第 j 单元和第 i 单元之间由推流作用引起的污染物质量交换；

　　　H_{ji}——第 j 单元和第 i 单元之间由弥散（或扩散）作用引起的污染物质量交换。

推流作用引起的质量交换项可以表达如下：

$$G_{ji}=Q_{ji}[\delta_{ji}C_j+(1-\delta_{ji})C_i] \tag{4-147}$$

式中　Q_{ji}——单元 j 和单元 i 之间的介质流量；

　　　δ_{ji}——推流交换系数，它反映了单元 j 和单元 i 之间的权重关系，在单元格的空间尺度大体一致的条件下，通常可以取 $\delta_{ji}=1$。

由弥散作用导致的交换量可以表达如下：

$$H_{ji}=D'_{ji}(C_j-C_i) \tag{4-148}$$

$$D'_{ji}=D_{ji}A_{ji}/L_{ji} \tag{4-149}$$

式中　D_{ji}——单元 j 和单元 i 之间的弥散系数；

　　　A_{ji}——单元 j 和单元 i 之间的界面面积；

　　　L_{ji}——特征长度，可以取为单元 j 和单元 i 的重心距。

综合以上各式，得：

$$V_j\frac{\mathrm{d}C_j}{\mathrm{d}t}=\sum_i\{Q_{ji}[\delta_{ji}C_j+(1-\delta_{ji})C_i]+D'_{ji}(C_j-C_i)\}+S_j \tag{4-150}$$

对于稳态问题，上式可以写作：

$$\left\{\sum_i[D'_{ji}-(1-\delta_{ji})Q_{ji}]\right\}C_i-\sum_i[(\delta_{ji}Q_{ji}+D'_{ji})C_j]=S_j \tag{4-151}$$

上面两个方程是表达第 j 个单元的污染物平衡方程。方程左边第二项表示第 j 个单元的污染物浓度 C_j 及其相关的系数；左边第一项为与第 j 个单元存在污染物交换的所有单元的污染物浓度 C_i 及其相关的系数；方程右边表示系统外部与第 j 个单元的污染物交换量。如果这个系统被划分为 n 个单元，则可以写出 n 个与上式相似的方程，由这 n 个方程可以写出系统的矩阵方程：

$$A\vec{C} = \vec{S} \tag{4-152}$$

式中　$\vec{C}$——由系统各单元的污染物浓度组成的 n 维向量；

　　　$\vec{S}$——由各单元与系统外交换的污染物量组成的 n 维向量；

　　　A——污染物浓度系数矩阵（n 阶）。

系统各单元的污染物浓度可以由下式求出：

$$\vec{C} = A^{-1}\vec{S} \tag{4-153}$$

习题与思考题

1. 已知一组数据，试用 $y = a_1(b_1^x)$ 和 $y = a_2(x^{b_2})$ 分别估计 a_1、b_1、a_2 和 b_2，并做模型检验，说明哪一种模型结构更适合上述数据。

x	1	2	4	7	10	15	20	25	30	40
y	1.36	3.69	2.7×10^1	5.5×10^2	1.1×10^4	1.6×10^6	2.4×10^8	3.6×10^{10}	5.3×10^{12}	1.2×10^{14}

2. 已知一组数据适合线性方程 $y = b + mx$。试用图解法和线性回归法估计 b 和 m，并计算其中值误差。

x	1	2	3	5	7	9	10	12	18
y	2.9	5.0	7.1	11.5	15.7	18.9	21.9	25.7	38.65

3. 已知给水管道的价格 Z 与管径 D 呈如下关系 $Z = a + bD^c$，以及一组数据：

D/mm	0.1	0.2	0.3	0.5	0.8	1.00	1.2	1.5
$Z/(\text{元}/\text{m})$	36.82	54.77	79.66	144.96	282.53	423.87	570.99	800.58

（1）绘制用最优化方法求解的计算机框图，并编程运算。

（2）若给定 a、b、c 的初值范围是 $30.0 \leqslant a \leqslant 40.0$，$300 \leqslant b \leqslant 350$，$2 \leqslant c \leqslant 3$，以及估值步长 $\Delta a = \Delta b = 1.0$，$\Delta c = 0.1$。试用网格法估计 a、b、c，并编程运行。

4. 某工程需要采购下述给水管道：

管径 D/m	1.5	1.2	1.0	0.8	0.5
长度 L/m	3000	4500	5500	6400	7000

（1）根据第 3 题的结果，计算采购的总费用。

（2）若第 3 题的参数 a、b、c 估计结果的误差分别为 15%、15% 和 5%，计算总采购经费的估计误差。

（3）计算总费用对各参数的灵敏度。

5. 一维稳态河流，初始断面污染物浓度 $C_0 = 50\text{mg/L}$，纵向弥散系数 $D_x = 2.5\text{m}^2/\text{s}$，衰减系数 $k_d = 0.2\text{d}^{-1}$，断面平均流速 $u_x = 0.5\text{m/s}$。试求下游 500m 处在下述各种条件下的污染物浓度，并讨论各种方法的计算结果的异同。

（1）一般解析解；

（2）忽略弥散作用时的解；

（3）忽略推流作用时的解；

（4）忽略衰减作用时的解；

（5）比较上述各解的差异。

6. 均匀稳定河流，岸边排放。河宽 50m，河床纵向坡度 $s=0.0002$，平均水深 $h=2$m，平均流速 $u_x=0.8$m/s，横向扩散系数 $D_y=0.4hu^*$，u^* 是河流剪切速度。试计算：

（1）污染物扩散到对岸所需的纵向距离；

（2）污染物在断面上达到均匀分布所需的距离；

（3）排放口下游 1000m 处的扩散羽宽度。

7. 在稳态河流中的排放口下游测定 COD 的横向分布，得到如下数据：

$y/$m	10	20	30	40	50	70	100	150	200
$C/$(mg/L)	35.0	31.2	28.3	20.5	14.5	7.6	1.05	0.02	约 0

已知排放口设在岸边，测量断面距排放口 1.5km，河流平均流速 1m/s，在观测时段内污染物稳定排放，COD 的降解可以忽略，试用作图法和矩法计算横向弥散系数 D_y。

第五章
水环境质量模型

第一节　基本水质问题

一、污染物与河水的混合

污水进入河流以后，从污水排放口到污水在河流断面上达到均匀分布，通常需要经过竖向混合、横向混合两个阶段，然后在纵向继续混合的过程。

由于河流的深度通常要比宽度小得多，污染物进入河流以后，在比较短的距离内就达到了竖向的均匀分布，即完成了竖向混合过程。完成竖向混合所需的距离是水深的数倍至数十倍。在竖向混合阶段，河流中发生的物理作用十分复杂，它涉及污水与河水之间的质量交换、热量交换与动量交换等问题。在发生竖向混合的同时也发生横向混合作用。

从污染物完成竖向均匀分布到污染物在整个断面上达到均匀分布的过程称为横向混合阶段。横向混合的主要动力是横向弥散作用。在弯道中，由水流形成的横向环流，大大加速了横向混合的进程。完成横向混合所需的距离要比竖向混合大得多。

在横向混合完成之后，污染物在整个断面上达到均匀分布。如果没有新的污染物输入，守恒污染物将一直保持恒定的浓度，非守恒污染物则由生物化学等作用导致浓度变化，但在断面上的分布始终是均匀的。

在河流系统中，分子扩散系数的数量级在 $10^{-9} \sim 10^{-8}$ 之间，湍流扩散系数的数量级在 $10^{-2} \sim 10^{0}$ 之间，而弥散系数的数量级在 $10^{1} \sim 10^{4}$ 之间。一般情况下，分子扩散、湍流扩散、弥散作用是同时发生的，难以区分三种分散作用的贡献，在实际应用中通常以弥散作用代表三种作用的总和。不同方向上的弥散系数可以表达为：

$$竖向弥散系数 \quad D_z = c_z h u^* \tag{5-1}$$

$$横向弥散系数 \quad D_y = c_y h u^* \tag{5-2}$$

$$纵向弥散系数 \quad D_x = c_x h u^* \tag{5-3}$$

Elder 和 Fisher 通过对直线河道的研究，建议：$c_z = 0.067$；$c_y = 0.15$；$c_x = 5.93$。

$$u^* = \sqrt{ghs} \tag{5-4}$$

式中　g——重力加速度，m/s^2；

　　　h——平均水深，m；

　　　s——河流纵向坡度。

二、生物化学分解

1. 含碳 BOD(CBOD)的降解

河流中有机物的降解一般符合一级反应动力学规律：

$$L_c = L_{c0} e^{-k_c t} \tag{5-5}$$

式中　L_c——CBOD 浓度；

$\quad\quad L_{c0}$——初始 CBOD 浓度；

$\quad\quad k_c$——含碳有机物降解速度常数，在其他条件不变的情况下是温度的函数。

$$k_{c,T} = k_{c,T_1} \theta^{T-T_1} \tag{5-6}$$

θ 是水温的函数，在 $5\sim35\,^\circ\mathrm{C}$ 时通常取 $\theta=1.047$。若取参照温度 $T_1=20\,^\circ\mathrm{C}$，则：

$$k_{c,T} = k_{c,20} \theta^{T-20} \tag{5-7}$$

在实际河流中，BOD 的降解会受到河流流态的影响，这种影响可以通过一个与河床坡度有关的活度系数 η 修正：

$$k_d = k_c + \eta \frac{u_x}{h} \tag{5-8}$$

式中　u_x——河流纵向（x 方向）流速，m/s。

根据 Bosko 的研究，河床活度系数 η 可以参考表 5-1 取值。

表 5-1　活度系数与河床坡度

河床坡度/%	活度系数 η	河床坡度/%	活度系数 η
0.047	0.10	0.189	0.25
0.095	0.15	0.473	0.40

k_d 是一个随河流流态变化幅度很大的参数。美国人 Wright 和 Mc. Donnell 通过对 23 个河系 36 个河段资料的分析，提出了 k_d 与河流流量 Q，以及 k_d 与河流湿周 χ 之间的经验关系：

$$k_d = 59.1 Q^{-0.49} \tag{5-9}$$

$$k_d = 70.0 \chi^{-0.48} \tag{5-10}$$

式中　k_d——河流耗氧速率常数，d^{-1}；

$\quad\quad Q$——河流流量，m^3/s；

$\quad\quad \chi$——河流湿周，m。

如果利用实际河流的测量数据，可以用下式估计 k_d：

$$k_d = \frac{1}{t} \ln\left(\frac{L_A}{L_B}\right) \tag{5-11}$$

式中　L_A，L_B——断面 A 和 B 的 BOD 测量值；

$\quad\quad t$——断面 A 和 B 之间的流动时间。

除生物降解外，引起河流中 BOD 浓度变化的另一个重要原因是沉淀和再悬浮。在水流的作用下悬浮状或胶体状的污染物在低流速时沉淀到底部，在流速增大时又会再悬浮进入水流，这种作用可以通过引入沉淀和再悬浮参数 k_s（单位为 d^{-1}）表示：

$$k_r = k_d + k_s = \left(k_c + \eta \frac{u_x}{h}\right) + k_s \tag{5-12}$$

式中　k_r——河流综合耗氧速率常数，d^{-1}。

从沉淀与再悬浮的含义可以看出，参数 k_s 的数值与河流流态密切相关，在沉淀时 $k_s > 0$；在再悬浮时 $k_s < 0$；浮在水中，不再上升不再悬浮，也不沉淀到河底，$k_s = 1$。图们江的一项研究建议 k_s 的计算式为：

$$k_s = 3.86 e^{-0.13Q} - 0.285 \tag{5-13}$$

式中　Q——河流的流量，m^3/s；

　　k_s 的单位是 d^{-1}。

因此，含碳 BOD 在河流中的降解可以表示为：

$$L_c = L_{c0} \left[\exp\left(-k_r \frac{x}{u_x} \right) \right] \tag{5-14}$$

式中　x——计算断面距离初始断面的距离，m。

2. 含氮 BOD(NBOD)的降解

$$L_n = L_{n0} \exp\left(-k_n \frac{x}{u_x} \right) \tag{5-15}$$

式中　k_n——含氮有机物降解速率常数，又称硝化速率常数，d^{-1}。

氮的降解动力学：蛋白质→水解→氨→氧化→亚硝酸盐→硝酸盐。这个过程可以用下述系列微分方程表达：

$$\frac{dN_1}{dt} = -k_{11} N_1 \tag{5-16}$$

$$\frac{dN_2}{dt} = -k_{22} N_2 + k_{12} N_1 \tag{5-17}$$

$$\frac{dN_3}{dt} = -k_{33} N_3 + k_{23} N_2 \tag{5-18}$$

$$\frac{dN_4}{dt} = -k_{44} N_4 + k_{34} N_3 \tag{5-19}$$

式中　N_1，N_2，N_3，N_4——有机氮、氨氮、亚硝酸盐氮和硝酸盐氮的浓度；

　　k_{11}，k_{22}，k_{33}，k_{44}——有机氮、氨氮、亚硝酸盐氮、硝酸盐氮降解的反应速率常数，d^{-1}；

　　k_{12}，k_{23}，k_{34}——相应的向前反应速率常数，d^{-1}。

上述各式的解为：

$$N_1 = N_{10} A_{11} \tag{5-20}$$

$$N_2 = N_{20} A_{22} + \frac{k_{12} N_{10}}{k_{22} - k_{11}} (A_{11} - A_{22}) \tag{5-21}$$

$$N_3 = N_{30} A_{33} + \frac{k_{23} N_{20}}{k_{33} - k_{22}} (A_{22} - A_{33}) + \frac{k_{12} k_{23} k_{10}}{k_{22} - k_{11}} \left(\frac{A_{11} - A_{33}}{k_{33} - k_{11}} - \frac{A_{22} - A_{33}}{k_{33} - k_{22}} \right) \tag{5-22}$$

$$N_4 = N_{40} A_{44} + \frac{k_{12} k_{22} k_{33} k_{10}}{(k_{22} - k_{11})(k_{33} - k_{11})(k_{44} - k_{11})} (A_{11} - A_{44})$$

$$+ \frac{k_{23} k_{34}}{(k_{33} - k_{22})(k_{44} - k_{22})} \left(N_{20} - \frac{k_{12} N_{10}}{k_{22} - k_{11}} \right) (A_{22} - A_{44}) \tag{5-23}$$

$$+ \frac{k_{34}(A_{33} - A_{44})}{k_{44} - k_{33}} \left[N_{30} - \frac{k_{13} k_{23} k_{10}}{(k_{22} - k_{11})(k_{33} - k_{11})} + \frac{k_{23}}{k_{33} - k_{22}} \left(N_{20} - \frac{k_{12} N_{10}}{k_{22} - k_{11}} \right) \right]$$

式中 N_{10}，N_{20}，N_{30}，N_{40}——有机氮、氨氮、亚硝酸盐氮和硝酸盐氮的初始浓度；

$$A_{11}=\mathrm{e}^{-k_{11}x/u_x}，A_{22}=\mathrm{e}^{-k_{22}x/u_x}，A_{33}=\mathrm{e}^{-k_{33}x/u_x}，A_{44}=\mathrm{e}^{-k_{44}x/u_x}。$$

参数的参考值见表 5-2。

表 5-2 氮的降解速度常数参考取值　　　　　　单位：d^{-1}

k_{11}	k_{22}	k_{33}	k_{44}	k_{12}	k_{23}	k_{34}
0.30	0.65	2.50	0.001	0.30	0.32	2.50

三、大气复氧

大气中的氧进入水中的速度（以浓度的变化速率表示）取决于水气界面的面积、水的体积以及水中溶解氧实际浓度与饱和溶解氧浓度之差：

$$\frac{\mathrm{d}C}{\mathrm{d}t}=\frac{k_L A}{V}(C_s-C) \tag{5-24}$$

式中 C——水中溶解氧浓度；

$\quad\quad C_s$——河流中饱和溶解氧浓度；

$\quad\quad k_L$——质量传递系数；

$\quad\quad A$——气体扩散表面积；

$\quad\quad V$——水的体积。

对于河流，$A/V=1/h$，h 是平均水深；$\mathrm{OD}=C_s-C$，表示水中的溶解氧不足量，称为氧亏，氧亏的含义是水中溶解氧的饱和浓度与实际浓度之差。则：

$$\frac{\mathrm{dOD}}{\mathrm{d}t}=-\frac{k_L}{h}\mathrm{OD}=-k_a\mathrm{OD} \tag{5-25}$$

式中 k_a——温度的函数，在常温（5~35℃）下通常取 $k_a=1.025$。

如果选取 20℃ 为参照温度，那么：

$$k_{a,r}=k_{a,20}\theta_r^{T-20} \tag{5-26}$$

k_a 也是河流流态的函数：

$$k_a=C\frac{u_x^n}{h^m} \tag{5-27}$$

上式中，k_a 的单位是 d^{-1}；u_x 的单位是 $\mathrm{m/s}$；h 的单位是 m。许多作者研究了式中的参数（表 5-3）。

表 5-3 计算 k_a 经验公式的参数取值

数据来源	C	n	m
O'Conner & Dobbins (1958)	3.933	0.500	1.500
Churchill (1962)	5.018	0.968	1.673
Owens (1964)	5.336	0.670	1.850
Langbein & Durum (1967)	5.138	1.000	1.330
Isaacs & Gaudy (1968)	3.104	1.000	1.500
Isaacs & Maag (1969)	4.740	1.000	1.500
Negulacu & Rojanski (1969)	10.922	0.850	0.850

续表

数据来源	C	n	m
Padden & Gloyna (1971)	5.523	0.703	1.055
Benett & Rathbun (1972)	5.369	0.674	1.865

常压下淡水的饱和溶解氧浓度是温度的函数：

$$C_s = \frac{468}{31.6+T} \tag{5-28}$$

饱和溶解氧浓度还受盐度的影响，式(5-29)表示饱和溶解氧是温度和盐度的函数：

$$C_s = 14.6244 - 0.367134T + 0.0044972T^2 - 0.0966S + 0.00205ST + 0.0002739S^2 \tag{5-29}$$

式中，溶解氧C_s的单位是 mg/L；温度T的单位是℃；盐度S的单位是 μg/L。

河流中的大气复氧和生物化学耗氧是河流耗氧与复氧的两个主要因素，反映了河流中的有机物消耗与溶解氧的变化过程。$f = \dfrac{k_a}{k_r}$被定义为河流的自净系数。表5-4给出了不同水体f的参考值。

表 5-4　不同水体 f 的参考值

水体特征	池塘	缓慢的河流与湖泊	低流速的大河	普通流速的大河	陡急的河流	险流或瀑布
f 值	0.5~1.0	1.0~2.0	1.5~2.0	2.0~3.0	3.0~5.0	>5.0

四、光合作用

光合作用是溶解氧的主要来源。如果假定光合作用的速率与光照强度相关，而光照强度又可以表示为时间的函数［假定可以用正弦函数表示，见图5-1、式(5-30)和式(5-31)］。

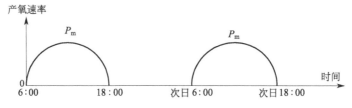

图 5-1　藻类的光合作用产氧过程

$$\frac{dO}{dt} = P_t = P_m \sin\left(\frac{t}{T}\pi\right) \quad (0 \leqslant t \leqslant T) \tag{5-30}$$

$$\frac{dO}{dt} = 0 \quad (\text{其他 } t) \tag{5-31}$$

式中　T——白天发生光合作用的持续时间，例如 12h；

　　　t——光合作用开始以后的时间；

　　　O——溶解氧浓度；

　　　P_m——一天中光合作用产氧的最大速率。

如果只考虑时间平均值，则光合作用复氧速率可以表达为常数：

$$\left(\frac{\mathrm{d}O}{\mathrm{d}t}\right)_{\mathrm{p}} = P \tag{5-32}$$

五、藻类的呼吸

藻类的呼吸要消耗溶解氧，通常呼吸耗氧速率被看作常数：

$$\left(\frac{\mathrm{d}O}{\mathrm{d}t}\right)_{\mathrm{r}} = -R \tag{5-33}$$

光合作用与呼吸作用的耗氧速率可以用黑白瓶实验求得。黑瓶模拟的是呼吸作用，白瓶模拟的则是呼吸作用与光合作用之和。根据黑白瓶中溶解氧的变化，可以写出各自的平衡式：

对白瓶

$$\frac{24(C_1 - C_0)}{\Delta t} = P - R - k_{\mathrm{c}} L_0 \tag{5-34}$$

对黑瓶

$$\frac{24(C_2 - C_0)}{\Delta t} = -R - k_{\mathrm{c}} L_0 \tag{5-35}$$

式中 C_0——实验开始时水样的溶解氧浓度，mg/L；

C_1，C_2——实验终了时白瓶和黑瓶中水样的溶解氧浓度，mg/L；

k_{c}——在实验环境温度下 BOD 的降解速率常数，d^{-1}；

Δt——实验延续时间，h；

L_0——实验开始时水样中的 BOD 浓度，mg/L。

在通过现场实验，根据式(5-34)和式(5-35)估计 P、R 时，需要在实验前测定水样的 BOD（L_0）值和 BOD 的降解速率常数值（k_{c}）。

六、底栖动物和沉淀物耗氧

底泥和底栖动物耗氧可以表示为：

$$\left(\frac{\mathrm{d}O}{\mathrm{d}t}\right)_{\mathrm{d}} = -\frac{\mathrm{d}L_{\mathrm{d}}}{\mathrm{d}t} = -\frac{k_{\mathrm{b}}}{(1+r_{\mathrm{c}})^{-1}} L_{\mathrm{d}} \tag{5-36}$$

式中 L_{d}——河床的 BOD 面积负荷；

k_{b}——河床的 BOD 耗氧速率常数；

r_{c}——底泥耗氧阻尼系数。

第二节　湖泊水库水质模拟

一、湖泊水库的水质特征

由于水力停留时间较长，流速相对缓慢，湖泊和水库具有相似的水质特征：

① 流速小，与河流相比，湖泊与水库中的水流流速较小，因此水流交换周期比较长，从若干月到若干年，属于静水环境。

② 水质分层分布，存在斜温层。湖泊水库的表层水在大气紊流作用下充分混合，水温的竖向分布比较均匀；底层水体由于热交换缓慢，水温偏低；在表层以下形成一层水温由高至低的突变区，由于温度竖向分布斜率在这里变化显著，这一区域被称为斜温层（图 5-2 与

图 5-3）。

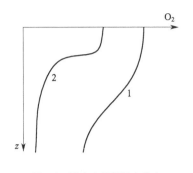

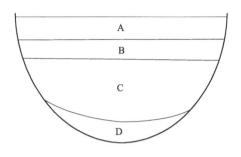

图 5-2　湖库中氧的竖向分布
1—冬季；2—夏季

图 5-3　湖库中的热分层
A—表层；B—斜温层；C—下层；D—底层

③ 湖泊、水库的污染源除点源以外，非点源的作用尤为突出。由于湖泊、水库的水力停留时间较长，不同季节进入的污染物产生累积效应。通过径流进入湖泊、水库的非点源污染物（特别是营养物）与点源污染物一起促进水质的变化。

④ 水生生态系统相对比较封闭。不受人类活动干扰的湖泊、水库的生态系统结构与特征一般取决于湖泊与水库所在的地理位置、周围的土壤性质、植被类型等。

⑤ 主要水质问题是富营养化。由于湖泊与水库属于静水环境，污染物进入湖泊、水库以后容易积累，特别是营养物质的积累将会导致富营养化。天然的湖泊都有一个从贫营养向富营养的发展过程，从贫营养过渡到富营养，进而发展到沼泽，直至死亡，是自然湖泊发展的规律，这是一个漫长的历史进程，但是人类活动会大大加速这个进程。

藻类的繁殖需要多种元素和营养。表 5-5 表明淡水藻类中各种元素和营养物的相对含量，其中氮磷营养的比为 $0.7 : 0.08 \approx 9 : 1$。

表 5-5　湿重下淡水中各种元素的含量　　　　　　　　单位：%

元素名称	含量	元素名称	含量	元素名称	含量
氧	80.5	磷	0.08	锰	0.0007
氢	9.7	镁	0.07	锌	0.0003
碳	6.5	硫	0.06	铜	0.0001
硅	1.3	氯	0.06	钼	0.00005
氮	0.7	钠	0.04	钴	0.000002
钙	0.4	铁	0.02		
钾	0.3	硼	0.001		

藻类生长所需要的物质的相对含量称为丰度。利比希（Liebig）的最小因子定律指出：任何一种有机物的产率都由该种有机物所必需的、在环境中丰度最低的物质所决定。

自然界提供的养分中，磷的丰度一般偏低，为通常的控制性营养因子。但是工业化和城市化程度的不断提高，使得情况正在发生变化。对于藻类的正常生长，磷与氮的比例大约是 $1 : 9$，而在一般的城市污水中，磷与氮的比例可以达到 $3 : 9$。

莫诺（Monod）模型描述了生物生长速率与营养物质含量的关系：

$$\mu = \mu_{\max} \frac{S}{K_S + S} \tag{5-37}$$

式中　μ——某种生物的生长速率；

$\mu_{\max}$——某种生物最大生长速率；

S——营养物质的实际浓度；

K_S——营养物质的半饱和常数。

在一个实际系统中，生物的生长很可能受到不止一种因素的制约，在一种营养物消耗殆尽之前藻类并不以最大速率增长直至一种营养物枯竭，而是以一个较低的速率消耗着各种成分。假定碳、氮和磷都是藻类生长的主要成分，藻类的生长速率可以表示为：

$$\mu = \mu_{\max} \frac{PS}{K_P + PS} \times \frac{NS}{K_N + NS} \times \frac{CS}{K_C + CS} \tag{5-38}$$

式中　PS，NS，CS——可以用于光合作用的溶解态的磷、氮和碳含量；

K_P，K_N，K_C——相应的磷、氮和碳半饱和常数。

如果假定 $PS = 0.5K_P$，$NS = K_N$，$CS = 2K_C$，此时藻类的生长速率为：

$$\mu = \mu_{\max} \frac{PS}{2PS + PS} \times \frac{NS}{NS + NS} \times \frac{CS}{0.5CS + CS} = \frac{1}{9} \mu_{\max} \tag{5-39}$$

二、完全混合模型

1. 沃伦威德尔模型

沃伦威德尔模型适用于处于稳定状态的湖泊与水库，这时的湖泊与水库可以被看作一个均匀混合的水体。水体中某种物质的浓度变化率是该种物质输入、输出和在水体中沉积速率的函数，可以表示为：

$$V \frac{dC}{dt} = I_c - sCV - QC \tag{5-40}$$

式中　V——湖泊或水库的容积，m^3；

C——某种营养物质的浓度，g/m^3；

I_c——某种营养物质的输入总负荷，g/a；

s——该营养物质在湖泊或水库中的沉降速度常数，a^{-1}；

Q——湖泊的出流流量，m^3/a。

如果令 $r = Q/V$，r 为冲刷速度常数，则上式可以写为：

$$\frac{dC}{dt} = \frac{I_c}{V} - sC - rC \tag{5-41}$$

在给定初始条件 $t = 0$ 时，$C = C_0$，上式的解析解为：

$$C = \frac{I_c}{V(s+r)} + \frac{V(s+r)C_0 - I_c}{V(s+r)} \exp[-(s+r)t] \tag{5-42}$$

在水体的入流、出流及营养物质输入稳定的条件下，当 $t \to \infty$ 时可以达到水中营养物的平衡浓度：

$$C_p = \frac{I_c}{(r+s)V} \tag{5-43}$$

如果进一步令 $t_w = \frac{1}{r} = \frac{V}{Q}$ 和 $V = A_s h$，水库、湖泊中的营养物质平衡浓度可以写成：

$$C_p = \frac{L_c}{sh + h/t_w} \tag{5-44}$$

式中　t_w——湖泊、水库的水力停留时间，a；

　　A_s——湖泊、水库的水面面积，m^2；

　　h——湖泊、水库的平均水深，m；

　　L_c——湖泊、水库单位面积的营养负荷，$g/(m^2 \cdot a)$，$L_c = \dfrac{I_c}{A_s}$。

【例 5-1】　已知湖泊的容积 $V = 1.0 \times 10^7 \, m^3$，支流输入水量 $Q_{in} = 0.5 \times 10^8 \, m^3/a$，河流中的 BOD 浓度为 3mg/L，湖泊的 BOD 本底浓度 $C_0 = 1.5 \, mg/L$，BOD 在湖泊中的沉积速度常数 $s = 0.08 a^{-1}$。试求湖泊的 BOD 平衡浓度，以及达到平衡浓度的 99% 所需的时间。

【解】　根据式(5-42) 和式(5-43) 可以写出：

$$\frac{C}{C_p} = 1 + \left[\frac{V(s+r)C_0}{I_c} - 1 \right] \exp\left[-(s+r)t \right]$$

对于任意的 C/C_0，所需的时间 t 可以从上式导出：

$$t = -\frac{1}{s+r} \ln \left[\frac{\dfrac{C}{C_p} - 1}{\dfrac{V(s+r)C_0}{I_c} - 1} \right] = -\frac{1}{s+r} \ln \left[\frac{\left(\dfrac{C}{C_p} - 1 \right) I_c}{V(s+r)C} \right]$$

代入给定各项已知数据，当 $C/C_p = 0.99$ 时：

$$t = \frac{1}{0.08+5} \ln \frac{(0.99-1) \times 1.5 \times 10^8}{1.0 \times 10^7 \times (0.08+5) \times 1.5 - 1.5 \times 10^8} = -\frac{1}{5.08} \ln 0.02033 = 0.77(a)$$

此外，当 $t \to \infty$ 时，BOD 达到平衡浓度：

$$C_p = \frac{1.5 \times 10^8}{(0.08+5) \times 10^7} = 2.95(mg/L)$$

2. 吉柯奈尔 - 狄龙模型

吉柯奈尔-狄龙模型引入滞留系数 R_c 的概念。滞留系数的定义是进入湖泊、水库中的营养物在其中的滞留分数。吉柯奈尔-狄龙模型写作：

$$\frac{dC}{dt} = \frac{I_c(1-R_c)}{V} - rC \tag{5-45}$$

式中　R_c——某种营养物在湖泊、水库中的滞留分数；

其余符号意义同前。

给定初始条件 $t=0$ 时 $C=C_0$，可以得到上式的解析解：

$$C = \frac{I_c(1-R_c)}{rV} + \left[C_0 - \frac{I_c(1-R_c)}{rV} \right] e^{-rt} \tag{5-46}$$

若湖泊、水库的入流、出流、污染物的输入都比较稳定，当 $t \to \infty$ 时可以得到上式的平衡浓度：

$$C_p = \frac{I_c(1-R_c)}{rV} = \frac{L_c(1-R_c)}{rh} \tag{5-47}$$

可以根据湖泊、水库的入流、出流近似计算出滞留系数：

$$R_{c} = 1 - \frac{\sum_{j=1}^{m} q_{0j} C_{0j}}{\sum_{k=1}^{n} q_{ik} C_{ik}} \tag{5-48}$$

式中　q_{0j}——第 j 条支流的出流量，$\mathrm{m^3/a}$；

$\quad\ C_{0j}$——第 j 条支流出流中的营养物浓度，$\mathrm{mg/L}$；

$\quad\ q_{ik}$——第 k 条支流流入湖泊、水库的流量，$\mathrm{m^3/a}$；

$\quad\ C_{ik}$——第 k 条支流中的营养物浓度，$\mathrm{mg/L}$；

$\quad\ m$——入流的支流数目；

$\quad\ n$——出流的支流数目。

三、湖泊水库的营养水平判别

当水体中藻类大量繁殖，水中严重缺氧，导致生物死亡时，意味着水体富营养化的发生。导致富营养化的因素非常复杂，难以预测，目前也没有公认的指标和标准。通常认为，水体的水质达到表 5-6 的状态则有可能引起富营养化。

表 5-6　富营养化的水质条件

TN	$>0.2\sim0.3\mathrm{mg/L}$
TP	$>0.01\sim0.02\mathrm{mg/L}$
BOD	$>10\mathrm{mg/L}$
pH 值	$7\sim9$
细菌总数	>100000 个/mL
叶绿素 a(Chl-a)	$>0.01\mathrm{mg/L}$

狄龙-瑞格勒得出夏季湖泊、水库中的叶绿素 a（Chl-a）的浓度与氮、磷浓度之间的关系，当氮磷比小于 4 时氮是叶绿素 a 的制约因素，即叶绿素 a 的浓度是氮浓度的函数：

$$\lg[\text{Chl-a}] = 1.4\lg(1000 \times C_{\mathrm{N}}) - 1.9 \tag{5-49}$$

当氮磷比大于 12 时磷是叶绿素 a 的制约因素，即叶绿素 a 的浓度是磷浓度的函数：

$$\lg[\text{Chl-a}] = 1.45\lg(1000 \times C_{\mathrm{P}}) - 1.14 \tag{5-50}$$

式中　$[\text{Chl-a}]$——叶绿素 a 的浓度，$\mu\mathrm{g/L}$；

$\quad\ C_{\mathrm{N}}$、C_{P}——氮和磷的浓度，$\mathrm{mg/L}$。

在氮磷比介于 4~12 之间时采用上述两个式子计算结果中的较小者。

沃伦威德尔根据大量实际数据，建立了湖泊、水库的营养负荷与富营养化之间的关系，它们是水深的函数。对于可接受的磷负荷（即保证贫营养水质的上限）L_{PA}：

$$\lg L_{\mathrm{PA}} = 0.6\lg h + 1.40 \tag{5-51}$$

对于富营养化危险界限的磷负荷 L_{PD}：

$$\lg L_{\mathrm{PD}} = 0.6\lg h + 1.70 \tag{5-52}$$

对于可接受的氮负荷 L_{NA}：

$$\lg L_{\mathrm{NA}} = 0.6\lg h + 2.57 \tag{5-53}$$

对于氮的危险临界负荷 L_{ND}：

$$\lg L_{\mathrm{ND}} = 0.6\lg h + 2.87 \tag{5-54}$$

式中，营养负荷 L_{PA}、L_{PD}、L_{NA}、L_{ND} 的单位是 $\mathrm{mg/(m^2 \cdot a)}$；$h$ 的单位是 m。

沃伦威德尔和狄龙还绘制了湖泊、水库的营养状况判别图（图 5-4）。该图以水深 h 为横坐标、$L_P(1-R_P)/r$ 为纵坐标。根据参数计算纵、横坐标的值，从图中的 3 个分区确定营养状况。

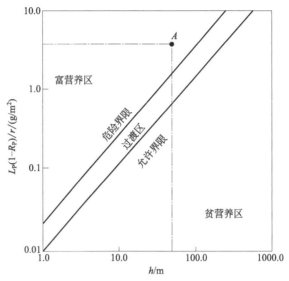

图 5-4   湖泊营养状态的判别

【**例 5-2**】   已知湖泊容积 $V=2.0\times10^9\,m^3$，水面面积 $A_s=3.6\times10^7\,m^2$，河流入流量 $q_{in}=3.1\times10^9\,m^3/a$，河水中磷的平均浓度 $C_{Pin}=0.52\,mg/L$，出流的流量 $q_{out}=5.8\times10^8\,m^3/a$，出流中磷的平均浓度 $C_{Pout}=0.15\,mg/L$，试判断该湖泊的营养状况。

【**解法（1）**】   图形比较法

计算湖泊的平均水深：$h=\dfrac{V}{A_s}=\dfrac{2.0\times10^9}{3.6\times10^7}=55.56\,(m)$

计算冲刷速度常数：$r=\dfrac{Q}{V}=\dfrac{q_{out}}{V}=\dfrac{5.8\times10^8}{2.0\times10^9}=0.29\,(a)$

计算湖泊的滞留系数：$R_P=1-\dfrac{q_{out}C_{Pout}}{q_{in}C_{Pin}}=1-\dfrac{5.8\times10^8\times0.15}{3.1\times10^9\times0.52}=0.95$

计算单位面积磷负荷：$L_P=\dfrac{q_{in}C_{Pin}}{A_s}=\dfrac{3.1\times10^9\times0.52}{3.6\times10^7}=44.78\,[g/(m^2\cdot a)]$

计算图 5-4 的纵坐标值：$\dfrac{L_P(1-R_P)}{r}=\dfrac{44.78\times(1-0.95)}{0.29}=7.72\,(g/m^2)$

以 55.56m 为横坐标、7.72g/m² 为纵坐标，交汇得到湖泊的营养状况点 A，A 点处在富营养区域（图 5-4），说明长期的磷排放会导致湖泊的富营养化。

【**解法（2）**】   浓度比较法

根据式（5-47）预测湖泊中磷的平衡浓度：

$$C_P=\frac{I_P(1-R_P)}{rV}=\frac{L_P(1-R_P)}{rh}=\frac{44.78\times(1-0.95)}{0.29\times55.56}=0.14\,(mg/L)$$

根据式（5-52）计算磷的危险界限：

$$\lg L_{PD}=0.6\lg h+1.70=0.6\lg55.56+1.70=0.6\times1.74+1.70=2.75$$

$$L_{PD} = 10^{2.75} \, \text{mg/(m}^2 \cdot \text{a)} = 562 \, \text{mg/(m}^2 \cdot \text{a)} = 0.562 \, \text{g/(m}^2 \cdot \text{a)}$$

根据上面的计算，该湖泊实际的磷负荷已经达到 $44.78 \, \text{g/(m}^2 \cdot \text{a)}$，大大超过了磷负荷的危险界限，长期排放会导致湖泊富营养化。

四、分层箱式模型

沃伦威德尔模型将湖泊、水库看成一个整体，相对于一个均匀混合的反应器，在考虑湖库的长期水质变化时是实用的。但是沃伦威德尔模型忽略了湖库内部的水质变化，特别是在夏季，水温造成密度差，致使水质分层明显。由于大气湍流的影响，表层形成一个一定深度的等温层，底部的温度从上至下呈缓慢的递减趋势，在上层与底层之间存在一个很大的温度梯度的斜温层。由于斜温层的存在，为了描述这种分层现象，斯诺得格拉斯（Snodgrass）提出一个分层箱式模型，用以近似描述水质的分层状况。分层水质模型将上层和下层分别视为两个完全混合模型（图 5-5），该模型模拟正磷酸盐（P_o）和偏磷酸盐（P_p）两个水质组分的变化规律。

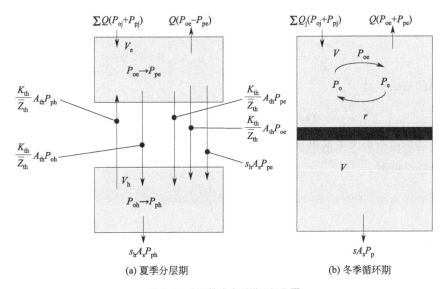

(a) 夏季分层期   (b) 冬季循环期

图 5-5 分层箱式水质模型概化图

对于夏季分层模型，可以写出如下 4 个独立的微分方程。

① 对表层正磷酸盐 P_{oe}：

$$V_e \frac{dP_{oe}}{dt} = \sum Q_j P_{oj} - Q P_{oe} - p_e V_e P_{oe} + \frac{K_{th}}{\overline{Z}_{th}} A_{th} (P_{oh} - P_{oe}) \tag{5-55}$$

② 对表层偏磷酸盐 P_{pe}：

$$V_e \frac{dP_{pe}}{dt} = \sum Q_j P_{pj} - Q P_{pe} - s_e A_{th} P_{pe} + p_e V_e P_{pe} + \frac{K_{th}}{\overline{Z}_{th}} A_{th} (P_{ph} - P_{pe}) \tag{5-56}$$

③ 对下层正磷酸盐 P_{oh}：

$$V_h \frac{dP_{oh}}{dt} = r_h V_h P_{oh} + \frac{K_{th}}{\overline{Z}_{th}} A_{th} (P_{oe} - P_{oh}) \tag{5-57}$$

④ 对下层偏磷酸盐 P_{ph}：

$$V_h \frac{dP_{ph}}{dt} = s_e A_{th} P_{pe} - s_h A_s P_{ph} - r_h V_h P_{ph} - \frac{K_{th}}{\overline{Z}_{th}} A_{th} (P_{pe} - P_{ph}) \tag{5-58}$$

式中　e，h——上层和下层；

　　　　th，s——斜温区和底层沉淀区的界面；

　　　　p，r——净产生和衰减的速率常数；

　　　　　K——竖向扩散系数，包括湍流扩散、分子扩散，也包括内波、表层风波以及其他过程对热传递或物质穿越斜温层的影响；

　　　　　$\overline{Z}$——平均水深；

　　　　　V——箱的体积；

　　　　　A——界面面积；

　　　　　Q_j——由河流流入湖泊的流量；

　　　　　Q——流出湖泊的流量；

　　　　　s——磷的沉淀速率常数。

在冬季，由于上部水温下降，密度增加，初始上下层之间的水量循环，由上层和下层的磷平衡，可以得到如下两个微分方程。

对全湖的正磷酸盐 P_o：

$$V\frac{\mathrm{d}P_o}{\mathrm{d}t}=Q_j P_{oj}-QP_o-p_{eu}V_{eu}P_o+rVP_p \tag{5-59}$$

对全湖的偏磷酸盐 P_p：

$$V\frac{\mathrm{d}P_p}{\mathrm{d}t}=Q_j P_{pj}-QP_p+p_e V_e P_o-rVP_p-sA_s P_p \tag{5-60}$$

夏季的分层模型和冬季的循环模型可以用秋季或春季"翻池"过程形成的完全混合状态作为初始条件，此时：

$$P_o=\frac{P_{oe}V_e+P_{oh}V_h}{V} \tag{5-61}$$

$$P_p=\frac{P_{pe}V_e+P_{ph}V_h}{V} \tag{5-62}$$

五、湖泊水库的生态系统模型

1. 概念模型

湖泊和水库是一个比较封闭的水生生态系统，以磷为核心的湖泊、水库生态系统模型包括藻类、浮游动物、有机磷、无机磷、有机氮、氨氮、亚硝酸盐氮、硝酸盐氮、含碳有机物的生化需氧量、溶解氧、总溶解固体和悬浮物水质项目。

上述 12 个水质项目之间存在着错综复杂的关系，图 5-6 表示这种关系的概念模型。

2. 一般数学表达

上述 12 个水质项目都可以用下述偏微分方程表示：

$$\frac{\partial C}{\partial t}+(V-V_s)\frac{\partial C}{\partial z}=\frac{1}{A}\times\frac{1}{\partial z}\left(AD_z\frac{\partial C}{\partial z}\right)+\frac{S_{int}}{A}+\frac{1}{A}(q_{in}C_{in}-q_{out}C_{out}) \tag{5-63}$$

式中　S_{int}——发生在湖泊、水库内部的各种过程。

每个水质项目（C）的变化都可以看成是对时间的全微分，即：

$$\frac{S_{int}}{A}=\frac{\mathrm{d}C}{\mathrm{d}t} \tag{5-64}$$

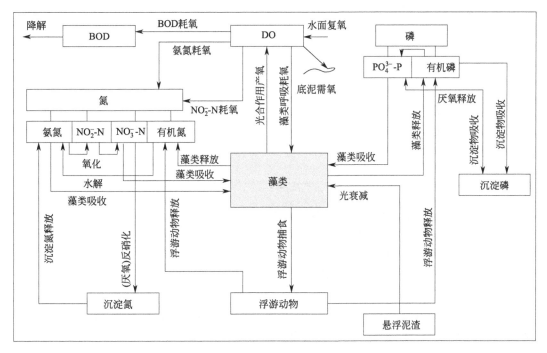

图 5-6 湖泊、水库生态系统概念模型

3. 水质要素模拟

（1）藻类（浮游植物）生物量 C_A 以含碳量表示藻类的生物量，C_A 的单位是 mg/L。C_A 的变化可以用下式表示：

$$\frac{dC_A}{dt} = \mu C_A - (\rho + C_g Z) C_A \tag{5-65}$$

式中 μ——藻类的比增长速率；

ρ——藻类的比死亡速率；

C_g——浮游动物食藻率；

Z——浮游动物的浓度。

（2）浮游动物的浓度 Z 用单位水体中的物质量（用含碳量表示）代表，Z 的单位是 mg/L。浮游动物在水体中的变化速率为：

$$\frac{dZ}{dt} = \mu_z Z - (\rho_z + C_z) Z \tag{5-66}$$

$$\mu_z = \mu_{zmax} \frac{C_A}{k_z + C_A} \tag{5-67}$$

式中 μ_z——浮游动物的比生长速率；

k_z——Michealis-Menten 常数；

μ_{zmax}——浮游动物的最大比增长速率；

ρ_z——浮游动物的比死亡速率（包括氧化与分解）；

C_z——较高级的水生生物对浮游动物的吞食速率。

（3）磷 在生态模型中，考虑溶解态无机磷、游离态有机磷，以及沉淀态磷 3 种形态。

① 对于溶解态无机磷含量 P_1：

$$\frac{\mathrm{d}P_1}{\mathrm{d}t} = -\mu C_\mathrm{A}(A_\mathrm{pp}) + (I_3 P_3 - I_1 P_1) + I_2 P_2 \tag{5-68}$$

式中　A_pp——藻类中磷的含量，mg 磷/mg 碳；

　　　I_1——底泥对无机磷的吸收速率；

　　　I_2——有机磷的降解速率；

　　　I_3——底泥中有机磷的释放速率。

② 对于游离态有机磷含量 P_2：

$$\frac{\mathrm{d}P_2}{\mathrm{d}t} = \rho C_\mathrm{A} A_\mathrm{pp} + \rho_z Z A_\mathrm{pz} - (I_4 P_2 + I_2 P_2) \tag{5-69}$$

式中　A_pz——浮游动物中磷的含量，mg 磷/mg 碳；

　　　I_4——底泥中有机磷的富集速率。

③ 对于沉淀态磷含量 P_3：

$$\frac{\mathrm{d}P_3}{\mathrm{d}t} = I_4 P_2 - I_3 P_3 \tag{5-70}$$

（4）氮　氮的存在形态比较复杂，在湖泊、水库生态模型中，将考虑有机氮、氨氮、亚硝酸盐氮、硝酸盐氮、沉淀态氮 5 种形态的氮。

① 对于有机氮含量 N_1：

$$\frac{\mathrm{d}N_1}{\mathrm{d}t} = -J_4 N_1 + \rho_\mathrm{A} C_\mathrm{A} A_\mathrm{NP} + \rho Z A_\mathrm{NE} + \rho_z Z A_\mathrm{NE} - J_6 N_1 \tag{5-71}$$

式中　J_4——有机氮的降解速率；

　　　ρ_A——藻类的比死亡率；

　　　A_NP——藻类中氮的含量，mg 氮/mg 碳；

　　　J_6——底泥对有机氮的吸收速率；

　　　A_NE——浮游动物中氮的含量，mg 氮/mg 碳。

② 对于氨氮含量 N_2：

$$\frac{\mathrm{d}N_2}{\mathrm{d}t} = -J_1 N_2 - \mu C_\mathrm{A} A_\mathrm{NP} \frac{N_2}{N_2 + N_4} + J_4 N_1 + J_5 N_5 \tag{5-72}$$

式中　J_1——氨氮的硝化速率；

　　　J_5——底部有机氮的分解速率。

③ 对于亚硝酸盐氮含量 N_3：

$$\frac{\mathrm{d}N_3}{\mathrm{d}t} = J_1 N_2 - J_2 N_3 \tag{5-73}$$

式中　J_2——亚硝酸盐氮的硝化速率。

④ 对于硝酸盐氮含量 N_4：

$$\frac{\mathrm{d}N_4}{\mathrm{d}t} = J_2 N_3 - \mu C_\mathrm{A} A_\mathrm{NP} \frac{N_4}{N_2 + N_4} - J_3 N_4 \tag{5-74}$$

式中，等号右边最后一项只发生在厌氧条件下，J_3 是硝酸盐氮的反硝化速率。

⑤ 对于沉淀态氮含量 N_5：

$$\frac{\mathrm{d}N_5}{\mathrm{d}t} = -J_5 N_5 + J_6 N_1 \tag{5-75}$$

式中　J_5——沉淀态氮的分解速率。

（5）含碳有机物的生化需氧量 L　　$\dfrac{\mathrm{d}L}{\mathrm{d}t}=-k_\mathrm{d}L$　　　　　　（5-76）

式中　k_d——BOD 的降解速率。

（6）溶解氧　对于溶解氧含量 C：

$$\frac{\mathrm{d}C}{\mathrm{d}t}=-k_\mathrm{d}L-\alpha_1 J_1 N_2-\alpha_2 J_2 N_3-\frac{L_\mathrm{b}}{\Delta Z}+k_\mathrm{a}(C_\mathrm{s}-C)+\alpha_3 C_\mathrm{A}(\mu-\rho)　（5-77）$$

式中　α_1——氨氮的耗氧常数，mg 氧/mg 氨氮，$\alpha_1=3.43$mg 氧/mg 氨氮；

　　　α_2——亚硝酸盐氮的耗氧常数，mg 氧/mg 亚硝酸盐氮，$\alpha_2=1.14$mg 氧/mg 亚硝酸盐氮；

　　　α_3——藻类的耗氧常数，mg 氧/mg 碳，$\alpha_3\approx1.6$mg 氧/mg 碳；

　　　k_a——大气复氧速率，d^{-1}；

　　　L_b——底泥耗氧速率，g 氧/（$\mathrm{m}^2\cdot\mathrm{d}$）；

　　　ΔZ——底泥层的厚度，m；

　　　C_s——饱和溶解氧浓度，mg/L。

上式中等号右边第 4 项 $\dfrac{L_\mathrm{b}}{\Delta Z}$ 只发生在湖泊与水库的底层，而第 5 项 $k_\mathrm{a}(C_\mathrm{s}-C)$ 只发生在表层。

（7）总溶解固体 S_d　湖泊、水库中的总溶解固体用来描述盐度，若将盐类视为守恒物质，则：

$$\frac{\mathrm{d}S_\mathrm{d}}{\mathrm{d}t}=0　（5-78）$$

第三节　一维河流水质模拟

在笛卡尔坐标系统中，如果只在一个方向（例如 x 方向）存在水质梯度，描述一个方向上水质变化的模型就是一维水质模型。一维水质模型较多应用于小型河流系统，在小型河流中深度和宽度方向上的水质梯度一般可以忽略。在一些较大型的河流中，如果研究问题的纵向尺度与其宽度、深度相比很大，也可以处理成一维河流。

一、河流的概化

1. 河段划分

对于一条实际河流，沿程的边界条件不断变化，导致河段的水质参数不断变化。在水质模拟计算中需要保持参数的相对稳定性，因此需要对河流进行分段计算。河流分段的主要原则就是保持所分割的河段中的水质参数不变。河段的划分是通过在适当的位置设置计算断面实现的。断面设置的方法如下。

① 在河流断面形状变化处，例如由宽变窄处或由窄变宽处，由深变浅处或由浅变深处。这些河段的变化会引起流速及水质参数的变化。

② 支流或污水汇入处，流量的输入会导致流速的变化，也会导致污染物浓度的变化。

③ 取水口处，水量的变化导致水流速度的变化。

④ 其他，例如：在现有的或历史的水文、水质监测断面处设置断面，可以共享有关的水文、水质资料；在码头、桥涵附近设立断面可以便于采样作业；等等。

图 5-7 是一维河流概化图。

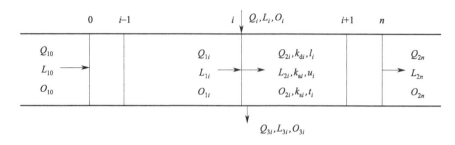

图 5-7　一维河流概化图

i，$i+1$……—河流断面编号；Q_i—在断面 i 处注入河流的污水流量；Q_{1i}—由上一个河段流入断面 i 的河水流量；Q_{2i}—由断面 i 向下游河段流出的河水流量；Q_{3i}—在断面 i 处引出的河水流量；L_i，O_i—在断面 i 处注入河流的污水中污染物（例如 BOD）的浓度与溶解氧浓度；L_{1i}，O_{1i}—由上游河段流到断面 i 的河水中污染物（例如 BOD）浓度和溶解氧浓度；L_{2i}，O_{2i}—由断面 i 流向下游河段的河水中污染物浓度和溶解氧浓度；k_{di}，k_{ai}，k_{si}—断面 i 下游河段的水质参数（如 BOD 降解速率常数、大气复氧速率常数、BOD 沉淀与再悬浮速率常数）；l_i—由断面 i 至断面 $i+1$ 的河段长度；u_i—由断面 i 至断面 $i+1$ 的平均流速；t_i—由断面 i 至断面 $i+1$ 的流行时间

2. 河流计算流量

河流的径流量对污流的稀释扩散作用和自净能力有着重要影响。相对于河流的径流量，污水量在一年中的变化要平稳得多。一般情况下，污染程度加剧多发生在径流量低的时候。在进行水质评价和水污染控制规划时，需要选择相对较为不利的径流量。我国幅员辽阔、地形气候条件复杂，采用统一的径流量标准较为困难。各地根据当地的条件分别采用 70% 和 90% 保证率的流量，也有采用近 10 年最低月平均流量作为计算流量的。

3. 水文参数

假定明渠的形状为矩形，其水深为 h，河床宽度为 b。那么，水流的平均流速 u 与水深、流量 Q 之间的关系为：

$$u = \frac{Q}{hb} \tag{5-79}$$

$$h = \frac{Q}{ub} \tag{5-80}$$

根据明渠水力学中的 Manning 公式 $u = \frac{1}{n}R^{\frac{2}{3}}i^{\frac{1}{2}}$，可以得到：

$$u = \frac{Q}{hb} = \frac{1}{n}R^{\frac{2}{3}}i^{\frac{1}{2}} \tag{5-81}$$

式中　R——水力半径；

　　　i——河流纵向坡度；

　　　n——Manning 粗糙系数。

其中，

$$R = \frac{hb}{b+2h} \tag{5-82}$$

当 $b \gg h$ 时，$R \approx h$，代入式(5-81)，可以得到：

$$\frac{Q}{hb} = \frac{1}{n} h^{\frac{2}{3}} i^{\frac{1}{2}} \Rightarrow Q = f(h^{\frac{5}{3}}) \Rightarrow h = f(Q^{\frac{3}{5}}) = f(Q^{0.6}) \tag{5-83}$$

$$u = \frac{Q}{hb} \Rightarrow u = f(Q^{0.4}) \tag{5-84}$$

将水深 h、流速 u 与流量 Q 之间的关系用一般形式表示，得：

$$h = \lambda Q^u \qquad u = \alpha Q^\beta \tag{5-85}$$

二、单一河段水质模型

如果研究河段内的流场保持均匀，且只有一个污水排放口或取水口，且都位于河段的起始断面或终了断面时，该河段被称为单一河段。单一河段水质模型是研究复杂河段水质模型的基础。

1. S-P 模型

Street-Phelps 模型（简称 S-P 模型）是最早出现的河流水质模型，由美国工程师 Street 和 Phelps 在 1925 年研究 Ohio 河水质污染与自净时提出。S-P 模型的核心内容是建立河流中主要的耗氧过程（BOD 耗氧）与复氧过程（大气复氧）之间的耦合关系。S-P 模型的主要假设为：①河流中的耗氧过程源于水中 BOD，且 BOD 的衰减符合一级反应动力学；②河流中溶解氧的来源是大气复氧；③耗氧与复氧的反应速率为常数。

S-P 模型的基本形式为：

$$\frac{dL}{dt} = -k_d L \tag{5-86}$$

$$\frac{dOD}{dt} = k_d L - k_a OD \tag{5-87}$$

式中　L——河流的 BOD 值；

　OD——河流的氧亏值；

　k_d——河流的 BOD 衰减速率常数；

　k_a——河流的复氧速率常数；

　t——河流的流行时间。

上式的解析解为：

$$L = L_0 e^{-k_d t} \tag{5-88}$$

$$OD = \frac{k_d L_0}{k_a - k_d} (e^{-k_d t} - e^{-k_a t}) + OD_0 e^{-k_a t} \tag{5-89}$$

式中　L_0，OD_0——河流起点的 BOD 和 OD（氧亏）值。

如果将氧亏表达式改写为溶解氧表达式，则有：

$$O = O_s - OD = O_s - \frac{k_d L_0}{k_a - k_d} (e^{-k_d t} - e^{-k_a t}) - OD_0 e^{-k_a t} \tag{5-90}$$

2. 氧垂曲线

根据 S-P 模型绘制的溶解氧沿程变化曲线称为氧垂曲线（图 5-8）。令：

$$\frac{dOD}{dt}=k_dL-k_aOD_c=0 \tag{5-91}$$

可以得到临界点的氧亏值 OD_c 和临界点距污水排放点的时间（距离）t_c：

$$OD_c=\frac{k_d}{k_a}L_0e^{-k_dt_c} \tag{5-92}$$

$$t_c=\frac{1}{k_a-k_d}\ln\frac{k_a}{k_d}\left[1-\frac{OD_0(k_a-k_d)}{L_0k_d}\right] \tag{5-93}$$

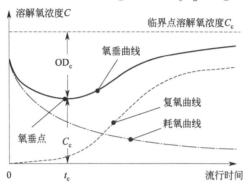

图 5-8　氧垂曲线

3. S-P 模型的修正型

1925 年，Street-Phelps 提出 BOD-DO 耦合模型以后，水质模型的研究在很长一段时间里进展缓慢。到了 20 世纪 60 年代，由于环境污染的加剧，水质问题引起人们的关注，水质模型的研究也获得快速发展。20 世纪 60～80 年代是水质模型的快速发展时期。

（1）托马斯模型　在 S-P 模型的基础上，引进沉淀作用对 BOD 去除的影响：

$$\frac{dL}{dt}=-(k_d+k_s)L \tag{5-94}$$

$$\frac{dOD}{dt}=k_dL-k_dOD \tag{5-95}$$

式中　k_s——沉淀与再悬浮速率常数。

托马斯修正式的解是：

$$L=L_0e^{-(k_d+k_s)t} \tag{5-96}$$

$$OD=\frac{k_dL_0}{k_a-(k_d+k_s)}\left[e^{-(k_d+k_s)t}-e^{-k_at}\right]+OD_0e^{-k_at} \tag{5-97}$$

（2）康布模型　在托马斯模型的基础上，考虑光合作用的影响：

$$\frac{dL}{dt}=-(k_d+k_s)L+B \tag{5-98}$$

$$\frac{dOD}{dt}=k_dL-k_dOD-P \tag{5-99}$$

式中　B——底泥分解时水中 BOD 的贡献速率；

P——藻类光合作用的产氧速率。

康布模型的解析解为：

$$L=\left(L_0-\frac{B}{k_d+k_s}\right)e^{-(k_d+k_s)t}+\frac{B}{k_d+k_s} \tag{5-100}$$

$$D=\frac{k_d}{k_a-(k_d+k_s)}\left(L_0-\frac{B}{k_d+k_s}\right)\left[e^{-(k_d+k_s)t}-e^{-k_at}\right]$$

$$+\frac{k_d}{k_a}\left(\frac{B}{k_d+k_a}-\frac{P}{k_d}\right)(1-e^{-k_at})+OD_0e^{-k_at} \tag{5-101}$$

（3）欧康奈尔模型　在托马斯模型的基础上引进含氮有机物对水质的影响：

$$u_x\frac{dL_c}{dx}=-(k_d+k_s)L_c \tag{5-102}$$

$$u_x\frac{dL_n}{dx}=-k_nL_n \tag{5-103}$$

$$u_x\frac{dOD}{dx}=k_dL_c+k_nL_n-k_dOD \tag{5-104}$$

式中　L_c——含碳有机物的 BOD 值；

　　　L_n——含氮有机物的 BOD 值；

　　　k_n——含氮有机物的衰减速率常数。

欧康奈尔模型的解析解为：

$$L_c=L_{c0}e^{-(k_d+k_s)x/u_x} \tag{5-105}$$

$$L_n=L_{n0}e^{-k_nx/u_x} \tag{5-106}$$

$$OD=\frac{k_dL_0}{k_a-(k_d+k_s)}\left[e^{-\frac{(k_d+k_s)x}{u_x}}-e^{-\frac{k_ax}{u_x}}\right]+\frac{k_nL_{n0}}{k_a-k_n}(e^{-k_nx/u_x}-e^{-k_ax/u_x})+OD_0e^{-k_ax/u_a} \tag{5-107}$$

上式中的 L_n 可以用氨氮的需氧量表示，根据氨的氧化反应方程：

$$NH_3+2O_2\longrightarrow HNO_3+H_2O \tag{5-108}$$

可知，在 NH_3 被完全氧化时氨氮与氧之比为 14∶64，即 1 个单位氨氮的需氧量为 4.57 单位的氧。

三、串联反应器模型

如果将一个连续的一维空间划分成若干个子空间，每一个子空间都作为一个完全混合的反应器，而上一个反应器的输出就是下一个反应器的输入（图 5-9）。

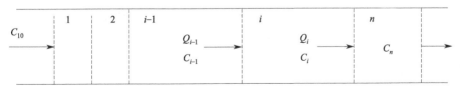

图 5-9　串联反应器模型概念图

如果以 $C_1,C_2,\cdots,C_i$ 代表相应河段的污染物浓度，对每一个河段可以写出：

$$C_1=\frac{C_{10}}{1+k_dV_1/Q_1}$$

$$C_2 = \frac{C_{20}}{1 + k_d V_2 / Q_2} \tag{5-109}$$

$$\vdots$$

$$C_i = \frac{C_{i0}}{1 + k_d V_i / Q_i}$$

式中　C_i——第 i 个河段的污染物浓度；

　　　V_i——第 i 个河段的容积；

　　　Q_i——第 i 个河段的流量；

　　　C_{i0}——第 i 个河段的初始浓度。

若沿程没有污染物输入，即 $q_i = 0$ 时，且令每一个河段的容积相等，则：

$$C_i = \frac{C_0}{(1 + k_d \Delta t)^i} \tag{5-110}$$

式中　Δt——每一个河段的水力停留时间，$\Delta t = \dfrac{V}{Q}$；

　　　C_0——起始河段的污染物浓度。

【例 5-3】 河流长 50km，流量 20m³/s，平均流速 0.4m/s，初始断面污染物的本底浓度为 5mg/L，在河流起点处有一污染源，污水量为 $q_1 = 0.5\,\mathrm{m^3/s}$，排放的污染物浓度为 100mg/L，污染物的降解速率常数 $k = 0.15\mathrm{d^{-1}}$。试计算将河流等分成 1 个、5 个、10 个和 20 个河段时的河流末端输出的污染物浓度。

【解】（1）计算初始断面的初始浓度：$C_0 = \dfrac{5 \times 20 + 100 \times 0.5}{20 + 0.5} = 7.32$（mg/L）

（2）若 $n = 1$，则 $\Delta t = \dfrac{50 \times 1000}{0.4 \times 86400} = 1.45(\mathrm{d})$，$C_1 = \dfrac{7.32}{(1 + 0.15 \times 1.45)^1} = 6.012(\mathrm{mg/L})$

（3）若 $n = 5$，则 $\Delta t = \dfrac{1.45}{5} = 0.29(\mathrm{d})$，$C_5 = \dfrac{7.32}{(1 + 0.15 \times 0.29)^5} = 5.916(\mathrm{mg/L})$

（4）若 $n = 10$，则 $\Delta t = \dfrac{1.45}{10} = 0.145(\mathrm{d})$，$C_{10} = \dfrac{7.32}{(1 + 0.15 \times 0.145)^{10}} = 5.903(\mathrm{mg/L})$

（5）若 $n = 20$，则 $\Delta t = \dfrac{1.45}{20} = 0.0725(\mathrm{d})$，$C_{20} = \dfrac{7.32}{(1 + 0.15 \times 0.0725)^{20}} = 5.896(\mathrm{mg/L})$

（6）根据 S-P 模型计算河流终点的污染物浓度：

$$C_{\text{S-P}} = C_0 e^{-k_d \Delta t} = 7.32 e^{-0.15 \times 1.45} = 7.32 \times 0.8045 = 5.889(\mathrm{mg/L})$$

从上面的计算结果可以看出，随着河段数目的增多，计算结果逐渐接近一个极限值，这个极限值就是根据连续一维河流模型得到的计算值。

四、多河段水质模型

1. BOD 多河段矩阵模型

河流水质特点之一是上游每一个排放口对下游任何一个断面都会有影响，而下游对上游则不会有影响。因此，河流段面的水质都可以看成上游每一个断面的污染物与本断面污染物输入输出的影响的总和。

根据 S-P 模型，可以写出河流中 BOD 的变化规律：

$$L = L_0 e^{-k_d t} \tag{5-111}$$

根据连续原理性，可以写出每一个断面的流量 Q 和 BOD 的平衡关系：

$$Q_{2i} = Q_{1i} - Q_{3i} + Q_i \tag{5-112}$$

$$Q_{1i} = Q_{2,i-1} \tag{5-113}$$

$$L_{2i} Q_{2i} = L_{1i} (Q_{1i} - Q_{3i}) + L_i Q_i \tag{5-114}$$

根据 S-P 模型写出由 $i-1$ 断面至 i 断面之间的 BOD 衰减关系：

$$L_{1i} = L_{2,i-1} e^{-k_{d,i-1} t_{i-1}} \tag{5-115}$$

令 $\alpha_i = e^{-k_{di} t_i}$，则有：

$$L_{1i} = \alpha_{i-1} L_{2,i-1} \tag{5-116}$$

考虑到连续性方程：

$$L_{2i} = \frac{L_{2,i-1} \alpha_{i-1} (Q_{1i} - Q_{3i})}{Q_{2i}} + \frac{Q_i}{Q_{2i}} L_i \tag{5-117}$$

令 $a_{i-1} = \dfrac{\alpha_{i-1}(Q_{1i} - Q_{3i})}{Q_{2i}}$ 和 $b_i = \dfrac{Q_i}{Q_{2i}}$，可以得到：

$$\begin{cases} L_{21} = a_0 L_{20} + b_1 L_1 \\ L_{22} = a_1 L_{21} + b_2 L_2 \\ \vdots \\ L_{2i} = a_{i-1} L_{2,i-1} + b_i L_i \\ \vdots \\ L_{2n} = a_{n-1} L_{2,n-1} + b_n L_n \end{cases} \tag{5-118}$$

这一组式子可以用一个矩阵方程表达：

$$A \vec{L}_2 = B \vec{L}_2 + \vec{g} \tag{5-119}$$

$$A = \begin{bmatrix} 1 & 0 & \cdots & \cdots & 0 \\ -a_1 & \ddots & \ddots & \ddots & \vdots \\ 0 & \ddots & \ddots & \ddots & \vdots \\ \vdots & \ddots & \ddots & \ddots & 0 \\ 0 & \cdots & 0 & -a_{n-1} & 1 \end{bmatrix} \tag{5-120}$$

$$B = \begin{bmatrix} b_1 & \cdots & \cdots & \cdots & 0 \\ \vdots & \ddots & \ddots & \ddots & \vdots \\ \vdots & \ddots & \ddots & \ddots & \vdots \\ \vdots & \ddots & \ddots & \ddots & \vdots \\ 0 & \cdots & \cdots & \cdots & b_n \end{bmatrix} \tag{5-121}$$

式中，n 维向量 $\vec{g} = \begin{bmatrix} g_1 & 0 & \cdots & 0 \end{bmatrix}^T$ 和 $g_1 = a_0 L_{20}$。

2. BOD-DO 耦合矩阵模型

根据 S-P 模型可以写出第 i 断面的溶解氧计算式：

$$O_{1i} = O_{2,i-1}\, e^{-k_{a,i-1}t_{i-1}} - \frac{k_{d,i-1}L_{2,i-1}}{k_{a,i-1} - k_{d,i-1}}(e^{-k_{d,i-1}t_{i-1}} - e^{-k_{a,i-1}t_{i-1}}) + O_s(1 - e^{-k_{a,i-1}t_{i-1}})$$

$$(5\text{-}122)$$

同时，根据质量平衡原理，可以写出：

$$O_{2i}Q_{2i} = O_{1i}(Q_{1i} - Q_{3i}) + O_i Q_i \tag{5-123}$$

令 $\gamma_i = e^{-k_{ai}t_i}$，$\beta_i = \dfrac{k_{di}(\alpha_i - \gamma_i)}{k_{ai} - k_{di}}$，$\delta_i = O_s(1 - \gamma_i)$

得 $O_{2i} = \dfrac{Q_{1i} - Q_{3i}}{Q_{2i}}(O_{2,i-1}\gamma_{i-1} - L_{2,i-1}\beta_{i-1} + \delta_{i-1}) + \dfrac{Q_i}{Q_{2i}}O_i \tag{5-124}$

令 $c_{i-1} = \dfrac{Q_{1i} - Q_{3i}}{Q_{2i}}\gamma_{i-1}$，$d_{i-1} = \dfrac{Q_{1i} - Q_{3i}}{Q_{2i}}\beta_{i-1}$，$f_{i-1} = \dfrac{Q_{1i} - Q_{3i}}{Q_{2i}}\delta_{i-1}$

可以得到

$$O_{2i} = c_{i-1}O_{2,i-1} - d_{i-1}L_{2,i-1} + f_{i-1} + b_i O \tag{5-125}$$

这是一个递推方程，可以用矩阵方程表达：

$$C\vec{O_2} = -D\vec{L_2} + B\vec{O} + \vec{f} + \vec{h} \tag{5-126}$$

式中，C 和 D 是 $n \times n$ 矩阵，分别为：

$$C = \begin{bmatrix} 1 & 0 & \cdots & \cdots & 0 \\ -c_1 & \ddots & \ddots & \ddots & \vdots \\ 0 & \ddots & \ddots & \ddots & \vdots \\ \vdots & \ddots & \ddots & \ddots & 0 \\ 0 & \cdots & 0 & -c_{n-1} & 1 \end{bmatrix} \tag{5-127}$$

$$D = \begin{bmatrix} 0 & \cdots & \cdots & \cdots & 0 \\ d_1 & \ddots & \ddots & \ddots & \vdots \\ 0 & \ddots & \ddots & \ddots & \vdots \\ \vdots & \ddots & \ddots & \ddots & \vdots \\ 0 & \cdots & 0 & d_{n-1} & 0 \end{bmatrix} \tag{5-128}$$

对于每一个断面的溶解氧，可以表达为：

$$\vec{O_2} = C^{-1}B\vec{O} - C^{-1}D\vec{L_2} + C^{-1}(\vec{f} + \vec{h}) \tag{5-129}$$

式中：

$$\vec{f} = (f_0 \quad f_1 \quad \cdots \quad f_{n-1})^{\mathrm{T}} \tag{5-130}$$

$$\vec{h} = (h_1 \quad 0 \quad \cdots \quad 0)^{\mathrm{T}} \tag{5-131}$$

$$h_1 = C_0 O_{20} - d_0 L_{20} \tag{5-132}$$

如果将 BOD 的表达式代入，形成耦合方程：

$$\vec{O_2} = C^{-1}B\vec{O} - C^{-1}DA^{-1}B\vec{L} + C^{-1}(\vec{f} + \vec{h}) - C^{-1}DA^{-1}\vec{g} \tag{5-133}$$

若令：

$$U = A^{-1}B$$

$$V = -C^{-1}DA^{-1}B$$

$$\vec{m} = A^{-1}\vec{g}$$

$$\vec{n} = C^{-1}B\vec{O} + C^{-1}(\vec{f} + \vec{h}) - C^{-1}DA^{-1}\vec{g}$$

则：
$$\vec{L}_2 = U\vec{L} + \vec{m} \tag{5-134}$$
$$\vec{O}_2 = V\vec{L} + \vec{n} \tag{5-135}$$

这是描述多河段 BOD-DO 耦合关系的矩阵模型。U 和 V 是根据给定数据计算的下三角矩阵。U 是 BOD（对 BOD 的）响应矩阵，V 是溶解氧（对 BOD 的）响应矩阵。

【例 5-4】已知一维河流的输入、输出数据如图 5-10 所示。设河流的饱和溶解氧值 $O_s = 10$mg/L。试用多河段模型模拟河流的 BOD 和 DO。

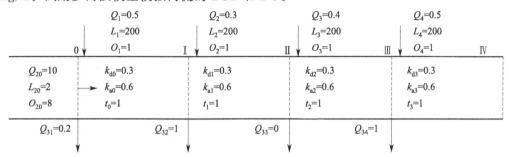

单位：Q—m³/s；L—mg/L；O—mg/L；k_d—d⁻¹；k_a—d⁻¹；t—d

图 5-10　计算河段的概化

【解】第一步，计算矩阵 A、B、C、D 及向量 $\vec{f}$、$\vec{g}$、$\vec{h}$ 的元素数值。

a_0	a_1	a_2	a_3	b_1	b_2	b_3	b_4
0.8189	0.7116	0.7112	0.7018	0.04854	0.03125	0.0400	0.05263
c_0	c_1	c_2	c_3	d_0	d_1	d_2	d_3
0.7048	0.5317	0.5268	0.5199	0.1141	0.1860	0.1843	0.1819
f_0	f_1	f_2	f_3	g_1	h_1		
2.4662	4.3710	4.3315	4.2745	1.6378	5.4102		

第二步，计算逆矩阵，并将上述计算值代入各矩阵和向量，求出 BOD 和 DO 的相应矩阵及向量：

$$U = \begin{bmatrix} 0.04854 & 0 & 0 & 0 \\ 0.03483 & 0.03125 & 0 & 0 \\ 0.02477 & 0.02223 & 0.04000 & 0 \\ 0.01738 & 0.01560 & 0.02807 & 0.05263 \end{bmatrix}$$

$$V = \begin{bmatrix} 0 & 0 & 0 & 0 \\ -0.00903 & 0 & 0 & 0 \\ -0.01118 & -0.005759 & 0 & 0 \\ -0.01032 & -0.007038 & -0.007276 & 0 \end{bmatrix}$$

$$\vec{m} = \begin{bmatrix} 1.6378 & 1.1753 & 0.8359 & 0.5867 \end{bmatrix}^T$$

$$\vec{n} = \begin{bmatrix} 7.9253 & 8.3110 & 8.5335 & 5.6118 \end{bmatrix}^T$$

第三步，利用 U、V、$\vec{m}$ 和 $\vec{n}$ 计算各断面的 BOD 和 DO（mg/L）：

$$\vec{L}_2 = U\vec{L} + \vec{m} = \begin{bmatrix} 11.12 & 14.23 & 18.12 & 23.24 \end{bmatrix}^T$$

$$\vec{O}_2 = V\vec{L} + \vec{n} = \begin{bmatrix} 8.15 & 6.67 & 5.26 & 4.18 \end{bmatrix}^T$$

五、含支流的河流矩阵模型

假设主流含 $1,2,\cdots,i,\cdots,n$ 个断面，支流含 $1(i),2(i),\cdots,m(i)$ 个断面，在主流断面 (i) 汇入主流（图 5-11）。

可以对支流写出矩阵方程，计算支流最下游断面 $m(i)$ 的水质。将支流作为污染源计入主流的矩阵方程即可。令

$$L_i = L'_{2m} \tag{5-136}$$

式中 L_i——主流上第 i 个断面（即支流汇入断面）处的污水浓度；

L'_{2m}——支流最后一个断面处的 BOD 浓度。

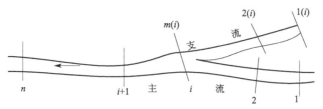

图 5-11   含支流的河流模型概化图

第四节   二维河流水质模拟

一、解析模型

在流场均匀稳定的情况下可以采用解析模型模拟污染物的运动过程。由于河岸的反射作用，河流的二维水质解析模型为：

$$C(x,y) = \frac{2Q\exp(-kx/u_x)}{u_x h\sqrt{4\pi D_y x/u_x}}\left\{\exp\left(-\frac{u_x y^2}{4D_y x}\right) + \sum_{i=1}^{\infty}\exp\left[-\frac{u_x(2nB-y)^2}{4D_y x}\right]\right.$$
$$\left. + \sum_{i=1}^{\infty}\exp\left[-\frac{u_x(2nB+y)^2}{4D_y x}\right]\right\} \tag{5-137}$$

式中 B——河流的宽度。

边界的反射作用随着 n 的增加衰减很快，一般情况下取 $2\sim3$ 次反射即能满足计算精度。

二、数值模型

1. 正交曲线坐标系统

在一个给定的河段中，沿水流方向将河段分成 m 个流带，同时在垂直水流方向将河段分成 n 个子河段，组成一个包含 $m\times n$ 个有限单元的平面网格系统（图 5-12 与图 5-13）。

流管划分的原则是保持每一个流管流过相同的流量。流管的流量可以通过断面的单宽流量计算。单宽流量是局部水深 h 与断面平均水深 H 的函数：

$$q = a\left(\frac{h}{H}\right)^b \frac{Q}{B} \tag{5-138}$$

式中 Q——通过河流断面的总流量；

a,b——根据断面流量分布估计的参数。

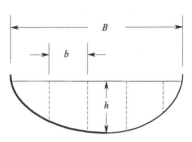

图 5-12 正交曲线坐标系统　　　　图 5-13 河流断面与流管

休姆（Sium）根据观察数据给出了如下估值范围。

① 在平直河道中：

当 $50 \leqslant \dfrac{B}{H} \leqslant 70$ 时，$a = 1.0, b = 5/3$ $\hspace{3cm}$ (5-139)

当 $70 < \dfrac{B}{H}$ 时，$a = 0.92, b = 7/4$ $\hspace{3cm}$ (5-140)

② 在弯曲河道中：当 $50 \leqslant \dfrac{B}{H} \leqslant 100$ 时，$0.095 \geqslant a \geqslant 0.08, 2.48 \geqslant b \geqslant 1.78$。

2. 断面累积流量曲线

根据单宽流量的计算结果作出断面累积流量曲线（图 5-14）。如果以纵坐标表示流量，将总流量分成 m 等份，对应的横坐标则表示流管的宽度。

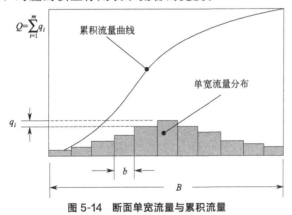

图 5-14 断面单宽流量与累积流量

由流线和断面线组成一个正交曲线坐标系统。假设第 (i, j) 个单元的长度是 Δx_{ij}，宽度为 Δy_{ij}，平均水深为 h_{ij}。

3. BOD 模型

对任意一个单元 (i, j)，可以写出质量平衡方程。

由推流输入、输出该单元的 BOD 总量为：

$$q_j (L_{i-1,j} - L_{i,j}) \hspace{3cm} (5-141)$$

由纵向弥散作用输入、输出该单元的 BOD 总量为：

$$D'_{(i-1,j),ij} (L_{i-1,j} - L_{ij}) - D'_{ij,(i+1,j)} (L_{ij} - L_{i+1,j}) \hspace{1.5cm} (5-142)$$

由横向弥散作用输入、输出该单元的 BOD 总量为：

$$D'_{(i,j-1),ij}(L_{i,j-1}-L_{ij})-D'_{ij,(i,j+1)}(L_{ij}-L_{i,j+1}) \tag{5-143}$$

在 (i,j) 单元内的 BOD 衰减量为：

$$V_{ij}k_{dij}L_{ij} \tag{5-144}$$

由系统外输入的 BOD 总量为：

$$q_j(L_{i-1,j}-L_{ij})-D'_{(i-1,j),ij}(L_{i-1,j}-L_{ij})+D'_{ij,(i+1,j)}(L_{ij}-L_{i+1,j})$$
$$-D'_{(i,j-1),ij}(L_{i,j-1}-L_{ij})+D'_{ij,(i,j+1)}(L_{ij}-L_{i,j+1})+V_{ij}k_{dij}L_{ij}=W^L_{ij} \tag{5-145}$$

上述各式中：

$$D'_{(i-1,j),ij}=D_{(i-1,j),ij}\frac{A_{(i-1,j),ij}}{\overline{x}_{(i-1,j),ij}}$$

$$D'_{ij,(i+1,j)}=D_{ij,(i+1,j)}\frac{A_{ij,(i+1,j)}}{\overline{x}_{ij,(i+1,j)}}$$

$$D'_{(i,j-1),ij}=D_{(i,j-1),ij}\frac{A_{(i,j-1),ij}}{\overline{y}_{(i,j-1),ij}}$$

$$D'_{ij,(i,j+1)}=D_{ij,(i,j+1)}\frac{A_{ij,(i,j+1)}}{\overline{y}_{ij,(i,j+1)}}$$

式中　q_j——第 j 个流带中的流量；

L_{ij}——(i,j) 单元的 BOD 浓度；

V_{ij}——(i,j) 单元的容积；

k_{dij}——(i,j) 单元的 BOD 衰减速率常数；

$D_{ij,kl}$——单元 (i,j) 和 (k,l) 间的弥散系数；

$A_{ij,kl}$——单元 (i,j) 和 (k,l) 间的界面面积；

$\overline{x}_{ij,kl}$——上下游相邻单元的距离；

$\overline{y}_{ij,kl}$——横向相邻单元间的距离。

可以写出 (i,j) 单元的 BOD 质量平衡关系：

$$V_{ij}\frac{dL_{ij}}{dt}=q_j(L_{i-1,j}-L_{ij})+D'_{(i-1,j),ij}(L_{i-1,j}-L_{ij})-D'_{ij,(i+1,j)}(L_{ij}-L_{i+1,j})$$
$$+D'_{(i,j-1),ij}(L_{i,j-1}-L_{ij})-D'_{ij,(i,j+1)}(L_{ij}-L_{i,j+1})-V_{ij}k_{dij}L_{ij}+W^L_{ij}$$

$$\tag{5-146}$$

如果问题可以简化为稳态，即：

$$\frac{dL_{ij}}{dt}=0 \tag{5-147}$$

如果将所有单元中的 BOD 值写成 $m\times n$ 向量：

$$\vec{L}=\begin{bmatrix}L_1 & \cdots & L_j & \cdots & L_n\end{bmatrix}^T \tag{5-148}$$

其中，$\vec{L}_j=[L_{1j}\cdots L_{ij}\cdots L_{mj}]^T$。

将所有系统外输入也写成 $m\times n$ 向量：

$$\vec{W}^L=\begin{bmatrix}W^L_1 & \cdots & W^L_j & \cdots & W^L_n\end{bmatrix}^T \tag{5-149}$$

其中，$W^L_j=[W^L_{1j}\cdots W^L_{ij}\cdots W^L_{mj}]^T$。

可以对这个河段写出矩阵方程：

$$\boldsymbol{G}\vec{L}=\vec{W}^{L} \tag{5-150}$$

$\boldsymbol{G}$ 是一个（$m \times n$）$\times$（$m \times n$）矩阵，称为变换矩阵。$\boldsymbol{G}$ 的各个元素 g_{kl} 计算如下：

对 $l=k$，$\quad g_{kl}=q_j+D'_{(i,j-1),ij}+D'_{ij,(i,j+1)}+D'_{ij,(i+1,j)}+V_{ij}k_{dij}$ $\qquad$ (5-151)

对 $l=k+1$，$\qquad\qquad\qquad g_{kl}=D'_{ij,(i,j+1)}$ $\qquad\qquad\qquad\qquad\qquad$ (5-152)

对 $l=k-1$，$\qquad\qquad\qquad g_{kl}=D_{(i,j-1),ij}$ $\qquad\qquad\qquad\qquad\qquad$ (5-153)

对 $l=k+m$，$\qquad\qquad\qquad g_{kl}=-D'_{ij,(i+1,j)}$ $\qquad\qquad\qquad\qquad\qquad$ (5-154)

对 $l=k-m$，$\qquad\qquad\qquad g_{kl}=-q_j-D'_{(i-1,j),ij}$ $\qquad\qquad\qquad\qquad$ (5-155)

对其余 l，$\qquad\qquad\qquad\qquad g_{kl}=0$ $\qquad\qquad\qquad\qquad\qquad\qquad$ (5-156)

矩阵 $\boldsymbol{G}$ 的元素是流带流量、弥散系数、单元几何尺寸及 BOD 衰减速率的函数，如果已知上述参数，在给定外部输入的 BOD（污染源）时，每个单元的 BOD 值可以计算如下：

$$\vec{L}=\boldsymbol{G}^{-1}\vec{W}^{L} \tag{5-157}$$

式中 $\boldsymbol{G}^{-1}$——（$m \times n$）$\times$（$m \times n$）矩阵，称为 BOD 响应矩阵。

4. DO 有限单元模型

与 BOD 模型相似，可以写出一个单元的 DO 平衡：

$$V_{ij}\frac{\mathrm{d}O_{ij}}{\mathrm{d}t}=q_j(O_{i-1,j}-O_{ij})+D'_{(i-1,j),ij}(O_{i-1,j}-O_{ij})-D_{ij,(i+1,j)}(O_{ij}-O_{i+1,j})$$

$$+D_{(i,j-1),ij}(O_{i,j-1}-O_{ij})-D_{ij,(i,j+1)}(O_{ij}-O_{i,j+1}) \tag{5-158}$$

$$-V_{ij}k_{dij}L_{ij}+V_{ij}k_{aij}(O_s-O_{ij})+W^{\circ}_{ij}$$

式中 O_{ij}——（i,j）单元的 DO 浓度；

$\qquad O_s$——饱和溶解氧浓度；

$\qquad k_{aij}$——（i,j）单元的复氧系数；

其余符号意义同前。

如果将河段各单元的 DO 浓度写成一个 $m \times n$ 向量：

$$\vec{O}=\begin{bmatrix} O_{11} & \cdots & O_{ij} & \cdots & O_{nm} \end{bmatrix}^{\mathrm{T}} \tag{5-159}$$

将系统外输入的 DO 也写成一个 $m \times n$ 向量：

$$\vec{W}^{\circ}=\begin{bmatrix} w^{\circ}_{11} & \cdots & w^{\circ}_{ij} & \cdots & w^{\circ}_{nm} \end{bmatrix}^{\mathrm{T}} \tag{5-160}$$

对于二维河流的 DO 也可以写出一个矩阵方程：

$$V_{ij}\frac{\mathrm{d}O_{ij}}{\mathrm{d}t}=-\boldsymbol{H}\vec{O}+\boldsymbol{B}\vec{L}+\vec{W}^{\circ} \tag{5-161}$$

对于稳态问题：$\boldsymbol{H}\vec{O}=\boldsymbol{B}\vec{L}+\vec{W}^{\circ}$

将 BOD 的表达式代入上式，得：

$$\boldsymbol{H}\vec{O}=\boldsymbol{B}\boldsymbol{G}^{-1}\vec{W}^{L}+\vec{W}^{\circ} \tag{5-162}$$

二维河段的 DO 分布，这是一个与 BOD 耦合的模型：

$$\vec{O}=\boldsymbol{H}^{-1}\boldsymbol{B}\boldsymbol{G}^{-1}\vec{W}^{L}+\boldsymbol{H}^{-1}\vec{W}^{\circ} \tag{5-163}$$

第五节　河口水质模型基础

一、河口水质基本模型

由质量平衡原理可以推导出与河流水质模型相似的河口水质基本模型，即

$$\frac{\partial C}{\partial t} = \frac{\partial}{\partial x}(E_x \frac{\partial C}{\partial x}) + \frac{\partial}{\partial y}(E_y \frac{\partial C}{\partial y}) + \frac{\partial}{\partial z}(E_z \frac{\partial C}{\partial z})$$
$$-\frac{\partial (u_x C)}{\partial x} - \frac{\partial (u_y C)}{\partial y} - \frac{\partial (u_z C)}{\partial z} - KC + \sum S_i \tag{5-164}$$

式中　u_x，u_y，u_z——x、y、z 方向的流速分量；

　　　E_x，E_y，E_z——x、y、z 方向的湍流扩散系数；

　　　　　　S_i——源或汇；

　　　　　　K——污染物衰减速率常数。

二、一维解析模型

1. 一维解析模型

假设污染物在竖向、横向的浓度分布是均匀的，可以用一维模型来描述河口水质的变化规律。如对窄、长、浅的河口可简化为一维水质模型，式（5-164）简化为：

$$\frac{\partial AC}{\partial t} = \frac{\partial}{\partial x}(AD_x \frac{\partial C}{\partial x}) - \frac{\partial (u_x AC)}{\partial x} - KAC + AS \tag{5-165}$$

河口中潮汐作用使得水流在涨潮时向上游运动，尽管在整个周期里净水流是向下游运动的。如果在潮汐的高平潮时（涨憩）在某处投放某种示踪剂，然后在以后的每一个高平潮时测量示踪剂的浓度，就得到如图 5-15 所示的结果，它说明在一维河口中纵向弥散是主要作用。

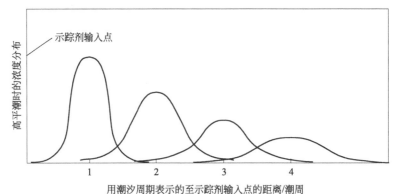

图 5-15　潮汐河流中的示踪剂弥散

因此，如果取污染物浓度的潮周平均值，一维河口水质模型［式（5-165）］又可以写成：

$$D_x \frac{\mathrm{d}}{\mathrm{d}x}\left(\frac{\mathrm{d}C}{\mathrm{d}x}\right) - \frac{\mathrm{d}}{\mathrm{d}x}(u_x C) - KC + s = 0 \tag{5-166}$$

式中　s——系统外输入污染物的速度；

　　　D_x——纵向扩散系数；

其余符号意义同前。

欧康奈尔（D. O′Conner）对于定常的断面积和淡水流量，假定 $s=0$，提出了计算峰值浓度的解。

① 对排放点上游（$x \leqslant 0$）：

$$C = C_0 \exp(j_1 x) \tag{5-167}$$

$$j_1 = \frac{u_x}{2D_x}\left(1 + \sqrt{1 + \frac{4KD_x}{u_x^2}}\right) \qquad (5-168)$$

② 对排放点下游（$x > 0$）：

$$C = C_0 \exp(j_2 x) \qquad (5-169)$$

$$j_2 = \frac{u_x}{2D_x}\left(1 - \sqrt{1 + \frac{4KD_x}{u_x^2}}\right) \qquad (5-170)$$

C_0 是在 $x = 0$ 处的污染物浓度，可以用下式计算：

$$C_0 = \frac{m}{Q\sqrt{1 + \frac{4KD_x}{u_x^2}}} \qquad (5-171)$$

式中　m——单位时间内投放的示踪剂质量；

　　　Q——淡水的平均流量。

2. 纵向扩散系数计算

（1）经验公式法

① 荷-哈-费（Hobbey-Harbemanand-Fisher）法

$$D_x = 63nu_{\max}R^{5/6} \qquad (5-172)$$

式中　n——曼宁粗糙系数；

　　　$u_{\max}$——最大潮汐速度，m/s；

　　　R——河口的水力半径，m。

② 鲍登（Bowden）法

$$D_x = 0.295uH \qquad (5-173)$$

式中　H——平均水深，m；

　　　u——断面平均流速，m/s。

③狄齐逊（Diachishon）法

$$D_x = 1.23u_{\max}^2 \qquad (5-174)$$

④ 淡水含量百分比法（由 3～5 个断面求平均）

$$D_x = 0.097\frac{Q_hS_a}{A(\mathrm{d}S_a/\mathrm{d}x)} = 0.194\frac{Q_hS_{a,i}}{A(S_{a,i} - S_{a,i-1})} \qquad (5-175)$$

式中　S_a——盐度；

　　　Q_h——单宽流量。

（2）示踪测定　通过瞬时投放示踪剂的时间分布曲线（图 5-16），可以求得河口的纵向扩散系数 D_x。

在发生海水入侵的地方，可以用海水中的盐作示踪剂。对于盐这样的守恒物质，可以认为 $k = 0$ 和 $s = 0$。式（5-166）的解析解为：

$$\ln\frac{C}{C_0} = \frac{u_x}{D_x}x \qquad (5-176)$$

式中　x——由海洋上溯的距离，$x < 0$。

由式（5-176）可以得到根据盐度变化求解 D_x 的公式：

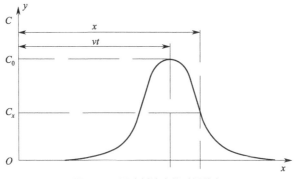

图 5-16   示踪剂浓度的时间分布

$$D_x = \frac{xu_x}{\ln C - \ln C_0} \tag{5-177}$$

$D_x(\mathrm{m}^2/\mathrm{s})$ 的数值在很大范围内变化，其数量级为 $10\sim 10^2$。

三、BOD-DO 耦合模型

对于一维稳态问题，描述氧亏的基本模式为：

$$D_x \frac{\mathrm{d}^2\mathrm{OD}}{\mathrm{d}x^2} - u_x \frac{\mathrm{dOD}}{\mathrm{d}x} - K_\mathrm{a}\mathrm{OD} + K_\mathrm{d}L = 0 \tag{5-178}$$

若给定边界条件当 $x = \pm\infty$ 时，$\mathrm{OD}=0$，则上式的解为：

对排放口上游（$x<0$）：

$$\mathrm{OD} = \frac{K_\mathrm{d}W}{(K_\mathrm{a}-K_\mathrm{d})Q}(A_1 - B_1) \tag{5-179}$$

对排放口下游（$x>0$）：

$$\mathrm{OD} = \frac{K_\mathrm{d}W}{(K_\mathrm{a}-K_\mathrm{d})Q}(A_2 - B_2) \tag{5-180}$$

$A_1 = \dfrac{1}{j_3}\exp\left[\dfrac{u_x}{2D_x}(1+j_3)x\right], A_2 = \dfrac{1}{j_4}\exp\left[\dfrac{u_x}{2D_x}(1+j_4)x\right], B_1 = \dfrac{1}{j_3}\exp\left[\dfrac{u_x}{2D_x}(1-j_3)x\right],$

$B_2 = \dfrac{1}{j_4}\exp\left[\dfrac{u_x}{2D_x}(1-j_4)x\right], J_3 = \sqrt{1+\dfrac{4K_\mathrm{d}D_x}{u_x^2}}, J_4 = \sqrt{1+\dfrac{4K_\mathrm{a}D_x}{u_x^2}}$

式中   OD——氧亏量；

$\qquad Q$——河口淡水的净流量；

$\qquad W$——单位时间内排入河口的 BOD 量；

其余符号意义同前。

图 5-17 为根据式（5-179）和式（5-180）绘制的排放口上、下游的氧亏量分布。

四、一维有限段模型

有限段模型用若干个有限长度的体积单元代替连续的纵向空间。在每一个有限段内是一个假定的零维完全混合模型，而整个河口则是离散的一维模型，实质上是一个准一维模型。有限段模型以潮周平均值（包括状态和参数）作为计算依据，以河川净流量作为计算流量。

河口一维有限段模型参数示意见图 5-18。

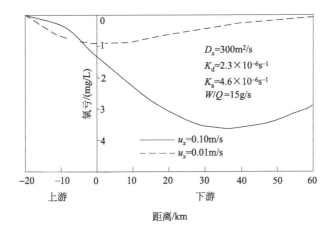

图 5-17 一维潮汐河口的氧亏

河段编号:		$i-1$	i	$i+1$
河段出流量	Q	Q_{i-1}	Q_i	Q_{i+1}
河段BOD浓度	L	L_{i-1}	L_i	L_{i+1}
河段氧亏浓度	OD	OD_{i-1}	OD_i	OD_{i+1}
弥散系数	D	D_{i-1}	D_i	D_{i+1}
BOD降解速率常数	K_d	$K_{d,i-1}$	K_{di}	$K_{d,i+1}$
复氧速率常数	K_a	$K_{a,i-1}$	K_{ai}	$K_{a,i+1}$
河段容积	V	V_{i-1}	V_i	V_{i+1}
河段中心距		$\leftarrow \Delta X_{i-1,i} \rightarrow$	$\leftarrow \Delta X_{i,i+1} \rightarrow$	

图 5-18 河口一维有限段模型参数示意

1. BOD 模型

对于任一个河段,它的质量平衡包括推流迁移、弥散迁移和物质衰减三部分内容。

第 i 河段的推流迁移通量为:

$$Q_{i-1}L_{i-1}-Q_iL_i$$

式中　　Q_{i-1},Q_i——流入河流第 $i-1$ 与第 i 河段的净流量;

　　　　L_{i-1},L_i——流入河流第 $i-1$ 与第 i 河段的 BOD 浓度。

由弥散作用引起的第 i 河段的质量变化:

$$D_{i-1,i}A_{i-1,i}\frac{L_{i-1}-L_i}{\Delta x_{i-1,i}}-D_{i,i+1}A_{i,i+1}i\frac{L_i-L_{i+1}}{\Delta x_{i,i+1}}$$

$$\Delta x_{ij}=\frac{1}{2}(\Delta x_i+\Delta x_j)$$

式中　　D_{ij}——第 i 与第 j 河段间弥散系数;

　　　　A_{ij}——第 i 与第 j 河段间的界面面积;

　　　　Δx_{ij}——第 i 与第 j 河段的中心距。

河段内的 BOD 衰减量为:

$$V_iK_{di}L_i$$

式中　　V_i——第 i 河段的容积;

　　　　K_{di}——BOD 衰减速率常数。

对每一个河段可以写出质量平衡关系：

$$V_i \frac{dL_i}{dt} = Q_{i-1}L_{i-1} - Q_i L_i + D_{i-1,i}A_{i-1,i}\frac{L_{i-1}-L_i}{\Delta x_{i-1,i}} - D_{i,i+1}A_{i,i+1}\frac{L_i-L_{i+1}}{\Delta x_{i,i+1}} - V_i K_{di}L_i + W_i^L$$

(5-181)

令　$D'_{ij} = D_{ij}A_{ij}/\Delta x_{ij}$，式（5-181）可以写作：

$$V_i \frac{dL_i}{dt} = Q_{i-1}L_{i-1} - Q_i L_i + D'_{i-1,i}(L_i-L_{i+1}) - D'_{i,i+1}(L_i-L_{i+1}) - V_i K_{di}L_i + W_i^L$$

(5-182)

式中　W_i^L——由系统外输入第 i 河段的 BOD 量。

如果以 D_i 表示第 i 河段的氧亏量，可以写出氧亏量的平衡关系：

$$V_i \frac{dL_i}{dt} = Q_{i-1}D_{i-1} - Q_i D_i + D'_{i-1,i}(D_i-D_{i+1}) - D'_{i,i+1}(D_i-D_{i+1}) + V_i K_{di}L_i - V_i K_{ai}D_i + W_i^D$$

(5-183)

式中　K_{di}——河段的复氧速度常数；

　　　W_i^D——由系统外输入河段的氧亏量。

对于潮周平均状态，可以作为稳态处理，即

$$\frac{dL_i}{dt} = 0, \quad \frac{dD_i}{dt} = 0$$

对于河口的 BOD 分布，可以写出矩阵方程：

$$\vec{G}\vec{L} = \vec{W}^L$$

(5-184)

式中　$\vec{L}$——由河段的 BOD 值组成的 n 维向量；

　　　$\vec{W}^L$——由输入河段的 BOD 组成的 n 维向量。

G 是 n 阶矩阵，对于第 i 行、第 j 列的元素 g_{ij} 可以按下式计算：

当 $j=i$ 时，$g_{ij} = Q_i + D'_{i-1,i} + D'_{i,i+1} + V_i K_{di}$；

当 $j=i-1$ 时，$g_{ij} = -Q_i - D'_{i-1,i}$；

当 $j=i+1$ 时，$g_{ij} = -D'_{i,i+1}$；

对其余元素，$g_{ij} = 0$。

如果知道污染源 $\vec{W}^L$，河口的 BOD 分布就可以计算：

$$\vec{L} = G^{-1}\vec{W}^L$$

(5-185)

2. DO 模型

对河口的氧亏，也可以写出矩阵方程：

$$\vec{H}\vec{D} = \vec{F}\vec{L} + \vec{W}^D$$

(5-186)

式中　$\vec{D}$——河段氧亏值组成的 n 维向量；

　　　$\vec{W}^D$——由输入河段的氧亏值组成的 n 维向量。

H 和 F 都是 n 阶矩阵，根据式（5-186）可以计算它们的元素。

对矩阵 H：

当 $j=i$ 时，$h_{ij}=Q_i+D'_{i-1,i}+D'_{i,i+1}+V_iK_{ai}$；

当 $j=i-1$ 时，$h_{ij}=-Q_i-D'_{i-1,i}$；

当 $j=i+1$ 时，$h_{ij}=-D'_{i,i+1}$；

对其余元素，$h_{ij}=0$。

对矩阵 $\boldsymbol{F}$：

当 $j=i$ 时，$f_{ij}=V_iK_{di}$；

对其余元素，$f_{ij}=0$。

将式（5-185）代入式（5-186），并对 $\boldsymbol{H}$ 求逆，可以计算河口的氧亏分布：

$$\vec{D}=\boldsymbol{H}^{-1}\boldsymbol{F}\boldsymbol{G}^{-1}\vec{W}^{L}+\boldsymbol{H}^{-1}\vec{W}^{D} \tag{5-187}$$

式（5-186）和式（5-187）比较广泛地应用在河口水质模拟和水质预测中。矩阵 $\boldsymbol{G}^{-1}$ 称为一维河口 BOD 响应矩阵；$\boldsymbol{H}^{-1}\boldsymbol{F}\boldsymbol{G}^{-1}$ 称为河口氧亏对 BOD 的响应矩阵；$\boldsymbol{H}^{-1}$ 称为河口氧亏对输入氧亏的响应矩阵。

河口上、下游的边界条件可以计算如下。

对于上游第一河段，可以写出：

$$Q_1L_1+D'_{0,1}L_1+D'_{1,2}L_1-D'_{1,2}L_2+V_1K_{d1}L_1=W_1^{L}+Q_0L_0-D'_{0,1}L_0 \tag{5-188}$$

$$Q_1D_1+D'_{0,1}D_1+D'_{1,2}D_1-D'_{1,2}D_2-V_1K_{d1}L_1+V_1K_{a1}D_1=W_1^{D}+Q_0D_0-D'_{0,1}D_0 \tag{5-189}$$

在计算河段上游的流量 Q_0、BOD 值、L_0、氧亏值 D_0 和弥散系数 $D'_{0,1}$ 已知时，可以将等式右边各项都记入输入源中，即令：

$$W_n^{L}=W_1^{L}+Q_0L_0-D'_{0,1}L_0 \tag{5-190}$$

$$W_n^{D}=W_1^{D}+Q_0D_0-D'_{0,1}D_0 \tag{5-191}$$

其余各项计算同前。

对于下游最末一个河段，可以写出：

$$Q_{n-1}L_{n-1}-Q_nL_n+D'_{n-1,n}(L_{n-1}-L_n)-D'_{n,n+1}(L_n-L_{n+1})-V_nK_{dn}L_n+W_n^{L}=0 \tag{5-192}$$

$$Q_{n-1}D_{n-1}-Q_nD_n+D'_{n-1,n}(D_{n-1}-D_n)-D'_{n,n+1}(D_n-D_{n+1})+V_nK_{d,n}L_n-V_nK_{an}L_n+W_n^{D}=0 \tag{5-193}$$

下游最末河段计算中，存在 L_{n+1} 和 D_{n+1} 未知数。有两种处理方法：第一种处理方法，当河口下游在入海口附近时，这里的水质比较稳定，L_{n+1} 和 D_{n+1} 可以作为已知条件处理，即可以将有关 L_{n+1} 和 D_{n+1} 的项记入源 W_n^{L} 和 W_n^{D} 中；第二种处理方法，当河口最后一个河段远离污染源时，可以把下游的浓度梯度视为 0，即令 $L_{n+1}=L_n$ 和 $D_{n+1}=D_n$ 即可。

五、二维模型

实际问题中，从解决问题需求出发，常常忽略掉一些次要因素，假设污染物在竖向或横向的浓度分布是均匀的，则三维模型［式（5-164）］分别降阶为平面二维或垂向二维。

在直角坐标系下，式（5-164）从水面到河床底垂向积分可得水深平均的二维模型：

$$\frac{\partial HC}{\partial t}=\frac{\partial}{\partial x}\left(D_xH\frac{\partial C}{\partial x}\right)+\frac{\partial}{\partial y}\left(D_yH\frac{\partial C}{\partial y}\right)-\frac{\partial(u_xHC)}{\partial x}-\frac{\partial(u_yHC)}{\partial y}-KC+HS \tag{5-194}$$

式中　C，u_x，u_y——水深平均的污染物浓度、x方向和y方向的流速分量；

$\qquad D_x$，D_y——纵向、横向弥散系数；

$\qquad\qquad H$——水深。

同理，可在宽度上积分，得到垂向二维模型：

$$\frac{\partial BC}{\partial t}=\frac{\partial}{\partial x}\left(BD_x\frac{\partial C}{\partial x}\right)+\frac{\partial}{\partial z}\left(BD_z\frac{\partial C}{\partial z}\right)-\frac{\partial(u_xBC)}{\partial x}-\frac{\partial(u_zBC)}{\partial z}-KC+BS \qquad (5\text{-}195)$$

二维模型的解析解很难求得，一般均采用数值方法求解。

河口二维有限单元水质模型的建立方法与相应的河流模型一致。

第六节　水质模型软件系统简介

一、水质模型的进展

自1925年S-P模型问世以来，水质模型经历了如下发展和变化。

（1）模型机理越来越复杂，模拟状态变量越来越多　水质模型从简单的S-P模型发展到氮磷模型、富营养化模型、有毒物质模型和生态系统模型，体现了模型考虑因素和模拟状态变量增多、机理逐渐趋于复杂的过程。

（2）模型的时空尺度不断增加　时间尺度：最早的水质模型都是稳态模型，20世纪60年代以后，开始出现动态水质模型，动态模型既可模拟长期过程也可模拟瞬时过程。空间尺度：现实世界都是三维的，然而水质模型却经历了从一维、二维到三维逐渐发展的过程。20世纪60年代以前，以一维模型为主；60年代以后，随着研究逐渐扩展到河口地区，出现了二维模型；70年代，三维模型开始出现；90年代以后，随着应用需求的广泛和深入，三维模型的研究得到了越来越多的重视。

（3）各类模型耦合与集成化不断增强　早期的水质模型立足于解决单一的水环境问题。随着科学研究的深入和水环境集成管理的需求，各类模型耦合与集成化正逐步成为一个新的研究热点。从最早流域层面水动力学与水环境质量模型的耦合，到分布式水文模型、非点源模型与水环境质量模型耦合，再到城市、开发区等区域层面，下水道系统、废水处理厂（WWTP）和受纳水体水环境质量模型的耦合集成，以及基于多主体社会经济智能仿真模型与水环境质量模型的耦合集成等。

（4）模拟仿真技术不断创新　随着IT技术的飞速发展，特别是近年来物联网、大数据、"3S"与人工智能等技术的应用极大地推动了水质模型的发展和完善。诸如基于物联网在线监测数据实时更新与数据同化技术的水环境质量模型参数动态率定，与基于深度学习的水环境质量黑箱模型，以及基于多源数据融合/同化的湖库水环境质量模型等。研究人员不断发展和完善水质模型，除了因为污染物在水环境中的迁移、转化和归宿研究的不断深入外，日益广泛的应用需求也是推动模型向复杂化发展的主要原因。

二、WASP模型

WASP模型系统（water quality analysis simulation program modeling system）是由美国国家环保局暴露评价模型中心开发的用于地表水水质模拟的模型。有几个不同的版本，其中WASP5是使用最广泛的版本，目前已有WASP6版本。

WASP 模型系统是为分析湖泊、水库、河流、河口和沿海水域的一系列水质问题而设计的动态多箱式模型，基本程序反映了对流、扩散、降解、点源负荷、非点源负荷以及边界交换等时间变化过程，适用于 BOD、DO、营养物、有毒化学成分和浮游生物等物质的迁移转化过程模拟。WASP 提供了一个灵活的动态模拟系统。水质模块和水动力学模块既可单独运行，又可耦合运行；子程序既可从程序库中挑选又可由用户提供；模型概化时可将研究水体分割成段，按照一维、二维或三维来安排，以满足不同空间尺度的研究需求。由于其独有的灵活性，在国内外 WASP 模型广泛地应用于自然和人为污染水体的水质预测，如波拖马可河口（Potomac estuary）、密歇根湖（Lake Michigan）、三峡水库和密云水库等。

WASP 模型系统包括 DYNHYD 和 WASP 两个独立的计算程序。它们可以联合运行，也可以独立运行。DYNHYD 是水动力学程序，它模拟水的运动，为一维水动力学模型，适合于河流水动力学模拟。WASP 是水质程序，它模拟水中各种污染物的运动与相互作用，包括 EUTRO 和 TOXI 两个子模型。EUTRO 用来分析传统的污染，包括溶解氧（DO）、碳生化需氧量（CBOD）、营养物质和浮游植物等因子，这些变量构成浮游植物动态变化、磷循环、氮循环和溶解氧平衡四个相互作用的系统。TOXI 则模拟有毒物质的污染，包括有机化学物、金属和泥沙等。

WASP 的基本反应动力学关系如图 5-19 所示。WASP 模型系统水质模块 EUTRO 模型可以模拟 8 个指标，分别为氨氮（NH_3-N）、硝酸盐氮（NO_3^--N）、溶解性磷酸盐（OPO_4）、叶绿素 a（Chl-a）、碳生化需氧量（CBOD）、溶解氧（DO）、有机氮（ON）和有机磷（OP）。

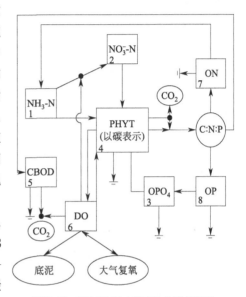

图 5-19　WASP 基本反应动力学关系图

三、Modflow 模型

Modflow 是由美国地质调查局（USGS）于 20 世纪 80 年代开发的基于 DOS 操作系统专门用于三维地下水数值模拟的软件，采用有限差分方法求解，是目前国际上最为普及的地下水数值模拟软件。后来，加拿大 Waterloo 公司对 Modflow 进行再开发，形成可视化的地下水模拟软件——Visual Modflow，于 1994 年 8 月首次在国际上公开发行。

Visual Modflow 具有强大的图形可视界面功能，由 Modflow（水流评价）、Modpath（平面和剖面流线示踪分析）和 MT3D（溶质运移评价）三大部分组成，设计新颖的菜单结构允许用户方便地在计算机上直接圈定模型区域和剖分计算单元，并可方便地为各剖分单元和边界条件直接在机上赋值。如果剖分不太理想需要修改时，用户可选择有关菜单直接加密或删除局部网格直至满意。同时，用户可分别单独或共同运行 Modflow、Modpath 和 MT3D 三部分，各部分均设计了模型识别和校正的菜单。本软件包可方便地以平面和剖面两种方式彩色立体显示计算模型的剖分网格、输入参数和输出结果。这个软件系统的最大特点是实现数值模拟评价过程中的各个步骤的无缝连接，从开始建模、输入和修改各类水文地质参数与几何参数，运行模型，反演校正参数，一直到显示输出结果，整个过程从头至尾系统化、规范化。

1. 软件运行基本环境

Visual Modflow 软件系统的基本硬件对运行环境要求并不高，它主要包括：①486DX 或 Pentium 计算微机；②8MB 的 RAM 和大约 400kB 的自由低位内存；③VGA 图形卡和配套显示器；④使用 5.0 以上版本的 DOS 操作系统。

该软件系统可在 Windows 3.X（Windows NT3.X）、Windows 95（Windows NT 4.0）或 DOS 三种不同状态环境下任意运行。因此，这套软件系统的运行环境并不复杂，其运行条件较为宽松。

2. 主要模块简介

Visual Modflow 界面设计简洁，包括输入（前处理）模块、运行（处理）模块和输出（后处理）模块 3 部分。

（1）输入（前处理）模块　输入模块允许用户直接在计算机上赋值所有必要的输入参数以便自动生成一个新的三维渗流模型。当然，该模块也同时允许用户通过转化方式重新打开已经建立的 Modflow 或 Flowpath 模型。输入菜单把 Modflow、Modpath 和 MT3D 的数据输入作为一个基本建模块，这些菜单以逻辑顺序排列并显示，指导用户逐步完成建模和数据输入工作。软件系统允许用户直接在计算机上定义和剖分模拟区域，用户可随意增减剖分网格和模拟层数，确定边界几何形态和边界性质，定义抽（排）水井的空间位置和出水层位以及非稳定抽（排）水量。参数菜单允许用户直接圈定各个水文地质参数的分区范围并赋值相应参数，同时上、下层所有参数可相互拷贝。用户在输入模块中还可预先定义水位校正观测孔的具体空间位置和观测层位，并输入其观测数据，以便在后续的模型识别工作中模拟使用。最后软件系统为用户提供了文字、常用符号的注释功能。

（2）运行（处理）模块　运行模块允许用户修改 Modflow、Modpath 和 MT3D 的各类参数与数值，包括初始估计值、各种计算方法的控制参数、激活疏干——饱水软件包和设计输出控制参数等，这些均已设计了缺省背景值。用户根据自己模拟计算的需要，可单独或共同执行水流模型（Modflow）、流线示踪模型（Modpath）和溶质运移模型（MT3D）。

（3）输出（后处理）模块　输出模块允许用户以三种不同方式展示其模拟结果：第一种方式就是在计算机屏幕上直接彩色立体地显示所有的模拟结果；第二种方式就是直接在各类打印机上输出各种模拟评价的成果表格和成果图件；第三种方式就是将所有模拟结果以图形或文本的文件格式输出，输出图形包括可以标记出渗流速度矢量大小的平面、剖面等值线图，平面、剖面示踪流线图以及局部区域水均衡图等一系列图件。

四、Delft3D 模型系统

1. Delft3D 系统概况

Delft3D 是一个世界领先的 2D/3D 建模软件，该模型系统由成立于 1927 年的荷兰 Delft 水力研究所研究开发。Delft 水力研究所具有多年的研究历史、370 多人的研发机构及相应试验模型等，长期以来得到了欧盟和荷兰政府的大力支持，开发的 Delft3D 应用软件版本不断更新，在国际上的应用十分广泛，如荷兰、俄罗斯、波兰、德国、澳大利亚、美国、西班牙、英国、新西兰、新加坡、马来西亚等，尤其是美国已经有很长的应用历史。中国香港地区从 20 世纪 70 年代中期就开始使用 Delft3D 系统，该系统已经成为香港环境署的标准产品。Delft3D 从 20 世纪 80 年代中期开始在内地也有越来越多的应用，如长江口、杭州湾、渤海湾、滇池、辽河、三江平原。此外，Delft3D 已经成为很多国际著名的水环境咨询公司的有力工具，如 DHV、Witteven＋Boss、Royal Haskoning、Halcrow 等公司。

2. Delft3D 系统功能

Delft3D 是世界上较为先进的完全用于河流、河口及海岸区域三维水动力-水质、支持曲面格式的模型系统之一。系统能非常精确地进行大尺度的水流（flow）、波浪（waves）、河床形态演变（morphology）、水质（water quality）和生态（ecology）等的计算。Delft3D 采用 Delft 计算格式，快速而稳定，完全保证质量、动量和能量守恒。并通过与法国 EDF 合作，Delft3D 已经实现了类似 TeleMac 的有限单元法（finite elements）计算格式供用户选择；系统自带丰富的水质和生态过程库（processes library），能帮助用户快速建立起需要的模块。此外，在保证守恒的前提下，水质和生态模块采用了网格结合的方式，大幅度降低了运算成本。系统实现了与 GIS 的无缝连接，有强大的前后处理功能，并与 Matlab 环境结合，支持各种格式的图形、图像和动画仿真；基于 Visual Basic 的用户界面非常友好。系统的操作手册、在线帮助和理论说明全面、详细、易用，既适合一般的工程用户，也适合专业研究人员。Delft3D 支持所有主要的操作系统，如 Windows、Unix、Linux、Mac 等。整个系统按照目前最新的"即插即用（plug and play）"的标准设计，完全实现开放（open modeling system，OMS），满足用户二次开发和系统集成的需求。

3. Delft3D 的模块构成

Delft3D 包含水动力、波浪、形态学、泥沙、水质、生态 6 个主模块，各模块之间可完全在线动态耦合（online dynamic coupling）。

① Delft3D-FLOW 模块，即 Delft3D 水动力模块。该模块是基于曲线网格、贴体边界及竖向 σ 坐标方法，可对非稳定流、潮致应力和气象条件应力作用产生输移进行模拟计算，可用于潮流、风生流、分层和密度流、盐度入侵、湖库的热分层、污水放流、污染物输移扩散及河流和海湾的模拟预测。模型包含了潮汐作用、科氏力、压力梯度、对流扩散、风应力、涡黏作用等，特别具有可选的矩形网格、曲线网格和椭圆网格系统，内嵌的二维底摩应力向三维自动转换开关等。具有与其他模型如水质、泥沙等模型的耦合能力。

② Delft3D-WAVE 模块，即 Delft3D 波浪模块。其基于矩形和曲线网格上，用于模拟计算沿海水域（包括河口、潮汐入口、岛屿、水道等）任意的、风致的波浪传播、转换与发展，适合于深水、浅水不同的水域。该模型也可与其他模型（如 FLOW、SED、MOR 等）进行耦合，可用于沿海的发展与管理、海上与海港建设安装的设计研究。

③ Delft3D-SED 模块，即 Delft3D 泥沙模块。该模型可用于黏性和非黏性泥沙的输移模拟。该模型忽略了流场条件下底床变化作用，一般用于短期的悬浮物和泥沙的计算，模型包含了沉降作用、沉积作用、泥沙在地质不同分层间的转移以及咸淡水盐度不同产生的作用等。模型也可用于模拟水质模型中所涉及无机的和有机的悬浮物和沉积物。

④ Delft3D-MOR 模块，即 Delft 形态学模块。该模型完全集合了波浪、水流、泥沙输移在河床形态演变中的作用，用于模拟以多日或多年为时间尺度，包含波浪、水流、泥沙输移和地形间复杂的相互作用下，河流、河口及海岸的形态演变，其形态过程可指定为分级的树状结构过程。该模型可与 FLOW 和 WAVE 等模型通过动态形式进行耦合。

⑤ Delft3D-WAQ 模块，即 Delft 水质模型。该模型是一个描述宽泛水质变化过程的水

质程序，可以包含多组分且任意组合而不受限于过程的复杂和数目，自带了丰富的水质和生态过程库，水质变化过程可以用线形或非线形进行描述，只需适当选取状态变量和模型参数即可。可模拟的水质组分包括 BOD、DO、氯离子、有机碳、有机氮、有机磷、无机磷、悬浮物、藻类、重金属、杀虫剂等达 140 多种物质。水质过程包括生物降解过程、化学过程、藻类生长和死亡过程、颗粒物沉积和再悬浮过程、蒸发和曝气等过程。该模型可以与 FLOW 模型进行耦合，并可在比 FLOW 模型采用的网格更大的网格和更大的时间步长上进行模拟计算。

⑥ Delft3D-PART 模块，即 Delft 基于粒子跟踪的水质模型。该模型是基于 FLOW 模型计算水流结果，应用粒子轨迹方法模拟输移和简单的化学反应，通过分散的粒子轨迹平均得到动态的浓度分布。该模型最适合于中尺度模拟范围（200m～15km）的连续排放的研究、羽流的模拟（如油类泄漏），以及盐度、细菌、罗丹明染料、油类、BOD 和其他保守物质或符合一级动力学规律的可降解的化学物质。

⑦ Delft3D-ECO 模块，即 Delft 生态模型。该模型针对富营养现象的认识和研究，模拟与藻类生长和营养动力学关联的生物化学和生物学过程。与 WAQ 模型相比，该模型自带了更为细致的过程库，包含了模拟浮游植物 BLOOM 模块和模拟沉积物 SWITCH 模块两个子模块。BLOOM 用以模拟藻类的生物量和种类组成，用线性规划的方法确定浮游植物最大净生产量；SWITCH 模拟影响沉积物中有机物质、无机物质水平的化学和物理过程。

习题与思考题

1. 某湖泊的容积 $V = 2.0 \times 10^8 \text{m}^3$，表面积 $A_S = 3.6 \times 10^7 \text{m}^2$，支流入流量 $Q = 3.1 \times 10^9 \text{m}^3/\text{a}$，经多年测量知磷的输入量为 $1.5 \times 10^8 \text{g/a}$，已知蒸发量等于降水量。试判断该湖泊的营养状况，是否会发生富营养化？

2. 已知某湖泊的水力停留时间 $T = 1.5\text{a}$，沉降速率 $s = 0.001\text{d}^{-1}$，问污染物进入该湖泊以后达到平衡浓度的 90% 需要多长时间？

3. 已知河流平均流速 $u_x = 0.5\text{m/s}$，水温 $T = 20℃$，起点 BOD（L_0）$= 10\text{mg/L}$，DO $= 8\text{mg/L}$，$k_d = 0.15\text{d}^{-1}$，$k_a = 0.24\text{d}^{-1}$。计算：

（1）临界氧亏点的距离；

（2）将 u、T、L_0、DO_0、k_d、k_a 依次单独递增 10%，计算临界氧亏点的距离、临界点的 DO 和 BOD；

（3）计算临界氧亏点距离 x、临界氧亏值 OD_c 和临界点 BOD 对参数 k_d 与 k_a 的灵敏度。

4. 已知某河段的沉浮系数 k_s 可以用下式表示：

$$k_s = 3.86e^{-0.13Q} - 0.285$$

河段平均流速 $u_x = 0.006Q^{1.5}$，$k_d = 0.18\text{d}^{-1}$，$k_a = 0.25\text{d}^{-1}$。已知污水排放量是 3000m/d，污水 BOD 浓度为 150mg/L。河段的月平均流量 Q 和水温 T 如下表所列。上游溶解氧饱和。计算排放点下游 2km 处的月平均溶解氧浓度。（单位：$Q - \text{m}^3/\text{s}$；$u_x - \text{m/s}$。）

月份	1	2	3	4	5	6	7	8	9	10	11	12
$Q/(\text{m}^3/\text{s})$	12	10.5	15	18	24	21	25	19	14	15	17	13
$T/℃$	5	7	12	18	23	28	32	30	25	19	11	7

5. 河段长 16km，枯水流量 $Q=60\text{m}^3/\text{s}$，平均流速 $u_x=0.3\text{m/s}$，$k_d=0.25\text{d}^{-1}$，$k_a=0.4\text{d}^{-1}$，$k_s=0.1\text{d}^{-1}$。水流稳定，光合作用和呼吸作用不发达。如果在河段中保持 DO$\geqslant$5mg/L，问在河段始端每天排放的 BOD 不应超过多少？（上游溶解氧饱和，水温 25℃。）

6. $Q=20\text{m}^3/\text{s}$，河流流速 $u_x=0.2\text{m/s}$，断面 BOD 浓度 $L_0=2\text{mg/L}$，氧亏率<10%，水温 20℃，$k_d=0.1\text{d}^{-1}$，$k_a=0.2\text{d}^{-1}$。为了保证排放口下游 8km 处的溶解氧浓度不低于 4mg/L，试确定必需的污水处理程度。

7. 试根据 S-P 模型证明，当 $k_d=k_a$ 时：

$$OD=(k_d t L_0)\exp(-k_d t)$$

$$t_c=\left(1-\frac{D_0}{L_0}\right)/k_d$$

式中，OD 为计算氧亏；t_c 为临界氧亏发生的时间；OD_0、L_0 分别为起点的氧亏和 BOD；k_d、k_a 分别为 BOD 降解速率常数和复氧速率常数。

8. 河流二维水质模拟的有限单元编号如下图所示。其溶解氧表达式可以写作 $\boldsymbol{H}\vec{O}=\boldsymbol{F}\vec{L}+\vec{W}^0$。

5	10	15	20
4	9	14	19
3	8	13	18
2	7	12	17
1	6	11	16

(1) 绘出矩阵 $\boldsymbol{H}$ 和 $\boldsymbol{F}$ 的形式（阶数及非零元素的分布）；

(2) 给出矩阵元素 h_{ij} 和 f_{ij} 的计算式；

(3) 说明向量 $\vec{O}$、$\vec{L}$ 的阶数及物理意义。

9. 试分析河流水质模拟与河口及近岸海域水质模拟的异同。河口及近岸海域水质模拟的复杂性突出的表现在哪些方面？

10. 一维河口有限段模型中 L_C、L_N 和氧亏之间有如下关系：

$$\boldsymbol{V}\frac{\text{d}\vec{L}_C}{\text{d}t}=-\boldsymbol{G}\vec{L}_C+\vec{W}^L$$

$$\boldsymbol{V}\frac{\text{d}\vec{L}_N}{\text{d}t}=-\boldsymbol{J}\vec{L}_N+\vec{W}^N$$

$$\boldsymbol{V}\frac{\text{d}\vec{D}}{\text{d}t}=-\boldsymbol{H}\vec{D}+\boldsymbol{V}(K_{dC}\vec{L}_C+K_{dN}\vec{L}_N)+\vec{W}^D$$

式中，$\boldsymbol{V}$、$\boldsymbol{G}$、$\boldsymbol{J}$、$\boldsymbol{H}$ 都是 n 阶矩阵（n 为河段数）。试写出 5 段河口上述各矩阵的形式（在非 0 元素的位置画×，其余位置写 0）。

第六章
环境空气质量模型

第一节 环境空气污染物扩散过程

一、大气层垂直结构

我们常将随地球引力旋转的大气层称为大气圈，由地表面向外空间气体越来越稀薄，大气圈厚度很难确切地划定，一般情况下将地球表面到 2000～3000km 的气层作为大气圈的厚度。大气层垂直结构指的是气象要素的垂直分布情况，如气温、气压、大气密度和大气组分的垂直分布。大气层在垂向上具有层状结构。按照大气温度的垂向分布，将大气圈由地表向外依次分为对流层、平流层、中间层和暖层，如图 6-1 所示。

对流层是最接近地球表面的一层大气，其上界因纬度和季节而异：赤道地区最高（约 15km），两极最低（约 8km）；暖季大于冷季。该层大气的主要特点是有比较强烈的铅直混合。就平均而言，大气的温度向上是递减的，高度平均每升高 100m，大气温度降低 0.65℃。对流层厚度比其他层小得多，但它却集中了环境空气质量的 3/4 和几乎全部的水分。云、雾、雨、雪等主要天气现象都发生在这一层，是对人类生产和生活影响最大的一层，污染物的迁移扩散和稀释转化也主要在这一层进行。

对流层上面是平流层，厚度约 38km。由于阳光自上而下地加热，温度随高度的增加而上升，并且相对保持稳定。此层臭氧会吸收阳光的紫外线，分解成氧分子和氧原子，但它们会很快又重新化合成臭氧而放出热量，因此顶部的温度可上升到 −3℃。

再上一层为中间层，厚度约 35km。该层气温又随高度的增加而下降，最低可降至约 −83℃。该

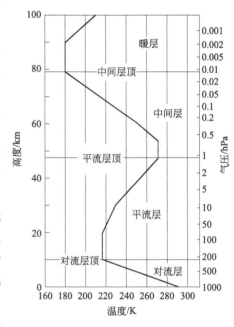

图 6-1 大气温度垂向分布

层几乎没有水蒸气和尘埃，气流平稳，透明度好，极少有狂风暴雨现象。

最顶层是暖层，厚度约 630km，其中的氧原子吸收太阳能使温度急剧上升。暖层之上就是外大气层，空气极为稀薄。

二、大气的运动特征

直接影响污染物输移扩散的大气运动主要是风和湍流。

气象上将空气质点的水平运动称为风。环境空气的水平运动是作用在环境空气上的各种力的总效应。作用于环境空气上的力：有由于气压分布不均匀而产生的水平气压梯度力，是环境空气水平运动的原动力；当环境空气运动时，有由于地球相对于大气的旋转效应而产生的地转偏向力（科里奥利力）；有由于大气层之间、大气层与地面之间存在相对运动而产生的摩擦力；还有大气在做曲线运动时受到的惯性离心力。水平气压梯度力是使大气产生运动的直接动力，而其他三个力是在大气开始运动以后才产生并起作用的。

环境空气湍流是一种不规则的运动，由若干大大小小的涡旋或湍涡构成。大气的湍流与一般工程遇到的湍流有明显的不同，大气的流动湍涡基本不受限制，特征尺度很大，只要很小的平均风速就可达到湍流状态。大气湍流的形成与发展取决于两个因素：一个是机械的或动力的因素形成的机械湍流；另一个是热力因素形成的热力湍流。如近地面空气与静止地面的相对运动或大气流经地表障碍物时引起风向和风速的突然改变则形成机械湍流，而地表面受热不均匀或大气层结不稳定使大气的垂直运动发生或发展而造成热力湍流。一般情况下，大气湍流的强弱既取决于热力因子又取决于动力因子，是两者综合的结果。

三、环境空气污染物的扩散过程

环境空气污染指的是人类活动和自然过程引起一些物质进入环境空气中，呈现出足够的浓度，并因此危害人体的舒适、健康和福利或危害了环境。

直接影响环境空气污染物输送、扩散的气象要素是空气的流动特征——风和湍流，而垂直气温分布又在很大程度上制约着风场和湍流结构。因此，在众多的气象要素中与环境空气污染最密切的是风向、风速、垂直温度梯度、湍流强度和混合层高度等。风向规定了污染的方位，风速表征了环境空气污染物的输送速率，垂直温度梯度又与湍流脉动密切相关，湍流强度显示了环境空气的扩散能力，混合层高度决定了污染物扩散的空间大小。

扩散到环境空气中的污染物质还会被降雨冲下、沉降和蓄积在地面的物体上。此外，氮氧化物之类的污染物质在扩散中与烃类化合物共存，受紫外线照射时还会产生光化学氧化剂等二次污染物。

可见，污染物质广义的扩散过程包括了层流扩散、湍流扩散、沉降、降雨清洗、光化学反应等过程。因此，影响污染物在环境空气中扩散的主要因素可以概括有风、大气湍流、大气稳定度、气温的铅直分布与逆温以及降水与雾等。随着污染源的位置、高度、排放方法等排放条件以及与扩散有关的气象条件和大气结构的不同，这种扩散过程也会有很大的变化。对污染物质广义的扩散过程的分析是进行环境空气污染预测和模拟的基础。

四、环境空气污染物扩散模型分类

污染物在环境空气中的运动方式极为复杂，影响其浓度变化的因素非常多，因而针对不同的地理条件、气象条件、污染源状况、预测的时间尺度与空间范围，需要用到不同的预测模型。

按照污染物扩散的状态，代表性的扩散模型有烟流模型、烟团模型和箱式模型。按照模型的推导方法分类，有通过演绎法导出的物理模型和归纳法得出的统计模型；按照污染源的空间尺度分类，可分为点源扩散模型、线源扩散模型、面源扩散模型和体源扩散模型；根据不同的气象条件分类，有封闭型扩散模式、熏烟型扩散模式、微风下的扩散模式等；根据不同的下垫面地理特点分类，有城市扩散模式、山区扩散模式和水域附近的扩散模式等；按照预测的时间尺度分类，有短期浓度预测模式和长期平均浓度计算模式。

可根据不同的研究目的、研究对象、气象条件及地理特征等选用不同的模型。

第二节　箱式环境空气质量模型

箱式环境空气质量模型是一种较为流行的环境空气质量模型，它的基本假设是：在模拟环境空气污染物浓度时可以把研究的空间范围看成是一个尺寸固定的"箱子"，这个箱子的高度就是从地面计算的混合层高度，而污染物浓度在箱子内处处相等。

箱式环境空气质量模型可以分为单箱模型和多箱模型。

一、单箱模型

1. 基本假设

单箱模型是计算一个区域或城市的环境空气质量的最简单的模型，箱子的平面尺寸就是所研究的区域或城市的平面，箱子的高度是从地面计算的混合层高度 h（图 6-2）。

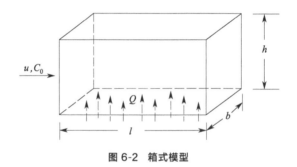

图 6-2　箱式模型

2. 基本模型

根据整个箱子的输入、输出，可以写出质量平衡方程：

$$\frac{dC}{dt}lbh = ubh(C_0 - C) + lbQ - kClbh \tag{6-1}$$

式中　C——箱内的污染物浓度；

　　　l——箱的长度；

　　　b——箱的宽度；

　　　h——箱的高度；

　　　C_0——初始条件下污染物的本底浓度；

　　　k——污染物的衰减速率常数；

　　　Q——污染源的源强；

　　　u——平均风速；

　　　t——时间。

3. 模型的解

如果不考虑污染物的衰减，即 $k=0$，当污染物浓度稳定排放时，可以得到式（6-1）的解：

$$C=C_0+\frac{Ql}{uh}(1-e^{-\frac{ut}{l}}) \tag{6-2}$$

当式（6-2）中的 t 很大时，箱内的污染物浓度 C 随时间的变化趋于稳定状态，这时的污染物浓度称为平衡浓度 C_p，由式（6-2）可得：

$$C_p=C_0+\frac{Ql}{uh} \tag{6-3}$$

如果污染物在箱内的衰减速率常数 $k\neq0$，式（6-1）的解为：

$$C=C_0+\frac{Q/h-C_0k}{u/l+k}\left\{1-\exp\left[-\left(\frac{u}{l}+k\right)t\right]\right\} \tag{6-4}$$

这时的平衡浓度为：

$$C=C_0+\frac{Q/h-C_0k}{u/l+k} \tag{6-5}$$

单箱模型不考虑空间位置的影响，也不考虑地面污染源分布的不均匀性，因而其计算结果是概略的。单箱模型较多应用在高层次的决策分析中。

二、多箱模型

多箱模型是对单箱模型的改进，它在纵向和高度方向上把单箱分成若干部分，构成一个二维箱式结构模型（图 6-3）。

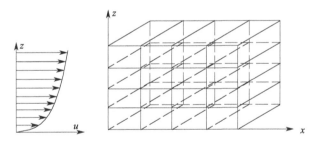

图 6-3 多箱模型

多箱模型在高度方向上将 h 离散成 m 个相等的子高度 Δh，在长度方向上将 l 离散成 n 个相等的子长度 Δl，共组成 $m\times n$ 个子箱。在高度方向上，风速可以作为高度的函数分段计算；污染源的源强则根据坐标关系输入贴地的相应子箱中。为了计算上的方便，可以忽略纵向的扩散作用和竖向的推流作用。如果把每一个子箱都视作一个混合均匀的体系，就可以对每一个子箱写出质量平衡方程，例如对图 6-3 中的每一个子箱，其质量平衡关系为：

$$u_1\Delta hC_{01}-u_1\Delta hC_1+Q_1\Delta l-E_{2,1}\Delta l(C_1-C_2)/\Delta h=0 \tag{6-6}$$

若令 $a_i=u_i\Delta h$，$e_i=E_{i,i+1}\Delta l/\Delta h$，则式（6-6）可以写作：

$$(a_1+e_1)C_1-e_1C_2=Q_1\Delta l+a_1C_{01} \tag{6-7}$$

对于子箱 2～4（图 6-4）可以写出类似的方程，它们组成一个线性方程组，可以用矩阵写成：

$$\begin{bmatrix} a_1+e_1 & -e_1 & 0 & 0 \\ -e_1 & a_2+e_1+e_2 & -e_2 & 0 \\ 0 & -e_2 & a_3+e_2+e_3 & -e_3 \\ 0 & 0 & -e_3 & a_4+e_3 \end{bmatrix}\begin{bmatrix} C_1 \\ C_2 \\ C_3 \\ C_4 \end{bmatrix}=\begin{bmatrix} Q_1\Delta l+a_1C_{01} \\ a_2C_{02} \\ a_3C_{03} \\ a_4C_{04} \end{bmatrix} \tag{6-8}$$

或

$$\vec{A}\vec{C}=\vec{D} \tag{6-9}$$

式中　$\vec{C}$——由子箱 $1\sim4$ 中的污染物浓度组成的向量；

　　　$\vec{D}$——由系统外输入组成的向量；

　　　u_i——高度方向上第 i 层的平均风速；

　　$E_{i+1,i}$——高度方向上相邻两层的湍流扩散系数；

　　　$\vec{C}_{0i}$——高度方向上第 i 层的污染物本底浓度；

　　　Q_1——输入第 1 个子箱的源强。

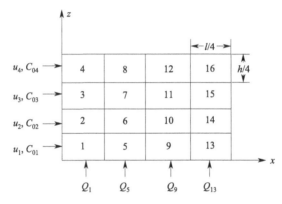

图 6-4　4×4 箱式模型

对于子箱 $1\sim4$，$\boldsymbol{A}$ 和 $\vec{D}$ 均已知，则：

$$\vec{C}=\boldsymbol{A}^{-1}\vec{D} \tag{6-10}$$

由于第一列 4 个子箱的输出就是第 2 列 4 个子箱的输入，如果 Δl 和 Δh 是常数，对第二列来说，A 的值和式（6-10）中相等，只是 $\vec{D}$ 有所变化，这时：

$$\vec{D}=\begin{bmatrix} Q_5\Delta l+a_1C_1 \\ a_2C_2 \\ a_3C_3 \\ a_4C_4 \end{bmatrix} \tag{6-11}$$

可以写出：

$$\begin{bmatrix} C_5 \\ C_6 \\ C_7 \\ C_8 \end{bmatrix}=\boldsymbol{A}^{-1}\begin{bmatrix} Q_5\Delta l+a_1C_1 \\ a_2C_2 \\ a_3C_3 \\ a_4C_4 \end{bmatrix} \tag{6-12}$$

由此可以求得第二列子箱 $5\sim8$ 的浓度 $C_5\sim C_8$。依此类推，可以求得 $C_9\sim C_{16}$。由此可得基于多箱模型下的浓度分布结果：

$$C = \begin{bmatrix} C_4 & C_8 & C_{12} & C_{16} \\ C_3 & C_7 & C_{11} & C_{15} \\ C_2 & C_6 & C_{10} & C_{14} \\ C_1 & C_5 & C_9 & C_{13} \end{bmatrix} \tag{6-13}$$

如果在宽度方向上也做离散化处理，则可以构成一个三维的多箱模型。三维多箱模型在计算方法上与二维多箱模型类似，但要复杂得多。

多箱模型从维向上进行了细分，严格地讲为准多维模型。多箱模型可以反映区域或城市环境空气质量的空间差异，其精度要比单箱模型高，是模拟环境空气质量的有效工具。

第三节　点源环境空气质量模型

污染物在大气中的迁移扩散一般呈三维运动，基于湍流扩散的梯度理论，在第二章已经讨论得到它的基本运动方程：

$$\frac{\partial C}{\partial t} + u_x \frac{\partial C}{\partial x} + u_y \frac{\partial C}{\partial y} + u_z \frac{\partial C}{\partial z} = \frac{\partial}{\partial x}\left(E_x \frac{\partial C}{\partial x}\right) + \frac{\partial}{\partial y}\left(E_y \frac{\partial C}{\partial y}\right) + \frac{\partial}{\partial z}\left(E_z \frac{\partial C}{\partial z}\right) - kC \tag{6-14}$$

如果忽略污染物扩散过程中自身的衰减，即 $k=0$，同时忽略 y 方向和 z 方向上的流动，即 $u_y = u_z = 0$，上式可以简化为：

$$\frac{\partial C}{\partial t} + u_x \frac{\partial C}{\partial x} = \frac{\partial}{\partial x}\left(E_x \frac{\partial C}{\partial x}\right) + \frac{\partial}{\partial y}\left(E_y \frac{\partial C}{\partial y}\right) + \frac{\partial}{\partial z}\left(E_z \frac{\partial C}{\partial z}\right) \tag{6-15}$$

式（6-15）中等号左边第一项为局地的污染物浓度随时间的变化率，第二项为沿 x 轴向（与风向平行）的推流输送项；等号右边是 x、y、z 三个方向上的湍流扩散项。式（6-15）虽已经简化，仍然是很复杂的，在不同的初始条件、边界条件下可以得到不同的解。在求解式（6-15）之前，假定大气流场是均匀的，E_x、E_y 和 E_z 都是常数，C 为湍流时平均浓度，则式（6-15）可以写成：

$$\frac{\partial C}{\partial t} + u_x \frac{\partial C}{\partial x} = E_x \frac{\partial^2 C}{\partial x^2} + E_y \frac{\partial^2 C}{\partial y^2} + E_z \frac{\partial^2 C}{\partial z^2} \tag{6-16}$$

式（6-16）是各种高架点源模型的基础。

一、无边界的点源模型

1. 瞬时单烟团正态扩散模型

瞬时释放的单烟团正态扩散模型是一切正态扩散模型的基础。假设点源位于坐标原点 $(0,0,0)$，释放时间 $t=0$，在无边界的环境空气中瞬间排出的一个烟团将沿三维方向扩散。根据以上基本运动方程，忽略污染物扩散过程中自身的衰减，即 $k=0$，假定大气流场是均匀的，湍流扩散参数 E_x、E_y 和 E_z 都是常数，则可得到在空间任一点、任一时刻的污染物浓度计算式：

$$C(x,y,z,t) = \frac{M}{8(\pi t)^{3/2}\sqrt{E_x E_y E_z}} \exp\left\{-\frac{1}{4t}\left[\frac{(x-u_x t)^2}{E_x} + \frac{(y-u_y t)^2}{E_y} + \frac{(z-u_z t)^2}{E_z}\right]\right\} \tag{6-17}$$

式中　M——在 $t=0$ 时刻，原点$(0,0,0)$的瞬间排放量，即污染物的源强。

若令三个坐标方向上污染物分布的标准差为：

$$\sigma_x^2 = 2E_x t,\ \sigma_y^2 = 2E_y t,\ \sigma_z^2 = 2E_z t \tag{6-18}$$

则式（6-17）可以写作：

$$C(x,y,z,t) = \frac{M}{\sqrt{8\pi^3}\,\sigma_x\sigma_y\sigma_z}\exp\left\{-\left[\frac{(x-u_x t)^2}{2\sigma_x^2}+\frac{(y-u_y t)^2}{2\sigma_y^2}+\frac{(z-u_z t)^2}{2\sigma_z^2}\right]\right\} \tag{6-19}$$

2. 无边界有风的点源模型

在有风的情况下，不妨设风向平行于 x 轴，忽略 y 方向和 z 方向上的流动，即 $u_y=u_z=0$，则空间任一点、任一时刻的污染物浓度可以用下式计算：

$$C(x,y,z,t) = \frac{M}{\sqrt{8\pi^3}\,\sigma_x\sigma_y\sigma_z}\exp\left\{-\left[\frac{(x-u_x t)^2}{2\sigma_x^2}+\frac{y^2}{2\sigma_y^2}+\frac{z^2}{2\sigma_z^2}\right]\right\} \tag{6-20}$$

3. 无边界无风的瞬时点源模型

在无风的条件下，$u_x=0$，由式（6-20）可以求得无边界无风的瞬时点源模型：

$$C(x,y,z,t) = \frac{M}{\sqrt{8\pi^3}\,\sigma_x\sigma_y\sigma_z}\exp\left[-\left(\frac{x^2}{2\sigma_x^2}+\frac{y^2}{2\sigma_y^2}+\frac{z^2}{2\sigma_z^2}\right)\right] \tag{6-21}$$

4. 无边界连续点源模型

实际上绝大多数污染源都是连续排放的，对于一个连续稳定点源，$\partial C/\partial t=0$，在有风（$u_x\geqslant 1.5\text{m/s}$）时可以忽略纵向扩散作用，则式（6-16）可以简化为：

$$u_x\frac{\partial C}{\partial x} = E_y\frac{\partial^2 C}{\partial y^2}+E_z\frac{\partial^2 C}{\partial z^2} \tag{6-22}$$

式（6-22）的解为：

$$C(x,y,z) = \frac{Q}{4\pi x\sqrt{E_y E_z}}\exp\left[-\frac{u_x}{4x}\left(\frac{y^2}{E_y}+\frac{z^2}{E_z}\right)\right] = \frac{Q}{2\pi x\sigma_y\sigma_z}\exp\left[-\frac{1}{2}\left(\frac{y^2}{\sigma_y^2}+\frac{z^2}{\sigma_z^2}\right)\right] \tag{6-23}$$

式中　Q——在原点$(0,0,0)$连续稳定排放的污染源源强，即单位时间排放的污染物量。

二、高架连续排放点源模型

任何气象条件下，在开阔平坦的地形上，高烟囱产生的地面污染物浓度比具有相同源强的低烟囱要低。因此，烟囱高度是环境空气污染控制的主要变量之一。

在计算中，烟囱高度是指它的有效高度。烟囱的有效高度包括物理高度 H_1 和烟气抬升高度 ΔH 两部分。物理高度是烟囱实体的高度；烟气抬升高度是指烟气排出烟囱口之后在动量和热浮力的作用下能够继续上升的高度，这个高度可达数十至上百米，对减轻地面的环境空气污染有很大的作用。烟囱的有效高度可用下式计算：

$$H_e = H_1 + \Delta H \tag{6-24}$$

烟气离开排出口之后，向下风方向扩散，作为扩散边界，地面起到了反射作用，地面反射引入虚源，模拟地面反射作用，见图 6-5。

如果假定大气流场均匀稳定，横向、竖向流速和纵向扩散作用可以忽略，即 $u_y=u_z=0$，$E_x=0$，对一个排放筒底部中心在坐标原点、有效高度为 H 的连续点源，其下风向的污染物分布可按下式计算：

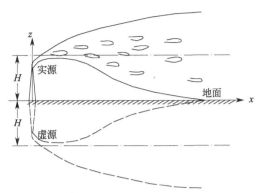

图 6-5 地面对烟羽的反射

$$C(x,y,z,H_e) = \frac{Q}{2\pi u_x \sigma_y \sigma_z}\left(\exp\left\{-\frac{1}{2}\left[\frac{y^2}{\sigma_y^2} + \frac{(z-H_e)^2}{\sigma_z^2}\right]\right\} + \exp\left\{-\frac{1}{2}\left[\frac{y^2}{\sigma_y^2} + \frac{(z+H_e)^2}{\sigma_z^2}\right]\right\}\right)$$

(6-25)

式中 $C(x,y,z,H_e)$——坐标(x,y,z)处的污染物浓度；

H_e——烟囱的有效高度；

Q——烟囱排放源强，即单位时间排放的污染物量；

其余符号意义同前。

式（6-25）是高架连续点源的一般解析式，又称高斯模型。由式（6-25）可以导出各种条件下的常用大气扩散模型。

1. 高架连续点源的地面浓度模型

令 $z=0$，并代入式（6-25），就可以得到高架连续点源地面污染物浓度模型：

$$C(x,y,0,H_e) = \frac{Q}{\pi u_x \sigma_y \sigma_z}\exp\left(-\frac{y^2}{2\sigma_y^2} - \frac{H_e^2}{2\sigma_z^2}\right)$$

(6-26)

2. 高架连续点源的地面轴线浓度模型

地面轴线是指 $y=0$ 的坐标线，令 $y=0$，由式（6-26）就可以得到地面轴线浓度：

$$C(x,0,0,H_e) = \frac{Q}{\pi u_x \sigma_y \sigma_z}\exp\left(-\frac{H_e^2}{2\sigma_z^2}\right)$$

(6-27)

3. 高架连续点源最大落地浓度模型

地面横向最大落地浓度发生在轴线上 $0<x<\infty$ 处。将 $\sigma_y^2 = 2E_y x/u_x$，$\sigma_z^2 = 2E_z x/u_x$ 代入式(6-27)可得：

$$C(x,0,0,H_e) = \frac{Q}{2\pi x \sqrt{E_y E_z}}\exp\left(-\frac{u_x H_e^2}{4E_z x}\right)$$

(6-28)

将式（6-28）对 x 求导数并令导数等于 0：

$$\frac{\mathrm{d}C}{\mathrm{d}x} = \frac{Q}{2\pi x^2 \sqrt{E_y E_z}}\exp\left(-\frac{u_x H_e^2}{4E_z x}\right) + \frac{Q}{2\pi x \sqrt{E_y E_z}}\exp\left(-\frac{u_x H_e^2}{4E_z x}\right)\left(\frac{u_x H_e^2}{4E_z x^2}\right) = 0 \quad (6\text{-}29)$$

可得：

$$x^* = \frac{u_x H_e^2}{4E_z}$$

(6-30)

当 $x=x^*$ 时，由式（6-28）可以求得高架连续点源的最大落地浓度为：

$$C(x,0,0,H_e)_{max}=C(x^*,0,0,H_e)=\frac{2Q\sqrt{E_z}}{\pi e u_x H_e^2\sqrt{E_y}}=\frac{2Q\sigma_z}{\pi e u_x H_e^2\sigma_y} \tag{6-31}$$

4. 烟囱有效高度的估算

如果给定地面污染物的最大允许浓度，由式（6-31）也可以估算出烟囱的有效高度 H_e^*：

$$H_e^*\geqslant\sqrt{\frac{2Q\sigma_z}{\pi e u_x\sigma_y C(x,0,0)_{max}}} \tag{6-32}$$

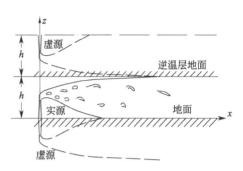

图 6-6　地面和逆温层的反射

5. 逆温条件下的高架连续点源模型

如果在烟囱排出口的上空存在逆温层，从地面到逆温层的底部的高度为 h，这时烟囱的排烟不仅受到地面的反射，还受到逆温层的反射（图 6-6）。

在逆温条件下，当将地面及逆温层的反射看成全反射时，同样可以用虚源模拟地面及逆温层的反射作用，高架连续点源扩散模型为：

$$
\begin{aligned}
C(x,y,z,H_e)=&\frac{Q}{2\pi u_x\sigma_y\sigma_z}\left(\exp\left\{-\frac{1}{2}\left[\frac{y^2}{\sigma_y^2}+\frac{(z-H_e)^2}{\sigma_z^2}\right]\right\}\right.\\
&+\exp\left\{-\frac{1}{2}\left[\frac{y^2}{\sigma_y^2}+\frac{(z+H_e)^2}{\sigma_z^2}\right]\right\}\\
&+\exp\left\{-\frac{1}{2}\left[\frac{y^2}{\sigma_y^2}+\frac{(2h-z-H_e)^2}{\sigma_z^2}\right]\right\}\\
&+\left.\exp\left\{-\frac{1}{2}\left[\frac{y^2}{\sigma_y^2}+\frac{(2h+z+H_e)^2}{\sigma_z^2}\right]\right\}+\cdots\cdots\right)\\
=&\frac{Q}{2\pi u_x\sigma_y\sigma_z}\left(\exp\left\{-\frac{1}{2}\left[\frac{y^2}{\sigma_y^2}+\frac{(z-H_e)^2}{\sigma_z^2}\right]\right\}\right.\\
&+\exp\left\{-\frac{1}{2}\left[\frac{y^2}{\sigma_y^2}+\frac{(z+H_e)^2}{\sigma_z^2}\right]\right\}\\
&+\sum_{n=2}^{\infty}\exp\left\{-\frac{1}{2}\left[\frac{y^2}{\sigma_y^2}+\frac{(nh-z-H_e)^2}{\sigma_z^2}\right]\right\}\\
&+\left.\sum_{n=2}^{\infty}\exp\left\{-\frac{1}{2}\left[\frac{y^2}{\sigma_y^2}+\frac{(nh+z+H_e)^2}{\sigma_z^2}\right]\right\}\right)
\end{aligned} \tag{6-33}
$$

式中　h——由地面到逆温层底部的高度；

$\quad\quad n$——计算的反射次数。

随着 n 的增大，等号右边第三项、第四项衰减很快，一般经一两次反射后，虚源的影响已经很小了，所以在实际计算中，只需取 $n=1$ 或 2。

将 $y=0$ 和 $z=0$ 代入式（6-33）可以得到逆温条件下高架连续点源的地面轴线浓度：

$$C(x,0,0,H_e)=\frac{Q}{\pi u_x\sigma_y\sigma_z}\left\{\exp\left(-\frac{H_e^2}{2\sigma_z^2}\right)+\sum_{n=2}^{\infty}\exp\left[-\frac{(nh-H_e)^2}{2\sigma_z^2}\right]\right\} \tag{6-34}$$

式（6-33）和式（6-34）的应用条件是 $H_e \leqslant h$，否则不适用。

三、高架多点源连续排放模型

一般来说，地面上任意一点的污染物来源于多个污染源。如果存在 m 个相互独立的污染源，在任一空间点（x，y，z）处的污染物浓度就是这 m 个污染源对这一空间点的贡献之和，即：

$$C(x,y,z)=\sum_{i=1}^{m}C_i(x,y,z) \tag{6-35}$$

式中　$C_i(x,y,z)$——第 i 个污染源对点（x，y，z）的贡献。

若以（x_i，y_i，H_i）表示第 i 个污染源排出口的位置及排气筒有效高度，那么：

当 $x-x_i>0$ 时：

$$C_i(x,y,z)=C'_i(x-x_i,y-y_i,z)=\frac{Q_i}{\pi u_x\sigma_{yi}\sigma_{zi}}\left(\exp\left\{-\frac{1}{2}\left[\frac{(y-y_i)^2}{\sigma_{yi}^2}+\frac{(z-H_i)^2}{\sigma_{zi}^2}\right]\right\}\right) \tag{6-36}$$

当 $x-x_i\leqslant0$ 时：

$$C_i(x,y,z)=C'_i(x-x_i,y-y_i,z)=0$$

式中　Q_i——第 i 个污染源的源强；

σ_{yi}，σ_{zi}——取决于第 i 个污染源至计算点的纵向距离的横向与竖向的标准差。

令 $z=0$，代入式（6-36），可以计算多源作用下的地面浓度。对其余条件可以类推。

四、可沉降颗粒物的扩散模型

当颗粒物的粒径小于 $10\mu m$ 时，在空气中的沉降速度小于 $1cm/s$ 左右，由于垂直湍流和大气运动的支配，不可能自由沉降到地面，颗粒物的浓度分布仍可用前面所述各式计算。

当颗粒物的粒径大于 $10\mu m$ 时，在空气中的沉降速度为 $100cm/s$ 左右，颗粒物除了随流场运动以外，还由于重力下沉的作用，扩散羽的中心轴线向地面倾斜，在不考虑地面反射的情况下，由式（6-25）可以导出可沉降颗粒物的分布模型：

$$C(x,y,z,H_e)=\frac{\alpha Q}{2\pi u_x\sigma_y\sigma_z}\left\{\exp\left[-\frac{1}{2}\left(\frac{y}{\sigma_y}\right)^2-\frac{1}{2}\times\frac{(z-H_e+V_gx/u_x)^2}{\sigma_z^2}\right]\right\} \tag{6-37}$$

式中　α——系数，表示可沉降颗粒物在总悬浮颗粒物中所占的比重，$0\leqslant\alpha\leqslant1$；

V_g——颗粒物沉降速度；

u_x——轴向平均风速；

其余符号意义同前。

颗粒物沉降速度可以由斯托克斯公式计算：

$$V_g=\frac{\rho g d^2}{18\mu} \tag{6-38}$$

式中　ρ——颗粒的密度，g/cm^3；

g——重力加速度，$980cm/s^2$；

d——颗粒直径，cm；

μ——空气黏滞系数，$g/(m \cdot s)$，可取 $1.8 \times 10^2 g/(m \cdot s)$。

将 $z=0$ 代入式（6-37），可以得到计算地面颗粒物浓度的模型：

$$C(x,y,0,H_e) = \frac{\alpha Q}{2\pi u_x \sigma_y \sigma_z} \exp\left\{-\frac{1}{2}\left[\frac{y^2}{\sigma_y^2} + \frac{(H_e - V_g x/u_x)^2}{\sigma_z^2}\right]\right\} \tag{6-39}$$

第四节　线源和面源模型

一、线源模型

污染源在空间上的连续线性分布就组成了线性污染源。线源模型主要用以模拟预测流动源以及其他线状污染源对环境空气质量的影响，例如川流不息的交通干线上的汽车尾气的排放、内河航船废气的排放等。欧美和日本等地区和国家自 20 世纪 60 年代末对机动车排气污染物扩散模型进行了多方面的研究，主要研究适用于公路扩散和城市街道扩散的模型。20世纪 70 年代初提出了很多模型，并在之后的多年不断地改进和开发新模型。

1. 无限长线源模型

当线污染源分布的长度足够大或当接受点到线源的距离与线源的长度比很小时，可以将其看作无限长线源。无限长线源可以认为是由无穷多个点源排列而成，点源的源强 Q_L 用单位长度线源在单位时间内排放的污染物质量表示，线源在空间点产生的浓度可以看作所有点源在这一点的浓度贡献之和。

（1）风向与线源垂直　设 x 轴与风向一致，线源平行于 y 轴，视线源由无穷多个点源排列而成，则对式（6-26）从 $-\infty$ 到 $+\infty$ 积分，可得下风向上任一点 $(x,0,z)$ 的浓度为：

$$C_\perp(x,0,z) = Q_L(\sqrt{2\pi} u \sigma_z)^{-1}\{\exp[-(z+H_e)^2/(2\sigma_z^2)]$$
$$+ \exp[-(z-H_e)^2/(2\sigma_z^2)]\} \tag{6-40}$$

令 $z=0$，则得地面点 $(x,0,z)$ 的浓度为：

$$C_\perp(x,0,0) = 2Q_L(\sqrt{2\pi} u \sigma_z)^{-1}\exp[-H_e^2/(2\sigma_z^2)] \tag{6-41}$$

（2）风向与线源平行　设 x 轴与风向一致，线源平行于 x 轴，将式（6-26）对 x 积分可得地面任一点 $(x,y,0)$ 的浓度。流动源多为地面源，其影响主要在近处，根据 Taylor 扩散理论，当时间 T 或 x 较小时，可假设 $\sigma_y = \gamma_1 T$，$(\sigma_z/\sigma_y) = b$，b 为常数，同时注意到只有上风向的线源才对接受点的浓度有贡献，此时则可得到解析解：

$$C_\parallel(x,y,0) = Q_L/(\sqrt{2\pi} u \sigma_z r_1) \tag{6-42}$$
$$r_1 = (y^2 + H_e^2/b^2)^{1/2}$$

（3）风向与线源成任意角　设风向与线源交角为 θ（$\theta \leqslant 90°$），x 轴与风向一致，则地面点 $(x,y,0)$ 的浓度可用内插方法得到：

$$C(x,y,0) = C_\parallel \sin^2\theta + C_\perp \cos^2\theta \tag{6-43}$$

式中　$C_\parallel$，$C_\perp$——用式（6-41）和式（6-42）求得的浓度值。

2. 有限长线源模型

当线污染源分布的长度有限时，在估算其产生的环境浓度时，必须考虑有限长线源两端引起的"边缘效应"。随着接受点到线源距离的增加，"边缘效应"将在更大的横风距离上起作用。

（1）风向与线源垂直　将接受点到线源的垂足选作坐标原点，直线的下风向设为 x 轴正向，线源平行于 y 轴，线源范围从 y_1 延伸到 y_2，且 $y_1 < y_2$。对式（6-26）从 y_1 到 y_2 积分，可得下风向上任一点 (x,z) 的浓度为：

$$C_\perp(x,z) = Q_L(\sqrt{2\pi}\,u\sigma_z)^{-1}\{\exp[-(z+H_e)^2/(2\sigma_z^2)]$$
$$+\exp[-(z-H_e)^2/(2\sigma_z^2)]\}[\Phi(y_2/\sigma_y)-\Phi(y_1/\sigma_y)] \quad (6\text{-}44)$$

式中　Q_L——线源源强，mg/(m·s)。

$$\Phi(s) = \frac{1}{\sqrt{2\pi}}\int_{-\infty}^{s} e^{-t/2}\,dt \quad (6\text{-}45)$$

令 $z=0$，则得地面点 $(x,0)$ 的浓度为：

$$C_\perp(x,z) = 2Q_L(\sqrt{2\pi}\,u\sigma_z)^{-1}\exp[-H_e^2/(2\sigma_z^2)][\Phi(y_2/\sigma_y)-\Phi(y_1/\sigma_y)] \quad (6\text{-}46)$$

（2）风向与线源平行　取 x 轴正向与风向及线源一致，坐标原点和线源中点重合，并设其线源长度为 $2x_0$。同上类似，当 T 或 x 较小时，可假设 $\sigma_y=\gamma_1 T$，$\sigma_z/\sigma_y=b$，b 为常数，同时注意到只有上风向的线源才对接受点的浓度有贡献，此时可得到长度为 $2x_0$ 的有限长线源的地面浓度解析解：

$$C_\parallel(x,y,0) = \{Q_L/[\sqrt{2\pi}\,u\sigma_z(r_1)]\}\times 2\{\Phi[r_1/\sigma_y(x-x_0)]-\Phi[r_1/\sigma_y(x+x_0)]\} \quad (6\text{-}47)$$

式中符号意义同上。

（3）风向与线源成任意角　设风向与线源交角为 θ（$\theta \leqslant 90°$），x 轴与风向一致，则地面点 $(x,y,0)$ 的浓度可用内插的方法得到：

$$C(x,y,0) = C_\parallel\sin^2\theta + C_\perp\cos^2\theta \quad (6\text{-}48)$$

式中　$C_\parallel$，$C_\perp$——用式（6-46）和式（6-47）求得的浓度值。

对于式（6-43）、式（6-48），也可采用三角函数内插计算模式：

$$C(x,y,0) = (C_\parallel^2\sin^2\theta + C_\perp^2\cos^2\theta)^{\frac{1}{2}} \quad (6\text{-}49)$$

3. 线源分段求和模式

除风向与线源垂直情况外，其他条件最好采用下述的线源分段求和模式。分段求和就是将线源分解成有限段并把各小段近似为点源，用有限个点源对接受点的浓度贡献近似线源对接受点的浓度贡献。与以上模型相比，上述模型可以看作点源连续求和而得，分段求和则是离散化求和。线源分段可以等长，也可以不等长。

（1）等长分段求和模式　仅就有限长线源看，假设线源的长度为 L，线源源强为 Q_L。把线源划分为长度为 Δl 的 n 段，长度元 Δl 看成是一个点源，它的源强是 $Q_L\Delta l$。线源的浓度贡献是所有点源浓度贡献之和：

$$C = \frac{Q_L\Delta l}{u}\left[\frac{1}{2}(f_1+f_{n+1}) + \sum_{i=2}^{n} f_i\right] \quad (6\text{-}50)$$

$$f = \frac{1}{2\pi\sigma_y\sigma_z}\exp\left(\frac{-y^2}{2\sigma_y^2}\right)\{\exp[-(z+H_e)^2/(2\sigma_z^2)] + \exp[-(z-H_e)^2/(2\sigma_z^2)]\} \quad (6\text{-}51)$$

式中符号意义同前。这种方法适用于各种线源呈现不规则的折线或曲线形状时，这与多点源浓度场的计算类同。

（2）不等长分段求和模式　仍就有限长线源考虑，典型的不等长分段求和模式是美国环境保护局采用的线源模式 CALINE4。

将道路划分成一系列线源单元（简称线元），分别计算各线元排放的污染物对接受点浓度的贡献，然后再求和计算整条道路流动源在接受点产生的污染物浓度。接受点与道路的距离是指该点到道路中心线的垂直距离（见图 6-7）。第一个线元的长度与道路宽度相等，是一边长等于路宽的正方形，它的位置由道路与风向的夹角（θ）决定。$\theta \geq 45°$时，第一个线元位于接受点的上风向；$\theta < 45°$时，按$\theta = 45°$确定第一个线元的位置。其余线元的长度和位置由下面公式确定：

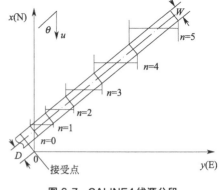

图 6-7　CALINE4 线源分段

$$L_a = WL_r^n \tag{6-52}$$

式中　L_a——线元长度；

$\quad\quad W$——道路宽度；

$\quad\quad n$——线元编号，$n = 0, 2, 3\cdots$；

$\quad\quad L_r$——线元长度增长因子，$L_r = 1.1 + \theta^3 / (2.5 \times 10^5)$，$\theta$ 以（°）为单位。

上述线元划分法主要是为了在保证计算精确度的前提下减少计算量。

把划分后的每一个线元看作一个通过线元中心，方向与风向垂直，长度为该线元在 y 方向投影的有限线源。以接受点为坐标原点，上风向为正 x 轴，则整条街道上的流动源在接受点产生的浓度可由下式表示：

$$C = \sum C_n \tag{6-53}$$

式中　C_n——第 n 个线元对接受点的浓度贡献，可按式（6-46）计算。

二、面源模型

面源模型模拟在平面上均匀分布的污染源所形成的污染物浓度分布，是比较复杂的一类模型。实际问题研究中，对于某平面区域上源强较小、排出口较低，但数量多、分布比较均匀的污染源扩散问题均可作为面源处理。如居民区或居住集中的家庭炉灶和低矮烟囱数量很大，单个排放量很小，若按点源处理计算量较大，此时可作为面源处理；平原地区排气筒高度不高于 30m 或排放量小于 0.04t/h 的许多个排放源也可以按面源处理；在城市和工业区，将低矮的小点源群和线源可作为面源处理。

常用的面源模式有简化模型、点源积分模型及 ATDL 模型，现分别介绍如下。

1. 简化模型

（1）拟点源修正模型　拟点源修正模型的基本假设是：面源内所有的排放源集中于面源源块中心，即面源源块的对角线交点上，形成一个"等效点源"，然后用点源公式来计算污染源产生的浓度贡献。常用的有直接修正法和点源后置法。

① 直接修正法。面源的面积较小（$S \leq 1\text{km}^2$）时，该面源对面源外的接受点的浓度贡献可按位于面源中心的"等效点源"扩散模式计算，只是应附加一个初始扰动。这一初始扰动使烟羽在 $x = 0$ 处就有一个和面源横向宽度相等的横向尺度，以及和面源高度相等的垂直向尺度。注意，常认为烟羽的半宽度等于 $2.15\sigma_y$ 或 $2.15\sigma_z$，则修正后的 σ_y 和 σ_z 分别为：

$$\sigma_y = \gamma_1 x^{\alpha_1} + a_y / 4.3 \tag{6-54}$$

$$\sigma_z = \gamma_2 x^{\alpha_2} + H/2.15 \tag{6-55}$$

式中　　　x——接受点至面源中心点的距离；

　　　　　a_y——面源在 y 方向的长度；

　　　　　H——面源的平均排放高度；

$\gamma_1, \gamma_2, \alpha_1, \alpha_2$——扩散参数的回归系数与回归指数，可通过查表获得。

　　② 点源后置法。点源后置法和直接修正法类似，也是把面源看作点源，地面接受点浓度按点源扩散模式计算。但把分散的排放源集中于一点，会在等效点源附近得到不合理的高浓度。为了克服这个缺点，可以把等效点源的位置移到上风向某个位置处，使该单元的面源和上风向的一个虚点源等效，相当于在点源公式中增加一个初始的散布尺度，见图 6-8。

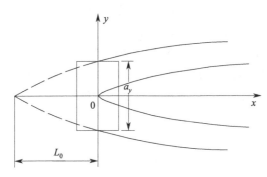

图 6-8　点源后置示意

此时接受点地面浓度公式为：

$$C = \frac{Q}{\pi u \sigma_y(x+x_y)\sigma_z(x+x_z)} \exp\left\{-\frac{1}{2}\left[\frac{y^2}{\sigma_y^2(x+x_y)^2} + \frac{H_e^2}{\sigma_z^2(x+x_z)^2}\right]\right\} \tag{6-56}$$

式中　　　C——污染物地面浓度；

　　　　　Q——污染物源强，mg/s；

　　　　　u——平均风速，m/s；

$\sigma_y(x+x_y)$——水平方向扩散参数，m；

$\sigma_z(x+x_z)$——铅直方向扩散参数，m；

　　　　　y——横向距离，m；

　　　　　H_e——有效源高，m。

　　应用上式时，"等效点源"的后置距离可根据经验的烟羽横向宽度和高度及扩散参数公式与 x 的关系计算确定。例如，设扩散参数采取以下的形式：

$$\sigma_y(x) = \gamma_1 x^{\alpha_1}, \sigma_z(x) = \gamma_2 x^{\alpha_2} \tag{6-57}$$

且烟羽横向宽度和高度分别为 σ_{y0}、σ_{z0} 时，"等效点源"至面源中心的后置距离是：

$$x_y = \left(\frac{\sigma_{y0}}{\gamma_1}\right)^{\frac{1}{\alpha_1}}, x_z = \left(\frac{\sigma_{z0}}{\gamma_2}\right)^{\frac{1}{\alpha_2}} \tag{6-58}$$

　　在同一计算中，允许 $x_y \neq x_z$，进一步的计算与点源公式相同，只要将 $\sigma_y(x)$ 和 $\sigma_z(x)$ 的自变量 x 分别代以 $x+x_y$ 和 $x+x_z$ 便可，即：

$$\sigma_y = \sigma_y(x+x_y), \sigma_z = \sigma_z(x+x_z) \tag{6-59}$$

式中　x——以面源中心为起点的下风距离。

等效点源法可应用于面源、线源，也可以用在建筑物附近的排放和工厂车间无组织排放的情况，其特点是加一个初始的烟云分布，以模拟各种情况下烟云具有的初始尺度。

当然，σ_{y0}、σ_{z0} 的数值因具体条件而异，可如上所取：

$$\sigma_{y0} = a_y/4.3, \sigma_{z0} = H_e/2.15 \tag{6-60}$$

式中　a_y——面源单元的边长。

此时接受点浓度为：

$$C = \frac{Q}{\pi u \sigma_y (x + \frac{a_y}{4.3}) \sigma_z (x + \frac{H_e}{2.15})} \exp\left\{-\frac{1}{2}\left[\frac{y^2}{\sigma_y^2 (x + \frac{a_y}{4.3})^2} + \frac{H_e^2}{\sigma_z^2 (x + \frac{H_e}{2.15})^2}\right]\right\} \tag{6-61}$$

（2）拟线源修正模型　拟线源修正模型指的是将污染源二维分布的面源简化为一维线源的方法所得到的模型。基本假设是：面源内所有的排放源集中于面源源块中心垂线上，形成一个"等效线源"，然后用线源公式来计算污染源产生的浓度贡献。

Terner 于 1964 年提出面源作为正态分布的横风线源处理，把调查区分为若干个正方形网格，每一个网格作为一个面源，以网格中心垂线的线源为代表，所有排放点有效源高以 20m 计，其浓度等于：

$$C = \frac{Q}{\pi u (\sigma_y + \sigma_{y0})(\sigma_z + \sigma_{z0})} \exp\left[-\frac{1}{2} \times \frac{H_e^2}{(\sigma_z + \sigma_{z0})^2}\right] \tag{6-62}$$

式中，σ_{y0}、σ_{z0} 的取法同式（6-60）。

2. 点源积分模型

在计算区域内，污染源在空间上的分布是均匀的，由此构成了均匀源强的计算问题，它的模型可以由点源模型导出。点源积分法在数学上和线源类似，设想面源是由无数多个分布于面源内的点源组成的，把本来的离散问题化为连续问题处理。

在大气流场均匀稳定，x 轴方向的风速 $u_x > 1\text{m/s}$，可以忽略纵向弥散系数 D_x、横向风速 u_y 和竖向风速 u_z 条件下，一个高架连续稳定排放的点源模型见式（6-26）：

$$C(x,y,0,H_e) = \frac{Q}{\pi u_x \sigma_y \sigma_z} \exp\left(-\frac{y^2}{2\sigma_y^2} - \frac{H_e^2}{2\sigma_z^2}\right)$$

如果污染物以面源的形式排放，假定污染源在平面上是一个矩形（见图 6-9），其边界分别为：

$$x=0, x=a; y=-\frac{b}{2}, y=\frac{b}{2}$$

为了计算面源对下风向的影响，可以用单位面积的源强 Q_{xy} 取代式（6-26）中的点源源强 Q，同时式（6-26）从 0 到 a 对 x 积分，从 $-\frac{b}{2}$ 到 $\frac{b}{2}$ 对 y 积分，即可得到该面源所形成的地面污染物浓度：

$$C = \int_0^a \int_{-\frac{b}{2}}^{\frac{b}{2}} \frac{Q_{xy}}{\pi u_x \sigma_y \sigma_z} \exp\left(-\frac{y^2}{2\sigma_y^2} - \frac{H_e^2}{2\sigma_z^2}\right) \mathrm{d}x \mathrm{d}y \tag{6-63}$$

式中　Q_{xy}——单位面积上单位时间的污染物排放量，即面源源强；

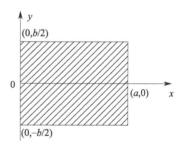

图 6-9　面源平面单元

其余符号意义同前。

在对 y 积分时，可以将面源视作平行于 x 轴的一个线源（$x=$ 常数）对地面的影响，积分结果为：

$$C_1 = \frac{Q_y}{\pi u_x \sigma_z} \exp\left(-\frac{H_e^2}{2\sigma_z^2}\right) \sqrt{2\pi} \, \Phi\left(\frac{b}{\sqrt{2}\,\sigma_y}\right) \tag{6-64}$$

式中　Q_y——x 方向的线源源强，即单位长度上单位时间的污染物排放量；

　　　Φ——误差函数，可以根据 b 和 σ_y 的值计算，也可以查误差函数表。

$$\Phi\left(\frac{b}{\sqrt{2}\,\sigma_y}\right) = \frac{2}{\sqrt{\pi}} \int_0^{\frac{b}{\sqrt{2}\sigma_y}} e^{-t^2} \, dt \tag{6-65}$$

根据误差函数的性质，当 $\dfrac{b}{\sqrt{2}\,\sigma_y} \geqslant 2.6$ 时，$\Phi\left(\dfrac{b}{\sqrt{2}\,\sigma_y}\right) = 0.99 \approx 1$，式（6-64）可以简化为：

$$C_1 = \sqrt{\frac{2}{\pi}} \times \frac{Q_y}{u_x \sigma_z} \exp\left(-\frac{H_e^2}{2\sigma_z^2}\right) \tag{6-66}$$

式（6-66）的条件在取 $a \leqslant 8\text{km}$，$b \leqslant 2\text{km}$ 时就可以满足。显然，在对一个城市或一个地区进行面源调查或计算时，都能满足这一要求（一般的网络尺寸为 $1\text{km} \times 1\text{km}$）。

式（6-66）中的 σ_z 是扩散距离 x 的函数，如式（6-57），所以可以假定 $\sigma_z = \gamma_2 x^{\alpha_2}$ 和 $H_e = 0$，代入式（6-66），并对 x 积分，得：

$$C = \sqrt{\frac{2}{\pi}} \times \frac{Q_{xy}}{\gamma_2(1-\alpha_2)u_x} x^{1-\alpha_2} \tag{6-67}$$

式中　Q_{xy}——面源的源强；

　　　γ_2，α_2——计算 σ_z 的参数，它是大气稳定度和地面粗糙度的函数，可由查表得。

3. ATDL 模型

（1）ATDL 模型　ATDL 模式是由 Gifford 和 Hanna 提出的，名为大气湍流与扩散实验室（atmospheric turbulence and diffusion laboratory，ATDL）模式，简称 ATDL 模式，也称为 G-H 模型或窄烟云模式（narrow plume model）。ATDL 模式类似上述模型，是在高斯正态烟云公式基础上得到的模式，考虑了铅直方向污染物向上逐步扩散的过程。由于它形式简单，可以手算，广泛应用于城市面源模式计算中。

许多城市的污染源资料表明，一般面源强度的变化都不大，相邻两个面单元源强很少相差 2 倍以上。另外，一个连续点源形成的烟流相当狭窄，因此某地的浓度主要取决于上风向各面源单元的源强，上风向两侧各单元的影响相对较小。根据以上两个事实，作为一级近似可以忽略横风向面源强度的变化，而把面源扩散简化为二维问题处理。这一点与箱模型的处理方式相同，不同的是 G-H 模型考虑了烟气在铅直方向上的逐步扩散过程，而不是假定立即在整个混合层内均匀混合。

为导出 ATDL 面源扩散公式，应先将面源源强资料按一定方式编目。将城市面源划分为与风向垂直的若干方块，每个单元的边长为 b，令：计算的接受点 A 所在的单元为 0 单元，其源强为 Q_0；相邻的上风向单元的编号为 1，源强为 Q_1；以此类推，至城市上风向边缘为 n 单元，源强为 Q_n，如图 6-10 所示。

现在考虑第 i 个单元中宽度为 dx 的面源在 A 点造成的浓度。显然，当 dx 取得很小时，

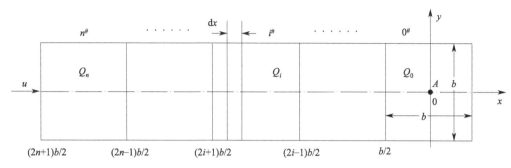

图 6-10　ATDL 面源模式示意

$\mathrm{d}x$ 在 y 方向上的延伸相当于一条线；$Q_i\,\mathrm{d}x$ 相当于线源的源强，由式（6-66）可得此源对 A 点的浓度贡献为：

$$(\mathrm{d}C_\mathrm{A})_i = \left(\frac{2}{\pi}\right)^{1/2} \frac{Q_i\,\mathrm{d}x}{u_x\sigma_z}\exp\left(-\frac{H_i^2}{2\sigma_z^2}\right) \tag{6-68}$$

在 i 单元中认为 Q_i 为常数，故对式（6-68）关于 x 积分，得 i 单元对 A 点浓度的总贡献为：

$$(\Delta C_\mathrm{A})_i = \left(\frac{2}{\pi}\right)^{1/2} Q_i \int_{(2i-1)\frac{b}{2}}^{(2i+1)\frac{b}{2}} \frac{1}{u_x\sigma_z}\exp\left(-\frac{H_i^2}{2\sigma_z^2}\right)\mathrm{d}x \tag{6-69}$$

A 点上风向每个面源单元 $(i=1,2,\cdots,n)$ 由式（6-69）积分，0 单元则从 0 到 $b/2$ 积分，然后求各项之和，得到 ATDL 面源扩散公式如下：

$$C_\mathrm{A} = \int_0^{b/2} \sqrt{\frac{2}{\pi}} \times \frac{Q_0}{u_x\sigma_z}\exp\left(-\frac{H_0^2}{2\sigma_z^2}\right)\mathrm{d}x + \sum_{i=1}^n \int_{(2i-1)b/2}^{(2i+1)b/2} \sqrt{\frac{2}{\pi}} \times \frac{Q_i}{u_x\sigma_z}\exp\left(-\frac{H_i^2}{2\sigma_z^2}\right)\mathrm{d}x \tag{6-70}$$

式中　C_A——由面源污染形成的 A 点的地面污染物浓度；

$\quad\quad Q_0$——计算面积上的线源源强；

$\quad\quad Q_i$——计算面积上风向处第 i 个面积上的线源源强；

$\quad\quad H_0$——计算面积上的污染源排放高度；

$\quad\quad H_i$——第 i 个面积上的污染源排放高度；

$\quad\quad n$——计算面积上风向的面源数目。

Gifford-Hanna 假设面源的源高为 0，即 $H_0=H_i=0$，且取 $\sigma_z=\gamma_2 x^{\alpha_2}$，则得：

$$C_\mathrm{A} = \left(\frac{2}{\pi}\right)^{\frac{1}{2}} \frac{1}{u_x\gamma_2(1-\alpha_2)} \left(\frac{b}{2}\right)^{1-\alpha_2} \left\{ Q_0 + \sum_{i=1}^n Q_i \left[(2i+1)^{1-\alpha_2} - (2i-1)^{1-\alpha_2} \right] \right\} \tag{6-71}$$

若令 $d_0 = \left(\frac{2}{\pi}\right)^{\frac{1}{2}} \left(\frac{b}{2}\right)^{1-\alpha_2} \dfrac{1}{\gamma_2(1-\alpha_2)}$，$d_i = d_0 \left[(2i+1)^{1-\alpha_2} - (2i-1)^{1-\alpha_2} \right]$，式（6-71）可以简写成：

$$C_\mathrm{A} = \frac{1}{u_x}\left(d_0 Q_0 + \sum_{i=1}^n d_i Q_i \right) \tag{6-72}$$

研究发现，上风向各面源单元对 A 点浓度贡献的相对权重如表 6-1 所列。

表 6-1　窄烟云模型各单元对 A 点浓度贡献的相对权重值

单元编号	0	1	2	3	4	5
相对权重	1	0.32	0.18	0.13	0.10	0.09

由表 6-1 可见，1～5 号单元贡献的总和是 0.82，小于 0 单元的贡献。因此，接受点 A 的浓度主要由其所在单元的源强所决定，除非 Q_i 与 Q_0 差别很大。式（6-72）可简化为：

$$C_A = A \frac{Q_0}{u_x} \tag{6-73}$$

$$A = \left(\frac{2}{\pi}\right)^{1/2} \left(\frac{2n+1}{2} b\right)^{1-\alpha_2} \frac{1}{\gamma_2(1-\alpha_2)} = \left(\frac{2}{\pi}\right)^{1/2} \frac{x^{1-\alpha_2}}{\gamma_2(1-\alpha_2)} \tag{6-74}$$

式中　x——计算点到面源上风向边缘的距离。

对 A 进一步简化则有：

$$A = \frac{0.8}{1-\alpha_2} \times \frac{x}{\sigma_z(x)} \tag{6-75}$$

可见，无因次系数 A 主要取决于污染物从上风向边缘运行的距离 x 和它在这段距离上达到的厚度 $\sigma_z(x)$ 之比。Gifford 给出不稳定、中性和稳定时 A 的典型值分别为 50、200 和 600，长期平均值为 225。

式（6-73）表明，由于 $\sigma_z(x)$ 随 x 一同增大，因而面源范围的影响相对较小，且只要当地的源强接近定值，则面源造成的浓度主要由风速决定，风速越大影响越小。

（2）ATDL 模型的应用　对于一个需要用面源进行模拟的城市或地区，常常将其分成若干个大小相等（如 1km×1km）的网格系统，在图上标明 16 个风向的方位（图 6-11）。将地面浓度的控制网格（或计算浓度的网格）标以 d_0，然后根据不同的方位，由控制网格向上风向分别标以 $d_1, d_2, \cdots, d_k, d_0, d_1, d_2, \cdots, d_k$ 就是 ATDL 模型中的系数，根据网格的尺寸和大气稳定度可以确定它们的数值。如果已知平均风速 u_x 和各个网格的源强，控制网格的污染物地面浓度就可以由式（6-72）计算。

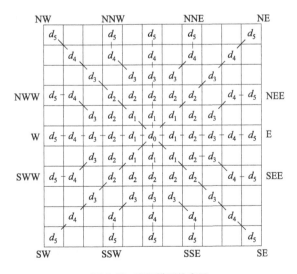

图 6-11　面源模型的应用

（图中大写字母代表风向：E—东，S—南，W—西，N—北）

对于一个含有 $m \times n$ 个网格的城市和区域，可以逐个网格计算各风向条件下的浓度，所需计算时间一般都很长。

第五节　复杂边界层的环境空气质量模型

一、大气边界层

边界层（BL）广义地讲是在流体介质中受边界相对运动以及热量和物质交换影响最明显的那一层流体。具体到大气中，对流层内贴近地表面约 $1\sim2km$ 处的大气，只接受到地面摩擦力的影响［亦称摩擦层（FL）］，它的厚度比整个大气层小得多，气流具有边界层的性质，故称为大气边界层（ABL）。大气边界层的结构如图 6-12 所示。

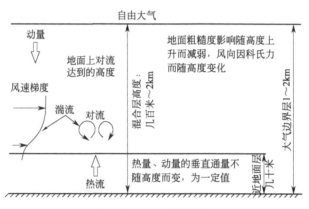

图 6-12　大气边界层结构

大气边界层受地表面的影响最大，在它上边缘的风速为地转风速，进入大气边界层之后，风向、风速由于空气运动伴随着地转（Coriolis 力）都发生改变。在地表面由于黏性附着作用，速度梯度最大，直至风速为零；层内空气的运动总是表现为湍流的形式，成为大气边界层内运动的主要特点，绝大多数发生在边界层内的物理过程都是通过湍流输送实现的。

边界层的上述特征对环境空气污染物的扩散迁移影响极大，大多数环境空气质量模型都是基于大气边界层具有均匀下垫面物理结构建立的，不能适应复杂边界层。复杂大气边界层情况众多，这里主要考虑非均匀和复杂下垫面边界层、特殊气象条件下边界层。

二、小风、静风扩散模型

当风速 $0.5m/s \leqslant u_{10} < 1.5m/s$ 时作为小风状态，当风速 $u_{10} < 0.5m/s$ 时则作为静风情形。

前面讨论的扩散模型几乎都假定沿平均风向即 x 方向的平均风速的推流输移速率远大于湍流扩散速率，因此忽略 x 方向湍流扩散（$E_x \approx 0$），但在小风和静风条件下，这一假设不能成立，x 方向湍流扩散不能忽略，而应采用对瞬时点源的烟团模式积分的方法模拟连续点源的浓度分布。

类似高斯模式的推导并结合瞬时点源的烟团模式［式（6-19）］，可推得具有地面边界的高架源排出的烟团对点 (x, y, z) 的浓度贡献为：

$$C_i(x,y,z,t)=\frac{Q_i}{\sqrt{8\pi^3}\,\sigma_x\sigma_y\sigma_z}\exp\left\{-\left[\frac{(x-u_xt)^2}{2\sigma_x^2}+\frac{y^2}{2\sigma_y^2}\right]\right\}$$

$$\times\left\{\exp\left[-\frac{(z-H_e)^2}{2\sigma_z^2}\right]+\exp\left[-\frac{(z+H_e)^2}{2\sigma_z^2}\right]\right\}\tag{6-76}$$

式中　C_i——烟团在点(x,y,z)处的浓度贡献；

　　　Q_i——一个烟团的污染物排放量；

　　　t——烟团从源到点(x,y,z)的运移时间。

现将烟团模式的概念应用到小风、静风连续点源的扩散问题中。设连续点源的源强为Q（单位时间的排放量），将Δt时间段内点源污染物排放量$Q\Delta t$看成一个瞬时烟团。若在t_0时刻释放一个烟团，应用式（6-76）可求得t时刻（此时烟团运移时间为$T=t-t_0$）点(x,y,z)上的浓度为：

$$C_i(x,y,z,t)=\frac{Q\Delta t}{\sqrt{8\pi^3}\,\sigma_x\sigma_y\sigma_z}\exp\left\{-\left[\frac{[x-u_x(t-t_0)]^2}{2\sigma_x^2}+\frac{y^2}{2\sigma_y^2}\right]\right\}$$

$$\times\left\{\exp\left[-\frac{(z-H_e)^2}{2\sigma_z^2}\right]+\exp\left[-\frac{(z+H_e)^2}{2\sigma_z^2}\right]\right\}\tag{6-77}$$

由于连续点源在(x,y,z)的浓度贡献是t时刻内连续排放污染物浓度的总贡献，可以看成若干个时间间隔为Δt的瞬时排放烟团的浓度贡献的叠加，故式（6-77）对时间积分可得小风、静风连续点源扩散模式为：

$$C(x,y,z,H_e)=\int_0^\infty\frac{Q}{\sqrt{8\pi^3}\,\sigma_x\sigma_y\sigma_z}\exp\left\{-\left[\frac{(x-u_xt)^2}{2\sigma_x^2}+\frac{y^2}{2\sigma_y^2}\right]\right\}$$

$$\times\left\{\exp\left[-\frac{(z-H_e)^2}{2\sigma_z^2}\right]+\exp\left[-\frac{(z+H_e)^2}{2\sigma_z^2}\right]\right\}\mathrm{d}t\tag{6-78}$$

令$z=0$，得到小风、静风连续点源地面浓度模式为：

$$C(x,y,0,H_e)=\int_0^\infty\frac{2Q}{\sqrt{8\pi^3}\,\sigma_x\sigma_y\sigma_z}\exp\left\{-\left[\frac{(x-u_xt)^2}{2\sigma_x^2}+\frac{y^2}{2\sigma_y^2}\right]\right\}\exp\left[-\frac{H_e^2}{2\sigma_z^2}\right]\mathrm{d}t$$

$$\tag{6-79}$$

实验结果表明：当风速较小（$u_{10}<1.5\mathrm{m/s}$）时，小风和静风时的扩散模式参数基本与时间T成正比例变化关系。即可假设：$\sigma_x=\sigma_y=\gamma_{01}t$，$\sigma_z=\gamma_{02}t$，再假设$Q$、$u_x$均为常数，则可得小风和静风扩散模式的解析解。污染物地面浓度可表示为：

$$C(x,y,0,H_e)=2Q(2\pi)^{-\frac{3}{2}}\gamma_{02}^{-1}\eta^{-2}G\tag{6-80}$$

$$\eta^2=x^2+y^2+\gamma_{01}^2\gamma_{02}^{-2}H_e^2$$

$$G=\mathrm{e}^{\frac{-u^2}{2\gamma_{01}^2}}\left[1+\sqrt{2\pi}\,s\mathrm{e}^{\frac{s^2}{2}}\Phi(s)\right]$$

$$\Phi(s)=\frac{1}{\sqrt{2\pi}}\int_{-\infty}^s\mathrm{e}^{\frac{-t^2}{2}}\mathrm{d}t\tag{6-81}$$

$$s=\frac{u_xx}{\gamma_{01}\eta}$$

式中　$\Phi(s)$——正态分布函数，s由数学手册查得。

静风时，令 $u=0$，式（6-80）中的 $G=1$。

三、熏烟模型

1. 熏烟的含义

近地层大气的温度层结时常出现典型的日变化。夜间下垫面的辐射冷却形成贴地逆温层，日出后地面受太阳辐射温度升高，逆温层将逐渐自而上地消失，形成一个不断增厚的混合层。原来在逆温层中处于稳定状态的烟羽进入混合层后，上部的逆温使得扩散只能向下发展，由于其本身的下沉和垂直方向的强扩散作用，污染物浓度在这一方向将接近均匀分布，造成地面高浓度污染，出现所谓熏烟现象。熏烟属于常见的不利气象条件之一，虽然其持续时间在 30min～1h 之间，但其最大浓度可高达一般最大地面浓度的几倍。

2. 熏烟浓度最大值

（1）熏烟地面浓度　　假定熏烟发生后，污染物浓度在垂直方向为均匀分布，所以将高架点源烟羽地面浓度式（6-26）对 z 从 $-\infty$ 到 $+\infty$ 积分，并除以混合层高度，则得熏烟条件下的地面浓度 C_f 为：

$$C_f = \frac{Q}{\sqrt{2\pi}\, u_x h_f \sigma_{yf}} \exp\left(-\frac{y^2}{2\sigma_{yf}^2}\right) \Phi(p) \tag{6-82}$$

$$p = \frac{h_f - H_e}{\sigma_z} \tag{6-83}$$

$$\sigma_{yf} = \sigma_y + \frac{H_e}{8} \tag{6-84}$$

式中　Q——高架点源源强（单位时间排放量）；

$\quad\quad u_x$——烟囱出口处平均风速；

$\quad\quad h_f$——逐渐增厚的混合层高度；

σ_y, σ_z——烟羽进入混合层之前处于稳定状态的横向和垂直向扩散参数，它们是 x 的函数；

$\quad\quad H_e$——烟囱的有效高度；

$\quad x, y$——接受点地面坐标；

$\Phi(p)$——正态分布函数，其定义同式（6-81）。

在此用 $\Phi(p)$ 反映原稳定状态下烟羽进入混合层中份额的多少。通常认为 $p=-2.15$ 时为烟羽垂向的下边界；$\Phi \approx 0$ 时，烟羽未进入混合层；$p=2.15$ 时为烟羽垂向的上边界；$\Phi \approx 1$，烟羽全部进入混合层（可参阅图 6-13）。

（2）熏烟地面浓度最大值　　设混合层高度 h_f 升至烟囱出口处的瞬时为时间原点（$t=0$）。结合图 6-13，当 $t=t_f$ 时，原处于稳定条件下的烟羽已向下风方向推流扩散，其起始点已从 $x=0$ 平流至 x_f [图 6-13（b）和（c）]。在 $0<x<x_f$ 一段的烟羽是 $t>0$ 之后在混合层中排出的，其扩散过程不属于熏烟问题。在 $x>x_f$ 处，原处于稳定条件下的部分烟羽进入混合层，由于卷夹和下沉作用，迅速在混合层内扩散呈均匀分布状态。随着 $\Phi(p)$ 的增加，混合层高度 h_f 将增高，同时 σ_{yf} 在多数情况下也增大。因此，由式（6-82）可知，C_f 在时间序列上必有一最大值 C_{fm} [参阅图 6-13（d）]。C_{fm} 不但是时间序列上的最大，也是这一时刻空间分布的最大。

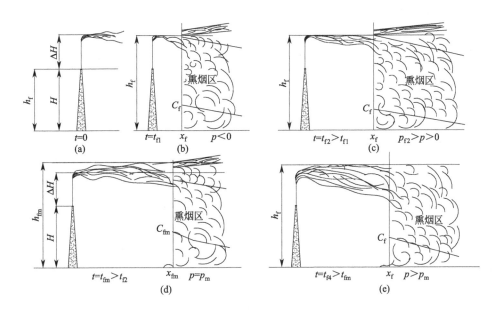

图 6-13 熏烟随时间变化过程示意

设 u 为常数，则 t 时刻，原稳定状态下的烟羽起始点从 $x=0$ 平流至 x_f，$x_f=ut$。

用 Δh_f 表示混合层自烟囱出口处向上的高度增量，则由式（6-83）可得：

$$\Delta h_f = \Delta H + p\sigma_z \tag{6-85}$$

如无实测值，Δh_f 和时间 t 的函数关系可由下式给出：

$$x_f = A(\Delta h_f^2 + 2H\Delta h_f) \tag{6-86}$$

$$A = \rho_a c_p u (4k_c) \tag{6-87}$$

$$k_c = 4.186\exp\left[-99\left(\frac{\mathrm{d}\theta}{\mathrm{d}z}\right) + 3.22\right] \times 10^3$$

$$\frac{\mathrm{d}\theta}{\mathrm{d}z} \approx \frac{\mathrm{d}T_a}{\mathrm{d}z} + 0.0098 \tag{6-88}$$

式中　ρ_a——大气密度，g/m^3；

　　　c_p——大气比定压热容，$J/(g \cdot K)$；

$\mathrm{d}\theta/\mathrm{d}z$——位温梯度，$K/m$，如无实测值，$\mathrm{d}\theta/\mathrm{d}z$ 可在 $0.005\sim0.015K/m$ 之间选取，弱
　　　　稳定（D、E）取下限，强稳定（F）取上限；

　　　T_a——大气温度。

由上述分析可知，p 与 x_f 相关，不能任意设定。时间 t 是 p 的函数，给定了 p 值相当
于给定时间 t。当 p 值给定且已知 $\sigma_z(x)$ 的函数形式后，x_f 应由式（6-86）确定。故可确
定最大地面浓度 C_{fm} 的迭代算法：

①　给定 p 的初始值，$p_0 = 2.15$；

②　由式（6-85）和式（6-86）确定 x_f；

③　按式（6-83）和式（6-84），根据已知的 $\sigma_z(x)$ 和 $\sigma_y(x)$ 的函数式，分别计算 h_f
和 σ_{yf}（其中 σ 中的 x 取为 x_f）；

④　由设定的 p 值按式（6-81）确定 $\Phi(p)$；

⑤　按式（6-82）计算 C_{f0}；

⑥ 根据要求的计算精度，设定 p 的计算步长 Δp（如取 $\Delta p=0.05$），取 $p_1=p_0-\Delta p$，再按①～⑤各步骤计算 C_{f1}。

若 $C_{f0}>C_{f1}$，则 $C_{fm}=C_{f0}$，否则再以 $p_2=p_0-2\Delta p$，按同样方法计算 C_{f2}，直至当 $C_{fn}>\max\{C_{fn-1},C_{fn+1}\}$，则可得 $C_{fm}=C_{fn}$。

若给定的 p_0 使②中 x_f 无解，应依次计算 p_1、p_2……时的 x_f，直至有解为止。

（3）烟熏浓度分布　通常不仅关心最大地面浓度的量值，也关心 $t=t_m$ 时刻出现最大值 C_{fm} 时，$x\geqslant x_{fm}$ 区间浓度的空间分布。以下用下标 m 表示对应于最大值 C_{fm} 的有关值。

对于 $0<x<x_f$ 一段的烟羽，可按不稳定条件的一般方法计算，其地面浓度和熏烟浓度相比要小得多。计算 $x>x_f$ 一段的熏烟浓度分布时，不能沿用从时间变化过程中求最大值的做法，而应把 t 固定在 t_m。此时，h_f（或 Δh_f）为常数（$h_f=h_{fm}$ 或 $\Delta h_f=\Delta h_{fm}$），由式（6-85）有：

$$p=p_m\sigma_{zm}/\sigma_z \tag{6-89}$$

如将扩散参数表示成如式（6-57）的幂指数形式，则

$$p=p_m\left(\frac{x_{fm}}{x}\right)^\alpha \tag{6-90}$$

式中　α——稳定状态时 σ_z 的回归指数。

由此可得熏烟浓度分布的计算步骤：

① 给定 x 值；

② 分别由式（6-90）、式（6-81）和式（6-84）确定 p、$\Phi(p)$ 及 σ_{yx}；

③ 取 $h_f=h_{fm}$；

④ 按式（6-82）计算 C_f。

四、复杂地形扩散模型

复杂地形对边界层结构也有突出影响。地形起伏和山脉的作用使得温度场、风场和湍流特征都与平原地区有很大的不同。复杂地形的丘陵、山区，流场呈现不均匀状态，即平均风速、风向以及湍流扩散的函数关系不再是处处一致。所以前面讨论过的正态模式特别是正态烟羽模式的适应性或假设条件已不再成立。仅在某些特定情况下，尚可采用对正态模式修正的办法处理。要从根本上解决丘陵、山区的模拟或预测问题，则需更为深入的研究。

1. 狭长山谷扩散模式

当盛行风和狭长山谷走向的交角小于 $45°$ 时，谷内的风向常同山谷走向一致。当谷内污染源排出的烟羽边缘接近山体两侧时，其横向扩散将受到两侧谷壁的限制。此时可借鉴应用虚源法处理逆温层反射问题的方法［见第四节及式（6-33）］。

（1）不考虑混合层反射时，用虚源法对式（6-26）修正后，可得地面浓度：

$$C(x,y,0)=\frac{Q}{\pi u_x\sigma_y\sigma_z}\exp\left[-\frac{H_e^2}{2\sigma_z^2}\right]\sum_m\left\{\exp\left[-\frac{(y-B+2mW)^2}{2\sigma_y^2}\right]\right.$$
$$\left.+\exp\left[-\frac{(y+B+2mW)^2}{2\sigma_y^2}\right]\right\} \tag{6-91}$$

式中　W——山谷平均宽度；

B——污染源至一侧谷壁的距离；

m——烟羽在两侧谷壁之间来回反射次数的序号；

其他符号意义同前。

经过一定距离后，烟羽横向浓度趋于均匀分布，地面浓度为：

$$C(x,y,0) = \left(\frac{2}{\pi}\right)^{\frac{1}{2}} \left[\frac{Q}{u_x W \sigma_z}\right] \exp\left[\frac{-H_e^2}{2\sigma_z^2}\right] \tag{6-92}$$

若为地面源，则地面浓度为：

$$C(x,y,0) = \left(\frac{2}{\pi}\right)^{\frac{1}{2}} \left[\frac{Q}{u_x W \sigma_z}\right] \tag{6-93}$$

排放口到烟羽边缘接触到谷壁时的距离 x_w，已知谷宽 W 时可由下式反算：

$$\sigma_y(x_w) = \frac{W}{4.3} \tag{6-94}$$

式 (6-94) 中的 4.3 是因为默认烟羽一侧的宽度为 $2.15\sigma_y$（参阅本节"三"）。

(2) 当考虑混合层反射时，类似式 (6-40) 将式 (6-91) 或式 (6-92) 等号右侧的 $\exp[-H_e^2/(2\sigma_z^2)]$ 代以混合层反射项即可：

$$\sum_{n=-\infty}^{\infty} \left\{\exp\left[-\frac{(2nh-H_e)^2}{2\sigma_z^2}\right] + \exp\left[-\frac{(2nh+H_e)^2}{2\sigma_z^2}\right]\right\} \tag{6-95}$$

一般情况下，谷底内地形复杂，两侧山体岩壁弯曲且具有一定的坡度，几乎难以具备类似于地面和混合层顶的反射界面，形成多次的反射。有学者提出了如下的山谷简化模型应用于实际计算中。

设谷宽为 W，点源距山谷两侧距离分别为 W_1 和 W_2，且 $W_2 > W_1$，则：

① 单侧壁影响模型。当山谷较宽且点源靠近谷地一侧时，只考虑单侧的一次反射，得点源地面浓度：

$$C(x,y,0) = \frac{Q}{\pi u_x \sigma_y \sigma_z} \exp\left(-\frac{y^2}{2\sigma_y^2}\right) \exp\left(-\frac{H_e^2}{2\sigma_z^2}\right) \exp\left(-\frac{y-2W_1}{2\sigma_y^2}\right) \tag{6-96}$$

② 两侧壁影响模型。当考虑山谷两侧的影响时，只考虑一次反射，得点源地面浓度：

$$C(x,y,0) = \frac{Q}{\pi u_x \sigma_y \sigma_z} \exp\left(-\frac{y^2}{2\sigma_y^2}\right) \exp\left(-\frac{H_e^2}{2\sigma_z^2}\right) \exp\left[-\frac{(y-2W_1)^2}{2\sigma_y^2}\right] \exp\left[-\frac{(y+2W_2)^2}{2\sigma_y^2}\right] \tag{6-97}$$

2. 山区丘陵模型

开发地形复杂的山区丘陵模型是较为困难的。通常只应用一些简单的山区扩散模型粗略地估算山区污染物的地面浓度。这些模型基本上都是通过对高斯模型烟轴高度修正方法反映地形对烟羽的影响。

(1) NOOA 模型　NOOA 模型是美国国家海洋和大气局（National Ocean and Atmosphere Administration）分析了起伏地形对烟流的影响，以高斯模型为基础建立的。基本要点是：

① 扩散参数和稳定度分级仍采用平原的 P-G-T 体系。

② 中性和不稳定条件下，假设烟流中心和地形的高差始终保持初始的有效源高，即烟流迹线与地面平行，随地形的起伏而起伏，从而消除地形的影响。此时地面轴线浓度为：

$$C(x,y,0)=\frac{Q}{\pi u_x \sigma_y \sigma_z}\exp\left(-\frac{H_e^2}{2\sigma_z^2}\right) \qquad (6\text{-}98)$$

③ 在稳定条件下，假定烟流保持其初始的海拔不变，此时地面轴线浓度为：

$$C(x,y,0)=\frac{Q}{\pi u_x \sigma_y \sigma_z}\exp\left[-\frac{(H_e-h_r)^2}{2\sigma_z^2}\right] \qquad (6\text{-}99)$$

式中　h_r——计算点地面高于烟囱底的高度，当 $h_r>H$ 时，取 $H_e-h_r=0$。

（2）PSDM 模型　PSDM 模型是美国环境研究与技术公司（Environmental Research and Technology Inc.）在高斯点源扩散模型基础上通过对有效源高进行修正而建立的。基本模型为：

$$C(x,y,0)=\frac{Q}{\pi u_x \sigma_y \sigma_z}\exp\left(-\frac{H_t^2}{2\sigma_z^2}\right) \qquad (6\text{-}100)$$

当 $h_r>H_e$ 时，$H_t=H_e$；当 $h_r<H_e$ 时，$H_t=H_e-h_r/2$。

五、干湿沉积及化学转化模型

1. 定义

干沉积指的是在重力、静电力以及其他生物学、化学和物理学等因素的作用下，污染物被地表（土壤、植物、水体）滞留或吸收，使这些物质连续不断地从大气向地表做质量转移，从而减少其在空气中的浓度的这一与降水作用无关的质量转移过程。

湿沉积指的是环境空气污染物（气态物质或浮游粒子）因雨、雪等各种形式降水而从大气中转移到地表面，减少其在空气中浓度的过程。

这里化学转化指的是大气中初生污染物由于发生化学反应变成新的污染物或放射性物质，发生放射性衰变，从而减少其在空气中浓度的过程。

概括地看，干沉积主要包括重力沉降和下垫面清洗两方面的作用，发生干沉积的污染物既有颗粒物也有气态物质。严格地讲，湿沉积分云中和云下两种清除机制，在工程中常把这两种机制结合起来考虑。化学转化是污染物在大气中转化的一个重要原因，大气中的每一种化学反应都随时随地改变其反应条件，发生各种各样的复杂化学反应，减少环境空气中的浓度，增加次生污染物的浓度。

2. 源衰减模型

源衰减模型的基本思想就是在前面常数源强的点源扩散模型基础上，将由沉积或化学转化作用引起的浓度随扩散距离的降低看作源强的衰减。

记环境空气污染物自烟囱出口排出后初始源强为 $Q(0)$，因沉积作用将随下风距离 x 逐渐衰减的源强记为 $Q(x)$，则源强 $Q(x)$ 为：

$$Q(x)=Q(0)\exp\left\{-\left(\frac{2}{\pi}\right)^{\frac{1}{2}}\left(\frac{V_d}{u}\right)\int_0^x \sigma_z^{-1}\exp\left[-\frac{H_e^2}{(2\sigma_z^2)}\right]\mathrm{d}\xi\right\} \qquad (6\text{-}101)$$

式中　V_d——沉积速度，m/s。

用 $Q(x)$ 替代式（6-25）中的 Q 便得到干沉积的源衰减模型。

类似干沉积源衰减模型的推导，假设环境空气污染物的初始源强因降水随下风距离 x 成指数衰减，则有：

$$Q(x) = Q(0)\exp\left(-\frac{\Lambda x}{u}\right) \tag{6-102}$$

式中　x——接受点的下风距离；

　　　u——烟囱出口处的风速；

　　　Λ——清除系数，s^{-1}。

用 $Q(x)$ 替代式（6-25）中的 Q 便得到湿沉积模型。

化学转化模型的推导，可令修正后的源强 $Q(x)$ 等于初始源强 $Q(0)$ 乘以修正因子 f_c：

$$Q(x) = Q(0)f_c = Q(0)\exp\left[-\frac{x}{(uT_c)}\right] \tag{6-103}$$

式中　T_c——环境空气污染物的时间常数；

　　　其他符号意义同前。

用 $Q(x)$ 替代式（6-25）中的 Q 便得到化学转化模型。

六、长期平均浓度模型

一般的扩散模型模拟计算得到的是 30min 等短期的平均浓度，但实际问题中需要了解污染源对环境的长期平均浓度影响，如对月、季、年的长期平均浓度感兴趣，这些也是环境管理和规划的常用指标。在这样长的时间内需要考虑风向、风速及大气稳定度的变化及其出现不同情况的频率，以便从统计意义上确定长期平均浓度。

1. 单点源长期平均浓度模型

设确定 n 个风方位，则任一风方位 i 离源距离为 x 点的长期平均浓度 C_i，可按式（6-104）计算：

$$C_i = \sum_j \left(\sum_k C_{ijk} f_{ijk} + \sum_k C_{Lijk} f_{Lijk}\right) \tag{6-104}$$

式中　$j，k$——稳定度和风速的分段序号；

　　　f_{ijk}——有风时风向方位、稳定度、风速联合频率；

　　　C_{ijk}——该联合频率在下风向 x 处有风时的浓度值，由式（6-105）给出；

　　　f_{Lijk}——静风或小风时，不同风方位和稳定度的出现频率；

　　　C_{Lijk}——f_{Lijk} 的静风或小风时的地面浓度。

$$C_{ijk} = Q\left[(2\pi)^{\frac{3}{2}} u\sigma_z \frac{x}{n}\right]^{-1} F \tag{6-105}$$

$$F = \sum_{l=-\infty}^{\infty} \left\{\exp\left[-\frac{(2lh-H_e)^2}{2\sigma_z^2}\right] + \exp\left[-\frac{(2lh+H_e)^2}{2\sigma_z^2}\right]\right\} \tag{6-106}$$

式中　n——风向方位数，一般取 16；

　　　其他符号意义同前。

2. 多源长期平均浓度模型

若污染源不止一个，参照式（6-104）则任一接受点 $(x，y)$ 的长期平均浓度为：

$$C(x,y) = \sum_i \sum_j \sum_k \left(\sum_r C_{rijk} f_{ijk} + \sum_r C_{Lrijk} f_{Lijk}\right) \tag{6-107}$$

式中　$C_{rijk}，C_{Lrijk}$——在接受点上风方向对应于 f_{ijk} 和 f_{Lijk} 联合频率的第 r 个源对接受点的浓度贡献。

C_{rijk}、C_{Lrijk} 的公式形式分别和 C_{ijk}、C_{Lijk} 相同，但应注意坐标变换（参考第四节多点源模型），将坐标转换到以接受点为原点，i 风方位为正 x 轴的新坐标后，再应用 C_{ijk} 或 C_{Lijk} 公式。

第六节　环境空气质量模型中的参数估计

在建立和推导环境空气质量模型时，引进了一些参数，它们是高架源排放时的烟羽有效高度 H_e，平均风速 u_x，大气湍流弥散系数 E_y、E_z 或标准差 σ_y、σ_x，混合高度 h，以及大气稳定度等。本节讨论上述参数的确定方法。

一、烟羽有效高度

废气排出烟囱之后，在其自身的动量和浮力（由大气和废气的密度差所产生）的作用下继续上升；上升到一定高度后，在大气湍流的作用下扩散。烟羽轴线与烟囱出口的高度差称为烟羽的抬升高度，记为 ΔH。烟羽抬升高度 ΔH 与烟囱的物理高度 H_1 之和，称为烟羽的有效高度 H_e（图 6-14），即：

$$H_e = H_1 + \Delta H \tag{6-108}$$

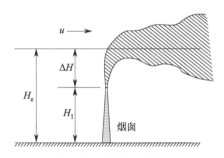

图 6-14　烟羽的有效高度

确定烟羽抬升高度的方法很多，有数值计算、风洞模拟、现场观测等。下面简要介绍由现场观测资料分析归纳出的几种计算公式。

1. 霍兰德（Holland）公式（1953 年）

霍兰德公式在中、小型烟源中应用较多，其计算式为：

$$\Delta H = (1.5 V_s d + 1.0 \times 10^{-5} Q_H) \sqrt{u_x} = \frac{V_s d}{u_x} \left(1.5 + 2.68 \times 10^{-3} p \frac{T_s - T_a}{T_s} d \right)$$

$$\approx \frac{V_s d}{u_x} \left(1.5 + 2.7 \frac{T_s - T_a}{T_s} d \right) \tag{6-109}$$

式中　ΔH——烟气抬升高度，m；

$\quad\quad V_s$——烟囱出口的烟气流速，m/s；

$\quad\quad d$——烟囱出口的内径，m；

$\quad\quad u_x$——烟囱出口处的平均风速，m/s；

$\quad\quad Q_H$——排出的烟气热量，J/s；

$\quad\quad p$——大气压，mbar，取 1000mbar（1mbar＝100Pa，下同）；

$\quad\quad T_s$——烟囱出口处的烟气温度，K；

T_a——烟囱出口处环境的大气温度，K。

排出的烟气热量 Q_H 按下式计算：

$$Q_H = 4.18 Q_m c_p \Delta T \tag{6-110}$$

$$\Delta T = T_s - T_a$$

式中　Q_m——单位时间内排出的烟气质量，g/s；

　　　c_p——比定压热容，J/（g·K），取 1.0J/（g·K）。

单位时间内排出的烟气质量又称烟气的质量流量，可按下式计算：

$$Q_m = (\frac{\pi d^2}{4} V_s) \frac{p}{R T_s} \tag{6-111}$$

式中　R——气体常数，mbar·m^3/（g·K）取 2.87×10^{-3} mbar·m^3/（g·K）。

霍兰德公式适用于大气稳定度为中性时的情况。如大气稳定度为不稳定时，应将 ΔH 的计算结果增加 $10\% \sim 20\%$，稳定时则应减少 $10\% \sim 20\%$。

2. 摩西-卡森（Moses-Carson）公式（1968 年）

该式适用于有风（$u_x > 1 m/s$）情况下的大型烟源（$Q_H \geqslant 8.36 \times 10^6$ J/s）。其计算式为：

$$\Delta H = (C_1 V_s d + C_2 Q_H^{1/2}) \sqrt{u_x} \tag{6-112}$$

式中　C_1，C_2——系数，是大气稳定度的函数，其取值参见表 6-2。

表 6-2　摩西-卡森公式的系数

大气稳定度	C_1	C_2
稳定	-1.04	0.145
中性	0.35	0.171
不稳定	3.47	0.33

3. 康凯维（CONCAWE）公式（1968 年）

CONCAWE 即西欧清洁空气和水的保护（Conservation of Clean Air and Water，Western Europe）的缩写。该公式适用于有风（$u_x > 1 m/s$）情况下的中、小型烟源（烟气流量为 $15 \sim 100 m^3/s$，$Q_H < 8.36 \times 10^6$ J/s），其计算式为：

$$\Delta H = 2.71 Q_H^{1/2} / \sqrt{u_x^{3/4}} \tag{6-113}$$

4. 布里格斯（Briggs）公式（1969 年）

在静风（$u_x < 1 m/s$）条件下，霍兰德公式、摩西-卡森公式和康凯维公式都不适用，一般都采用布里格斯公式。

（1）静风条件下的布里格斯公式

$$\Delta H = 1.4 Q_H^{1/4} \left(\frac{\Delta \theta}{\Delta Z} \right)^{-3/8} \tag{6-114}$$

式中　$\Delta \theta / \Delta Z$——大气竖向的温度梯度，℃/m，白天取 0.003℃/m，夜晚取 0.010℃/m。

（2）有风条件下的布里格斯公式　在有风条件下，按不同的大气稳定度计算烟羽的抬升高度。

① 当大气为稳定时：

$$\Delta H = 1.6 F^{1/3} x^{2/3} \sqrt{u_x} \quad （当 x < x_F 时） \tag{6-115}$$

$$\Delta H = 2.4 (F \sqrt{u_x} S)^{1/3} \quad （当 x \geqslant x_F 时） \tag{6-116}$$

② 当大气为中性或不稳定时：

$$\Delta H = 1.6F^{1/3}x^{2/3}\sqrt{u_x} \quad （当 x < 3.5x^* 时）\tag{6-117}$$

$$\Delta H = 1.6F^{1/3}(3.5x^*)^{2/3}\sqrt{u_x} \quad （当 x \geqslant 3.5x^* 时）\tag{6-118}$$

式中　x——烟囱下风向的轴线距离，m；

$\quad x_F$——在大气稳定时，烟气抬升达最高值时所对应的烟囱下风向的轴线距离，m；

$\quad F$——浮力通量，m^4/s^3；

$\quad S$——大气稳定度参数；

$\quad x^*$——大气湍流开始起主导作用的烟囱下风向的轴线距离，m，当 $F < 55m^4/s^3$ 时取 $x^* = 14F^{5/8}$，当 $F \geqslant 55m^4/s^3$ 时取 $x^* = 34F^{2/5}$。

上述各式中的 x_F、S 和 F 分别可以表示为：

$$x_F = \pi u_x / S^{1/2}\tag{6-119}$$

$$S = \frac{g}{T}\left(\frac{\Delta\theta}{\Delta z}\right)\tag{6-120}$$

$$F = gV_s\frac{d^2}{4}\left(\frac{T_s - T_a}{T_s}\right)\tag{6-121}$$

式中　g——重力加速度。

二、平均风速

平均风速是环境空气质量模型中最常用的参数之一。本书所指的平均风速为 x 轴方向的时间平均风速和空间平均风速。

低层大气中的风速随高度变化，表示风速随高度变化的曲线称为风速廓线。气象部门例行测定的风速都是指某一参照高度（如地面上空 10m 处）上的数值，而在环境空气质量模型中所用到的风速至少有两类：任一高度处的时间平均风速和由地面起算的任一高度内的竖向平均风速，其中时间平均风速主要用于计算排出烟囱的烟气抬升高度；竖向平均风速则主要用于大气扩散模拟。以下的风速均指时间平均风速。

1. 任意高度处的风速

风速廓线模式可以由地面风速推算任意高度处的风速，常用幂函数和对数函数的风速廓线模式，即风速与高度之间的关系有以下形式：

$$u_z = u_{z0}\left(\frac{z}{z_0}\right)^p\tag{6-122}$$

或

$$u_z = M\ln\left(\frac{z}{z_0}\right)\tag{6-123}$$

式中　u_z——高度 z 处的风速，$z > z_0$；

$\quad u_{z0}$——参考高度 z_0 处的风速，此值有时以 u_{10} 表示；

$\quad p$——风速的垂直分布指数，取值见表 6-3；

$\quad M$——比例常数。

式（6-122）称为风速的幂律分布模型，比较适用于高度在 100m 以内的范围；式（6-123）称为对数律分布模型，比较适用于高度在 100m 以上的高空。当 $z \leqslant z_0$ 时，通常取 $u_z = u_{z0}$。

幂指数 p 是大气稳定度的函数，其值列于表 6-3。

表 6-3　不同稳定度下的 p 值

稳定度分类	A	B	C	D	E、F
城市	0.1	0.15	0.20	0.25	0.30
乡村	0.07	0.07	0.10	0.15	0.25

2. 竖向平均风速

如果计算竖向平均风速的范围是由高度 z_1 至 z_2，其计算式为：

$$\bar{u} = \frac{1}{z_2 - z_1} \int_{z_1}^{z_2} u_z \, \mathrm{d}z \tag{6-124}$$

式中　$\bar{u}$——由高度 z_1 到 z_2 的竖向平均风速。

将式（6-122）代入并积分，得：

$$\bar{u} = \frac{u_{z0}}{p+1} \times \frac{z_2^{p+1} - z_1^{p+1}}{z_0^p (z_2 - z_1)} \tag{6-125}$$

若从地面到某一高度，即对于 $z_1 = 0$，$z_2 = z$，有：

$$\bar{u} = \frac{u_{z0}}{p+1} \left(\frac{z}{z_0}\right)^p \tag{6-126}$$

三、大气稳定度

大气稳定度是指大气层稳定的程度，如果气团在外力作用下产生了向上或向下的运动，当外力去除后，气团就逐渐减速并有返回原来高度的趋势，就称这时的大气是稳定的；当外力去除后，气团继续运动，这时的大气是不稳定的；如果气团处于随遇平衡状态，则称大气处于中性稳定度。

大气稳定度是影响污染物在大气中扩散的极重要因素。大气处在不稳定状态时，湍流强烈，烟气迅速扩散；大气处在稳定状态时，出现逆温层，烟气不易扩散，污染物聚集在地面，极易形成严重污染。在环境空气质量模型中，受大气稳定度直接影响的参数是标准差 σ_y、σ_z 和混合高度 h。鉴于大气稳定度的确定对于模拟、预测环境空气质量有着极大的影响，近几十年来对此做了大量的研究。目前用于大气稳定度分类的主要方法是帕斯奎尔（Pasquill）法、特纳尔（Turner）分级法等。

1. 帕斯奎尔法

帕斯奎尔根据地面风速、日照量和云量等气象参数，将大气稳定度分为 A、B、C、D、E、F 六级（表 6-4）。由于该方法可以按照一般的气象参数确定大气稳定度等级，应用比较方便。

表 6-4　帕斯奎尔稳定度分级

地面上 10m 处的风速 /(m/s)	白天 日照强度			阴云密布的白天或夜晚	夜晚云量	
	强	中	弱		薄云遮天或低云≥4/8	≤3/8
<2	A	A~B	B	D	—	—
2~3	A~B	B	C	D	E	F

地面上 10m 处的风速 /(m/s)	白天 日照强度			阴云密布 的白天或 夜晚	夜晚云量	
	强	中	弱		薄云遮天 或低云≥4/8	≤3/8
3～5	B	B～C	C	D	D	E
5～6	C	C～D	D	D	D	D
>6	C	D	D	D	D	D

注：1.A—极不稳定，B—不稳定，C—弱不稳定，D—中性，E—弱稳定，F—稳定。

2.A～B 级按 A、B 的数据内插。

3.日落前 1h 至次日日出后 1h 为夜晚。

4.不论何种天气状况，夜晚前后各 1h 为中性。

5.仲夏晴天中午为强日照，寒冬晴天中午为弱日照。

2. 特纳尔分级法

特纳尔在帕斯奎尔分级的基础上，根据日照等级及其他气象条件将大气稳定度分为七级，其步骤和方法如下。

第一步：根据太阳高度角 α 确定日照等级（见表 6-5）。

表 6-5 日照等级的确定

太阳高度角	$\alpha>60°$	$35°<\alpha\leqslant60°$	$15°<\alpha\leqslant35°$	$\alpha\leqslant15°$
日照等级	4	3	2	1

第二步：根据气象条件及日照等级确定净辐射指数 NRI（见表 6-6）。

表 6-6 净辐射指数的确定

时间	云量	云高	净辐射指数 NRI
白昼	≤5/10	—	等于日照等级
	>5/10	<2000m	日照等级−2
		2000m≤云高<5000m	日照等级−1
	10/10	>2000m	日照等级−1
夜晚	≤4/10	—	−2
	>4/10	—	−1
白昼+夜晚	10/10	≤2000m	0

注：如果白昼的条件与表中所列不符，可以取 NRI=日照等级。

第三步：由风速和 NRI 确定大气稳定度（表 6-7）。

表 6-7 特纳尔大气稳定度分级

u_x（m/s）	NRI						
	4	3	2	1	0	−1	−2
≤0.5	A	A	B	C	D	F	G
0.6～1.5	A	B	B	C	D	F	G
1.6～2.5	A	B	C	D	D	E	F
2.6～3.0	B	B	C	D	D	E	F
3.0～3.5	B	B	C	D	D	D	E
3.6～4.5	B	C	C	D	D	D	E
4.6～5.0	C	C	D	D	D	D	E
5.0～5.5	C	C	D	D	D	D	D
>6	C	D	D	D	D	D	D

注：A～G 所代表的大气稳定度级别与表 6-4 中的定义一致。

四、标准偏差 σ_y 和 σ_z

扩散方程的重要性质是在垂直于污染物迁移的方向上存在着浓度的正态分布。标准差 σ_y 和 σ_z 是高斯模型的重要参数。σ_y 和 σ_z 是由排放源到计算点的纵向距离（下风向）和大气稳定度的函数，也与烟羽的排放高度及地面粗糙度有关。通常，σ_y 和 σ_z 的值随高度和地面粗糙度的增加而降低。

σ_y 和 σ_z 的值可以用示踪实验方法现场测定，也可以由大气湍流特征确定。目前应用较多的有帕斯奎尔模型、雷特尔（Reuter）模型等。

1. 帕斯奎尔模型

帕斯奎尔提出一组计算 σ_y 和 σ_z 的式子，它们适用于地面粗糙度很低的情况。

$$\sigma_y = (a_1 \ln x + a_2)x \tag{6-127}$$

$$\sigma_z = 0.465 \exp(b_1 + b_2 \ln x + b_3 \ln^2 x) \tag{6-128}$$

式中，参数 a_1、a_2、b_1、b_2 和 b_3 都是大气稳定度的函数，它们的值列于表 6-8。

表 6-8　帕斯奎尔扩散参数

稳定度分级	A	B	C	D	E	F
a_1	−0.023	−0.015	−0.012	−0.006	−0.006	−0.003
a_2	0.350	0.248	0.175	0.108	0.088	0.054
b_1	0.880	−0.985	−1.186	−1.350	−3.880	−3.800
b_2	−0.152	0.820	0.850	0.893	1.255	1.419
b_3	0.147	0.017	0.005	0.002	−0.042	−0.055

2. 雷特尔模型

雷特尔（Reuter）根据气象参数（主要是风速）导出如下表达式：

$$\sigma_y = Bt^b \tag{6-129}$$

$$\sigma_z = At^a \tag{6-130}$$

$$t = x / \overline{u}$$

式中　　　$\overline{u}$——平均风速；

A，B，a，b——大气稳定度的函数。

表 6-9 给出了 A、B、a、b 的值，表中的大气稳定度按特纳尔分级法分类。

表 6-9　雷特尔扩散参数

参数	稳定度分类					
	A	B	C	D	E	F
B	0.46	0.50	0.94	1.07	1.11	1.27
b	0.73	0.80	0.80	0.84	0.87	0.90
A	0.32	0.74	0.64	0.90	0.83	0.09
a	0.50	0.57	0.70	0.76	0.89	1.46

3. 布里格斯（Briggs）公式

Briggs 根据几种扩散曲线，给出了一组适用于高架源的公式（表 6-10）。

表 6-10　σ_y 和 σ_z 的 Briggs 近似公式

帕斯奎尔类别	σ_y	σ_z
开阔乡间条件		
A	$0.22\times(1+0.0001x)^{-1/2}$	$0.20x$
B	$0.16\times(1+0.0001x)^{-1/2}$	$0.12x$
C	$0.11\times(1+0.0001x)^{-1/2}$	$0.08\times(1+0.0002x)^{-1/2}$
D	$0.08\times(1+0.0001x)^{-1/2}$	$0.06\times(1+0.0015x)^{-1/2}$
E	$0.06\times(1+0.0001x)^{-1/2}$	$0.03\times(1+0.0003x)^{-1}$
F	$0.04\times(1+0.0001x)^{-1/2}$	$0.016\times(1+0.0003x)^{-1}$
城市条件		
A～B	$0.32\times(1+0.0004x)^{-1/2}$	$0.14\times(1+0.001x)^{1/2}$
C	$0.22\times(1+0.0004x)^{-1/2}$	$0.20x$
D	$0.16\times(1+0.0004x)^{-1/2}$	$0.14\times(1+0.0003x)^{-1/2}$
E～F	$0.11\times(1+0.0004x)^{-1/2}$	$0.08\times(1+0.00015x)^{-1/2}$

4. 特纳尔公式

Turner 提出 $\sigma_T=\gamma T^\alpha$ 的时间指数形式，γ、α 在不同稳定度下扩散参数可选用表 6-11 的值，此表中稳定度采用特纳尔分级法，共分为 7 个等级。

表 6-11　Turner 扩散参数

项目	稳定度	γ	α	扩散时间 T/s
σ_y	A	1.92091	0.884785	>0
	B	1.42501	0.890339	>0
	C	1.01538	0.896354	>0
	D	0.682402	0.886706	>0
	E	0.610032	0.885474	>0
σ_z	A	0.228205	1.16593	$0\sim500$
		0.049064	1.41327	$500\sim2000$
		0.017258	1.55074	>2000
	B	0.360763	1.01128	$0\sim1000$
		0.192024	1.110256	>1000
	C	0.426406	0.912511	>0
	D	0.44905	0.855756	$0\sim1000$
		1.30023	0.701154	>1000
	E	0.523275	0.77422	$0\sim1000$
		1.408	0.630929	$1000\sim3000$
		4.09832	0.497485	>3000
	F	0.64	0.69897	$0\sim1000$
		1.024	0.630929	$1000\sim3000$
		4.65031	0.441928	>3000
	G	0.773470	0.620945	$0\sim1000$
		1.74808	0.502905	$1000\sim3000$
		7.28360	0.324659	>3000

五、混合层高度

1. 混合层的含义

（1）绝热递减速率　当一个空气团上升时，因压力降低而膨胀，而膨胀的结果是引起温度的降低。如果周围的空气以同样的速度下降，在气团与其周围大气之间就不存在热交换，这时所发生的过程是绝热的。也就是说，在上升气团和它周围的空气之间没有能量交换。这种空气绝热升降过程中，每升高单位距离引起气温变化的速率负值称为干空气温度垂直绝热递减速率，简称绝热递减速率，通常用 γ_d 表示：

$$\gamma_d = -dT/dz \qquad (6\text{-}131)$$

式中 T——温度；

　　　　z——地面上的高度；

　　　　$\gamma_d \approx 1℃/100m$。

（2）垂直空气温度递减速率对污染物扩散的影响   如果一个气团的温度递减速率与大气的绝热递减速率相同，这个气团就总是处在与其周围相同的温度与压力之下，就不受任何作用力。但这是一种不稳定的平衡条件，很小的一个作用力就会引起气团的无约束运动。如果气团的温度递减速率大于绝热递减速率，如图 6-15（a）所示，上升的气团就会被加热，且其密度要比周围空气小一些，就会受到周围空气的向上的推力（浮力），继续上升。所以，当大气的温度递减速率大于绝热递减速率时，就形成不稳定的大气状态。当大气的温度递减速率小于绝热递减速率时，如图 6-15（b）所示，一个上升的气团比其周围的大气温度更低且密度更高，该气团受到一个向下的作用力，而一个向下运动的气团则受到一个向上的作用力。也就是说，在这种情况下一个气团的位移总是受到一个恢复力的作用，所以它总是处在稳定状态。

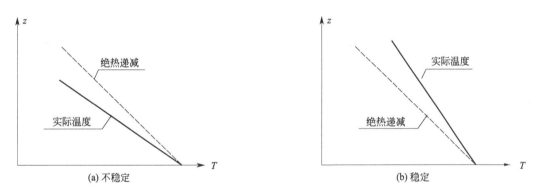

图 6-15   温度分布与大气的稳定性

实际的垂直空气温度递减速率与污染物的扩散有密切关系。大气温度的垂直分布状况决定了大气的稳定程度。大气越不稳定，湍流发展越充分，排放的污染物就越容易向空间扩散。垂直空气温度递减速率对污染物的扩散影响见图 6-16。

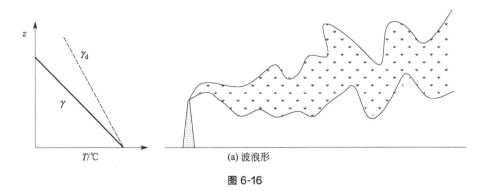

图 6-16

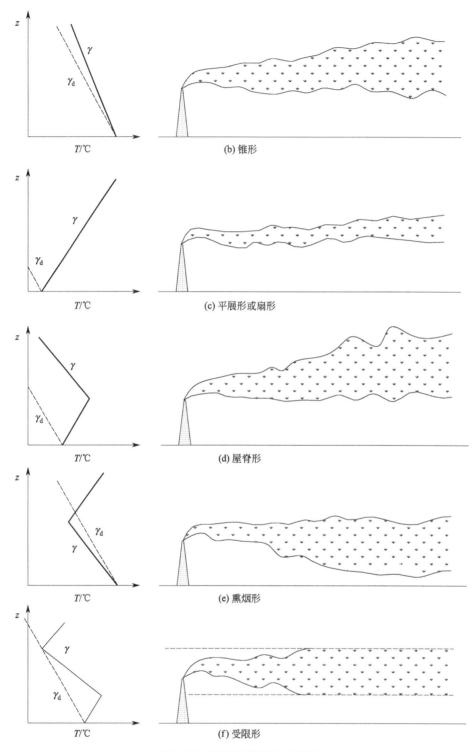

图 6-16　温度竖向分布与大气扩散

① 波浪形 ［图 6-16 （a）］。$\gamma - \gamma_d > 0$，烟羽呈波浪状，多为白天，发生在不稳定大气中，污染物扩散良好。

② 锥形 [图 6-16（b）]。$\gamma-\gamma_d \approx 0$，烟羽呈锥状，发生在中性大气中，污染物扩散比波浪形差。

③ 平展形或扇形 [图 6-16（c）]。$\gamma-\gamma_d < -1$，烟羽垂向扩散很小，像一条带子飘向远方，俯视呈扇形展开。发生在烟囱出口处于逆温层中时。

④ 屋脊形 [图 6-16（d）]。烟羽呈屋脊状，发生在日落前后，烟羽的下部是稳定的，而上部则是不稳定的。

⑤ 熏烟形 [图 6-16（e）]。烟羽下部 $\gamma-\gamma_d > 0$，上部 $\gamma-\gamma_d < -1$。烟羽下部位于不稳定的大气中，上部位于逆温层中。

⑥ 受限形 [图 6-16（f）]。发生在烟囱出口上方和下方的一定距离内大气不稳定的区域，而这一范围以上或以下为稳定的。

地面受到太阳加热时，在近地面几百米处常出现超绝热递减速率。这时，湍流会得到充分发展，污染物可以扩散到较高的高度。在日落至日出这一段时间，由于地面热量的大量流失，实际的空气温度递减速率低于绝热递减速率，即形成逆温层。在逆温条件下，污染物很难向高空扩散，往往出现污染严重的不利气象条件。

（3）混合层高度的含义　大气边界层的高度（或厚度）和结构与大气边界层内的温度分布或大气稳定度密切相关。中性和不稳定时，由于动力或热力湍流的作用，边界层内上下层之间产生强烈的动量或热量交换。通常把出现这一现象的层称为混合层（或大气边界层），其高度称为混合层高度。

混合层高度的值主要取决于逆温条件。混合层向上发展时，常受到位于边界层上边缘的逆温层底部的限制。与此同时也限制了混合层内污染物的再向上扩散。有研究表明：这一逆温层底（即混合层顶）上下两侧的污染物浓度可相差 5～10 倍。混合层厚度越小这一差值就越大。

2. 混合层高度确定

在用箱式模型计算环境空气质量时，箱子的高度就是混合高度；在用扩散模型计算污染物的分布时要考虑上下界面的反射作用，上下界面间的高度也就是混合高度。

混合高度通常是由逆温条件确定的，可利用在其上边缘速度梯度趋近于零的条件导出。具体推导时用的条件是：令混合层上边缘的动量垂直通量等于其地面值的 5%。下列公式就是根据这一导出结果进一步做了常规参数化处理后得出的。

① 当大气稳定度为不稳定或中性（A、B、C 或 D 类）时：

$$h = a_s \frac{u_{10}}{f} \tag{6-132}$$

② 当大气稳定度为稳定（E 或 F 类）时：

$$h = b_s \left(\frac{u_{10}}{f}\right)^{\frac{1}{2}} \tag{6-133}$$

$$f = 2\Omega \sin\varphi \tag{6-134}$$

式中　h——混合层高度，m；

u_{10}——10m 高度处平均风速，m/s，大于 6m/s 时取为 6m/s；

a_s，b_s——边界层系数，按表 6-12 选取；

f——地转参数；

Ω——地转角速度，r/s，可取 $\Omega = 7.29 \times 10^{-5}$ r/s；

φ ——地理纬度，(°)。

表6-12　我国各地区a_s和b_s值

地区	a_s				b_s	
	A	B	C	D	E	F
新疆、西藏、青海	0.090	0.067	0.041	0.031	1.66	0.70
黑龙江、吉林、辽宁、内蒙古、北京、天津、河北、河南、山东、山西、宁夏、陕西（秦岭以北）、甘肃（渭河以北）	0.073	0.060	0.041	0.019	1.66	0.70
上海、广东、广西、湖南、湖北、江苏、浙江、安徽、海南、台湾、福建、江西	0.056	0.029	0.020	0.012	1.66	0.70
云南、贵州、四川、甘肃（渭河以南）、陕西（秦岭以南）	0.073	0.048	0.031	0.022	1.66	0.70

注：静风区各类稳定度的 a_s 和 b_s 可取表中的最大值。

例如：我国华北某地，$\varphi = 38°$，中性时，$u_{10} = 4$m/s，其他稳定度，$u_{10} = 2$m/s。将已知值代入式（6-132）及式（6-133）后，可得各类稳定度的 h 值，如表6-13所列。

表6-13　混合层高度 h 算例　　　　　　　　　　　单位：m

大气稳定度	A	B	C	D	E	F
边界层高度	1620	1332	910	844	247	104

第七节　环境空气质量模型软件系统简介

近年来，环境空气质量模型的研究及应用软件的开发取得了长足的进展，环境空气理论研究成果不断地应用于环境空气评价、预测、管理和规划等实践中。由中国国家气象科学研究院开发的 CAPPS 是我国颇具代表性的环境空气质量模型，而国外研究开发的环境空气质量模型较多，如美国国家环保局工业源复合模型 ISCM（industrial source complex model）、具有模拟光化学烟雾特色的城市空气包模型 UAM（urban airshed model）等，国际应用系统研究所针对 SO_2 和酸雨开发的 RAINS（regional air pollution information and simulation）模型，国际能源机构针对能源合理使用和 CO_2 减排问题开发的 MARKAL（market allocation）模型等。这里简要介绍英国剑桥环境研究公司开发的 ADMS（air dispersion model system）大气扩散模型系统和中科宇图天下科技有限公司开发的环境空气质量预测预报集成系统。

一、ADMS 模型系统

1. ADMS 模型系统概况

ADMS 是由剑桥环境研究公司发展而来的大气扩散模型系统。其研究始于 1988 年，用具有突出优势的、基于边界层高度和 Monin-Obukhov 长度的边界层结构参数方法取代美国 ISC 或其他模型中多采用不精确的边界层特征定义的 Pasquill 稳定参数方法，1993 年发布了 ADMS 第一版本，紧接着于 1995 年发布了多源版本 ADMS 2，1999 年 2 月发布了 ADMS 3

版本，完善用户界面，增加绘图功能及与 ArcView GIS、MapInfo、Excel 的接口，输出结果或者通过国际互联网（Internet）展示。ADMS 是一个三维高斯模型，以高斯分布公式为主计算污染浓度，但在非稳定条件下的垂直扩散使用了倾斜式的高斯模型。烟羽扩散的计算使用了当地边界层的参数，化学模块中使用了远处传输的轨迹模型和箱式模型。

2. ADMS 的功能

ADMS 的主要功能包括：应用了基于边界层高度和 Monin-Obukhov 长度的边界层结构参数的物理知识，Monin-Obukhov 长度是一种由摩擦力速度和地表热通量而定的长度尺度；"局地"高斯模型被嵌套在一个轨迹模型中以便较大的地区（如大于 $50km \times 50km$）也可以使用此扩散模型；能处理所有的污染源类型（点源、道路源、面源、网格源和体源），同时模拟 3000 个网格污染源、1500 个道路污染源和 1500 个工业污染源（有点、线、面和体污染源）；一个内嵌的街道窄谷模型；包括干湿沉降、化学反应模块，化学反应模块包括计算一氧化氮、二氧化氮和臭氧之间的反应；使用污染排放因子的数据库计算交通源的排放量；直接与排污清单数据库连接；气象预处理器可自动处理各种输入数据，计算边界层参数，气象数据可以是原始数据、小时值或经统计分析的数据；模型中使用了在对流情况下的非高斯垂直剖面，这可以容许考虑在大气边界层中湍流歪斜的性质，解决这种现象导致的近地表的高浓度现象；计算复杂地形和建筑物周围的流动和扩散。模型可处理各种基本气态污染物：SO_2、NO_x、NO_2、CO、VOCs、苯化物、芳香烃、臭氧、PM_{10}（$PM_{2.5}$）、总悬浮颗粒物（TSP）等。

3. ADMS 的模块构成

（1）ADMS-Screen 模块　即 ADMS-评价（或筛选）模块。适合用于快速计算来自单个点源的污染物地表浓度及单个建筑物影响，方便地将计算浓度与中国Ⅰ、Ⅱ、Ⅲ级标准和世界卫生组织标准及欧盟标准比较，特别适合于恶劣（最坏）情况下对烟囱源的初步评价，以及对新建工厂的可行性研究进行法律规定的环境影响评价。

（2）ADMS-Industrial 模块　即 ADMS-工业模块。可计算来自多点源、线源、面源和体源的污染浓度。系统包括气象预处理模块、干湿沉降模块、复杂地形的影响模块、建筑物和海岸线的影响模块、烟羽可见度模块、放射性和化学模块，并可计算短期（秒）内的污染高峰浓度值，及对臭味的预测。输入数据、输出结果均可与地理信息系统（GIS）连接，易于分析模型结果。"ADMS-工业"是为计算更详细的一个或多个工业污染源的空气质量影响而设计的。

（3）ADMS-Roads 模块　即 ADMS-道路模块。可计算来自道路交通和临近工业或民用取暖等的点源、线源、面源和体源的污染浓度。包括 NO_x 模型、光化学模型、街区峡谷模型，具有高分辨率的浓度等值线图；其输入、输出与地理信息系统（GIS）连接，易于分析模型结果。"ADMS-道路"主要是为计算详细的一个或多个道路污染源的空气质量影响而设计的。

（4）ADMS-Urban 模块　即 ADMS-城市模块。ADMS-城市系统是大气扩散模型系统（ADMS）系列中最复杂的一个系统。模拟城市区域来自工业、民用和道路交通的污染源产生的污染物在大气中的扩散。ADMS-城市模块用点源、线源、面源、体源和网格源模型来模拟这些污染源。可以考虑到的扩散问题包括最简单的（例如一个孤立的点源或单个道路源）到最复杂的（如一个大型城市区域的多个工业污染源，民用和大的道路交通面源污染排放）城市问题。还包括 NO_x 模型、光化学模型、街区峡谷模型和一个完整连接的地理信息系统（GIS），允许用户在城市地图上显示高分辨率的浓度等值线图。"ADMS-城市"是为详细评价和预测城市区域的环境空气质量而设计的，也可用于空气质量管理战略的发展、城市规划评价以及空气质量预报。

（5）ADMS-Emit 模块　即 ADMS-排污清单管理工具。可以有效地编制包括有毒物质、温室气体及地理信息，利用强大的排污因子库通过实测数据计算各类源强。排污清单中污染物包括：区域性污染物，如 SO_2、NO_x、CO、苯化物、颗粒物、丁二烯等；温室气体，如 CO_2、CH_4 等；铅、汞、TSP、苯并芘、氟化碳等。污染源类型包括了道路、铁道、工业及居民区。同时管理工具中具有与 GIS 集成的、污染源可编辑和可视化特性的地图编辑器。这些使得地方机构回顾性评估所进行的排污和有毒污染物调查，以及为达到 21 世纪议程和京都协议的目标所进行的温室气体排放调查变得容易得多。

（6）FLOWSTAR 模块　即复杂地形的气流模型。可用于农场规划的风场预测、风力敏感结构区工程的气流预测、破坏性风力条件下森林的暴露评价以及复杂地形大气扩散模型和烟羽轨迹与扩展计算中。模型包括了复杂地形的影响和分层大气及可变地表粗糙率的作用。FLOWSTAR 是为计算大气边界层平均气流和湍流剖面而设计的。

（7）GASTAR 模块　即有害高浓度气体扩散模型。可用于进行烟雾、热污染源等喷发、喷射、瞬时排放模拟，包括两相喷射源及复杂地形影响的模拟；可计算烟羽有效宽度，池类构筑物内蒸发性物质在其上空的运移变化、任意方向和高度喷射排放等。该模块是为风险评价、土地利用规划、紧急相应规划以及管理而设计的。

4. ADMS 的基本计算模型

ADMS 包括的基本计算模型有气象参数预处理、边界层参数化处理、干沉积、湿沉积、放射性排放、臭气、化学过程、平均浓度、多源排放、烟羽抬升、喷发排放、复杂地形（有山体、建筑物等）下排放（面、线、体源）、海岸线熏烟、浓度波动分析、长期平均浓度等。各模型的具体表达形式可查阅相关资料。

ADMS 已于 2001 年通过我国环境保护总局的软件论证并获得证书，在我国不少地区使用，具有较好的应用效果。

二、环境空气质量预测预报集成系统

1. 系统概况

环境空气质量预测预报集成系统由中科宇图天下科技有限公司依托我国相关科研院所在环境空气质量数值预报和遥感监测等方面的先进科研成果而开发的，是基于 B/S、net、Oracle、WebGIS 等系统架构和技术平台，结合多层体系结构分布式系统设计技术、数据缓存技术等信息技术，以及环境空气质量多模式（中科院大气所的 NAQPMS 模型，美国 EPA 的 CMAQ 模式和 CAMx 模式，中尺度气象模式）集合预报技术、环境空气质量多源卫星遥感监测技术、空气质量条件指数预报技术、大气后向轨迹分析技术，开发的集空气质量监测数据、气象观测数据、污染源等基础信息接入、传输、管理以及空气质量预报结果会商、制作、发布于一体的决策支持系统。该系统可为区域性环境空气污染的联防联控提供决策依据，并已在西安世界园艺博览会、广州第 16 届亚运会环境空气质量保障的应用中取得了较好效果。

2. 系统功能

（1）空气质量预报 建立空气质量卫星遥感监测和空气质量条件指数预报系统，提供 PM_{10} 等各种主要影响空气质量的大气成分的卫星遥感结果，可实现区域未来 12h、24h、48h 和 72h，甚至 7 天的空气质量条件指数预报。建立空气质量条件指数与 API 及主要污染物 PM_{10} 质量浓度数学统计关系，实现空气质量等级定性预报。

（2）多源卫星遥感数据库 建立了空间分辨率 1km、可满足区域尺度的环境空气污染遥感监测需求的 MODIS、TM 或我国环境小卫星 HJ-1A/B、SCIAMACHY、OMI 等多源卫星遥感数据库，可提供逐日目标地区多种空间尺度的 VOCs（挥发性有机化合物）、NO_2、O_3、SO_2、UV Index、PM_{10} 浓度的时空分布图，为灰、霾等环境空气污染事件的空间分布及其扩散、传播提供直观的图解。

（3）大气后向轨迹分析 利用地理信息系统（GIS）和大气后向轨迹模型，进行目标区域灰、霾等环境空气污染事件的追踪溯源，定量解析周边地区对目标区域环境空气污染的贡献率。

（4）中尺度天气预报 采用国内外先进的中尺度数值天气预报模型或城市尺度数值天气预报模型，较为精细准确地模拟目标区域的天气状况，为空气质量预报业务提供数值天气预报，同时输出污染扩散模型可识别的气象场，驱动污染扩散模型的运行，实现 MM5 气象模式在 infiniband 高速网络的并行。

（5）多模型系统集成 根据需要对中科院大气所模式 NAQPMS，美国 EPA 的 CMAQ 模式、CAMx 模式进行模式系统集成，按照各模型的特点和运算需求合理分配软硬件资源，特别是配置合理的网络环境。在满足预报的时效性要求条件下，进行各专用模型独立自动运行，对各模型的预报输出进行有效的组织和应用。

（6）动态诊断与可视化 采用多维图形显示及 GIS 技术，对气象及污染扩散模型的模拟及预测数据进行动态诊断及显示。

3. 系统模块构成

环境空气质量预测预报集成系统目前主要以项目形式开发利用，针对具体目标区域、研究问题等进行系统的结构组织与设计，尚未以产品形式进入市场，系统模块构成未定型。主要系统构成模块有系统输入输出模块、污染物输移扩散模块、空气质量综合指数模块、大气后向轨迹分析模块、系统外联模块、系统信息可视化模块等。

4. 系统特点

① 将 GIS 与多模式集合预报技术结合起来，通过模型与 GIS 的外联式集成，形成环境空气质量预测预报信息发布展示能力，提供空间、属性数据一体化的统计分析功能和多种空间决策功能。

② 将多模式集合预报系统与环境空气质量在线监测系统有机结合，实现了预测结果与环境监测信息的自动比较分析，为集合预报系统中各个模式所占权重的动态调整提供依据，在业务化运行中不断提升了模式预报精度。

③ 在统一的平台内将卫星遥感监测、大气后向轨迹分析、空气质量条件指数预报和环境空气质量在线监测信息结合起来，实现多元数据的融合和系统集成，通过多种技术的综合研判，为环境空气质量管理提供决策支持。

习题与思考题

1. 分析对比环境空气污染物扩散过程与河流污染物扩散过程的异同。

2. 某城市建有一火力发电厂，以煤为燃料，年燃煤量为 $150 \times 10^4 t$，煤的含硫量为 1.05%，燃煤时的 SO_2 转化率为 90%。全市居民 40 万人，约 12 万户，生活用煤平均每户每月 150kg，民用燃煤含硫量为 0.58%，SO_2 转化率为 60%。计算该市每年由电厂和生活产生的 SO_2 量。

3. 已知某工业基地位于一山谷地区，计算的混合高度 $h=120m$，该地区长 45km、宽 5km，上风向的风速为 2m/s，SO_2 的本地浓度为 0。该基地建成后的计划燃煤量为 7000 t/d，煤的含硫量为 3%，SO_2 转化率为 85%。试用单箱模型估计该地区的 SO_2 浓度。

4. 数据同上题，若将混合高度等分为 4 个子高度，将长度 45km 等分为 5 个子长度，各层间的弥散系数 $D_z=0.25m^2/s$。试写出用多箱模型计算 SO_2 浓度的矩阵方程，并计算各子箱的 SO_2 浓度。

5. 已知烟囱的物理高度为 60m，排放热流量为 $10 \times 10^4 kW$，计算平均风速为 6m/s，SO_2 排放量为 650g/s，试计算自地面至 240m 高处的 SO_2 浓度在下风向 800m 处轴线上的垂直分布（中性稳定度）。

6. 已知某工厂排放 NO_x 的速率为 100g/s，平均风速为 5m/s，如果控制 NO_x 的地面浓度增量为 $0.15mg/m^3$，试求所必需的烟囱有效高度（中性稳定度）。

7. 已知混合高度为 150m，平均风速为 4.5m/s，烟囱有效高度为 90m，飘尘的排放量为 35g/s，试求下风向 350m 处轴线上的地面飘尘浓度增量（中性稳定度）。

8. 已知烟囱排放总悬浮颗粒物的速率为 54g/s，颗粒物的沉降速度为 0.05m/s，系数 $\alpha=0.5$，其余数据同上题，试求下风向 350m 处的轴线地面浓度。

9. 有一长度为 120m 呈直线分布的农业垃圾燃烧带，估计其烟尘总排放速率为 100g/s。当风速以 3m/s 垂直于直线分布的燃烧带吹过时，计算距这一燃烧带中点下风向 400m 的烟尘浓度和距这一燃烧带一端下风向 400m 的烟尘浓度（中性稳定度）。

10. 在某城区中以边长 1500m×1500m 的正方形区域进行排放编目，每一方格区域估计 SO_2 排放量为 5000g/s。设区内排放源的平均有效高度为 15m。试预测计算在大气中性稳定 E 度、风速 3m/s 的南风时 SO_2 在下风向相邻区域中心造成的浓度贡献。

第七章
水污染控制系统分析

第一节　系统的组成与分类

一、水污染控制系统组成

水污染控制系统由水污染物发生子系统、污水收集与输送子系统、污水处理与中水回用子系统和接受水体子系统四部分组成（图7-1）。

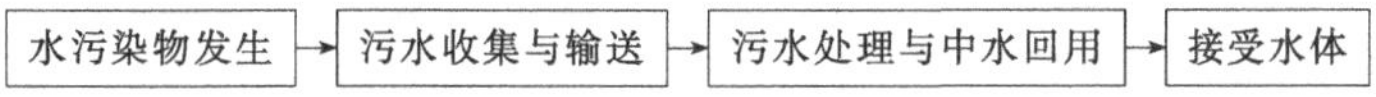

水污染物发生 → 污水收集与输送 → 污水处理与中水回用 → 接受水体

图 7-1　水污染控制系统的组成

1. 水污染物发生子系统

水污染物发生（水污染源）子系统主要由各类水污染源组成。水污染源是造成水域环境污染的污染物发生源，通常是指向水域排放污染物或对水环境产生有害影响的场所、设备和设置。按污染物的来源不同，水污染源可分为天然污染源和人为污染源两大类，其中人为污染源按人类活动的方式可分为工业污染源、农业污染源、交通运输污染源和生活污染源。按污染物排放种类的不同，水污染源可分为有机、无机、热、放射性、重金属、病原体等的污染源以及同时排放多种污染物的混合污染源；按污染源的空间分布方式分类，水污染源可分为点源（如城市污水和工矿企业与船舶等废水排放口）和面源（也称非点源，如农田灌溉退水、城市地表径流与养殖废水等）；按受纳水体分类，水污染源可分为地面水污染源、地下水污染源、海洋污染源；按污染源排放时间分类，水污染源可分为连续性污染源、间断性污染源和瞬时性污染源；按污染源位置分类，水污染源可分为固定污染源和流动污染源。

2. 污水收集与输送子系统

污水收集与输送子系统是指将污水由污染源输送到污水处理厂的污水管道和污水提升泵站，亦指将污水由一个区域转输到另外一个区域的污水转输系统。污水、雨水收集与输送的方式主要包括合流制和分流制两种。

（1）合流制排水系统　是将生活污水、工业废水和雨水混合在同一管渠内排出的系统。最早出现的合流制排水系统，是将排出的混合污水不经处理直接就近排入水体（如图7-2所示）。但由于污水未经无害化处理就排放，受纳水体遭受严重污染。现常采用的是截流式合流制排水系统（如图7-3所示），在临河岸边建造一条截流干管，同时在合流干管与截流干管相交前或相交处设置截流井，并在截流干管下游设置污水厂，晴天和初降雨时所有污水都排送至污水厂，经处理后排入水体；随着降雨量的增加，雨水径流也增加，当混合污水的流量超过截流干管的输水能力后就有部分混合污水经截流井溢出，直接排入水体。截流式合流制排水系统较前一种方式前进了一大步，但仍有部分混合污水未经处理直接排放，使水体遭受污染，即合流制污水溢流（combined sewage overflow，CSO）问题。

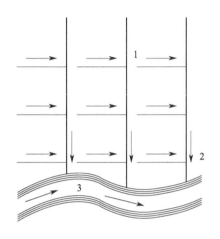 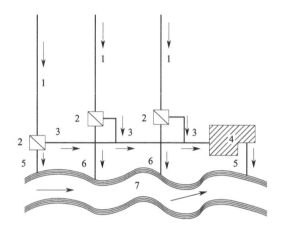

图 7-2　直排式合流制排水系统
1—合流支管；2—合流干管；
3—河流

图 7-3　截流式合流制排水系统
1—合流干管；2—溢流井；3—截流主干管；
4—污水厂；5—出水口；6—溢流干管；7—河流

（2）分流制排水系统　是将生活污水、工业废水和雨水分别在两个或两个以上各自独立的管渠内排出的系统（如图 7-4 所示）。即使是分流制也存在初期雨水污染问题，因此又出现了半分流制排水系统（如图 7-5 所示），即在雨水管入河前修建一个跳跃井，将城市地表径流污染较重的初期雨水截入污水处理厂处理。

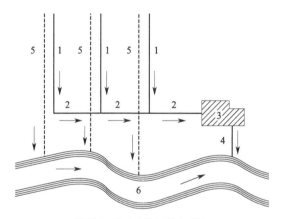

图 7-4　完全分流制排水系统
1—污水干管；2—污水主干管；3—污水厂；4—出水口；5—雨水干管；6—河流

3. 污水处理与中水回用子系统

污水处理系统是改善水体的核心部分。污水处理的方法很多，如例行的污水一级、二级处理，氧化塘处理，土地处理等。在污水处理系统中，污染物的去除量是可控变量。通过调节污水处理程度来调节污染物的排放量，从而达到改善水环境的目标。在水资源短缺地区，污水处理的另一个目的是作为再生水资源实现重复利用。

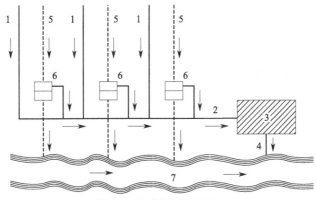

图 7-5　半分流制排水系统

1—污水干管；2—截流干管；3—污水厂；4—出水口；5—雨水干管；6—跳跃井；7—河流

4. 接受水体子系统

水体是污水的最终出路，接受污水的水体包括河流、湖泊、海湾等。水体的水质是一个地区环境质量的一部分。水体的水质标准是根据一个地区的政治、经济、文化等因素制定的，是水污染控制系统分析的主要依据。

水污染控制方法很多。早期的方法是针对每个小区的排水修建污水处理厂，控制污染物的排放量；随后，由于经济的发展和技术的进步，有必要和有可能修建大型污水处理厂，区域性的污水处理厂日渐增多。在解决污水排放和水质保护这一对矛盾的过程中人们认识到：合理利用水体的自净能力具有重要意义，它可以节省巨额的污水处理费用；对水库的运行进行合理调节，增大枯水期的流量，以减轻河流枯水期最易发生的严重污染；建设污水库，在河流径流量小时贮存污水，而在径流量大时释放污水；建设长距离输水管线，将污水输送到某个允许的地点排放以减轻工业区或城市中心区的污染。

二、污染源控制区

污染源控制区是指与水功能区对应的陆地区域（图 7-6），这个区域的污水（包括点源和非点源）通过各种形式的入河口排入水功能区。污染源控制区的边界主要取决于地形地貌

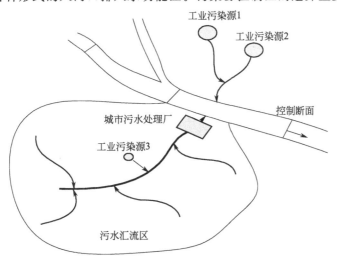

图 7-6　污染源控制区示意

特征和城市规划，特别是污水收集系统（排水管网服务区或汇水区）边界范围。

污染源控制区的必要信息有以下几项。

① 非点源信息，包括控制区内与非点源计算有关的集流面积、地形地貌特征、人口分布、经济发展状况，以及降雨与径流特征，等等。

② 排放口的分布状况，包括点源入河排污口和非点源入河排污口。排放口的分布数据与允许排放量的计算是一致的。

③ 点源的分布信息，包括点源的位置、企业的性质、主要污染物、污水排放量、污染物浓度等。

④ 城市或区域污水排放系统现状及相关规划信息，包括污水收集及输运系统的走向、污水处理厂的位置和容量、最终出水的主要污染物类型及其浓度。

为了保证水体的水质满足预定的水质目标，污染源控制区是水污染控制系统分析的主要对象。通过对各类污染源的控制保证水功能区水质目标的实现是水污染控制系统分析的基本任务。

三、水污染控制系统分析类型划分

1. 按系统分析对象层次分类

（1）流域层次　流域水污染控制系统分析的任务是在一个流域的范围内确定水污染控制的战略目标。流域水污染控制系统分析的主要内容是在流域范围内协调各个主要污染源（城市或区域）之间的关系，保证流域范围内的各个河段与支流满足水质要求。河流的水质要求主要取决于河流的功能。

流域水污染控制系统分析的结果可以作为污染源总量控制的依据，是区域或流域水污染控制系统分析的基础。流域水污染控制系统分析属于高层次，需要高层次的主管部门主持和协调。

（2）区域层次　区域水污染控制系统分析是指流域范围内具有复杂污染源的城市或工业区水污染控制系统分析。区域水污染控制系统分析是在流域水污染控制系统分析指导下进行的，其目的是将流域水污染控制系统分析的结果——污染物排放总量分配给各个污染源，并为此制订具体的水污染控制方案。

区域水污染控制系统分析既要满足上层水污染控制系统分析——流域水污染控制系统分析对该区域水污染控制提出的限制，又要为下一层次的水污染控制系统分析——设施水污染控制系统分析提供指导。

区域是一个具有丰富内涵的概念，涵盖面积差别很大。一般是指那些在自然条件和社会经济发展方面具有相对独立性，从而具有独特的环境特征的区域。在考虑与周边区域的相互影响以后，这个区域水污染控制系统分析可以独立进行。因此，对于一个大的区域可以包含若干个相对较小的区域，它们之间的关系可能是父系统和子系统。下一级区域水污染控制系统分析要接受上一级水污染控制系统分析的指导。

（3）设施层次　设施水污染控制系统分析的目的是按照区域水污染控制系统分析的结果，提出合理的污水处理设施方案，所选定的污水处理设施既要满足污水处理效率的要求，又要使污水处理的费用较低。

图 7-7 为流域水污染控制系统分析系统。

2. 按分析方法分类

（1）最优化方法

① 排放口处理最优控制系统分析。排放口处理最优控制系统分析，也称水质控制系统

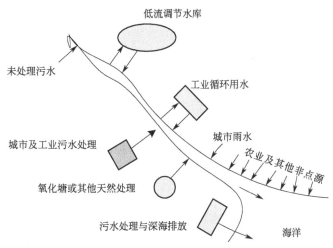

图 7-7　流域水污染控制系统分析系统

分析。它是以每个小区（污水服务区、收集区）的排放口为基础，在水体水质条件的约束下，求解各排放口的污水处理效率的最佳组合，目标是各排放口的污水处理费用之和最低。在进行排放口处理最优控制系统分析时，各个污水处理厂的处理规模不变，它等于各小区收集的污水量，只是处理效率的优化组合。

② 均匀处理最优控制系统分析。均匀处理最优控制系统分析的目的是在统一的污水处理效率条件下，在区域范围内寻求污水处理厂选址与规模的最佳组合，以使全区域的污水处理费用最低。

均匀处理最优控制系统分析也称污水处理厂群控制系统分析问题，其中统一的污水处理效率条件取决于污水处理厂的最佳适用/可行技术（BAT）或城市污水处理厂排放标准的具体要求，如规定所有排入水体的污水都必须经过二级处理（即机械处理＋生物处理）。尽管有的水体具有充裕的自净能力，也不允许降低污水处理程度。这就是污水均匀处理最优控制系统分析的基础。

③ 区域处理最优控制系统分析。区域处理最优控制系统分析是排放口处理与均匀处理最优控制系统分析的综合。在区域处理最优控制系统分析中，既要寻求最佳的污水处理厂选址与容量，又要寻求最佳的污水处理效率的组合。采用区域处理最优控制系统分析方法既能充分发挥污水处理系统的经济效能，又能合理利用水体的自净能力。区域处理最优控制系统分析问题比较复杂，迄今尚未有成熟的求解方法。

（2）情景分析方法　最优控制系统分析的特点是根据污染源、水体、污水处理厂和输水管线提供的信息，一次性求得水污染控制系统分析的最佳方案。只有在资料详尽、技术具备的情况下才能顺利求出最优解。最优方案可以被视为理想方案，尽管最优，但不一定可行。

与最优化方法不同，情景分析方法首先列出水污染控制系统分析的各种可能情景，然后对各个情景进行水质模拟，以检验情景的可行性，并对情景的效益进行分析。通过损益分析或多属性决策方法进行情景选优。情景分析方法是水污染控制系统分析的实用方法。

第二节　系统分析的依据

水污染控制系统分析的依据包括水污染控制系统分析目标、水功能区划分与对应的水功能目标，以及水环境容量与允许排放量等。

一、系统分析目标与水功能区划分

1. 水污染控制系统分析目标

水污染控制系统分析的主要目标是通过对水污染物排放的合理组织与有效控制，以最小的代价（水污染控制费用最低）确保水环境质量达到水功能目标，以满足人类生活、生产及生态与景观的需求。一般说来，水污染控制系统分析是一个多目标决策问题，涉及生态环境、经济技术、社会生活的各个方面。对于一个具体控制系统分析工作，其主要的目标是水环境质量和水污染控制费用最低。

2. 水功能区划分

人类生活、生产及生态与景观对水质的需求体现在水功能区目标上。水功能区是指为满足水资源开发和有效保护的需求，根据自然条件、功能要求、开发利用现状，按照流域综合规划、水资源保护规划和经济社会发展要求，在相应水域按其主导功能划定并执行相应质量标准的特定区域。

地表水的水功能区一般分为水功能一级区和水功能二级区。水功能一级区分为保护区、缓冲区、开发利用区和保留区四类。在水功能一级区中的开发利用区又可以划分为七类二级区，它们是饮用水源区、工业用水区、农业用水区、渔业用水区、景观娱乐用水区、过渡区和排污控制区。每一类水功能区都对应特定的水质标准（表 7-1）。

表 7-1　水功能区划分的条件、指标和水质标准

一级区	二级区	区划条件	区划指标	执行水质标准
保护区		国家级、省级自然保护区；具有典型意义的自然生境；大型调水工程水源地；重要河流的源头	集水面积、水量、调水量、水质级别	Ⅰ、Ⅱ类或维持现状
缓冲区		跨地区边界的河流、湖泊的边界水域；用水矛盾突出地区之间的水域	省界断面水域；矛盾突出的水域	按实际需要执行相关标准或按现状控制
开发利用区	饮用水源区	现有城镇生活用水取水口较集中的水域；规划水平年内设置城镇供水的水域	城镇人口、取水量、取水口分布等	Ⅱ、Ⅲ类
	工业用水区	现有或规划水平年内设置的工矿企业生产用水集中取水地	工业产值、取水总量、取水口分布等	Ⅳ类
	农业用水区	现有或规划水平年内需要设置的农业灌溉集中取水地	灌区面积、取水总量、取水口分布等	Ⅴ类
	渔业用水区	自然形成的鱼、虾、蟹、贝等水生生物的产卵场、索饵场、越冬场及洄游通道；天然水域中人工营造的水生生物养殖场	渔业生产条件及生产状况	《渔业水质标准》并参照执行Ⅱ、Ⅲ类
	景观娱乐用水区	休闲、度假、娱乐、水上运动所涉及的水域；风景名胜区所涉及的水域	景观、娱乐类型、规模、用水量	执行《景观娱乐用水水质标准》或Ⅲ、Ⅳ类
	过渡区	下游用水的水质高于上游水质状况，有双向水流且水质要求不同的相邻功能区之间的水域	水质、水量	出流断面水质达到相邻功能区的水质要求
	排污控制区	接受含可稀释、降解污染物的污水的水域；水域的稀释自净能力较强，有能力接纳污水的水域	污水量、污水水质、排污口的分布	出流断面水质达到相邻功能区的水质要求
保留区		受人类活动影响较少、水资源开发利用程度较低的水域；目前不具备开发条件的水域；预留今后发展的水资源区	水域水质及其周边的人口产值、用水量等	按现状水质控制

注：表中所列标准凡未注明者均指《地面水环境质量标准》（GB 3838—2002）。

水功能区的划分是水环境质量标准在具体水域的具体应用，是水污染控制系统分析的依据。水功能区的划分需要遵循"自上而下"的原则，即从流域层次上制订宏观的功能区划，然后从区域或城市的角度制订具体的功能区划。

二、水环境容量与允许排放量

1. 水环境容量、允许排放量及其影响因素

水环境容量即在满足水环境功能目标的前提下，水体所能接受的最大污染物负荷量，它包括稀释容量（也称差值容量）与自净容量（也称同化容量），见图 7-8。稀释容量是指在给定水域的本底污染物浓度低于水质目标时，依靠稀释作用达到水质目标所能承纳的污染物量。自净容量是指由于沉降、生化、吸附等物理、化学和生物作用，给定水域达到水质目标所能自净的污染物量。污染物排放方式的改变将影响水域的环境容量，每种排放方式对应一个水环境容量值，因此水环境容量往往是一组数值。

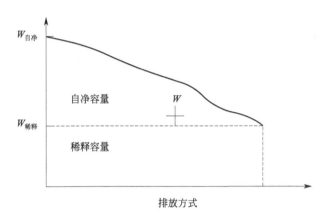

图 7-8　水环境容量组成示意

水环境容量还可以分为理想水环境容量与优化水环境容量。理想水环境容量：假定水域内各处水质恰好达标，即河流最大程度上满足各处水质浓度均等于水质标准。优化水环境容量：当拟对研究水域实施开发利用时，对水域的入河排污口允许排放量进行优化，水域所能容纳的污染物的最大数量。

允许排放量是指在水环境容量（或水环境质量目标）约束下，污染源的最大排放量。允许排放量与排放口位置有关。

水环境容量的大小既取决于环境自身的特征，同时与污水的特性及排放方式有关。具体体现为以下几个方面。

（1）受体环境自身的特点　环境稀释、迁移、扩散能力是环境特点的重要表征。一般来说，环境单元的稀释能力取决于环境对象的容积，环境单元容积越大，稀释能力越高；污染物在环境中的迁移能力是环境介质运动特征（例如速度）的函数，环境介质运动速度越快，迁移能力越强；污染物在环境介质中的扩散，既取决于介质运动状态，也与污染物自身的性质有关，通常湍流条件下的扩散条件要比层流好。

（2）污染物质的特点　同样一个环境单元对于不同的污染物具有不同的容纳能力，主要取决于污染物的扩散特性与降解特性。在自然状态下不能降解且具有累积效应的污染物的环境容量远小于可降解的污染物。

（3）人们对环境的利用方式 环境容量可以认为是一种潜在的资源，可用于净化污染物质。与其他资源一样，环境资源的利用也存在效率问题，污水深海排放的扩散管、烟气排放的高架烟囱就是提高环境资源利用效率的例证。

（4）环境质量目标 接纳污染物的环境单元存在一定的使用功能，功能目标是人为确定的，不同的环境目标对应不同的环境标准。所采用的环境标准不同，环境容量也不同。一般说来，环境目标越严格，环境容量越低。

上述四个因素在一个实际的环境单元里相互影响、相互制约。在水污染控制系统分析及水环境规划与管理中，一旦确定了环境功能，人们能够控制的因素仅仅是污染物的排放方式。不同的排放方式对河流水质产生不同的影响。在各种污染物排放方式中，污染物的完全分散排放（即污染物与河水完全混合）可以获得最大的水体污染物容纳量。也就是说，完全分散的排放方式所对应的污染物容纳量就是水体的环境容量；与其他排放方式相对应的污染物容纳量都称为允许排放量。环境容量是允许排放量的极限值。

2. 水环境容量与允许排放量核算

（1）河流水环境容量核算模型 污染物进入水环境以后，存在三种主要的运动形态，即随环境介质的推流迁移、污染物质点的分散，以及污染物的转化与衰减。

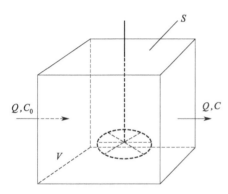

图 7-9 河流水环境容量核算模型

可以将所研究的水环境看成一个存在边界的单元（图 7-9）。图中，Q 为环境介质的流量，反映了推流的作用；S 为进入环境的污染物总量；C_0 为环境介质中某种污染物的原始浓度；C 为环境介质中污染物的允许浓度（即某种环境标准值）；r 为污染物的反应速率；V 为反应器的容积。完全混合模型可以写成：

$$V \frac{\mathrm{d}C}{\mathrm{d}t} = QC_0 - QC + S + rV \qquad (7\text{-}1)$$

当系统的出水满足环境质量目标时，进入环境的污染物总量就是该环境单元的环境容量：

$$S = V \frac{\mathrm{d}C}{\mathrm{d}t} - QC_0 + QC - rV \qquad (7\text{-}2)$$

如果讨论稳态问题，则：

$$S = QC - QC_0 - rV \qquad (7\text{-}3)$$

如果反应项只考虑污染物的衰减，即 $r = -kC$，那么环境容量 S 可以表达为：

$$S = QC - QC_0 + kCV = Q(C - C_0) + kCV \qquad (7\text{-}4)$$

式中 k——污染物降解速率常数。

由上式可以看出，环境容量由两部分构成：第一部分称为稀释容量，取决于水体的流量、环境质量目标与本底值之差；第二部分称为自净容量，与污染物的降解性能有关，降解速度越快，降解容量越大。由于污染物在河段中均匀分布，环境容量与河段的分割方式无关。

【例 7-1】 河段长 10km，平均水深 1.6m，平均宽度 12m，流量 1.5m³/s，上游河水 BOD_5 浓度 3.5mg/L，降解速率常数 0.8d^{-1}。分别计算当河流执行Ⅱ类标准和Ⅲ类标准时的环境容量。

【解】 已知Ⅱ类标准和Ⅲ类标准的 BOD_5 浓度分别为 3mg/L 和 4mg/L。

执行Ⅱ类标准时，BOD_5 的环境容量：

$$S = Q(C - C_0) + kCV = -64800 + 460800 = 396000(\text{g/d}) = 396(\text{kg/d})$$

执行Ⅲ类标准时，BOD_5 的环境容量：

$$S = Q(C - C_0) + kCV = 64800 + 460800 = 525600(\text{g/d}) = 525.6(\text{kg/d})$$

计算结果表明，如果能够使污染物在整个河段上均匀分布：在执行Ⅱ类环境质量标准时，河段 BOD_5 的环境容量为 396kg/d；在执行Ⅲ类环境质量标准时，则为 525.6kg/d。同时，从【例 7-1】可以看出，当水质目标为Ⅱ类时，目标容量出现负值，但由于衰减容量较大，河段的环境容量仍然为正值。

（2）河流允许排放量的计算　一般情况下，排放的污染物不可能均匀分布在河段中，因此不可能完全利用河段的环境容量。这时，可以根据污染物的排放方式，分别计算污染物的允许排放量。在河流中可以分为以下三种情形进行讨论。

情形 1：一维环境，集中排放，没有混合区。此时由于不存在混合容积，所以不存在降解容量。

污染物以点源的方式进入河流，水质的最不利点就发生在排放口附近。排放口附近的 BOD_5 浓度可以用下式计算：

$$C_1 = \frac{C_0 Q + qC'}{Q + q} \tag{7-5}$$

式中　q——污水流量；

C'——污水中污染物的浓度。

当 C_1 为给定的水质标准 C_s 时，G 就是污染物的允许排放量，即：

$$G = qC' = C_s(Q + q) - C_0 Q = Q(C_s - C_0) + C_s q \tag{7-6}$$

如果污水流量相对于河水流量可以忽略，则：

$$G = C_s(Q + q) - C_0 Q = Q(C_s - C_0) \tag{7-7}$$

与式（7-4）相比较可以发现，情形 1 的允许排放量等于相同条件下的目标容量。

【例 7-2】　数据同【例 7-1】，计算一维河流、无混合区时的允许排放量。

【解】　执行Ⅱ类标准时：

$$G = Q(C_s - C_0) = -64800\text{g/d} = -64.8\text{kg/d}$$

执行Ⅲ类标准时：

$$G = Q(C_s - C_0) = 64800\text{g/d} = 64.8\text{kg/d}$$

从【例 7-2】的计算结果可以看出，由于此时不存在衰减容量，当采用Ⅱ类水质标准时允许排放量出现了负值，即此时不存在允许排放量。

情形 2：一维环境，集中排放，存在混合区。混合区内的水质允许违反既定的水质标准，而在混合区的下边界处应该达到水质标准。混合区的范围定义为排放口下游一段给定距离内的区域。

在这种情况下，允许排放量包括目标允许排放量和降解允许排放量两部分。推导如下：

$$C = C_{混} e^{-kt} = \left(\frac{QC_0 + qC'}{Q + q}\right) e^{-kt} \tag{7-8}$$

允许排放量：

$$G = qC' = (Q + q)C e^{kx/u_x} - QC_0 \tag{7-9}$$

如果忽略污水流量，则允许排放量为：

$$G = Q(Ce^{kx/u_x} - C_0) \tag{7-10}$$

混合区的长度根据管理的要求确定。

【例 7-3】 数据同【例 7-2】，假定混合区长度为 1km，计算允许排放量。

【解】 根据给定数据，河段中的流速为：

$$u_x = \frac{1.5}{1.6 \times 12} = 0.078(\text{m/s}) = 6.75(\text{km/d})$$

采用 II 类标准，即 $C = 3\text{mg/L}$ 时，允许排放量为：

$$G = Q(Ce^{kx/u_x} - C_0) = 1.5 \times 86400 \times (3e^{0.6/6.75} - 3.5) = -28.7(\text{kg/d})$$

采用 III 类标准，即 $C = 4\text{mg/L}$ 时，允许排放量为：

$$G = Q(Ce^{kx/u_x} - C_0) = 1.5 \times 86400 \times (4e^{0.6/6.75} - 3.5) = 112.9(\text{kg/d})$$

存在混合区时，增加了混合区内的降解量，河段的允许排放量大于没有混合区的情景。

情形 3：二维环境，集中排放，有混合区。利用二维水质模型按照如下步骤推求允许排放量（假定为岸边排放）。岸边排放的二维水质模型可以写作：

$$C - C_0 = \frac{2Q}{u_x h \sqrt{4\pi D_y x/u_x}} \exp\left(-\frac{u_x y^2}{4D_y x}\right) \exp\left(-\frac{kx}{u_x}\right) \tag{7-11}$$

式中　C_0——河流水质本底浓度；

　　　C——水质标准；

　　　D_y——横向弥散系数；

　　　Q——单位时间内的污染物排放量，即允许排放量；

其余符号意义同前。

混合区宽度可以定义为河流宽度的分数，例如河宽的 1/2、1/3 等。假定限定混合区的宽度为 y，那么在 y 处应该满足水质标准的要求，在宽度$<y$ 范围内的水质，允许劣于水质目标值。为了求得混合区边界处达到最大值（水质目标值）时的纵向距离，令：

$$\frac{\text{d}(C - C_0)}{\text{d}x} = \frac{-2Q}{2u_x hx \sqrt{\frac{4\pi D_y x}{u_x}}} \exp\left(-\frac{u_x y^2}{4D_y x}\right) \exp\left(-\frac{kx}{u_x}\right)$$

$$+ \frac{2Q}{u_x h \sqrt{\frac{4\pi D_y x}{u_x}}} \left(\frac{u_x y^2}{4D_y x^2}\right) \exp\left(-\frac{u_x y^2}{4D_y x}\right) \exp\left(-\frac{kx}{u_x}\right)$$

$$+ \frac{2Q}{u_x h \sqrt{4\pi D_y x/u_x}} \left(-\frac{k}{u_x}\right) \exp\left(-\frac{u_x y^2}{4D_y x}\right) \exp\left(-\frac{kx}{u_x}\right) = 0 \tag{7-12}$$

简化上式，得：

$$kx^2 + \frac{1}{2}u_x x - \frac{u_x^2 y^2}{4D_y} = 0 \tag{7-13}$$

求解上述二次代数方程，得：

$$x_{1,2} = \frac{-b \pm \sqrt{b^2 - 4ac}}{2a} = \frac{-0.5u_x \pm \sqrt{(0.5u_x)^2 + ku_x^2 y^2/D_y}}{2k} \tag{7-14}$$

显然，$x < 0$ 是不合理解，得：

$$x^* = \frac{-0.5u_x + \sqrt{(0.5u_x)^2 + ku^2 y^2/D_y}}{2k} \qquad (7-15)$$

将 x^* 代入允许排放量计算式，可以得到：

$$G = Q = \frac{C - C_0}{2}\left(u_x h \sqrt{4\pi D_y x^*/u_x}\right) \exp\left(\frac{u_x y^2}{4D_y x^*}\right) \exp\left(\frac{kx^*}{u_x}\right) \qquad (7-16)$$

【例 7-4】 河流宽 120m，平均流速 0.5m/s，平均水深 2m，横向弥散系数 $D_y = 1.0\text{m}^2/\text{s}$，$BOD_5$ 本底值为 $C_0 = 2\text{mg/L}$，BOD_5 降解速率常数 $k = 0.5\text{d}^{-1}$。如果给定混合区为河流半宽，采用Ⅲ类地面水环境质量标准，计算点源排放的允许排放量。

【解】 首先计算排放点至河流半宽处达到地面水环境质量标准的纵向距离：

$$x^* = \frac{-0.5u_x + \sqrt{(0.5u_x)^2 + ku^2 y^2/D_y}}{2k} = 882(\text{m})$$

计算允许排放量：

$$G = Q = \frac{C - C_0}{2}(C - C_0)\left(u_x h \sqrt{4\pi D_y x^*/u_x}\right) \exp\left(\frac{u_x B^2}{16D_y x^*}\right) \exp\left(\frac{kx^*}{u_x}\right)$$

$$= 251\text{g/s} = 21686\text{kg/d} = 21.69\text{t/d}$$

在上述河流与具体排放方式下，允许每天向河流排放 BOD_5 总量为 21.69t，而保证混合区不超过河段半宽。

对于位于河流中心的排放口或混合区宽度等于河流宽度其他分数的情景，可以通过同样的方法计算污染物的允许排放量。

3. 湖泊水库的环境容量与允许排放量

（1）湖库的环境容量　由于湖泊与水库的水力停留时间较长，污染物存在累积效应，不同季节的污染物会产生叠加效应，点源污染物和非点源污染物都需要考虑。

对于湖泊和水库，通常按照零维模型处理，水库和湖泊的环境容量就是允许输入湖库的最大污染物量，而湖库的污染物来源于两个方面，即通过河流的输入（$\sum_{i=1}^{N} Q_i C_{0i}$）和直接输入（$\sum_{j=1}^{M} S_j$）。即：

$$S_{湖库} = \left(\sum_{i=1}^{N} Q_i C_{0i} + \sum_{j=1}^{M} S_j\right) = V\frac{dC}{dt} + \sum_{k=1}^{K} Q_k C + rV \qquad (7-17)$$

式中　Q_i——第 i 条入流河流的入流量，m^3/a；

$\quad\quad C_{0i}$——第 i 条入流河流的污染物平均浓度，mg/L 或 g/m^3；

$\quad\quad S_j$——第 j 个内源的污染物释放量，g/a；

$\quad\quad Q_k$——第 k 条出流河流的流量，m^3/a；

$\quad\quad C$——流出湖库的污染物平均浓度，mg/L 或 mg/m^3，在计算环境容量时 C 就是水库的水质功能目标，mg/L 或 g/m^3；

$\quad\quad r$——污染物的沉降速率，$\text{g/(m}^3 \cdot \text{a)}$；

$\quad\quad V$——湖库的平均容积，m^3；

N, M, K——入流河流、出流河流与内源的数目。

如果考虑一个较长时间的平均值，污染物在湖库中的沉积主要是由于降解作用，即假定

$\dfrac{\mathrm{d}C}{\mathrm{d}t}=0$，且令 $r=-kC$，湖泊与水库环境容量为：

$$S_{湖库}=\sum_{k=1}^{K}Q_kC+rV=\sum_{k=1}^{K}Q_kC+kCV \tag{7-18}$$

式中　k——湖库中的污染物降解速率常数，a^{-1}。

与河流环境容量类似，湖库的环境容量也包括目标容量（$\sum\limits_{k=1}^{K}Q_kC$）与降解容量（$kCV$）两部分。

（2）湖库的允许排放量　因为在计算湖库的环境容量时采用了箱式模型，其环境容量就等于允许排放量，即：

$$G_{湖库}=S_{湖库}=\sum_{k=1}^{K}Q_kC+kCV \tag{7-19}$$

排放到湖库中的污染源包括：①上游河流的污染物输入量，包括点源和非点源的输入量；②湖库的直接输入量，即湖库周边的点源输入量；③湖库内源的输入量（例如湖库水产养殖业的污染物排放量、底泥的释放量等）；④大气的污染物沉降。湖库允许排放量的计算任务是将计算的环境容量分配给上述污染源，这个过程比较复杂，通常需要通过决策分析解决。

在上述污染源中，大气沉降源一般不受允许排放量分配的控制，它主要取决于空气的环境质量和降水，一般作为本底值计算。

$$S_{大气}=C_{降水}A_sp \tag{7-20}$$

式中　$S_{大气}$——大气沉降的污染物量，$\mathrm{g/a}$；

　　　$C_{降水}$——降水中的污染物平均浓度，$\mathrm{mg/L}$ 或 $\mathrm{g/m^3}$；

　　　　A_s——湖泊水库的水面面积，$\mathrm{m^2}$；

　　　　p——年降水深度，m。

情形 1：只考虑流域点源的允许排放量。情形 1 意味着流域非点源和内源都作为本底值处理，此时的允许排放量计算可以看作是以流域末端输出总量为目标的全流域点源污染控制系统分析问题。

情形 2：只考虑流域点源和非点源的允许排放量。情形 2 意味着将内源作为本底值处理，允许排放量（即环境容量）的分配是两个层次的问题，首先在流域点源和非点源之间进行初次分配，然后在点源和非点源内部进行再分配。这两个层次的分配不可能一次完成，需要经过多次分解-协调的综合分析。

情形 3：同时考虑流域点源、非点源和内源。情形 3 所要解决的问题较情形 2 和情形 1 更为复杂。就其对湖泊水库的水质影响来说，内源直接作用于水体，影响最为严重，应该作为优先控制对象。在解决这一类复杂问题时，情景分析是较为实用的允许排放量分配方法。

4. 河口与海域的环境容量

（1）河口、海域环境容量基本模型　为了环境质量控制管理，以污染物在水体中的标准值为水质目标，确定容量模型为：

$$CA_{mg}=\int k_s(C_s-C_b)\mathrm{d}V=\int k_s(k_eC_s-C_b)\mathrm{d}V \tag{7-21}$$

式中　CA_{mg}——河口（海湾）或海域环境容量；

C_s——污染物在水体中的标准值；

C_b——污染物的现状浓度；

k_s——污染物在河口中的降解速率常数；

k_e——以技术经济指标为约束条件的社会效益参数，一般 $k_e \geqslant 1$。

由以上模型可知，环境容量的确定关键是现状污染物浓度的确定。

(2) 河口环境容量的估算　　应用修正潮量法划分河口为 n 段，各分段长度划分的依据是一个水的质点在一个潮周期内能够漂移的距离。计算各单个污染源对各分段贡献的平均浓度，然后进行叠加得到各分段的平均浓度 $\overline{C}_i$，设各分段功能要求的标准浓度为 C_{si}，则河口环境容量为：

$$CA = \sum_{i=1}^{n} (C_{si} - C_0) V_i \tag{7-22}$$

实际问题中，若 $\overline{C}_i - C_{si} \leqslant 0 (i=1,2,\cdots,n)$，则河口剩余环境容量：

$$CA_p = \sum_{i=1}^{n} (C_{si} - \overline{C}_i) V_i \tag{7-23}$$

若存在 $\overline{C}_i - C_{si} > 0$，则表明这些分段已经超过河口允许的纳污能力，需进行源的排量削减。

(3) 海湾环境容量的估算　　在满足海湾功能要求的水质标准 C_s 条件下，海湾的环境容量 CA 就是最大的允许污染物负荷量：

$$CA = \alpha_R Q_f (C_s - C_0) \tag{7-24}$$

$$\alpha_R = q_{ex}/Q_f$$

式中　α_R——海水潮交换率；

q_{ex}——一个潮周期内交换的水量；

Q_f——涨潮期间的入流量。

设海湾当前污染物的平均浓度为 C，若 $C - C_s < 0$，则海湾的剩余环境容量 CA_p 为：

$$CA_p = \alpha_R Q_f (C_s - C) \tag{7-25}$$

若 $C - C_s > 0$，则表明已超出海湾允许的纳污能力，需削减污染物负荷量，其削减量为：

$$CA_E = \alpha_R Q_f (C - C_s) \tag{7-26}$$

三、允许排放量的分配

污染物排放总量的分配是在多层面上进行的，从国家到区域，从流域到城市，最终到点源。点源当中工业企业是污染大户，在实行基于总量控制的排污许可证的过程中，污染物排放总量指标分配的最关键问题就是如何将初始排污权公平合理地分到各企业。

企业分为现有企业和待建企业。对现有企业，由于已知其排污现状、管理经济水平、治理情况，分配有据可依；而对待建企业，由于没有既定企业的情况，则分配无据可依，相对较困难。

虽然污染物排放总量控制中存在多种形式的允许排放量的分配，但是原则上主要基于如下两种策略：一是公平性策略；二是效率策略。

顾名思义，公平性策略的出发点就是追求各个污染源之间污染物分配的公平性，通常认为，等比例削减污染物量属于公平分配之列；而效率策略则是追求污染物削减过程达到最高的效率，例如典型的效率策略目标是区域污水处理费用最小。公平和效率是社会生活的两个基本准则。效率准则的实施，可以促进社会经济的发展，而公平准则则有利于保持社会的稳定和安定，效率和公平缺一不可。此外，对于水环境管理来说，可操作性也是一个不可忽略的方面。分配策略的选择需要从实际条件出发，因地制宜。表 7-2 是几种常见的污染物总量分配策略。

表 7-2　水污染物分配策略

策略类型	公 平 策 略	效 率 策 略	混 合 策 略
策略举例	均等分摊允许排放量	区域总费用最小	分区均匀削减①
	等比例削减实际排污量	区域削减总量最低	
	按企业的社会贡献(如产值)确定排污量	区域总效益最大	
	按照企业对环境(如水质)的影响确定排污量		

① 在各个污染控制区之间实施效率策略（如区域总费用最低），在污染控制区内部实施公平策略（如等比例削减污染物）。

　　根据国外在污染物排放总量控制中的经验，在污染负荷分配过程中最小费用模型已被逐渐放弃，究其根本原因在于优化负荷分配的不公平性。被誉为经典水污染控制系统分析的美国特拉华河口污染控制规划，在考虑的三种污染物削减方案（均匀处理、分区均匀处理与最小费用污染负荷削减）中选择的是分区均匀处理的折中方案。

四、污水处理规模与效率的经济效应

1. 系统费用的构成

　　水污染控制系统的费用包括污水处理费用与污水输送费用。

　　如果以一个地区的污水处理厂数目为变量，污水处理费用和污水输送费用都可以表达为污水处理厂数量的函数［图 7-10(a)］。随着污水处理厂数量由大变小，即由分散处理逐步过渡到集中处理，系统的污水处理费用将会由于规模的经济效应而明显下降，但污水输送的费用将会迅速上升。这种费用的合成称为水污染控制系统的全费用。全费用曲线上的最低点就是系统目标的最优点。

　　对水污染控制费用有着决定性影响的要素主要有水体的自净能力（环境容量）、污水处理与输送的规模的经济效应和污水处理效率的经济效应三个方面。

　　图 7-10(b) 是美国人康维尔斯对马力马可河进行的水污染控制费用估算结果，在整个河段上，可能建设污水处理厂的数目由 1 个递增到 18 个，水污染控制系统的全费用随着污水处理厂数量的变化而变化，而系统费用的最低点发生在污水处理厂数目等于 4 的时候。

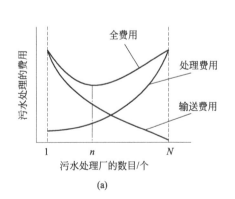
(a)

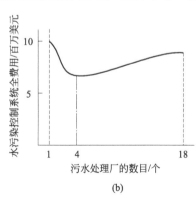
(b)

图 7-10　水污染控制费用

2. 污水处理与输送的规模的经济效应

污水处理的费用函数反映了污水处理的规模、效率的经济特征。目前，污水处理的费用函数还只能作为经验模型来处理。下面是采用较多的一种形式：

$$C = k_1 Q^{k_2} + k_3 Q^{k_2} \eta^{k_4} \qquad (7\text{-}27)$$

式中　　　　C——污水处理费用；

Q——污水处理规模；

η——污水处理效率；

k_1, k_2, k_3, k_4——费用函数的参数。

在污水处理效率不变，即 η 为常数时，上式可以写成：

$$C = aQ^{k_2} \qquad (7\text{-}28)$$
$$a = k_1 + k_3 \eta^{k_4}$$

式中　a——常数。

根据国内外的研究成果，参数 k_2 的值在 $0.7 \sim 0.8$ 之间。由于 $k_2 < 1$，单位污水的处理费用将随着处理规模的增大而下降。费用与规模的这种关系称为污水处理规模的经济效应，k_2 称为污水处理规模的经济效应指数。

污水处理规模的经济效应的存在确立了大型污水处理厂的优势地位，是建设区域污水处理厂的经济依据。

污水输送管道也存在类似的规模的经济效应，随着污水输送量的增加，单位污水的输送费用将会下降。

3. 污水处理效率的经济效应

如果污水处理规模不变，即 Q 为常数，污水处理费用函数可以写成：

$$C = a + b\eta^{k_4} \qquad (7\text{-}29)$$
$$a = k_1 Q^{k_2}, \ b = k_3 Q^{k_2}$$

式中　a, b——常数。

大量研究和统计成果表明，$k_4 > 1$。由于 $k_4 > 1$，处理单位污染物所需的费用将会随着污水处理效率的提高而增加。污水处理费用与处理效率之间的这种关系称为污水处理效率的经济效应，k_4 称为污水处理效率的经济效应指数。

由于污水处理效率经济效应的存在，在设计水污染控制系统分析方案时，应首先致力于解决那些尚未处理的污水，或者首先提高那些低水准处理的污水的处理程度，然后再进行更高级的污水处理。

水体的自净能力、污水处理规模的经济效应和污水处理效率的经济效应在水污染控制系统分析中相互影响、相互制约。例如，为了充分利用污水处理规模的经济效应，需要建设集中的污水处理厂，但是污水的集中排放不利于合理利用水

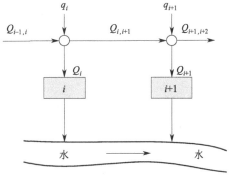

图 7-11　分散处理与集中处理

体的自净能力（图 7-11）。另外，为了满足水体的水质要求，有必要提高污水处理程度，但

是又受到污水处理效率经济效应的制约。因此，对于一个具体的污水处理系统来说，在适当的位置，建设具有适当规模和适当污水处理程度的污水处理厂（或厂群），就是水污染控制系统分析的出发点与归宿。

五、"全部处理或全不处理"的策略

由于污水处理规模的经济效应的存在，一个小区的污水不可能被"分裂"成两部分或多部分进行处理。对一个小区来说，它本身的污水加上由其他小区转输来的污水只存在两种可能的选择：全部就地处理，或者全部转输到其他小区去处理。这就是"全部处理或全不处理"的策略。

假设一个水污染控制系统被分成 n 个小区，每个小区设有一个潜在的污水处理厂，各小区之间可以互相转输污水（图 7-12）。对第 i 小区来说，污水处理的费用为：

$$C_{i1} = k_1 Q_i^{k_2} + k_3 Q_i^{k_2} \eta_i^{k_4} \tag{7-30}$$

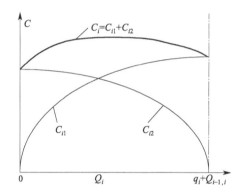

图 7-12   "全部处理与全不处理"的策略

在第 i 小区没有处理而转输到 $i+1$ 小区的污水输送费用为：

$$C_{i2} = k_5 Q_{i,i+1}^{k_6} l_{i,i+1} \tag{7-31}$$

式中 $Q_{i,i+1}$——由小区 i 输往小区 $i+1$ 的转输水量；

$l_{i,i+1}$——输水管线的长度；

k_5, k_6——转输管线费用函数的系数。

对一个包括 n 个小区的水污染控制系统，总费用可以表示为：

$$Z = \sum_{i=1}^{n} (C_{i1} + C_{i2}) \tag{7-32}$$

或

$$Z = \sum_{i=1}^{n} (k_1 Q_i^{k_2} + k_3 Q_i^{k_2} \eta_i^{k_4} + k_5 Q_{i,i+1}^{k_6} l_{i,i+1}) \tag{7-33}$$

约束条件可以写成：

$$Q_{i,i+1} = Q_{i-1,i} + q_i - Q_i \tag{7-34}$$
$$Q_{n,n+1} = 0$$

对任意一个小区，如何确定就地处理的污水量和转输的污水量呢？可以首先定义如下的拉格朗日函数：

$$L = \sum_{i=1}^{n}(C_{i1}+C_{i2}) + \sum_{i=1}^{n-1}\phi_i(Q_{i-1,i}+q_i-Q_{i,i-1}) + \phi_n(Q_{n-1,n}+q_n-Q_n) \tag{7-35}$$

式中　$\phi_i(i=1,2,\cdots,n)$——拉格朗日乘子。

为了检验 Q_i 和 $Q_{i,i+1}$ 的变化对目标函数的影响，计算拉格朗日函数的海赛矩阵：

$$\frac{\partial^2 L}{\partial h^2} = \begin{bmatrix} \frac{\partial^2 L}{\partial Q_1^2} & 0 & 0 & 0 & 0 & 0 \\ 0 & \frac{\partial^2 L}{\partial Q_2^2} & 0 & 0 & 0 & 0 \\ 0 & 0 & \frac{\partial^2 L}{\partial Q_n^2} & 0 & 0 & 0 \\ 0 & 0 & 0 & \frac{\partial^2 L}{\partial Q_{1,2}^2} & 0 & 0 \\ 0 & 0 & 0 & 0 & \frac{\partial L}{\partial Q_{2,3}^2} & 0 \\ 0 & 0 & 0 & 0 & 0 & \frac{\partial^2 L}{\partial Q_{n-1,n}^2} \end{bmatrix} \tag{7-36}$$

在上述海赛矩阵中，除对角线元素外全部为 0。由于污水处理和输送的规模的经济效应的存在，即 $k_2<1$ 和 $k_6<1$，得到：

$$\frac{\partial^2 L}{\partial Q_{i,i+1}} = \frac{\partial^2 C_{i2}}{\partial Q_{i,i+1}} < 0 \tag{7-37}$$

和

$$\frac{\partial^2 L}{\partial Q_i^2} = \frac{\partial^2 C_{i1}}{\partial Q_i^2} < 0 \tag{7-38}$$

由于海赛矩阵主对角线上的元素全部小于 0，其余元素全部为 0，因此海赛矩阵的奇数阶主子式全部小于 0，偶数阶主子式则全部大于 0。根据多元函数的极值定理，原函数（即区域水污染控制系统的总费用）在区间 $0<Q_i<(Q_{i-1,i}+q_i)$ 内取得极大值。这就意味着，对 i 小区来说，将全部污水（包括在当地收集的污水和由其他小区转输来的污水）分成两部分，一部分就地处理，另一部分转输到其他小区去处理的策略是不经济的。只有在 $Q_i=0$（全不处理）或 $Q_i=Q_{i-1,i}+q_i$（全部处理）时，水污染控制费用才能取得极小值（图 7-12）。根据这种特性确定污水处理厂规模的策略称为"全部处理或全不处理"策略。

"全部处理或全不处理"的策略对水污染控制分析有重要意义。运用这种策略研究水污染控制系统内部的分解组合时，可以将一个具有无穷多组解的流量组合问题降阶为一个具有有限组解的问题。

即使借助"全部处理或全不处理"的策略，对一个被划分成若干个小区的地区来说，污水流量的组合方案还是很多的。如果小区的数目为 n，流量组合方案的总数目为 2^n-1。若 n 比较小，可以用枚举法列出全部方案计算；随着 n 的增大，方案的数量增加很快。例如 $n=5$ 时，方案的数目是 $2^5-1=31$ 个；$n=10$ 时，方案数量会激增到 $2^{10}-1=1023$ 个。这时可以求助于混合整数优化方法。

第三节　最优控制系统分析方法

一、排放口处理最优控制系统分析

1. 优化模型

排放口最优控制系统分析以每个小区的污水排放口为基础，在水体水质目标的约束下，求解各排放口的污水处理效率的最佳组合，目标是各排放口的污水处理厂建设（或运行）费用最低。在进行排放口最优控制系统分析时，污水处理厂的规模不变。

排放口最优优化模型如下。

目标函数：
$$\mathrm{Min}Z = \sum_{i=1}^{n} C_i(\eta_i) \qquad (7\text{-}39)$$

约束条件：
$$\vec{UL} + \vec{m} \leqslant \vec{L^0} \qquad (7\text{-}40)$$
$$\vec{VL} + \vec{n} \geqslant \vec{O^0}$$
$$\vec{L} \geqslant 0$$
$$\eta_i^1 \leqslant \eta_i \leqslant \eta_i^2$$

式中　$C_i(\eta_i)$——第 i 小区的污水处理费用；

η_i——第 i 小区的污水处理效率；

U，V——河流 BOD 与 DO 的响应矩阵；

$\vec{L^0}$，$\vec{O^0}$——河流各断面的 BOD 约束和 DO 约束；

$\vec{L}$——输入河流各断面的 BOD 浓度；

$\vec{m}$，$\vec{n}$——常数向量；

η_i^1，η_i^2——对污水处理厂的效率约束。

排放口处理最优控制系统分析中的控制变量是污水处理效率 η_i，而约束条件中的变量是污染物排放浓度 L_i，η_i 和 L_i 之间的关系可以表示为：

$$\eta_i = 1 - \frac{L_i}{L_i^0} \qquad (7\text{-}41)$$

或
$$L_i = (1 - \eta_i) L_i^0 \qquad (7\text{-}42)$$

排放口最优控制系统分析模型中的约束条件是线性的，而目标函数是非线性的。

2. 目标函数的线性化

排放口最优控制系统分析中，其优化模型的目标函数可以写作：

$$C = a + b\eta^{k_4} \qquad (7\text{-}43)$$

通常对上述模型进行分段线性化。不失一般性，假定在 $0 \leqslant \eta < 1$ 的区间里，用 n 段线性函数来近似原函数。如果将处理效率分为 $0, \eta_1, \eta_2, \cdots, \eta_n$，则对应效率区间的直线的斜率为 $s_1, s_2, \cdots, s_n$。对于每一段线性费用函数的表达式为：

$$C_1 = a + s_1(\eta - \eta_0) \quad \eta_0 \leqslant \eta \leqslant \eta_1$$
$$C_2 = a + s_1(\eta_1 - \eta_0) + s_2(\eta - \eta_1) \quad \eta_1 \leqslant \eta \leqslant \eta_2$$

$$C_i = a + \sum_{j=1}^{i-1} s_j (\eta_j - \eta_{j-1}) + s_i (\eta - \eta_{i-1}) \qquad \eta_{i-1} \leqslant \eta \leqslant \eta_i \qquad (7\text{-}44)$$

使直线和曲线之间所夹面积最小，就可以使每一段直线与原函数的误差最小。即：

$$\text{Min} \int_{\eta_{i-1}}^{\eta_i} \mathrm{d}Z = \int_{\eta_{i-1}}^{\eta_i} \left[a + \sum_{j=1}^{i-1} s_j (\eta_j - \eta_{j-1}) + s_i (\eta - \eta_{i-1}) - (a + b\eta^{k_4}) \right]^2 \mathrm{d}\eta \quad (7\text{-}45)$$

令 $\int_{\eta_{i-1}}^{\eta_i} \mathrm{d}Z / \mathrm{d}s_i = 0$，可以得到各线段的斜率：

$$s_i = \frac{3(A_1 + A_2 + A_3)}{(\eta_i - \eta_{i-1})^3} \tag{7-46}$$

$$A_1 = \frac{b}{k_4 + 2} (\eta_i^{k_4 + 2} - \eta_i^{k_4 + 2}) \tag{7-47}$$

$$A_2 = -\frac{b\eta_{i-1}}{k_4 + 1} (\eta_i^{k_4 + 1} - \eta_{i-1}^{k_4 + 1}) \tag{7-48}$$

$$A_3 = -\frac{(\eta_i - \eta_{i-1})^2}{2} \sum_{j=1}^{i-1} s_j (\eta_j - \eta_{j-1}) \tag{7-49}$$

【例 7-5】 已知污水处理费用函数为：
$$C = 200 Q^{0.8} + 1000 Q^{0.8} \eta^{2.0}$$

在 $Q = 1.0 \mathrm{m}^3/\mathrm{s}$ 时，对费用函数分 3 段线性化。效率分级为：$0 \leqslant \eta_{i1} \leqslant 0.3$，$0.3 \leqslant \eta_{i2} \leqslant 0.85$，$0.85 \leqslant \eta_{i3} < 1$。求上述线性函数各段的斜率。

【解】 将 $Q = 1.0 \mathrm{m}^3/\mathrm{s}$ 代入费用函数，得：
$$C = 200 + 1000 \eta^2$$

即 $a = 200$，$b = 1000$，$k_4 = 2.0$，$\eta_0 = 0$，$\eta_1 = 0.3$，$\eta_2 = 0.85$，$\eta_3 = 1$。将它们代入斜率计算式计算各线段的斜率，得：

$$s_1 = 225, \quad s_2 = 1073.86, \quad s_3 = 2456.27$$

线性化的费用函数可以表示为：

$C_1 = 200 + 225\eta \qquad (0 \leqslant \eta \leqslant 0.3)$

$C_2 = 200 + 225 \times (0.3 - 0) + 1073.86(\eta - 0.3) = 267.5 + 1073.86(\eta - 0.3) \qquad (0.3 \leqslant \eta \leqslant 0.85)$

$C_3 = 267.5 + 1073.86 \times (0.85 - 0.3) + 2456.27(\eta - 0.85)$

$\qquad = 858.12 + 2456.27(\eta - 0.85) \qquad (0.85 \leqslant \eta < 1)$

3. 线性优化模型

将线性化以后的目标函数代入原模型即可得到线性优化模型：

目标函数为：
$$\text{Min} Z = \sum_{i=1}^{n} \left[a_{i0} + \sum_{j=1}^{m} s_{ij} \eta_{ij} \right]$$

约束条件为：
$$\vec{UL} + \vec{m} \leqslant \vec{L^0}$$
$$\vec{VL} + \vec{n} \geqslant \vec{O^0}$$
$$\vec{L} \geqslant 0$$
$$\eta_i^1 \leqslant \eta_i \leqslant \eta_i^2$$

作为线性优化模型，可以用线性优化求解方法求解。

二、均匀处理最优控制系统分析

1. 优化模型

均匀处理最优控制的目的是在区域范围内寻求最佳的污水处理厂的位置与处理效率的组合，在同一污水处理效率条件下，追求区域的费用最低。均匀处理最优控制优化模型如下。

目标函数：

$$\text{Min}Z = \sum_{i=1}^{n} C_i(Q_i) + \sum_{i=1}^{n}\sum_{j=1}^{n} C_{ij}(Q_{ij}) \tag{7-50}$$

约束条件：

$$q_i + \sum_{i=1}^{n} Q_{ji} - \sum_{j=1}^{n} Q_{ij} - Q_i = 0 \tag{7-51}$$

$$Q_i, q_i \geqslant 0$$

$$Q_{ji}, Q_{ij} \geqslant 0 \quad \forall i, j$$

式中　$C_i(Q_i)$——第 i 个污水处理厂的费用，它是污水处理规模 Q_i 的单值函数；

$\quad\quad C_{ij}(Q_{ij})$——由地点 i 输往地点 j 的输水管道的费用，它是污水输送流量的函数；

$\quad\quad q_i$——在地点 i 收集的污水量；

$\quad\quad Q_i$——在地点 i 处理的水量。

由于费用函数是非线性函数，均匀处理最优控制系统分析属于非线性优化问题。

2. 混合整数优化模型

对于均匀处理问题，处理效率 η 为常数，污水处理厂的费用可以写作：

$$C_i = k_1 Q_i^{k_2} \tag{7-52}$$

污水输送的费用为：

$$C_{ij} = k_5 Q_{ij}^{k_6} \tag{7-53}$$

由于存在规模的经济效应，$k_2 < 1$，$k_6 < 1$。对污水处理厂和污水输送费用函数分别实施 3 段线性化。a_1、a_2、a_3 分别为污水处理厂费用函数 3 段直线的斜率，b_1^0、b_2^0、b_3^0 为相应的截距；a_1^0、a_2^0、a_3^0 分别为污水输送费用 3 段直线的斜率，b_1、b_2、b_3 为相应的截距。

线性化以后的污水处理厂费用函数为：

$$\sum_{i=1}^{n}\sum_{k=1}^{3} a_{ik} Q_{ik} + \sum_{i=1}^{n}\sum_{k=1}^{3} a_{ik}^0 \gamma_{ik} \tag{7-54}$$

污水输送费用为：

$$\sum_{i=1}^{n}\sum_{j=1}^{n}\sum_{k=1}^{3} b_{ijk} Q_{ijk} + \sum_{i=1}^{n}\sum_{j=1}^{n}\sum_{k=1}^{3} b_{ijk}^0 \delta_{ijk} \tag{7-55}$$

式中　γ_{ik}，δ_{ijk}——逻辑变量，有如下特性：

$$\gamma_{ik} = \begin{cases} 0(Q_{ik}=0) \\ 1(Q_{ik}\neq 0) \end{cases} \tag{7-56}$$

$$\delta_{ijk} = \begin{cases} 0(Q_{ijk}=0) \\ 1(Q_{ijk}\neq 0) \end{cases} \tag{7-57}$$

均匀处理的系统费用函数是污水处理厂费用与污水输送费用之和，即：

$$\text{Min}Z = \sum_{i=1}^{n}\sum_{k=1}^{3}(a_{ik}Q_{ik} + a_{ik}^0\gamma_{ik}) + \sum_{i=1}^{n}\sum_{j=1}^{n}\sum_{k=1}^{3}(b_{ijk}Q_{ijk} + b_{ijk}^0\delta_{ijk}) \tag{7-58}$$

上述目标函数的优化必须满足下述约束。

节点流量平衡：

$$q_i + \sum_{j=1}^{n}\sum_{k=1}^{3}Q_{ijk} - \sum_{j=1}^{n}\sum_{k=1}^{3}Q_{ijk} - \sum_{k=1}^{3}Q_{ik} = 0 \quad \forall i \tag{7-59}$$

污水处理厂规模约束：

$$\sum_{k=1}^{3}Q_{ik} \leqslant \mu_{ik}\gamma_{ik} \quad \forall i \tag{7-60}$$

式中　μ_{ik}——允许排入水体的污水量。

管线的输水能力约束：

$$\sum_{k=1}^{3}Q_{ijk} \leqslant V_{ijk}\delta_{ijk} \quad \forall i,j \tag{7-61}$$

式中　V_{ijk}——给定管线的最大输水能力。

污水处理厂数量约束：每一个小区最多建设一座污水处理厂。

$$\sum_{k=1}^{3}\gamma_{ik} \leqslant 1 \quad \forall i \tag{7-62}$$

污水流动方向约束：在同一条线路上，污水只能单方向流动。

$$\sum_{k=1}^{3}\delta_{ijk} + \sum_{k=1}^{3}\delta_{jik} \leqslant 1 \quad \forall i,j \tag{7-63}$$

变量的非负约束：

$$Q_{ik} \geqslant 0 \quad \forall i,k \tag{7-64}$$

$$Q_{ijk} \geqslant 0 \quad \forall i,j,k \tag{7-65}$$

逻辑变量约束：

$$\gamma_{ik},\delta_{ijk} = 0 \text{ 或 } 1 \quad \forall i,j,k \tag{7-66}$$

上述目标函数和约束条件构成一个混合整数优化问题，求解该问题可以得到系统总费用（包括污水处理厂费用与污水输送费用）和污水处理厂位置与流量组合。

三、区域处理最优控制系统分析

1. 模型

目标函数为：

$$\text{Min}Z = \sum_{i=1}^{n}C_i(Q_i,\eta_i) + \sum_{i=1}^{n}\sum_{j=1}^{n}C_{ij}(Q_{ij}) \tag{7-67}$$

约束条件为：

$$\boldsymbol{U}\vec{L} + \vec{m} \leqslant \vec{L^0} \tag{7-68}$$

$$\boldsymbol{V}\vec{L} + \vec{n} \geqslant \vec{O^0}$$

$$q_i + \sum_{j=1}^{n}Q_{ji} - \sum_{j=1}^{n}Q_{ij} - Q_i = 0 \quad \forall i$$

$$\vec{L} \geqslant 0$$

$$\eta_i^1 \leqslant \eta_i \leqslant \eta_i^2 \quad \forall i$$

$$Q_i,Q_{ij} \geqslant 0 \quad \forall i,j$$

式中　$C_i(Q_i,\eta_i)$——污水处理厂的费用，它既是污水处理规模的函数，也是污水处理效率的函数。

区域污水处理最优控制系统分析的任务是既要确定污水处理厂的位置和容量，又要确定污水处理效率，是全面协调水体自净能力、污水处理规模和效率的经济效应及污水输送费用经济效应的复杂课题，目前还缺乏有效的求解方法。

2. 试探法

试探法的指导思路是大系统的分解协调方法，其计算基础是"全部处理或全不处理"的策略。根据这个策略，可以将任一小区的污水作为决策变量，或者就地处理，或者被送到相邻小区进行共同处理，通过比较系统的总费用，选出当前的最优解，并作为下一次试探的初始目标。

在每一次试探时，原问题被分解成两个子问题：排放口最优处理系统分析和污水转输管线的计算。这是两个可以独立计算的问题，它们的费用之和就是系统的总费用，将总费用返回到原问题，与上一次试探的结果比较，舍劣存优。按一定的步骤重复试探过程直至预定的试探程序结束，选出满意解。图 7-13 表示这种试探分解的计算过程。

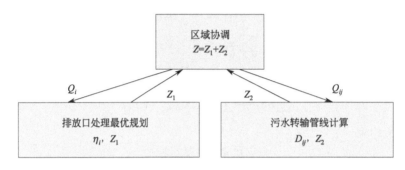

图 7-13　试探分解协调

Q_i—污水处理厂的规模；Q_{ij}—污水转输的流量；D_{ij}—转输管道的管径；η_i—污水处理效率；

Z_1—污水处理的费用；Z_2—污水转输的费用；Z—区域系统总费用

试探法是一种直接优化方法，它本身没有固定的运作程序，其目标就是力求在试探过程中包含尽可能多的组合方案。

试探法从任意一个初始可行解开始，例如从排放口处理最优控制系统分析开始，通过开放节点试探、封闭节点试探和污水转输线路试探，求出系统的满意解。

（1）开放节点试探　开放节点是指那些建有污水处理厂的小区，该小区的污水处理厂负责处理本小区的污水和由其他节点转输来的污水。开放节点试探就是将上一次试探中确定建设的污水处理厂封闭，将其污水转输到相邻的开放节点去共同处理。如果试探的结果导致总费用下降，则以新的方案取代原方案，作为当前的最优解，否则仍维持原方案。

开放节点试探按照节点编号依次进行，对系统中所有开放节点进行一次试探，称为开放节点的一次试探循环。若一次循环中产生了系统总费用改进，就返回第一个节点继续试探过程，否则进入下一个子程序——封闭节点试探。

（2）封闭节点试探　封闭节点是指那些不建污水处理厂，而将本小区的污水转输到其他节点去处理的小区。封闭节点试探是开放节点试探的逆过程，它的任务是试探在原先封闭的节点建设污水处理厂的可能性。

与开放节点一样，封闭节点试探也按照节点编号依次进行。若在一个封闭节点试探循环中产生任何的总费用降低现象，就返回开放节点试探，否则进入下一个子程序——污水转输路线试探。

（3）污水转输路线试探　在开放节点和封闭节点试探中，各个节点的污水输送都是按照节点编号顺序进行的，在实际地理环境中，一个节点的污水输送到另外一个节点，有可能不必经由中间节点的转输，在两个节点之间可能存在捷径。开放节点试探的目的就是寻找最优的输水路线。

污水转输路线试探针对每一个封闭节点依次进行，计算结束，输出系统满意解及总费用。

作为一种直接最优化方法，试探法有许多优点：它的原理简单，方法易行；试探法本身对于目标函数的形式没有特殊要求，适用范围广。在编写试探程序时需要一定的工程经验，只有在试探过程中包含了最好的方案，这个方案才有可能被推荐。因此，在应用试探法时需要仔细推敲试探的过程，不要遗漏任何一个可能的好方案。

图 7-14 是应用试探法进行区域处理最优控制系统分析的主程序框图。

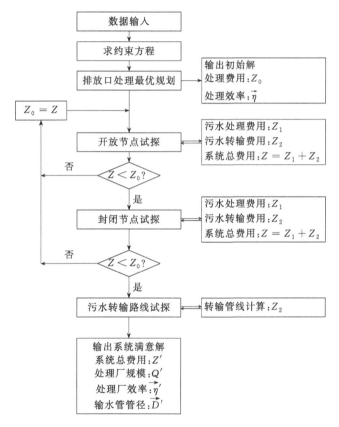

图 7-14　区域处理试探法计算流程

第四节　情景分析法

一、基本概念

情景是预料或期望的一系列事件的梗概或模式。对未来可能出现的情景进行分析、比较，选择实现目标最为有利的情景，作为水污染控制系统分析的优选情景，是情景分析的基本思路。

情景分析具备以下一些特点：

① 承认未来的发展是多样化的，有多种可能发展的趋势。也就是说，存在多个情景可

以满足既定的目标，尽管各个情景实现目标的程度有所不同。

②承认人在未来发展中的"能动作用"，即人们的主观决策对于情景的选择起着十分重要的作用，情景分析的准确性和信息量将会决定人们决策的取向。

现代的决策分析大多属于多目标决策问题，在情景分析中，要特别注意对发展起重要作用的关键因素和协调一致性关系的分析。

情景分析法可以为水污染控制系统分析提供更动态、更完整的方法学支持。通过建立不同背景条件（社会、经济发展）下的情景，分析各种发展情景对社会、经济和环境的影响，筛选和推荐满意的情景，从而产生水污染控制系统分析的方案（图 7-15）。

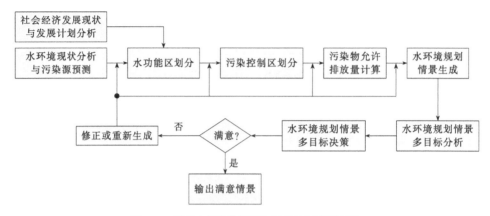

图 7-15　流域水污染控制系统分析情景分析的过程

二、情景生成

情景生成是能否产生优秀的推荐情景的基础。情景生成的过程是一个综合运用社会、经济、环境条件等因素，进行资源合理配置的过程，只有全面掌握有关信息、具备综合分析能力才能生成好的情景。

1. 情景生成的基本条件

（1）水文条件　水文条件主要是指水污染控制系统分析的流量保证率，高的保证率意味着高的水质要求。保证率的选择要视当地多年的水文条件而定，高者可以取 95％，低者取 50％。在严重缺水地区，河流基流的保证率可能为零，为了保证一定的水功能区目标的实施，可能需要很高的污水处理程度。

（2）建立污染源清单　污染源是水污染控制系统分析的控制对象，通过对污染源的削减和控制，保证水功能区目标的实现，是水污染控制系统分析的基本内容。

污染控制区内的污染源包括点源和非点源。如果水污染控制系统分析的分析对象是水库和湖泊，点源和非点源都属于控制对象；如果分析对象是河流，一般优先考虑点源的控制。

作为水污染控制系统分析对象，非点源所考虑的重点污染物是有机物和营养物，通常以年污染物总量计量；点源的源强在一年的周期内比较均衡，可以用月平均值计量。点源包括工业污染源与生活污染源，以有机物为主要控制对象，对于区域性的特种污染物也应该予以关注。

在分析之前需要调查工业污染源治理状况，要求所有的工业污染源按照国家标准或地方标准达标排放，这是进行水污染控制系统分析的前提。

广义上生活污染源是指居民生活中使用后排放的污水，以及与生活污水性质相近的城市用水。城市发展程度越高、管理越完善，生活污水所占的比例越高。生活污水已经成为许多城市周围水体污染的主要来源。对于大多数中小型接受水体，城市污水一般需要进行高级处理（例如二级处理）；对于大型接受水体，污水的处理程度可以与工业废水一起进行系统分析，实行污染物总量控制。

对于点源、非点源都要计算进入水体的污（废）水量和需要控制的污染物量。非点源以小流域为计算单元，生活污水一般以街坊或生活小区为计算单元，工业污水则以企业为计算单元。

在污染源计算的基础上，计算各污染控制区的污染物总量。

（3）确定预选污水处理厂和排放口的位置　一个地区污水处理厂位置的确定取决于很多因素，最主要的是城市规划和土地利用规划。通常可以用于建设污水处理厂的候选地点不是很多。如果一个地区尚未划定污水处理厂的厂址，那么在水污染控制系统分析中有必要对此提出具体方案。

污水处理厂选址的必要条件是：

① 位于取水口下游，污水经过收集系统尽可能自流到污水处理厂；

② 远离人口稠密地区，有足够的防护距离；

③ 场地面积除满足污水处理厂建设需求外，还要有足够的用于建设绿化隔离带的面积；

④ 在缺水地区，污水处理厂的选址要考虑到污水回用与工业、市政、生活、绿化、景观等的需求。

污水处理厂的厂址决定了污水收集系统的走向，是污染控制区的关键设施。

（4）接受水体的条件　接受水体有一定的自净能力。水体的自净能力可以通过水环境容量计算。

2. 情景生成的步骤

本章第一节所叙述的水污染控制系统的组成部分也就是情景的组成内容，即水污染物发生（污染源）子系统、污水收集与输送子系统、污水处理与回用子系统、接受水体子系统。这些子系统在水污染控制系统分析情景设计中都存在可以替代的方案。每个子系统不同替代方案的不同组合产生不同的情景。

（1）污染源子系统　对污染源子系统，主要考虑形成如下的子方案。

① 考虑工业污染源与城市污水联合处理的可能性。一般来讲，城市工业废水应该尽可能与城市污水联合处理，这样不仅可以发挥城市污水处理厂的规模的经济效应，某些富含有机物的工业废水加入城市污水以后，对城市污水的处理更为有利。但是对于下述工业污染源的工业废水不宜与城市污水联合处理：a. 工业废水中含有特殊污染物，不可能通过城市污水处理厂去除；b. 工业废水中含有不利于城市污水处理的物质；c. 工业污染源距离城市污水处理厂较远，建设污水转输管道需要较大的投资。

② 城市污水处理厂候选位置的选择。在城市规划的基础上，提出城市污水处理厂可能的位置，并根据污水处理厂的分布确定每个候选污水处理厂的容量和污染物总量。根据集中和分散布置的需求，污水处理厂的位置一般可以有多种组合。

（2）污水收集与输送子系统（图7-16）　污水收集与输送子系统一般由城市规划中的街区规划和道路规划决定。污水处理厂的位置基本上确定了污水收集与输送子系统的布置。在情景分析时，污水收集与输送子系统基本上是确定的，不需进行比较和分析。如果污水处理厂的位置有变化，则需要考虑污水由一个初始位置输送至另一个位置的污水转输路线与费用。

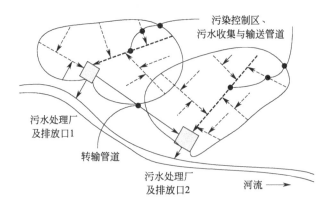

图 7-16　污水收集与输送子系统

（3）污水排放口与接受水体子系统　污水处理厂一般位于污水排放口附近，处于城市的下游。污水排放口是污染控制系统的最终出口。污水进入水体以后，水体的稀释、扩散作用以及对污染物的降解能力都是自然净化能力的体现，不受人为控制。

水污染控制系统分析的实际努力都体现在对污水的收集和处理上。人们通过对污染源子系统、污水收集与输送子系统、污水收集与回用子系统以及接受水体子系统的设定与组合，就形成了不同的水污染控制系统分析情景（图 7-17）。

图 7-17　生成情景的各个子系统

【例 7-6】　图 7-18 表示区域水污染控制系统分析任务图。河段上设有 3 个水功能区控

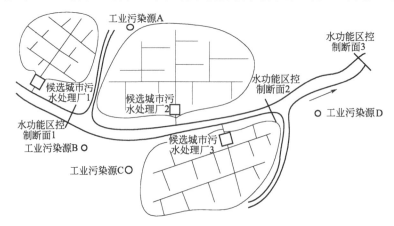

图 7-18　区域水污染控制系统分析任务图

制断面，河段两侧分布 3 个城市居民区，分别设计 3 个候选的污水处理厂，另外还有 4 个工业污染源（A、B、C、D）。试根据上述条件生成区域的水污染控制系统分析情景。

【解】　根据给定条件，至少可以生成如下表所列的 4 个情景。

情景编号	候选城市污水处理厂			工业污染源			
	1	2	3	A	B	C	D
1	一级处理	一级处理	一级处理	达标排放	达标排放	达标排放	达标排放
2	合并到 2	一级处理	一级处理	与 2 联合处理	达标排放	达标排放	达标排放
3	二级处理	二级处理	二级处理	总量分配	总量分配	总量分配	总量分配
4	合并到 2	二级处理	二级处理	与 2 联合处理	总量分配	与 3 联合处理	总量分配

表中情景 1 属于低水平的相对分散的污染控制；情景 2 属于低水平的相对集中的污染控制；而情景 3 和情景 4 则分别属于比较高级的分散控制与相对集中控制。如果情景 1 的控制结果可以满足控制断面 1～3 的水质要求，则可以采用情景 1 作为水污染控制系统分析的推荐情景，因为实现这个情景的费用相对较低；如果情景 1 不能满足水质目标的要求，则需要对情景 3 或情景 4 进行分析。情景 2 实现水质目标的效果不会优于情景 1，但是其费用是否小于情景 1，则可以通过处理规模的经济效应与污水转输费用的权衡比较确定；情景 4 与情景 3 之间的关系和情景 2 与情景 1 之间的关系相似。

本例的情景生成还可以有其他可能。在实际条件下，由于各种约束比较多，一般不会有太多的可能情景，要根据具体条件提出候选情景。

三、情景分析

情景分析的内容取决于情景的目标，通常应该包括水质目标的可达性分析和实现情景目标的费用分析。水质目标的可达性分析可以通过水质模型模拟各个情景的水质状态实现；而费用分析可以利用费用函数计算，也可以通过估算或概算指标实现。

水污染控制系统分析的情景分析一般包括如下步骤。

1. 情景可行性分析

可行性分析的目的是检验预定情景的可行性。在情景生成过程中已经充分考虑了每一个情景的工程可行性，例如城市污水处理厂的处理程度，一般选用一级处理或二级处理，这在工程实施上不存在任何困难；在污水处理厂的厂址选择和污水转输管道路线的选择上都充分考虑到实际条件的限制。

在情景生成的时候，一般不能确切知道情景的水质影响，即每一个情景的水质模拟结果不是预先确定的，因此在情景确定之后，通过水质模型模拟情景的水质影响，能够满足水功能区控制断面水质目标的情景，属于可行情景；否则属于不可行情景。在本阶段，不可行情景即被淘汰，可行情景进入下一步阶段分析。

2. 非劣情景分析

对于具有多个目标的情景，如一个情景的所有目标值全部优于另一个情景的相应目标值，则这两个情景相比，前一个情景称为非劣情景，后一个则称为劣情景。如果两个情景的各个目标之间各有优劣，则两个情景都是非劣情景。在这一阶段，所有的劣情景即被淘汰，所有非劣情景都是可行情景。

3. 满意情景分析

从非劣情景中评选满意情景作为推荐情景是一个多目标的决策过程。各种多目标决策方法可以应用。对于最简单的双目标问题，例如水质和费用之间的决策，可以有两种选择策略：

① 如果实现的水质目标相同，选择费用最低的情景为推荐情景；

② 如情景的费用相同，则选择水质目标最佳的情景作为推荐情景。

四、情景决策

水污染控制系统分析决策在一般情况下属于多目标决策，即水污染控制系统分析的推荐情景应该满足多个目标的要求，在多个目标的综合协调中寻求总体效果最好的解。分析决策人员可以根据具体情况选择决策方法。

第五节　水资源-水质系统分析

河流污染一般发生在枯水期。解决枯水期污染的一个措施是利用上游水库的流量调节，放大河流的低流流量，以提高河流的自净能力，降低污水处理费用。

利用水库进行低流调节所需的费用可以表达为：

$$C = C_r a^{b_r} \tag{7-69}$$

$$a = \frac{Q'_{11} - Q_{11}}{Q_{11}} \tag{7-70}$$

式中　a——低流放大倍数；

Q_{11}——河流低流时的流量；

Q'_{11}——经水库调节后的河流低流流量；

C_r，b_r——系数，均大于1，可以根据水库调节的费用估计。

由于增加了河流的流量，相当于提高了河流的自净稀释能力，减轻了水库下游的污水处理负担。优化模型可以表达如下。

目标函数：

$$\text{Min} Z = \sum_{i=1}^{n} C_i(\eta_i) + C_r a^{b_r} \tag{7-71}$$

约束条件：

$$\boldsymbol{U'}\vec{L} + \vec{m} \leqslant \vec{L^0} \tag{7-72}$$

$$\boldsymbol{V'}\vec{L} + \vec{n} \geqslant \vec{O^0}$$

$$\vec{L} \geqslant 0$$

$$\eta_i^1 \leqslant \eta_i \leqslant \eta_i^2$$

求解本问题的最简单方法是假定一系列的 a 值，如令 $a = 0.1$、0.5、1.0、1.5 等。然后用排放口最优控制系统分析方法求解，得到一系列的费用与污水处理效率组合，由此可以选出最佳的低流放大倍数（图 7-19）。

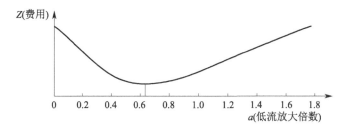

图 7-19　水资源与水环境的关系

习题与思考题

1. 制订水功能区划的原则和依据是什么？水功能区划在水污染控制系统分析中的重要地位是什么？

2. 水污染控制系统由哪几部分组成？它们之间有什么关系？

3. 水污染控制系统分析的依据是什么？哪些因素对系统分析有重要影响？

4. 已知费用函数的形式为：

$$C = 200Q^{0.78} + 1000Q^{0.78}\eta^{2.5}$$

河流水质约束为：

$$\vec{L}_2^0 \leqslant 6$$
$$\vec{O}_2^0 \geqslant 7$$

河流条件与污染源数据与第四章习题中第 5 题相同，试用线性优化和动态优化方法求解排放口最优控制系统分析问题。

5. 有两组污水处理费用函数：

$$C_1 = 200Q^{0.78} + 1000Q^{0.78}\eta^{2.5}$$
$$C_2 = 180Q^{0.92} + 1000Q^{0.92}\eta^{2.5}$$

若其他条件不变，采用 C_1 或 C_2 作为费用函数进行区域处理最优控制系统分析时，可能会出现什么样的不同结果？

6. 什么是"全部处理或全不处理"策略？如何从数学上给予证明？在均匀处理最优控制系统分析中，潜在的污水处理厂的数量与可能的系统分析方案的数量存在什么关系？若潜在的污水处理厂数量是 15，最大可能的方案数是多少？

7. 下图表示一个区域可能建设污水处理厂的位置，试用整数优化算法或试探法确定均匀处理系统分析（污水处理效率为 0.85）时污水处理厂的位置和规模。已知污水处理的费用函数为：

$$C_1 = 350Q^{0.75} + 1500Q^{0.75}\eta^{2.30}$$

污水输送费用函数为：

$$C_2 = 500Q_{ij}^{0.75}$$

污水可能的输送方向及相应的输水管长度为：

输水方向	1→2	2→3	3→4	1→5	5→3	5→6	6→4
长度/m	250	420	4280	5400	3320	6250	4420

各小区的本地污水量为：

小区编号	1	2	3	4	5	6
污水量/（m³/s）	0.56	0.32	1.25	0.88	0.56	0.36

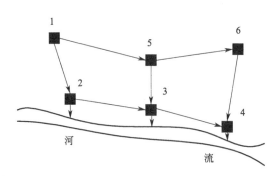

8. 计算机编程计算。

给定费用函数：

$$C_1 = 350Q^{0.75} + 1500Q^{0.75}\eta^{2.30}$$

数据如下图：

	0	I	II	III	IV
		$Q_1=0.3$	$Q_2=0.6$	$Q_3=1.1$	$Q_4=0.8$
		$L_1=200$	$L_2=200$	$L_3=150$	$L_4=150$
		$O_1=0$	$O_2=0$	$O_3=1$	$O_4=1$
$Q_{20}=50$	$k_{d0}=0.08$	$k_{d1}=0.09$	$k_{d2}=0.08$	$k_{d3}=0.10$	
$L_{20}=2$	$k_{a0}=0.12$	$k_{a1}=0.15$	$k_{a2}=0.13$	$k_{a3}=0.16$	
$O_{20}=7$	$l_0=3800$	$l_1=4200$	$l_2=2600$	$l_3=4500$	
	$Q_{31}=0.5$	$Q_{32}=0$	$Q_{33}=0$	$Q_{34}=0$	

单位：Q—m³/s，L—mg/L，O—mg/L，k_d—d^{-1}，k_a—a^{-1}，l—m

给定的水质约束是：$\vec{L}_2^0 = (5\ \ 5\ \ 5\ \ 5)^T$；$\vec{O}_2^0 = (4\ \ 4\ \ 4\ \ 4)^T$。河流水温 $T=24℃$，平均流速 $u_x=0.15$m/s。

求解排放口最优控制系统分析问题。

9. 情景分析方法的特点、使用范围是什么？它与优化分配方法有什么不同？

第八章
环境空气污染控制系统分析

第一节 环境空气功能区划与环境空气容量

一、环境空气功能区划

环境空气质量功能区是指为保护生态环境和人群健康的基本要求而划分的环境空气质量保护区。环境空气质量功能区分为一类与二类（表 8-1）。

表 8-1 环境空气质量功能区的划分

功能区类别	类别范围	主要内容	执行标准[①]
一类	自然保护区	有代表性的自然生态系统、珍稀濒危动植物物种的天然集中分布区、有特殊意义的自然遗迹等	一级
	风景名胜区	具有观赏、文化或科学价值，自然景物、人文景物比较集中，环境优美，具有一定规模和范围，可供人们游览、休息或进行科学、文化活动的地区	
	其他需要特殊保护的地区	因国家政治、军事和为国际交往服务的需要，对环境空气质量有严格要求的区域	
二类	居住区		二级
	商业交通居民混合区		
	文化区		
	一般工业区		
	农村地区		

① 中华人民共和国国家标准《环境空气质量标准》（GB 3095−2012）。

一类功能区指自然保护区、风景名胜区和其他需要特殊保护的地区；二类功能区指城镇规划中确定的居住区、商业交通居民混合区、文化区、一般工业区和农村地区。

环境空气质量功能区由地级市以上（含地级市）环境保护行政主管部门划分，功能区的划分应充分利用现行行政区界或自然分界线。一、二类功能区的面积不得小于 $4km^2$。

一类功能区与二类功能区之间设置一定宽度的缓冲带。缓冲带的宽度根据区划面积、污染源分布和大气扩散能力确定，一般情况下各类别功能区之间的缓冲带宽度不小于 300m。缓冲带内的环境空气质量应向要求高的区域靠拢。

二、环境空气容量

1. 概念

环境空气容量的概念：对于一个特定的环境单元，根据其自然净化能力，在特定的污染源布局和结构及自然边界的条件下，为达到环境空气质量目标所允许的污染物最大排放量。

2. 影响环境空气容量的因素

（1）气象与湍流扩散条件　气象与湍流扩散条件是影响环境空气容量最重要的因素。大气系统内的物质运动以物理过程为主。在这个过程中，污染物由于稀释扩散作用浓度降低，但其总量并没有减少。另外，区域气温、空气湿度、降雨等也会对大气污染物的沉积、转化过程产生影响，以致影响环境容量。

（2）地形与地貌条件　区域地形地貌及地表的土地类型、土地利用状况、地表构筑、植被、水体等条件不同，会导致不同的边界层变化，对污染物的迁移扩散、沉积和转化等产生不同的影响，进而影响区域环境容量。

（3）环境质量现状条件　环境空气容量是基于环境质量现状和环境质量控制目标计算的，这两者的数值对环境容量的计算结果会有很大影响。

3. 环境空气容量计算模型

（1）箱式模型　箱式模型是计算区域环境空气容量最为简单、直接的模型，也是概念较为明确的模型。箱式模型可以同时模拟点源和面源的影响。

设研究区域为一箱体，同时考虑污染物的沉积、转化因素，类似单箱模型推导过程，可得箱体平均浓度为：

$$\overline{C}=\frac{\overline{u}C_0+L(q/h)}{\overline{u}+(u_d+u_w+h/T_c)L/h} \tag{8-1}$$
$$u_w=W_rR$$

式中　C_0——上风向污染物浓度（背景浓度），mg/m^3；

$\overline{u}$——混合层的平均风速，m/s；

u_d——污染物干沉积速度，m/s；

u_w——污染物湿沉积速度，m/s；

W_r——清洗比特征数；

R——年降水量，mm/a；

h——混合高度，m；

L——箱体下垫面顺风向长度，m；

q——箱体内单位时间单位面积的污染源强，$mg/(m^2 \cdot s)$；

T_c——污染物转化的时间常数，与半衰期关系为 $T_{1/2}=0.693T_c$。

如果令 $\overline{C}$ 为功能区的环境空气质量目标值 C_s，假设上风向本底浓度 $C_0 \approx 0$，污染物的半衰期 T_c 足够大，上式可以写成：

$$C_s=\frac{L(q/h)}{\overline{u}+(u_d+W_rR)L/h} \tag{8-2}$$

$$q=\frac{\overline{u}hC_s}{L}+C_s(u_d+W_rR) \tag{8-3}$$

这里，q 实际上就是根据箱式模型反演得到的单位面积单位时间的允许排放量。假定环境空气污染控制区的面积为 $S(km^2)$，计算时间周期为 $T=1a$，那么整个控制区每年的允许排放量为：

$$Q_a=qST \tag{8-4}$$

如果将控制区视为圆形，其等效直径为 $l = 2\sqrt{S/\pi}$，将其代入并经过单位换算，得到：

$$Q_a = 3.1536 \times 10^{-3} C_s \left[\frac{\sqrt{\pi S} V_E}{2} + S(u_d + W_r R) \times 10^3 \right] \tag{8-5}$$

$$V_E = \bar{u} h$$

式中　Q_a——控制区污染物年允许排放量，10^4 t/a；

　　　V_E——通风量，m^3/s；

　　　W_r——系数，取值 1.9×10^{-5}。

在进一步考虑一般城市范围的气态污染物排放总量控制时，所有干湿沉降可以略去，式(8-5) 可以写成：

$$Q_a = A C_s \sqrt{S} \tag{8-6}$$

$$A = 1.5768 \times 10^{-3} \sqrt{\pi} V_E \tag{8-7}$$

Q_a 可以认为就是按照箱式模型导出的区域环境空气容量，只要知道 A 值，就可以计算环境空气容量，这种计算环境容量（或允许排放量）的方法简称为 A 值法。

作为箱式模型的改进，多箱模型也可以用于估计环境空气容量，但其计算过程十分复杂。

(2) 浓度反演模型　反推法的基本原理是：由 $C = f(Q)$ 反演求得 $Q = f'(C)$。此处 C 和 Q 分别是某区域大气污染物浓度和影响区域的大气污染物排放量。

设 C_i 为地面节点 i 处的污染物浓度；Q_j 为位于节点 j 处的污染源源强；φ_j^i 为表达节点 i 对源 j 的响应关系的转换因子。浓度与源强之间有如下线性关系：

$$C_i = \varphi_j^i Q_j \tag{8-8}$$

以环境目标值 C_s 取代 C_i，并以矩阵形式表达，则有：

$$Q = \varphi^{-1} C \tag{8-9}$$

在多源情况下，通过浓度反演环境容量将是一个极其复杂的过程。

三、总量控制与分配

在环境空气污染控制系统分析中，污染物总量分配是总量控制的重要步骤。总量分配有多种方法，每一种方法就是一个策略，选用何种策略，要视当时当地的具体条件而定。可以考虑的总量分配方法有：

① 基于排污现状的分配方法，如等比例削减、等浓度削减、根据万元产值排污系数加权削减。

② 基于行业排污差异的分配方法，如根据行业排污标准加权削减、根据行业平均处理效率加权削减、根据行业最高处理效率加权削减。

③ 按区域治理费用最小削减。

④ 按企业的贡献率削减。

从社会公平、管理的可行性与可操作性的角度，等比例削减可能是比较明智的选择，尽管这种选择从追求效率的角度看似乎并不是最佳的。追求效率目标可以在污染控制系统分析以后的管理过程中实现，例如通过排污权交易，即通过市场经济手段使区域环境目标的实现逐步达到最佳状态。

第二节　环境空气系统组成与系统分析方法

一、系统组成

环境空气污染控制系统分析过程是协调区域经济、社会发展和环境质量要求之间的关系，寻求决策者满意的环境空气污染控制系统分析方案。环境空气污染控制系统分析系统是一个涉及经济、社会和环境的复合系统。这个系统包含污染源子系统、污染控制子系统、污染物排放子系统和接受环境子系统（图 8-1）。

图 8-1　环境空气污染控制系统分析系统的组成

1. 污染源子系统

污染源子系统与经济、社会密切相关。按照污染源的空间形态可以分为点源、线源和面源。面源是以分散方式存在的污染源，例如存在于商业服务区、居民住宅区的污染源。面源的特点是分布面广、排气筒较低，一般通过燃料结构和燃烧设施的改进来治理面源。线源最一般的表现形式是道路上的交通污染源。线源的特点是排气筒的高度接近地面，可以直接对人体健康产生危害。与面源一样，线源主要的治理手段是燃料和燃烧设施的改进。点源是指那些污染物在空间上集中排放，且排气筒具有一定高度的污染源。点源的特点是排放强度大、排气筒高。对点源的控制除了调整燃料和改进燃烧设施外，还可以通过调整排气筒高度和污染物的处理程度，满足环境质量的要求。对一个区域或城市来说，只有全面协调面源、线源和点源的贡献才能解决环境空气质量问题。

由于交通线源产生的污染物以氮氧化合物、一氧化碳、臭氧为主，与面源、点源通常考虑的颗粒物、二氧化硫等不同，在环境空气污染控制系统分析中线源一般可以单独处理。

2. 污染控制子系统

环境空气污染物是由燃料的燃烧和化学反应产生的，尤以前者为主，因此污染控制的主要对象是燃料结构、燃烧过程和污染物的治理。燃料结构的改变涉及一个地区的能源结构优化，取决于需求与供给的平衡与协调。采用清洁能源对于改善和保持优良的环境质量是最根本的措施。但是，我国是一个煤炭资源相对丰富的国家，煤炭在整个能源结构中占到约 70％以上的份额，煤炭燃烧过程中出现的颗粒物与二氧化硫污染将是长期的环境问题，污染控制的主要方向也在于控制颗粒物和二氧化硫。

3. 污染物排放子系统

污染物的排放分为有组织和无组织排放两种，一般的点源排放属于有组织排放，而面源则属于无组织排放。点源通过高架排气筒排放污染物，污染物的排放浓度和排放量易于控制；面源的控制较多需要通过管理措施实现，例如改变能源结构等。

4. 接受环境子系统

环境空气污染控制系统分析中接受环境子系统就是污染源周围的环境空气。由于环境空气是没有边界的，环境空气子系统的范围需要具体划定。但是，在环境空气污染控制系统分析中，控制区的边界不应小于环境功能区的规定边界。

二、系统分析内容与过程

环境空气污染控制系统分析的主要目标是以适当的代价，对排放到大气中的污染物进行合理的控制，保证环境空气质量满足人类生活、生产，以及生态与景观的需求。环境空气污染控制系统分析是一个多目标优化问题，涉及生态、环境、经济、社会生活的各个方面。

环境空气污染控制系统分析所要解决的问题主要涉及两个方面：一是通过对污染源的控制，使大气环境质量满足预定的环境目标；二是合理的污染源控制成本。

污染源控制是环境空气污染控制系统分析的核心。在宏观尺度上，我国已经制定了"双控区"（即二氧化硫控制区和酸雨控制区）规划，双控区的面积达 $109 \times 10^4 \text{km}^2$，其中二氧化硫控制区 $29 \times 10^4 \text{km}^2$，酸雨控制区 $80 \times 10^4 \text{km}^2$。对二氧化硫和酸雨的控制提出了具体的目标和措施。

环境空气污染控制系统分析的内容主要有：①识别环境空气现状和大气污染源现状；②根据经济和城市发展规划进行污染源预测，包括污染源排放的主要污染物、介质的量及其空间分布；③建立环境空气质量模型；④设计大气污染控制情景；⑤对情景进行环境、经济和社会影响分析；⑥通过决策分析选择推荐情景。

环境空气污染控制系统分析一般可以分为下述几个阶段。

（1）准备阶段　准备阶段的主要工作是识别环境空气质量现状和污染源现状，并在此基础上建立两者之间的响应关系，建立起环境空气质量模型。

（2）情景生成阶段　本阶段的主要任务是针对可能出现的条件和选项的组合建立大气污染源治理的各种情景。各种情景可以根据下述条件生成：①可能的能源结构，包括可能利用的能源种类、各种能源利用的量以及相应的污染物含量；②可能的污染源治理方法，包括污染物的去除率、不同的污染源排气筒高度等。

（3）情景分析阶段　不同的能源结构、不同的污染源治理方法，对环境的影响不同，所需的费用也不同，对社会的影响也不同。针对每一个情景进行经济、环境和社会影响的分析是本阶段的主要任务。

（4）情景决策阶段　在各种不同的情景中选择满意解，是决策阶段的主要任务。对于多目标的情景，需要进行多目标决策分析。

图 8-2 表示了环境空气污染控制系统分析的过程。

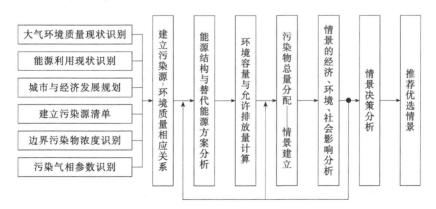

图 8-2　环境空气污染控制系统分析的过程

三、主要系统分析方法

根据任务，环境空气污染控制系统分析可以归纳为下述几类问题：

① 优化合理的能源结构和合理的污染源治理方案，以满足环境空气质量的要求；

② 给定污染物允许排放总量，将其分配到各个污染源；

③ 以环境空气质量功能区的环境质量目标为依据，在污染源高度给定的条件下确定各污染源的允许排放量；

④ 以环境空气质量功能区的环境质量目标为依据，同时确定污染源高度和污染物的允许排放量。

目前，用于环境空气污染控制系统分析的方法主要有以下几种。

（1）情景分析方法　为了达到预定的环境空气质量目标，可以设定一系列的污染物控制情景，这些情景是各种可能的方法与措施的组合，通过对每一个情景的分析找出满意的推荐情景。

情景分析方法属于一种选优的正向算法，在设定情景时所采用的每一种方法与措施在过程上都是可行的，但是它们是否满足环境质量目标，或者在经济上是否理想，需要进一步分析。

情景分析没有固定的过程和模式，可以采用现有的各种方法，不必建立专门的模型。因此，情景分析方法比较灵活，可以将各种技术和方案集中在一起。正因为这种特征，丰富的工程知识和经验对于遴选优秀的情景是完全必要的。

情景分析方法比较适用于解决复杂的环境问题，例如上述的第一类和第四类问题。

（2）比例下降模型方法　比例下降模型是一种简化的环境空气污染控制系统分析方法。比例下降模型实际上是一种将已知的污染物去除总量分配到各个污染源的最优化方法，"比例下降"只是反映了一种假定的污染源与空气环境质量的响应关系。

（3）地面浓度控制方法　地面浓度控制模型反映了环境空气污染控制系统分析中最为本质的内容，即根据环境空气质量的需求，寻找最佳的污染源控制策略和措施。地面浓度控制模型是通过一套最优化方法实现的，从实现环境质量目标和成本控制角度，地面浓度控制可能是一种比较理想的方法。但是由于它需要将一个实际问题公式化，因此很多因素可能被忽略，一些复杂的关系可能被简化，它的计算结果的适用性不可避免地受到影响。

（4）A-P 值法　A-P 值法是一种实用的污染物总量计算与分配的方法。它利用 A 值法计算功能区和控制区的允许排放量，利用 P 值法将允许排放量分配到污染源。尽管在理论上 A 值法和 P 值法尚没有完全融合，但是它们为复杂的大气污染物总量控制提供了有效的方法。

第三节　情景分析方法

一、概述

情景分析是一种方法学的称谓，意思是将未来的发展可能设想成各种各样的"情景"，每一个情景代表着一种发展的可能，分析这些情景的发生和发展，探讨它们的可行性，研究它们的优缺点，找出一种或若干种人们希望达到并有可能达到的情景，作为情景分析的成果推荐给决策者和公众。

情景分析的特点是首先假定结果，然后分析过程。每一个情景在分析过程中是否能够满足每一个要求事先不能确切知道。如果在分析过程中发现某个情景不能满足某项要求，则该情景就被认为不可行而被弃用。对于所有的可行情景，比较其各个指标之间的优劣，剔除"劣情景"，保留"非劣情景"；然后通过决策分析，从非劣情景中选出满意情景作为推荐情景。

情景分析是一个方法学概念，它为环境空气污染控制系统分析提供了一条解决问题的技术路线，在分析过程中可以利用各种现有的方法和技术。利用情景分析方法进行环境空气污染控制系统分析的技术路线见图 8-3。

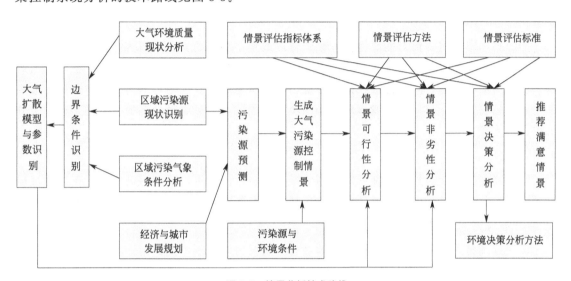

图 8-3　情景分析技术路线

二、情景生成

情景生成是对污染源的各种控制策略而言的，污染源控制的每一个过程所采用的不同方法和不同技术的组合都可以构成一个情景。理论上情景的数量可能很多，但是受具体条件的限制，实际问题中不可能出现太多的情景。环境空气污染控制系统分析的情景可以根据下述变化的条件组合生成。

1. 能源结构

一个地区或城市可供选择的能源种类、各种能源使用的比例和数量、每种能源的污染物含量等都是可以选择的，目前可以使用的能源种类包括化石能源（含煤、石油、天然气等）、水能与核能。随着能源短缺的加剧，人们正在研究开发风能、太阳能、生物质能等可再生能源，但它们在近期投入大规模应用的可能性不大。

能源和替代能源的选择是能源规划所要解决的问题，能源规划的任何决策对于环境空气污染控制系统分析的影响都是根本性的。另外，能源应用对环境质量的影响往往又反过来影响能源规划的决策过程。

2. 能源燃烧方式

能源对环境空气的影响一般要通过燃烧过程实现。污染源源强计算的一般形式为：

$$Q = kW(1-\eta) \tag{8-10}$$

式中 Q——源强，对瞬时排放源以 kg 或 t 计量，对连续排放源以 kg/h 或 t/d 计量；

　　　　W——燃料消耗量，对固态燃料以 kg 或 t 计量，对液态燃料以 L 或 m^3 计量，对气态燃料以 m^3 或 $100m^3$ 计量，时间单位为 h 或 d；

　　　　k——某种燃料中某种污染物的排放因子，即单位燃料中污染物质的含量；对煤炭排放因子的单位为 g/kg；对燃料油排放因子的单位为 g/L；对燃气排放因子的单位为 g/L 或 g/m^3。

　　燃烧设备的效率是影响污染物排放量的重要因素，在环境空气污染控制系统分析中，要选用那些效率高的先进设备，逐步淘汰效率低的设备。

3. 能源利用布局

　　能源利用布局主要针对能源转换过程的分散或集中利用而言，例如将煤或石油等化石能源转变为电能或热能，以便集中供电或供暖。能源集中燃烧的优点是可以提高能源利用效率，便于污染源治理，降低污染物排放总量，降低供电成本。但是，燃料的集中燃烧会形成集中的污染物排放，对局部环境形成冲击性负荷。因此，对于燃料的集中燃烧需要在系统分析中进行比较。

4. 烟囱高度

　　烟囱高度的变化虽然不能降低污染物的排放总量，但是可以改变污染物的分布。通过提高烟囱高度降低污染物的最大落地浓度是区域环境空气污染控制系统分析中常用的技术。

5. 废气处理方法和措施

　　废气处理是防治污染物进入空气中的最后一道关口，针对不同的污染物有不同的控制方法。例如，对 TSP 的去除有各种沉淀器、电除尘器等，对 SO_2 的治理有各种脱硫方法和装置（例如干法、湿法）。

　　在上述五项内容中，每一项都存在不同的选择。将它们按照一定的规则进行组合就可以构成不同的情景（图 8-4）。

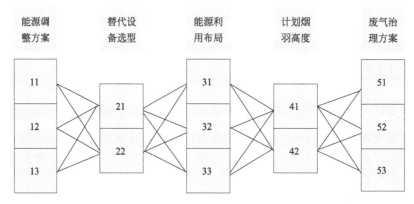

图 8-4　情景生成示意

三、情景分析

1. 建立目标体系，明确评估方法和评估标准

　　环境空气污染控制系统分析一般属于多目标决策问题，在进行情景的评估、决策之前需

要建立评估目标体系、评估方法和评估标准。目标体系主要由环境质量指标和经济指标组成。制订环境质量指标的主要依据是环境空气质量功能区划，例如 SO_2 和 TSP，也可以根据具体情况补充其他指标；经济指标包括工程经济方面的内容，例如实现系统分析情景所需的费用等，也可以包括环境经济方面的内容，例如系统分析情景的损失和收益。

情景评估标准是针对指标体系确定的，是衡量情景优劣的依据。对于环境质量指标，在功能区划中已经明确；至于经济指标，一般没有绝对标准，在实现环境质量目标的前提下可以采用费用较低的情景。

2. 分析可行情景

情景分析方法的特点之一是所设计的情景在工程上一般都是可行的，但是它在实现环境目标上是否可行需要论证。情景分析的一个重要内容就是利用环境质量模型模拟环境空气质量对情景的响应，识别情景的可行性。凡是环境质量目标不能满足功能区划要求的情景，都属于不可行情景，否则就是可行情景。

如果情景分析中列出了其他的约束条件，那些不能满足约束要求的情景也属于不可行情景。

3. 选择非劣情景

非劣情景是指可行情景中那些难以从单个指标上分出优劣的情景。例如甲、乙两个情景，评价指标为 A、B。如果甲情景的两个指标都优于乙情景，那么甲情景就是非劣情景，乙情景就是劣情景；如果甲情景的指标 A 优于乙情景，而指标 B 劣于乙情景，情景甲、乙难以分出优劣，两个情景都属于非劣情景。

例：表 8-2 列出甲、乙、丙、丁四个情景的主要目标的分析结果。情景甲因为 SO_2 指标不达标，属于不可行情景；情景乙的两个环境质量指标虽然全部达标，属于可行情景，但是每一个指标的数值都劣于情景丙和丁，因此情景乙属于劣情景；而情景丙和丁的两个环境质量指标全都满足标准，但互有优劣，情景丙和丁属于非劣情景。

表 8-2　情景汇总表

情景	环境功能区划执行标准（二级）[年日平均（标）]/(mg/m³)		环境质量指标（标）/(mg/m³)		费用/万元
	SO_2	TSP	SO_2	TSP	
甲	≤0.15	≤0.3	≤0.20	≤0.25	45000
乙	≤0.15	≤0.3	≤0.14	≤0.30	55000
丙	≤0.15	≤0.3	≤0.13	≤0.20	57500
丁	≤0.15	≤0.3	≤0.12	≤0.28	60500

四、情景决策

情景决策的任务是从非劣情景中选择满意情景。从上面的例子可以看出，情景的三个评估指标（SO_2、TSP 和费用）中，情景丙的 TSP 和费用指标优于情景丁，而 SO_2 指标劣于情景丁。这种两个目标以上的决策问题属于多目标决策，可以参照上文介绍的方法求解。

第四节　比例下降模型

一、模型假设

比例下降模型的假设是污染源的污染物排放量的下降，将导致空气中污染物浓度的等比例下降。比例下降模型在理论上并没有严格的证明，但有一些证据证明这个结论是合理的。例如，从 1967 年至 1976 年的 10 年间，美国旧金山的 CO 排放量降低了 30％，同期空气中的 CO 浓度也大约下降了 30％。

在以年平均值为基础进行环境空气污染控制系统分析时，由于时间尺度比较长，各种气象条件造成的差别得到平均，利用比例下降模型可以得到较好的结果；同样，比例下降模型适用于空间尺度比较大的区域。

根据比例下降假设，在优化模型中不必直接纳入空气质量约束，而只需将现实的环境质量与环境质量标准相比较，确定必须削减的污染物总量，比例下降模型的任务在于将污染物的削减总量分配给各个污染源。由于不包含环境质量约束，可以大大简化计算过程。

二、优化模型

假定控制区域包含 m 个污染源，每个污染源存在 n 种可选择的污染控制方法，用以控制 q 种污染物。

如果以 x_{ij} 表示产品的产量，其中 i 为污染源的编号，j 是该产品的废气治理方法；以 C_{ij} 表示生产单位产品所需支付的污染控制费用。

根据比例下降模型，可以写出优化模型的线性优化模型形式：

$$\text{Min} Z = \sum_{i=1}^{m} \sum_{j=1}^{n} C_{ij} x_{ij}$$

$$\sum_{j=1}^{n} a_{ij} x_{ij} = S_i \quad (i=1,\cdots,m; j=1,\cdots,n) \tag{8-11}$$

$$\sum_{i=1}^{m} \sum_{j=1}^{n} b_{ijp}(1-\eta_{ijp}) k_p x_{ij} \leqslant A_p \quad (p=1,\cdots,q)$$

$$x_{ij} \geqslant 0, \forall i,j$$

式中　S_i——对第 i 个源的产品产量约束；

　　a_{ij}——逻辑变量，若对第 i 个源实施第 j 种污染物控制可行，则 $a_{ij}=1$，否则 $a_{ij}=0$；

　　A_p——区域内对第 p 种污染物排放量的总约束；

　　b_{ijp}——逻辑变量，若第 j 种控制方法对第 i 个源的第 p 种污染物有效，则 $b_{ijp}=1$，否则 $b_{ijp}=0$；

　　η_{ijp}——相应污染物的去除效率；

　　k_p——第 p 种污染物的排放因子，即单位燃料燃烧时释放的污染物量。

上述模型是一个线性优化模型，可以用线性优化求解。

【例 8-1】　一个地区范围内的污染源是两个发电厂和一个水泥厂，根据环境质量的要求和比例下降模型的假设，必须削减 TSP 排放总量的 80％，可供选择的 TSP 控制方法是：不加任何控制、隔板式沉淀器、多级旋风除尘器、长锥体旋风除尘器、喷雾除尘器和静电除尘器。变量 x_{ij} 表示第 i 个污染源采用第 j 种控制方法时的产品产量，对发电厂用燃煤量表示，对水泥厂用水泥产量表示（表 8-3）。

表 8-3　各污染源控制参数与决策变量汇总表

TSP 控制方法		TSP 污染源		
编号	TSP 去除效率	发电厂 A	发电厂 B	水泥厂
0　不加任何控制	0	x_{10}	x_{20}	x_{30}
1　隔板式沉淀器	0.59	x_{11}	x_{21}	x_{31}

续表

TSP 控制方法		TSP 去除效率	TSP 污染源		
编号			发电厂 A	发电厂 B	水泥厂
2	多级旋风除尘器	0.74	—	—	x_{32}
3	长锥体旋风除尘器	0.85	—	—	x_{33}
4	喷雾除尘器	0.94	x_{14}	x_{24}	x_{34}
5	静电除尘器	0.97	x_{15}	x_{25}	—

每个污染源采用不同控制方法去除单位 TSP 的费用见表 8-4。

表 8-4　各污染源不同控制方式去除单位 TSP 的费用　　单位：元/kg

变量	c_{10}	c_{11}	c_{14}	c_{15}	c_{20}	c_{21}	c_{24}	c_{25}	c_{30}	c_{31}	c_{32}	c_{33}	c_{34}
单位费用	0	1.0	2.0	2.8	0	1.4	2.2	3.0	0	1.1	1.2	1.5	3.0

三个污染源各自的产品产量、TSP 排放因子和 TSP 排放量见表 8-5。

表 8-5　各污染源产品产量、TSP 排放因子与排放量汇总表

污染源	产量/(t/a)	TSP 排放因子/(kg/t)	TSP 排放量/(kg/a)
发电厂 A	400000	95	38000000
发电厂 B	300000	95	28500000
水泥厂	250000	85	21250000

【解】　三个污染源的 TSP 排放总量为 87750000kg/a。为了控制 TSP 污染，需要去除
TSP 总量的 80%，即 TSP 的允许排放量为：

$$A_p \leqslant 87750000 \times (1-80\%) = 17550000 (kg/a)$$

根据所给条件，需要将 17550000kg/a 的 TSP 允许排放量分配给三个污染源。如果采用
优化分配策略，本例的最优化模型如下。

目标函数：

$$MinZ = 1.0x_{11} + 2.0x_{14} + 2.8x_{15} + 1.4x_{21} + 2.2x_{24} + 3.0x_{25} + 1.1x_{31} + 1.2x_{32} + 1.5x_{33} + 3.0x_{34}$$

约束条件：

$$x_{10} + x_{11} + x_{14} + x_{15} = 400000$$

$$x_{20} + x_{21} + x_{24} + x_{25} = 300000$$

$$x_{30} + x_{31} + x_{32} + x_{33} + x_{34} = 250000$$

$$95x_{10} + (1-0.59) \times 95x_{11} + (1-0.94) \times 95x_{14} + (1-0.97) \times 95x_{15} + 95x_{20} +$$
$$(1-0.59) \times 95x_{21} + (1-0.94) \times 95x_{24} + (1-0.97) \times 95x_{25} + 85x_{30} + (1-0.59) \times 85x_{31} +$$
$$(1-0.74) \times 85x_{32} + (1-0.85) \times 85x_{33} + (1-0.94) \times 85x_{34} \leqslant 17550000$$

$$x_{ij} \geqslant 0, \quad \forall i,j$$

该模型的总费用以元/a 表示。上式中前三个约束为生产量约束（等式约束）；第四个约
束为 TSP 排放总量约束；最后一个为变量非负约束。

用单纯形法容易求得以上最优化模型的最优解为：

x'_{11}	x'_{14}	x'_{24}	x'_{32}	Z'
242793	157207	300000	250000	1517207

本例的解的意义在于：为了削减 TSP，发电厂 A 采用隔板式沉淀器和喷雾除尘器；发
电厂 B 只采用喷雾除尘器；水泥厂则全部采用多级旋风除尘器。

三、对偶模型

比例下降模型中给定的产品产量是未来的计划，如果实际与计划产生偏差，对目标会产生什么影响？80％的削减比例是根据比例下降的假设作出的，环境管理部门可能会怀疑它的环境治理效果，主张加强控制，而工业企业则主张放松约束，以便降低控制费用，排放量的变化又会对目标产生什么影响呢？这些问题都可以通过对原问题进行灵敏度分析得到解答，而灵敏度分析可以通过对原模型的对偶模型研究得到部分解决。

为了构造一个对偶模型，对原线性优化问题进行标准化处理：将目标函数表示为求最大值，同时将等式约束转换为两个等价的不等式约束。

目标函数：

$$\text{Max}(-Z) = -1.0x_{11} - 2.0x_{14} - 2.8x_{15} - 1.4x_{21} - 2.2x_{24} - 3.0x_{25} - 1.1x_{31} - 1.2x_{32} - 1.5x_{33} - 3.0x_{34}$$

约束条件：

$$x_{10} + x_{11} + x_{14} + x_{15} \leqslant 400000$$

$$-x_{10} - x_{11} - x_{14} - x_{15} \leqslant -400000$$

$$x_{20} + x_{21} + x_{24} + x_{25} \leqslant 300000$$

$$-x_{20} - x_{21} - x_{24} - x_{25} \leqslant -300000$$

$$x_{30} + x_{31} + x_{32} + x_{33} + x_{34} \leqslant 250000$$

$$-x_{30} - x_{31} - x_{32} - x_{33} - x_{34} \leqslant -250000$$

$$95x_{10} + (1-0.59) \times 95x_{11} + (1-0.94) \times 95x_{14}$$
$$+ (1-0.97) \times 95x_{15} + 95x_{20} + (1-0.59) \times 95x_{21} + (1-0.94) \times 95x_{24}$$
$$+ (1-0.97) \times 95x_{25} + 85x_{30} + (1-0.59) \times 85x_{31} + (1-0.74) \times 85x_{32}$$
$$+ (1-0.85) \times 85x_{33} + (1-0.94) \times 85x_{34} \leqslant 17550000$$

$$x_{ij} \geqslant 0, \ \forall i, j$$

假设上式中 7 个约束条件的对偶变量为 y_1、y_2、y_3、y_4、y_5、y_6、y_7，则原模型的对偶模型如下。

目标函数：

$$\text{Min}Z = 400000y_1 - 400000y_2 + 300000y_3 - 300000y_4 + 250000y_5 - 250000y_6 + 17550000y_7$$

约束条件（用表格形式表达）：

y_1	y_2	y_3	y_4	y_5	y_6	y_7	$\geqslant$	$\leqslant$
+1	−1					+95.0	0	
−1	+1					−39.0		1.0
−1	+1					−5.7		2.0
−1	+1					−2.9		2.8
		+1	−1			+95	0	
		−1	+1			−39.0		1.4
		−1	+1			−5.7		2.2
		−1	+1			−2.9		3.0
				+1	−1	85.0	0	
				−1	+1	−34.9		1.1
				−1	+1	−22.1		1.2
				−1	+1	−12.8		1.5
				−1	+1	−5.1		3.0
			$y_1, y_2, y_3, y_4, y_5, y_6, y_7$				0	

上述对偶模型的解是：$y_1'=y_3'=y_5'=0$，$y_2'=2.17$ 元，$y_4'=2.37$ 元，$y_6'=1.86$ 元。$y_1'-y_2'=-2.17$(元)，$y_3'-y_4'=-2.37$(元)，以及 $y_5'-y_6'=-1.86$(元) 分别表示发电厂A、发电厂B和水泥厂用于污染控制的边际费用，即发电厂A、发电厂B和水泥厂每增加 1t 燃煤或增产 1t 水泥，需要增加的 TSP 控制费用分别是 2.17 元、2.37 元和 1.86 元。对偶变量 $y_7'=0.03$ 是污染物排放量约束的边际费用，即每减少 1kg 的 TSP 排放量限制可以节省 0.03 元。如果将 TSP 约束由 17550000kg/a 放宽到 20000000kg/a，每年的污染控制费用可以节省 （20000000－17550000）×0.03＝73500(元)。

第五节　地面浓度控制优化模型

比例下降模型在计算上比较简单，在较大的空间尺度和较长的时间尺度上，计算结果有一定的可信度。但是比例下降模型没有考虑大气中污染物的迁移扩散规律，忽略了污染物在时间和空间上分布的不均匀性。地面浓度控制是以空气质量标准为基础，通过空气环境质量模型推导污染源的允许排放量及其在各个污染源之间的优化分配。从逻辑上讲，按照地面浓度控制优化模型得到的结果较比例下降模型更为科学、合理。

一、空气质量约束

对于一个高架点源，假设风向与 x 轴平行，烟羽中心线高度为 H，平均风速为 u_x，高架点源下风向任意点$(x,y,0)$处的污染物浓度 $C(x,y,0)$ 可以用下式计算：

$$C(x,y,0)=\frac{Q}{\pi u_x\sigma_y\sigma_z}\exp\left(-\frac{y^2}{2\sigma_y^2}-\frac{H^2}{2\sigma_z^2}\right) \tag{8-12}$$

式中　Q——污染源源强；

σ_y，σ_z——污染物在 y 方向和 z 方向分布的标准差。

污染物分布标准差 σ_y 和 σ_z 是大气稳定度和地面坐标的函数，可以根据经验公式计算。高架点源的源强 Q 可以用下式计算：

$$Q_{ijp}=b_{ijp}x_{ij} \tag{8-13}$$

式中　b——排放因子；

x——产品产量；

i，j，p——污染源、污染控制方法和污染物的编号。

令：

$$t_{ik}=\frac{1}{\pi u_x\sigma_y\sigma_z}\exp\left(-\frac{y_{ik}^2}{2\sigma_y^2}-\frac{H_i^2}{2\sigma_z^2}\right) \tag{8-14}$$

式中　y_{ik}——接受点与污染源的横向距离；

H——烟羽的有效高度；

k——接受点的编号。

上式中的 t_{ik} 被定义为位于 i 点的污染源对位于 k 点的受体的污染因子。那么接受点 k 由于污染源 i 第 p 种污染物的排放浓度增量可以用下式计算：

$$C_{ipk}=t_{ik}b_{ijp}x_{ij} \tag{8-15}$$

如果一个地区存在 m 个污染源，n 种控制方法，则接受点 k 的污染物浓度为：

$$C_{pk}=\sum_{i=1}^m\sum_{j=1}^n t_{ik}b_{ijp}x_{ij} \tag{8-16}$$

若给定接受点处第 p 种污染物的空气质量标准是 C_{pk}^0，则空气质量的约束为：

$$\sum_{i=1}^m \sum_{j=1}^n t_{ik} b_{ijp} x_{ij} \leqslant C_{pk}^0 \tag{8-17}$$

二、优化模型

根据上述条件，如果选择优化分配策略，地面浓度控制的优化模型如下。
目标函数：

$$\mathrm{Min}Z = \sum_{i=1}^m \sum_{j=1}^n C_{ij} x_{ij} (i=1,\cdots m; j=1,\cdots n) \tag{8-18}$$

约束条件为：

$$\sum_{j=1}^n a_{ij} x_{ij} = S_j (i=1,\cdots,m; j=1,\cdots,n)$$

$$\sum_{i=1}^m \sum_{j=1}^n t_{ik} b_{ijp} x_{ij} \leqslant C_{pk}^0 (p=1,\cdots,q; k=1,\cdots,r) \tag{8-19}$$

$$x_{ij} \geqslant 0, \quad \forall i, j$$

在这个优化模型中，x_{ij} 是决策变量，优化结果是输出污染源的控制策略，即污染源的治理程度，其他数据都是已知的。这是一个线性优化模型，可以用线性优化方法求解。

第六节 空气质量-经济-能源系统分析

一、一般问题

能源-经济-环境三者之间构成复杂的相互制约关系。在研究能源-经济-环境这个层次的问题时，系统的目标包括空气环境质量目标、废气治理的经济目标和区域总能耗目标 3 个方面。

上述 3 个目标中，能源消耗目标是一个主动的关键目标。降低能源消耗不仅节省了能源自身的费用，也相应降低了由消耗能源带来的废气治理费用，同时对改善空气环境质量目标也有积极效果。但是能源的消耗还受经济发展和人民生活需求的制约。

二、模型

1. 目标函数

目标函数如下：

$$\mathrm{Opt}(C, \mathrm{INV}, E) \tag{8-20}$$

目标函数由 3 项组成，分别是环境质量指标 C、污染控制投资指标 INV 和能源消耗总量指标 E。

环境质量指标 C 就是区域空气质量，可以用各种适用的空气质量模型进行预测，空气质量预测的前提是假设能源的消耗量。

污染控制投资指标是与能源消耗相应的矿山建设、燃料运输、销售的费用，也应该包括所需的污染控制费用，计算如下：

$$\mathrm{INV} = \sum_{i=1}^n \sum_{j=1}^m C_i x_{ij} \tag{8-21}$$

式中 C_i——单位能源消耗量的投资；

x_{ij}——各种能源的消耗量。

能源消耗总量 E 可以通过下式计算：

$$E = \sum_{i=1}^{n} \sum_{j=1}^{m} k_i x_{ij} \tag{8-22}$$

式中　k_i——各种燃料折合成标准燃料的折合系数。

2. 约束条件

能源需求总量约束：

$$\sum_{i}^{n} \eta_i x_{ij} \geqslant R_j (j = 1, \cdots, m; j = 1, \cdots, n) \tag{8-23}$$

各种能源的总供应量约束：

$$\sum_{j=1}^{m} k_i x_{ij} \leqslant P_i (i = 1, \cdots, n; j = 1, \cdots, n) \tag{8-24}$$

这是一个多目标优化问题，需要用多目标方法求解。

上面第一个约束是能源需求总量约束，取决于社会需求。如果以 x_{ij} 表示工业和民用的能源需求，可以通过表 8-6 计算。

表 8-6　工业与民用能源需求计算表

能源构成		民用	供暖	工业							可供应量
				机械	化工	电力	轻工	食品	…	…	
能源类型	原煤	x_{11}	x_{12}	x_{13}	x_{14}	x_{15}	x_{16}	x_{17}	…	x_{1m}	P_1
	配煤	x_{21}	x_{22}	x_{23}	x_{24}	x_{25}	x_{26}	x_{27}	…	x_{2m}	P_2
	型煤	x_{31}	x_{32}	x_{33}	x_{34}	x_{35}	x_{36}	x_{37}	…	x_{3m}	P_3
	重油	x_{41}	x_{42}	x_{43}	x_{44}	x_{45}	x_{46}	x_{47}	…	x_{4m}	P_4
	天然气	x_{51}	x_{52}	x_{53}	x_{54}	x_{55}	x_{56}	x_{57}	…	x_{5m}	P_5
	…	…	…	…	…	…	…	…	…	…	…
	…	x_{n1}	x_{n2}	x_{n3}	x_{n4}	x_{n5}	x_{n6}	x_{n7}	…	x_{nm}	P_n
需求总量		R_1	R_2	R_3	R_4	R_5	R_6	R_7		R_m	…

第二个约束是可供应量约束，由表 8-6 中最后一列组成。

三、系统优化模型

目标函数：

$$(C_{k+1}, \text{INV}, E) \tag{8-25}$$

约束条件：

$$\sum_{i=1}^{n} \eta_i x_{ij} \geqslant R_j (i = 1, \cdots, m; j = 1, \cdots, n) \tag{8-26}$$

$$\sum_{j=1}^{m} k_i x_{ij} \leqslant P_i (i = 1, \cdots, m; j = 1, \cdots, n) \tag{8-27}$$

这是一个多目标优化问题，要用多目标优化算法求解。

第七节　实用污染物总量控制系统分析方法（A-P 值法）

A-P 值法是 A 值法与 P 值法的组合算法，通过 A 值法可以计算控制区和功能区的允许排放总量，通过 P 值法可以将允许排放总量分配给点源。A 值法的基础是箱式模型，不考虑污染物分布和参数的空间差异，P 值法的基础是点源扩散模型，这两者的结合在理论上并没有充分依据，但是可以解决实际的计算问题，是一种实用方法。

假设污染控制对象为一个区域，包括 n 分区，每一个分区都是一个环境空气功能区，具有一定的面积和环境质量标准。

一、A 值法

1. A 值法的基本原理

根据式(8-6) 和式(8-7) 可以计算一个区域的环境空气容量（或污染物允许排放量）：

$$Q_a = AC_s\sqrt{S}$$

$$A = 1.5768 \times 10^{-3}\sqrt{\pi}V_E$$

式中 A——总量控制系数，A 值法也因此得名；

$\qquad Q_a$——控制区的允许排放总量；

$\qquad C_s$——执行的环境质量标准；

$\qquad S$——控制区的总面积，是地区通风量 V_E 的函数，而 V_E 是地区混合高度和平均风速的函数。

2. 功能区的允许排放量计算

将控制区的面积 S 按照功能区分成 n 个分区，每个分区的面积为 S_i，则有：

$$S = \sum_{i=1}^{n} S_i \tag{8-28}$$

仿照式(8-6)，可以写出每个分区的污染物允许排放总量：

$$Q_{ai} = \alpha_i AC_s\sqrt{S_i} \tag{8-29}$$

式中 α_i——分担系数，反映各功能区的允许排放量与控制区允许排放总量的关系，$\alpha_i < 1$。

若取 $\alpha_i = \sqrt{\dfrac{S_i}{S}}$，则有：

$$Q_{ai} = AC_s \frac{S_i}{\sqrt{S}} \tag{8-30}$$

如果控制区中各个功能区执行不同的环境标准，分担系数的推导将十分复杂，考虑在一定的误差范围内可以将式(8-30) 写成：

$$Q_{ai} = AC_{si} \frac{S_i}{\sqrt{S}} \tag{8-31}$$

全控制区的允许排放总量为：

$$Q_a = \sum_{i=1}^{n} Q_{ai} \tag{8-32}$$

3. 功能区低架源的允许排放量

夜间大气温度层结稳定时，低架源和地面源可能会导致严重污染，夜间低空的污染物允许排放量 Q_b 可以用下式计算：

$$Q_b = BC_s\sqrt{S} \tag{8-33}$$

对每一个功能区：

$$Q_{bi} = BC_{si} \frac{S_i}{\sqrt{S}} \tag{8-34}$$

式中　B——低架源总量控制系数，是垂直扩散参数与平均风速的函数；

　A，B——取决于地区条件的系数。

令：

$$\alpha = \frac{B}{A} \tag{8-35}$$

则有：

$$Q_{bi} = \alpha Q_{ai} \tag{8-36}$$

全控制区的低架源允许排放量为：

$$Q_b = \sum_{i=1}^{n} Q_{bi} \tag{8-37}$$

根据我国各地的气象统计数据，表 8-7 给出了 A 值、α 值和 P 值。

表 8-7　我国各地区的 A 值、α 值和 P 值

地区序号	省（市、自治区）名	A 值	α 值	P 值	
				总量控制区	非总量控制区
1	新疆、西藏、青海	7.0~8.4	0.15	100~150	100~200
2	黑龙江、吉林、辽宁、内蒙古（阴山以北）	5.6~7.0	0.25	120~180	120~240
3	北京、天津、河北、河南、山东	4.2~5.6	0.15	120~180	120~240
4	内蒙古（阴山以南）、山西、陕西（秦岭以北）、宁夏、甘肃（渭河以北）	3.6~4.9	0.20	100~150	100~200
5	上海、广东、广西、湖南、湖北、江苏、浙江、安徽、海南、台湾、福建、江西	3.6~4.9	0.25	50~75	50~100
6	云南、贵州、四川、甘肃（渭河以南）、陕西（秦岭以南）	2.8~4.2	0.15	50~75	50~100
7	静风区（年平均风速小于 1m/s）	1.4~2.8	0.25	40~80	40~80

4. 中架源的允许排放总量

一般情况下，假定有效高度为 30~100m 的源为中架源。有效高度在 100m 以上者称为高架源。对一个功能区，中架源和低架源对其产生主要影响，而高架源的影响主要体现在区外，因此低架源与中架源的排放总量之和不应超过功能区的允许排放总量：

即：

$$Q_{ai} \geqslant Q_{mi} + Q_{bi} \tag{8-38}$$

式中　Q_{mi}，Q_{bi}——功能区 i 的中架源与低架源的允许排放量。

由式(8-38) 可以得到功能区 i 中架源的允许排放量：

$$Q_{mi} \leqslant Q_{ai} - Q_{bi} = (1 - \alpha_i) Q_{ai} \tag{8-39}$$

控制区的中架源允许排放量为：

$$Q_m = \sum_{i=1}^{n} Q_{mi} \tag{8-40}$$

5. 高架源的允许排放总量

对于整个控制区，低架源、中架源与高架源排放量之和不应超过控制区的允许排放总量，即：

$$Q_a \geqslant Q_b + Q_m + Q_H \tag{8-41}$$

可以得到高架源允许排放量的计算方法：

$$Q_H \leqslant Q_a - Q_b - Q_m \tag{8-42}$$

二、P 值法

1. P 值法的基本原理

如果知道污染源的高度和最大污染物落地浓度约束，则该污染源的污染物允许排放量与地面环境质量标准、源的高度平方成正比，即：

$$Q \propto C_s H_e^2 \tag{8-43}$$

写成允许排放量计算公式为：

$$Q = PC_s H_e^2 \times 10^{-6} \tag{8-44}$$

式中　Q——点源的污染物允许排放量，t/h；

　　　P——取决于当地污染气象条件的点源排放控制系数，t/(h·m²)；

　　　H_e——点源排放的有效高度，m。

由于 P 值法的计算基础是单个烟囱，在一个功能区或控制区存在多个烟囱时，需要对每一个烟囱的允许排放量进行修正：

$$P_i = \beta_i \beta P_i C_{si} \tag{8-45}$$

式中　β_i——控制区内功能区 i 的点源调整系数；

　　　β——控制区的点源调整系数；

　　　P_i——多源条件下，每一个污染源的点源控制系数；

　　　C_{si}——功能区 i 的环境质量标准。

β_i 和 β 可以按下式计算：

$$\beta_i = \frac{Q_{ai} - Q_{bi}}{Q_{mi}} \tag{8-46}$$

$$\beta = \frac{Q_a - Q_b}{Q_m + Q_H} \tag{8-47}$$

式中　Q_{ai}，Q_{bi}——功能区 i 的允许排放总量、低架源的允许排放量；

　　　Q_{mi}——按照单个污染源计算的功能区 i 中架源排放量之和；

　　　Q_a，Q_b——控制区的允许排放总量、低架源的允许排放量；

　　　Q_m，Q_H——按照单个源计算的控制区中架源的排放总量和高架源的排放总量。

计算中如果出现 $\beta_i > 1$，则取 $\beta_i = 1$；$\beta > 1$，则取 $\beta = 1$。

由于 P 是计算点源允许排放量的主要参数，这种方法就定义为 P 值法。

2. 允许排放量的分配

按照 A-P 值法，对一个控制区的污染物排放总量的计算和分配步骤为：

① 确定控制区的所在地区、面积 S，识别 A 值、α 值、P 值等参数；

② 确定控制区内的功能区、相应的功能区面积 S_i、执行的环境质量标准 C_{si} 等；

③ 计算各功能区允许排放总量 Q_{ai} 及低架源允许排放量 Q_{bi}：

$$Q_{ai} = AC_{si} \frac{S_i}{\sqrt{S}} \tag{8-48}$$

$$Q_{bi} = \alpha Q_{ai} \tag{8-49}$$

④ 根据 A 值法计算每个功能区 i 中架源的排放量：

$$Q_{mi} = T \sum_{j=1}^{m} PC_{si} H_{eij}^2 \times 10^{-6} \quad 对所有 H_{eij} < 100\text{m} \tag{8-50}$$

⑤ 根据 A 值法计算控制区高架源的排放量：

$$Q_H = \sum_{k=1}^{q} PC_s H_{ek}^2 \times 10^{-6} \qquad 对所有 H_{ek} \geqslant 100\text{m} \tag{8-51}$$

⑥ 计算功能区内调整系数 β_i 和控制区的调整系数 β：

$$\beta_i = \frac{Q_{ai} - Q_{bi}}{Q_{mi}} \tag{8-52}$$

$$\beta = \frac{Q_a - Q_b}{Q_m + Q_H} \tag{8-53}$$

⑦ 计算 P 值的调整值 P_i：

对中架源：

$$P_i = \beta_i \beta P \tag{8-54}$$

对高架源：

$$P_g = \beta P \tag{8-55}$$

⑧ 计算每一个中架源和高架源的允许排放量分配量：

对功能区 i 每一个中架源 k：

$$q_{ik} = P_i C_{si} H_{eik}^2 \times 10^{-6} \tag{8-56}$$

对控制区每一个高架源 g：

$$q_g = P_g C_s H_{eg}^2 \times 10^{-6} \tag{8-57}$$

习题与思考题

1. 究其分类方法而言，空气污染控制系统分析与水污染控制系统分析有何异同？

2. 简述空气污染、空气污染控制、经济发展、能源利用几者之间的关系。

3. 下图中 A、B、C、D 为污染源，R_1、R_2、R_3 为接受点，试讨论使用比例下降模型与地面浓度控制模型的计算结果。

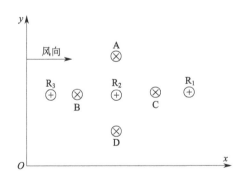

4. 公司一笔资金的投资方向有两种可能的选择：发电厂和旅游业。已知建设发电厂的潜在收益为 1600 元/MW，而旅游业的可能收益为每个游客 5000 元。同时建发电厂引起的污染为：240t TSP/(MW·a)，50t SO$_2$/(MW·a)。由游客导致的污染量为：TSP 每个游客 12t/a，SO$_2$ 每个游客 20t/a。若环境保护部门要求控制 TSP 和 SO$_2$ 的增量分别不超过 430000t/a 和 110000t/a。试建立求解此问题的数学模型，并求解。

5. 线性更换的对偶模型对决策者有什么实际意义？试写出第 4 题的对偶模型。

6. 某地区有 4 个主要污染源，数据如下表：

污染源编号		1	2	3	4
污染源位置	x,y/km	1,2	2,2	2,1	4,4
	烟羽有效高度 H/m	75	60	65	80
燃煤量/（kt/a）		200	100	150	250
TSP 排放因子/（kg/t）		15	24	10	6
除尘方式	除尘效率/%	除尘费用			
1	60	2	3	2.5	1.5
2	70	4	6	5	3
3	80	6.5	8.4	7.5	6
4	90	8	11	9	7
5	95	11	15	13	10

（1）建立比例下降模型，编写计算机程序。

（2）若要求现有的 TSP 浓度降低 70%，应如何分配各污染源的削减量？

7. 对一城市区域进行环境空气污染控制系统分析，已知该城市的环境空气污染源的 SO_2 排放数据如下表所列。试确定每个烟囱的 SO_2 允许排放量。

功能区面积/km²	功能区 I	功能区 II	功能区 III
	120	150	80
40m 高度烟囱数量	4	3	1
60m 高度烟囱数量	2	1	1
120m 高度烟囱数量	1	0	1
执行空气质量标准/[mg/m³（标）]	0.15	0.15	0.20

第九章
环境系统决策分析

第一节　概　述

一、决策的基本概念

决策就是针对某一问题，确定反映决策者偏好的目标，并根据实际情况，通过科学方法从众多的备选方案中选出一个最优（或满意）的可付诸实施的方案的过程。

1. 决策的基本特征

（1）目的性　决策总是为解决某一问题进行的，不存在没有目的的决策。

（2）实施性　不准备付诸实施的环境决策将是多余的。

（3）最优性　决策总是在一定条件下寻找优化目标和达到目标的最优手段，否则决策就没有意义。

（4）选择性　决策总是在若干个有价值、可行的备选方案中进行，如果只有一个方案就谈不上决策。

2. 决策要素

（1）决策者　决策者是决策的主体，是决策行为的发起者。决策者可以是个体，也可以是群体。对于决策者的认识，目前有两种不同的假设，即"理性人"假设与"管理人"假设。

"理性人"假设对应于经济学中的"经济人"假设，具有 3 个基本特征：①知识是完备的；②价值观或偏好是一致的；③择优的，可以对知识系统进行遍历搜索，并在所有方案中进行全面比较。

"管理人"假设对应于"有限理性"假设，认为现实中"理性人"假设是不成立的。因为：现实人的知识不可能是完备的；现实人的预期体验与真实体验不可能总是一致的；现实人只能应用有限的知识进行非遍历搜索，并在有限方案集合中进行比较，最终只能得到满意的选择。

（2）决策目标　决策目标是决策者的期望，是决策的起点，通常用方案的损益函数表示，即：

$$V = v_{ij}(i=1,2,\cdots,n;j=1,2,\cdots,m) \tag{9-1}$$
$$v_{ij} = g(C_{ij})$$

式中　C_{ij}——方案 i 在状态 j 下的损益值。

决策目标的合理性直接影响环境决策的结果。确定决策目标时要坚持三个基本原则，即利益兼顾原则、目标量化原则与结果满意原则。

（3）决策方案　决策方案也称替代方案，是达到决策目的的手段，是选择对象。设计决策方案是整个决策过程中非常重要的环节。决策方案是由若干个可替代的可行方案组成的集合，可表示为 A，其中 a_i 表示第 i 个决策方案，对于确定的有限方案集合，有：

$$A=\{a_1,a_2,\cdots,a_i\} \tag{9-2}$$

（4）决策环境　决策环境是指各种决策方案可能面临的自然状态与背景，如水文、气象条件等，通常可用 Q 表示自然状态的集合，q_j 表示第 j 个可能的自然状态，则：

$$Q=\{q_1,q_2,\cdots,q_j\}(j=1,2,\cdots,m) \tag{9-3}$$

二、决策的一般过程

任何决策都以决策陈述、一批替代方案与一套准则作为其基本特征。这些基本特征在决策过程中的相互联系可通过图 9-1 表示。

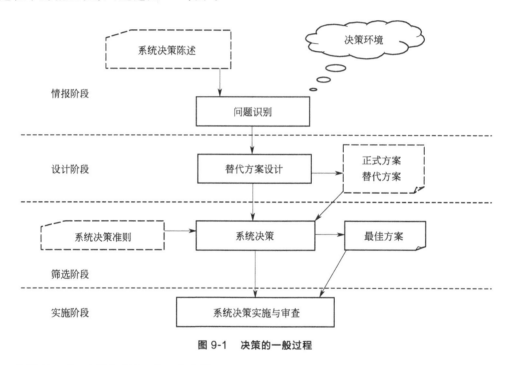

图 9-1　决策的一般过程

决策的一般过程包括如下四个阶段。

1. 情报阶段

情报阶段的主要目的在于识别并确切描述所要做出的决策问题，即对决策进行陈述。在本阶段需要广泛收集与决策有关的信息，在此基础上确定决策问题与决策目标，分析自然状态。其中决策问题识别与决策目标的确定是决策的起点，而自然状态是指决策所依据的状态，即决策的环境。

2. 设计阶段

设计阶段的主要任务是寻求和生成达到决策目标的多种可能的决策方案，应以科学技术手段为基础，所选的方案应该是切实可行的。

3. 筛选阶段

在筛选阶段，需要对众多替代方案进行评价，从中筛选出满意的方案。方案筛选首先必须确定决策准则，它是对替代方案进行评价决策的依据。

4. 实施阶段

在实施阶段，通过信息反馈，对决策进行跟踪评价，究其是否实现了预定的决策目标。一旦没有达到预期目标，就需要进行修正，或重新进行决策。

现代管理科学、计算机技术、自动化技术的发展，给决策分析过程赋予了新的内容和含义，管理信息系统已成为当代决策的重要技术基础。而在筛选和实施阶段的主要技术手段是规划或综合评价模型，主要是指管理科学、运筹学、系统工程中模型方法（MS/OR/SE）。将上述两部分技术集成在一起，利用先进的计算机软硬件技术，实现上述决策过程，开发出界面友好的人机系统，即决策支持系统（DSS）。

三、环境决策及其分类

环境决策是一种特殊类型的决策，它具有一般决策的基本特征，遵循决策的一般过程，同时环境决策又具有自身的特点。环境决策是为了解决环境问题，如环境污染、生态破坏与全球气候变暖等；其目标在于改善环境质量，恢复生态环境的本来面目；实现这些目标，同样具有多种途径（备选方案或替代方案），环境决策的目标就在于通过系统科学的方法从众多的解决环境问题的备选方案中选出一个最优（或满意）的可付诸实施的方案。

由于环境系统的复杂性，从不同的角度，环境决策可以有不同的分类方式：

① 根据决策对象，环境决策可分为大气环境污染控制决策、水环境污染控制决策、生态环境修复决策等。

② 按决策尺度，环境决策可分为全球环境决策、区域环境决策与局域环境决策。

③ 按决策系统边界，环境决策可分为流域环境决策、城市环境决策与乡村环境决策。

④ 环境决策是为管理服务的，按环境管理功能，环境决策可分为环境规划决策、环境影响评价决策与排污收费决策等。

⑤ 按环境决策的重要性，环境决策可分为战略决策、策略决策和执行决策。环境系统战略决策是涉及环境系统发展有关全局性、长远方向性环境问题的决策。环境系统策略决策，也称环境系统战术决策，是为完成环境系统战略决策所制定目标而进行的决策。环境系统执行决策是根据环境系统策略决策的要求，做出执行具体环境决策方案的选择。

⑥ 按环境决策的性质，环境决策可分为程序化决策和非程序化决策。程序化（结构化）决策是一种有章可循的决策，具体体现为可以重复出现，制定固定程序。而非程序化（非结构化）决策问题新颖、无结构，处理这类问题无固定答案，需要灵活处理。

⑦ 按对系统的认知程度，环境决策可分为确定型决策、风险型决策和非确定型决策。

⑧ 按环境决策目标的数量，环境决策可分为单目标决策与多目标决策。

⑨ 按环境决策的连续性，环境决策可分为单项决策和序贯决策。

第二节 常用的环境决策分析技术

一、确定型环境决策

确定型环境决策问题的主要特征包括：

① 只有一个环境状态；

② 有环境决策者希望达到的一个明确的目标；

③ 存在可供环境决策者选择的两个或两个以上的方案；

④ 不同决策方案在该状态下的收益值是清楚的。

确定型环境决策面对的是每个决策行动都只产生一个确定的后果，可以根据完全确定的情况选择最佳决策方案。确定型环境决策的一般准则是：选择环境收益最大或环境损失最小的替代方案为最佳方案。本书前面章节介绍的污水处理系统的厂群规划、污水输送网络设计、污水处理优化设计与废气治理优化设计等都属于确定型环境决策问题。确定型环境决策方法主要是优化方法，包括线性规划法与微分法等。

二、不确定型环境决策

不确定型环境决策也称无概率资料型环境决策或无知型环境决策。这种风险决策问题只知道各种方案在各种自然状态下的损益值，而不知道各种自然状态发生的概率。

对于无概率资料的风险型环境决策，根据决策者对风险的态度，通常采用 5 种不同的准则选择方案，即大中取大准则、小中取大准则、α 系数准则、大中取小准则与合理性准则。现以 α 系数准则为例说明不确定型决策分析方法。

α 系数准则在大中取大与小中取大准则之间取一折中系数，即所谓 α 系数准则。α 系数准则中的 α 系数是一个依据决策者认定情况是乐观还是悲观而定的系数，称为乐观系数。若认定完全乐观，则 $\alpha=1$；若认定完全悲观，则 $\alpha=0$；一般情况下，$0<\alpha<1$。

【例 9-1】 某一工厂在选择污染控制方案过程中，由于资料缺乏，对未来市场缺乏了解，无法根据未来市场需求决定产品产量，也就无法预测未来的大气污染物发生量，于是只能根据市场需求，设计高、中、低三种自然状态。其中市场需求高情景表示在市场需求较高情况下，大气污染物发生量随着产品产量的增加迅速增加；市场需求中与低情景以此类推。而这三种自然状态的出现概率无法预测。为了确定污染控制策略，根据上述三种自然状态设计三种方案：一是新建一套污染控制设备；二是扩建现有的污染控制设备；三是原有污染控制设备不动，从别的地方购买排污权。表 9-1 为这三个方案 α 系数准则决策表。

表 9-1 某工厂污染控制方案 α 系数准则决策表

自然状态	污染控制方案		
	新建	扩建	购买排污权
高情景	600	250	100
中情景	50	200	100
低情景	−200	−100	100
各方案最大收益	600	250	100
各方案最小收益	−200	−100	100
α 系数准则收益	280	110	100

若决策者认为 $\alpha=0.6$，则各方案的 α 系数准则收益为：

α 系数准则收益 $=0.6\times$该方案最大收益$+(1-0.6)\times$该方案最小收益

取各方案 α 系数准则收益最大的为决策方案（见表 9-1），即新建污染控制设施。

α 系数准则比大中取大准则或是小中取大准则都更为接近实际情况，但决策者必须认定乐观系数。

三、风险型环境决策

如果未来可能的环境状态不止一种，究竟出现哪种状态，不能事先肯定，只知道各种状态出现的可能性大小（如概率、频率、比例或权等），则称为风险型环境决策问题。

1. 风险型环境决策模型

风险型环境决策模型的具体内容包括：

① 一个有限数量备选方案的集合 A，每个备选方案可表示成 $a_j \in A (j=1,2,\cdots,n)$。

② 一个自然状态集合 S，每个自然状态 $\theta \in S$ 代表市场需求、水文、气象等自然状态。如果 S 集合中的自然状态 θ_i 为离散的，则该集合上的概率分布 $p(\theta)$ 可用概率函数 $p_i = p(\theta_i) = p(\theta = \theta_i)$ 来表示。如果 S 集合中的自然状态 θ_i 为连续的，则假设 S 是个区间，在 S 集合上的概率分布 $p(\theta)$ 需用概率密度函数 $f(\theta)(\theta \in S)$ 来表示。

③ 一个后果集合 C，每个后果 $c \in C$ 是替代方案 a 与自然状态 θ 的函数，可表示为 $c(a,\theta)$。后果集合 C 及其发生概率集合 P 组成展望集合 Q，每个展望可表示成 $q_j = (c_j,p_j) \in Q(j=1,2,\cdots,n)$。

④ 一个定义在展望集合 Q 上的效用函数 $u(q)$，效用函数是人们价值观在决策活动中的综合表现，表示决策者对所持风险的态度。只有当决策者的价值观具有一定的合理性时，才存在与其价值观一致的效用函数。

所谓效用是指展望集合某一元素的效用，其本意是一种主观感受，是一种主观意愿的满意程度。效用是从偏好的关系中派生的，是偏好关系的一种度量。例如人们偏好于山清水秀的自然环境，但在城市没有这样的环境，没被污染的城市环境也好，显然，自然环境、没被污染的城市环境与被污染的城市环境的效用是有差异的。

效用函数 $u(c)$ 是展望集合 Q 上的实值函数。当且仅当 $u(q_1) > u(q_2)$ 情况下，它对所有的 $q_1,q_2 \in Q$，有 $q_1 > q_2$（q_1 好于 q_2）；且在 Q 上是线性的，即如果 $q_i \in Q$，$\lambda_i \geqslant 0 (i=1,2,\cdots,m)$，$\sum_{i=1}^{m} \lambda_i = 1$，则有 $u(\sum_{i=1}^{m} \lambda_i q_i) = \sum_{i=1}^{m} \lambda_i u(q_i)$。

最常用的效用函数的测定方法是冯·诺依曼与摩根斯共同提出的标准测定方法。假定替代方案的收益在 0 与 M 之间，如何测定其间的货币效应。首先，设定 $u(0)=0$，$u(M)=1$；那么，对于收益 c（$0 \leqslant c \leqslant M$），有 $u(c) \leqslant 1$。为了测定 $u(c)$，可向决策者提出如下问题："方案 a_1 以概率 p 获得收益 M，以概率 $(1-p)$ 获得收益 0；方案 a_2 以概率 1 获得效益。请问 p 为何值时方案 a_1 与 a_2 等效？"在决策回到概率 p 的值后，则 $u(c) = pu(M) + (1-p)u(0) = p$。

足够多的货币效用值可构成效用函数。利用效用函数值可代替方案环境损益值，通过计算替代方案期望效用函数值来进行决策。

2. 期望损益决策方法

期望损益决策方法是一种通过比较各方案的期望损益值或效用函数值进行决策的方法。当在自然状态 θ_j 下采取替代方案 a_i 时，其相应的损益值或效用函数值为 u_{ij}。如果将每个替代方案看成是离散型随机变量，随机变量的取值是每个替代方案在不同自然状态下的环境损益值或效用函数值，其概率等于自然状态的概率，则每个替代方案的期望值都可以计算出来。

$$E(a_i) = \sum_{j=1}^{m} u_{ij} p_j \qquad (9\text{-}4)$$

式中　$E(a_i)$——第 i 个替代方案的期望损益值或效用函数值；

$\quad\quad u_{ij}$——第 i 个替代方案在自然状态 θ_j 下的损益值或效用函数值；

$\quad\quad p_j$——自然状态 θ_j 出现的概率。

期望损益决策方法是指计算出每个方案的收益和损失的期望值，并且以该期望值为标准，选择期望收益最大或期望损失最小的替代方案为最优方案。

【续例 9-1】　如果三种自然状态的出现概率分别为 0.2、0.5、0.3，则可利用期望损益决策方法进行决策。表 9-2 为某工厂污染控制方案期望损益决策表，选择期望收益最大的扩建方案为决策方案。

表 9-2　某工厂污染控制方案期望损益决策表

自然状态	出现概率	污染控制方案		
		新建	扩建	购买排污权
高情景	0.2	600	250	100
中情景	0.5	50	200	100
低情景	0.3	−200	−100	100
期望损益值		85	120	100

3. 决策树法

决策树方法是进行风险型环境决策最常用的方法之一，它能使环境决策问题形象直观，思路清晰，尤其是在多级环境决策过程中，能使其层次分明。

如图 9-2 所示，图上的方块叫作决策点，由决策点画出若干线条，每条线代表一个方案，叫作方案枝。方案枝的末端画个圆圈，叫作自然状态点。从它引出的线条代表不同的自然状态，叫概率枝。在概率枝的末端画个三角，叫作结果点。在结果点旁，一般列出不同自然状态下的环境收益或损失值。

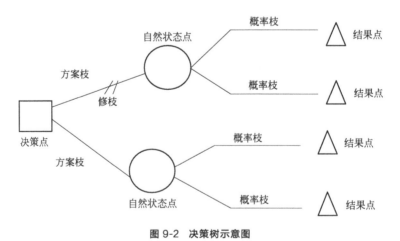

图 9-2　决策树示意图

应用决策树进行环境系统决策的过程是：逆决策树的顺序，从右向左逐步后退进行分析。根据右端的收益值和概率枝的概率，计算出期望值的大小，确定方案的期望结果；然后，根据不同方案的期望结果进行选择，将代表落选的方案枝在图上修去。方案的舍弃叫作修枝，被舍弃的方案在方案枝上做"⧸⧸"的记号表示（即修剪的意思）。最后在决策点留下一条树枝，即为决策方案。

【例 9-2】 随着城市规模不断扩大，某市提出了扩大城市污水处理厂的两个方案。一个方案是建设一个大型污水处理厂，另一个方案是先建设一个小型污水处理厂，如果城市规模发展迅速，三年后再扩建，否则维持现状。两个方案的污水处理厂的使用期都是十年。建设大型污水处理厂需要投资 600 万元；建设小型污水处理厂需要投资 280 万元，如需扩建则需追加投资 400 万元。两个方案的每年损益值及自然状态的概率见表 9-3，应用决策树评价方法选出该城市未来合理的污水处理决策方案。

表 9-3　每年损益值及自然状态的概率　　　　　　单位：万元

概率	自然状态	建大型污水处理厂年收益	建小型污水处理厂年收益	
			新建	扩建
0.7	城市规模发展迅速	200	0	190
0.3	城市规模发展缓慢	—40	60	

【解】 这个问题可分前三年和后七年两期来考虑，画出决策树的图形，见图 9-3。各点的期望损益值计算如下：

点②：$0.7 \times 200 \times 10 + 0.3 \times (-40) \times 10 - 600$（投资）$= 680$（万元）

点⑤：$1.0 \times 190 \times 7 - 400 = 930$（万元）

点⑥：$1.0 \times 80 \times 7 = 560$（万元）

比较决策点 4 的情况可以看到，由于点⑤（930 万元）与点⑥（560 万元）相比，点⑤的期望损益值较大，因此应采用扩建的方案，而舍弃不扩建的方案。把点⑤的 930 万元移到点 4 来，可计算出点③的期望损益值：

点③：$0.7 \times 80 \times 3 + 0.7 \times 930 + 0.3 \times 60 \times (3+7) - 280$（投资）$= 719$（万元）

最后比较决策点 1 的情况。由于点③（719 万元）与点②（680 万元）相比，点③的期望损益值较大，因此取点③，而舍点②。这样，相比之下，建设大型污水处理厂的方案不是最优方案，合理的策略应采用前三年建小型污水处理厂，如果城市发展迅速，后七年再对其进行扩建的方案，否则仍使用小型污水处理厂。

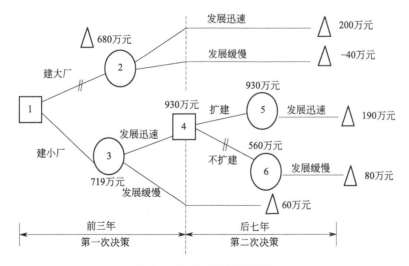

图 9-3　环境风险决策树示意图

第三节　多目标环境决策分析技术

环境系统是个开放系统，其中孕育着很多矛盾冲突，这就决定了环境决策的多目标特征。首先，经济发展与环境保护是一对很难调和的冲突，经济飞速发展与人类生活水平不断提高，是以环境质量恶化与资源过度开采为代价的。同时，任何旨在改善环境质量的工程措施，在改善环境质量的同时还需要大量物力、财力与能量的投入。如何协调经济发展与环境保护是各级环境决策者无法回避的最根本的环境决策问题，毫无疑问这个问题是个多目标决策问题。

其次，在资源环境开发过程中，各地区或各部门间往往存在跨区域、跨部门的利益冲突，流域或区域资源环境开发决策必将涉及各区域与部门不同目标间的冲突问题。这同样是多目标决策问题。例如，流域水环境规划决策，上游经济发展导致河流水质恶化，进而威胁下游用水，这就需要在上游保护环境目标与下游经济发展目标间进行协调。

最后，除了经济发展与环境保护以外，在环境决策过程中还可能考虑如社会就业率、水资源合理分配与能源节约等其他目标。

由此可见，环境决策往往涉及多决策者（部门或地区），及其相互矛盾冲突的多个目标。不同决策者代表不同利益集团的利益，其意见与要求往往是对立的，这种对立反映在各自的目标上的对立。对此，只有在更高层次才能对这些目标进行协调，由此获取各方都能接受同时对全局又最为有利的决策方案。这种在各决策者对立目标间协调的技术就是多目标环境决策技术。

一、多目标环境决策的理论基础

1. 多目标环境决策的特点

多目标环境决策具有如下三大共同特点。

① 目标间的难以比较性，即各目标的性质乃至计量单位各不相同，很难进行相互比较。例如环境质量目标往往以污染物浓度或环境质量指数表示，而环境费用或效益却以货币为度量单位，如何比较不同量纲的目标是多目标环境决策所必须解决的问题。

② 目标间的矛盾冲突性，即多目标环境决策问题之间往往是相互矛盾冲突的，要提高一个目标的值，往往要以牺牲另外一些目标的值为代价。例如环境污染控制规划，如果将一个地区的环境功能区目标定得过高，势必限制该地区企业的发展，因此影响该地区的经济目标；相反，某一地区过高的经济发展目标，必将是以牺牲环境保护目标为代价。关键在于寻求经济发展目标与环境保护目标的协调发展。

③ 决策者偏好的差异性，即决策者对风险的态度或对某一目标的偏好不同，最终做出的决策必不相同。例如，在贫困地区，决策者更偏重于发展经济，通常忽视环保，而在经济发达地区则相反。

这三大特点给多目标环境决策的求解带来很多困难。

2. 多目标环境决策的基本原则

对于单目标环境决策，其相应目标值具有可比性，通过比较目标值就可获得最佳决策方案。相比单目标环境决策，多目标环境决策问题要复杂得多，它需要在多目标间进行协调。

图 9-4 所示为一双目标环境决策问题，它共有 7 个替代方案。对于方案 1 与 2，方案 1 的第二个目标比方案 2 的高，但第一目标比方案 2 低，因此，无法简单地判定其优劣。但是由图 9-4 可以确定方案 3 比 2 好，4 比 1 好，5 比 4 好，7 比 3 好，但在 5、6、7 间无法确定

优劣。像 5、6、7 这样无法确定优劣，而又没有其他方案比其更好的解，在多目标环境决策中称作非劣解（或有效解），其余方案为劣解。多目标环境决策的目的就在于在一系列非劣解中选择一个满意解。

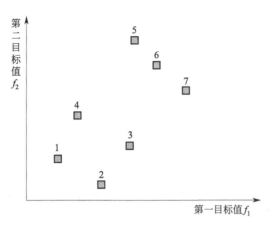

图 9-4　劣解与非劣解

由此可见，多目标环境决策过程可分为两个阶段：一是在可行替代方案中淘汰劣解；二是从非劣解中选择一个满意解，即决策者根据自己的偏好、意愿与某种意义的最优原则，从多个非劣解中选择出或综合得出满意解。

为从多个非劣解中选择一个满意解，多目标环境决策需遵循如下基本原则。

（1）化多为少原则　在实际的多目标环境决策中，决策目标越多，决策问题就越复杂，获得满意解就越困难，因此应尽可能将决策目标简化，即解决决策问题前提下尽量减少目标的个数，具体措施包括剔除不必要目标、合并类似目标、将次要目标转化为约束条件，以及通过多目标构成综合目标。

（2）目标排序原则　所谓目标排序原则就是决策者按照目标的重要程度排成一定次序。在决策过程中，必须先达到重要目标后才考虑下一个次要目标，最后再进行选择，做出决策。

3. 多目标环境决策的分类

根据替代方案的多少，可将多目标环境决策分为有限方案的多目标决策与无限方案的多目标决策。

（1）有限方案的多目标环境决策　有限方案多目标环境决策可分为两类：一是多个目标、多种方案间的优化决策；二是单个目标、多种标准与多种方案间的优化决策。后一类又称多属性决策。例如选择环境行为好的企业，环境行为好是唯一的决策目标，但环境行为不能用一个简单的指标描述，它包括多方面属性，如大气污染物和水污染物排放达标率、环保投资等，需用多指标进行描述。

（2）无限方案的多目标环境决策　无限方案多目标环境决策，也称多目标环境系统规划，它在给定约束范围内的方案数目是无限的，因此事先无法枚举替代方案。各方案的属性值也是连续变化的。这就决定了多目标环境系统规划是一个逐步寻优、确定最佳决策方案的过程。

二、有限方案的多目标环境决策

1. 决策矩阵及其规范化

用 $A = (A_1, A_2, \cdots, A_m)$ 表示替代方案集合，用 $F_i = (F_1, F_2, \cdots, F_n)$ 表示方案的属

性集合，某方案的属性值 a_{ij} 排列成决策矩阵，如表 9-4 所列。其中，$\mathrm{w}=(w_1, w_2, \cdots, w_n)$ 为权重集合，表示各属性的相对重要性。

表 9-4　决策矩阵

属性 F_i		F_1	F_2	$\cdots$	F_n	综合属性值 ϕ_i
权重 w_i		w_1	w_2	$\cdots$	w_n	
方案 A_j	A_1	a_{11}	a_{12}	$\cdots$	a_{1n}	
	A_2	a_{21}	a_{22}	$\cdots$	a_{2n}	
	$\vdots$	$\vdots$	$\vdots$	$\vdots$	$\vdots$	
	A_m	a_{m1}	a_{m2}	$\cdots$	a_{mn}	

在决策过程中，由于各属性所采用量纲不同，且在数值上差异很大，如果采用原来的属性值，往往无法进行比较分析，因此，往往需要将属性值规范化，也称归一化，就是将各属性值转化到 [0,1] 范围内。常用的规范化方法主要有以下几种。

（1）向量规范化　通过向量规范化，可将所有属性值转化为无量纲量，且均处于 [0,1] 范围内，具体转换公式为：

$$f_{ij} = a_{ij} / \sqrt{\sum_{i=1}^{m} a_{ij}^2} \qquad (9\text{-}5)$$

向量规范化方法是非线性的，有时不便于在属性间比较。

（2）线性变换　如果目标是效益最大（属性值越大越好），则：

$$f_{ij} = a_{ij} / \max_i(a_{ij}) \qquad (9\text{-}6)$$

如果目标是成本最小（属性值越小越好），则：

$$f_{ij} = 1 - a_{ij} / \max_i(a_{ij}) \qquad (9\text{-}7)$$

（3）其他变化方法　对于目标是效益最大（属性值越大越好）的情况，有：

$$f_{ij} = \frac{a_{ij} - \min_i(a_{ij})}{\max_i(a_{ij}) - \min_i(a_{ij})} \qquad (9\text{-}8)$$

如果目标是成本最小（属性值越小越好），则：

$$f_{ij} = \frac{\max_i(a_{ij}) - a_{ij}}{\max_i(a_{ij}) - \min_i(a_{ij})} \qquad (9\text{-}9)$$

这个变换可将属性的最大值与最小值统一为 1 与 0，这种变换的缺点是变换不成比例。

2. 决策矩阵中权重的确定方法

决策矩阵中的权重是多目标环境系统决策目标重要性的数量化表示，它涉及行为科学，很难直接用数学方法获得。决策者可以按目标的重要程度给各个目标赋予不同的权重，但在目标较多的情况下很难直接赋值。另外，权重的确定采用个别人的观点，存在较大的片面性，且缺乏说服力。不同人由于所从事的专业、所处环境、所积累经验各不相同，会有不同的观点，给出的权重也不尽相同。因此，权重的确定须将德尔菲法与层次分析法相结合，即聘请一批专家把目标进行两两比较，构造判断矩阵；然后利用层次分析法，将目标间两两重要性比较结果综合起来确定一组权重系数，作为确定权重的依据。

（1）构造判断矩阵　某个专家针对方案属性 $F_j = (F_1, F_2, \cdots, F_n)$ 进行排序，构造判断矩阵（如表 9-5 所列）。

表 9-5　确定权重的判断矩阵

属性	F_1	F_2	$\cdots$	F_n
F_1	f_{11}	f_{12}	$\cdots$	f_{1n}
F_2	f_{21}	f_{22}	$\cdots$	f_{2n}
$\vdots$	$\vdots$	$\vdots$	$\vdots$	$\vdots$
F_n	f_{n1}	f_{n2}	$\cdots$	f_{nn}

表 9-5 中，f_{ij} 为决策方案第 i 属性与第 j 属性相比的比率标度，其含义如下：

① 标度为 1 时，表示二者同等重要；

② 标度为 3 时，表示前者比后者稍微重要；

③ 标度为 5 时，表示前者比后者明显重要；

④ 标度为 7 时，表示前者比后者强烈重要；

⑤ 标度为 9 时，表示前者比后者极端重要；

⑥ 标度为 2、4、6、8 时，表示上述两个相邻判断的中间情况；

⑦ 倒数，后者比前者重要的情况，其互为倒数。

（2）计算权重　假定属性 F_i 与 F_j 的权重分别为 w_i 与 w_j，则决策方案第 i 属性与第 j 属性相比的比率标度 f_{ij} 近似等于 w_i/w_j；于是有：

$$\boldsymbol{F} = \begin{bmatrix} f_{11} & f_{12} & \cdots & f_{1n} \\ f_{21} & f_{22} & \cdots & f_{2n} \\ \vdots & \vdots & \vdots & \vdots \\ f_{n1} & f_{n2} & \cdots & f_{nn} \end{bmatrix} \approx \begin{bmatrix} w_1/w_1 & w_1/w_2 & \cdots & w_1/w_n \\ w_2/w_1 & w_2/w_2 & \cdots & w_2/w_n \\ \vdots & \vdots & \vdots & \vdots \\ w_n/w_1 & w_n/w_2 & \cdots & w_n/w_n \end{bmatrix} \qquad (9\text{-}10)$$

其中，$f_{ij} > 0$，$f_{ij} = 1/f_{ji}$，$f_{ii} = 1(i,j = 1,2,\cdots,n)$。

$$\sum_{i=1}^{n} f_{ij} = (\sum_{i=1}^{n} w_i)/w_j$$

当 $\sum\limits_{i=1}^{n} w_i = 1$ 时，有：

$$\sum_{i=1}^{n} f_{ij} = 1/w_j (j = 1,2,\cdots,n) \qquad (9\text{-}11)$$

一般来说，决策者对 f_{ij} 的估计很难前后一致或做到十分准确，致使上式中的"等于"只是"近似等于"，而权重的取值应使总体误差最小，即使得：

$$\min z = \sum_{i=1}^{n} \sum_{j=1}^{n} (f_{ij} w_i - w_i)^2 \quad \begin{cases} \sum\limits_{i=1}^{n} w_i = 1 \\ w_i \geqslant 0, i = 1,2,\cdots,n \end{cases} \qquad (9\text{-}12)$$

上述优化问题可利用拉格朗日乘子法求解。上述优化问题的拉格朗日函数为：

$$L = \sum_{i=1}^{n} \sum_{j=1}^{n} (f_{ij} w_i - w_i)^2 + 2\lambda (\sum_{i=1}^{n} w_i - 1) \qquad (9\text{-}13)$$

L 函数分别对 $w_i(l = 1,2,\cdots,m)$ 求导，且令其一阶导数为零，则可得 n 个线性方程 $\sum\limits_{i=1}^{n} (f_{il} w_l - w_i) f_{il} - \sum\limits_{j=1}^{n} (f_{lj} w_j - w_l) + \lambda = 0(l = 1,2,\cdots,m)$，由上式及 $\sum\limits_{i=1}^{n} w_i = 1$ 可求得 $w = (w_1, w_2, \cdots, w_n)$。

（3）一致性检验　如果决策者对各个目标的重要性的比较是正确的，且没有前后不一致现象，则：

$$\boldsymbol{Fw} = \begin{bmatrix} w_1/w_1 & w_1/w_2 & \cdots & w_1/w_n \\ w_2/w_1 & w_2/w_2 & \cdots & w_2/w_n \\ \vdots & \vdots & \vdots & \vdots \\ w_n/w_1 & w_n/w_2 & \cdots & w_n/w_n \end{bmatrix} \begin{bmatrix} w_1 \\ w_2 \\ \vdots \\ w_n \end{bmatrix} = \lambda_{\max} \begin{bmatrix} w_1 \\ w_2 \\ \vdots \\ w_n \end{bmatrix} \tag{9-14}$$

权重向量是判断矩阵 $\boldsymbol{F}$ 的最大特征根 $\lambda_{\max}$ 的特征向量，因此，可先计算判断矩阵 $\boldsymbol{F}$ 的最大特征根 $\lambda_{\max}$，再求解线性方程组。

$$\boldsymbol{Fw} = \lambda_{\max} \boldsymbol{w} \tag{9-15}$$

同样可以确定权重向量 $\boldsymbol{w} = (w_1, w_2, \cdots, w_n)$。

首先，计算判断矩阵 $\boldsymbol{F}$ 的最大特征根：$\lambda_{\max} = \sum_{j=1}^{m_i} \dfrac{(Fw)_j}{m_i w_j}$。然后，计算判断矩阵偏离一致性指标：$CI = \dfrac{\lambda_{\max} - n}{n-1}$。

由已知的判断矩阵阶数 n，确定平均随机一致性指标 RI。对于 1～9 阶矩阵，其阶数与 RI 值的关系如表 9-6 所列。

表 9-6　平均随机一致性指标 RI 值

n	1	2	3	4	5	6	7	8	9
RI	0.00	0.00	0.58	0.90	1.12	1.24	1.32	1.41	1.45

最后，计算随机一致性比率：$CR = CI/RI$。若随机一致性比率 $CR < 0.10$，则认为符合满意的一致性要求；否则，就需要调整判断矩阵 $\boldsymbol{F}$，直到满意为止。

3. 多属性环境系统决策

多属性环境系统决策的最重目标是计算各方案综合属性值 ϕ，进一步根据各方案 ϕ 的比较确定最佳决策方案。方案 i 的综合属性值 ϕ_i 可按加法规则，利用如下公式计算：

$$\phi_i = \sum_{j=1}^{n} w_j a_{ij} \quad (i = 1, 2, \cdots, m) \tag{9-16}$$

还可按乘法规则，利用下列公式计算：

$$\phi_i = \prod_{j=1}^{n} f_{ij}^{w_j} \quad (i = 1, 2, \cdots, m) \tag{9-17}$$

式中　f_{ij}——方案 i 第 j 项指标的得分；

w_j——第 j 项指标的权重。

对上式两边取对数，得：

$$\lg \phi_i = \sum_{j=1}^{n} w_j \lg f_{ij} \quad (i = 1, 2, \cdots, m) \tag{9-18}$$

乘法规则使用的场合要求方案各属性值尽可能取较好的水平才能使综合属性值相同。它不允许哪一项属性处于最低水平上。只要有一项属性值为零，不论其余属性值多高，综合属性值都将是零，因而该方案将被淘汰。

相反，加法规则各属性值可以线性地互相补偿。某个属性值比较低，其他属性值都比较高，综合属性值仍然比较高。任何属性的改善都可以使得综合属性值提高。

三、无限方案的多目标环境决策

1. 无限方案的多目标环境决策模型

无限方案的多目标环境决策也称多目标环境系统规划，可用下述模型描述：

$$\text{Max } F(\vec{x}) \quad \vec{x} = (x_1, x_2, \cdots, x_n)$$
$$G(\vec{x}) = \boldsymbol{B}\vec{x} \leqslant \vec{g} \quad \vec{g} = (g_1, g_2, \cdots, g_k) \tag{9-19}$$

式中　F——目标函数集合，对于线性目标函数，可写成：

$$\text{Max} F(\vec{x}) = \boldsymbol{A}\vec{x} \quad \vec{x} = (x_1, x_2, \cdots, x_n)$$
$$G(\vec{x}) = \boldsymbol{B}\vec{x} \leqslant \vec{g} \quad \vec{g} = (g_1, g_2, \cdots, g_k) \tag{9-20}$$

式中　$\boldsymbol{A}$——$m \times n$ 矩阵；

$\boldsymbol{B}$——$k \times n$ 矩阵。

2. 常用的多目标决策方法

（1）效用最优模型　效用最优模型是建立在如下假设基础上的：将各个目标函数与显式的效用函数建立相关关系，各目标之间的协调可以通过效用函数进行。效用最优模型的形式为：

$$\text{Max } \varphi(x)$$
$$G_k(\vec{x}) \leqslant g_k \quad \forall k \tag{9-21}$$

式中　φ——与各目标函数相关的效用函数的加和函数。

在效用模型中，首先要确定权重向量 w，它反映各目标函数在总目标中的权重。通常可假设权重之间呈线性关系，于是：

$$\text{Max } \varphi(\vec{x}) = \sum_{i=1}^{m} w_i f_i(\vec{x})$$
$$G_k(\vec{x}) \leqslant g_k \quad \forall k \tag{9-22}$$
$$\sum_{i=1}^{n} w_i = 1$$

效用优化模型可以用于推导和论证某些环境决策问题，但由于推导与多目标函数相关的效用函数的难度很大，而且效用函数的主观因素较强，在环境决策中应用很少。

（2）罚款模型　如果对于每一个目标函数，决策中都可以提出一个期望值（或称满意值），那么就可以通过比较实际值 f_i 与期望值 f_1^* 之间的偏差来选择问题的解。罚款模型的数学表达式为：

$$\text{Min} Z = \sum_{i=1}^{m} \alpha_i (f_i^- - f_i^*)^2$$
$$g_k(\vec{x}) \leqslant g_k \quad \forall k \tag{9-23}$$
$$f_i + f_i^- - f_i^+ = f_i^* \quad \forall i$$

式中　α_i——与第 i 个目标函数相关的权重。

罚款模型也是将多目标环境问题转化为单目标环境问题的一种方法。在处理环境决策系统问题时，关键是要给出各个目标函数的期望值（如期望环境质量目标、污染控制费用目标与资源消耗目标等）与权重向量 w。罚款模型的缺点在于难以给定权重向量。

（3）目标规划　目标规划模型的形式为：

$$\text{Min} Z = \sum_{i=1}^{m} (f_i^+ + f_i^-)$$

$$g_k(\vec{x}) \leqslant g_k \quad \forall\, k \tag{9-24}$$

$$f_i + f_i^- - f_i^+ = f_i^* \quad \forall\, i$$

式中　f_i^+，f_i^-——目标 f_i 与期望值 f_i^* 的超过值与不足值。

与罚款模型一样，应用目标规划模型时也要求决策者预先给出目标的期望值。

（4）约束模型　当目标可以给出一个范围时，该目标就可以作为约束条件而被排除出目标组，原问题可以简化为单目标问题。约束模型的形式为：

$$\text{Max}\, f_1(\vec{x})$$

$$g_k(\vec{x}) \leqslant g_k \quad \forall\, k \tag{9-25}$$

$$f_i^{\min} \leqslant f_i \leqslant f_i^{\max} \quad \forall\, i, i \neq 1$$

式中　$f_i^{\min}$，$f_i^{\max}$——原目标函数所给定的下限与上限。

若 f_i 值在预先给定范围内 $[f_i^{\min}, f_i^{\max}]$ 变化引起目标函数 $f_1(\vec{x})$ 剧烈变化，则有必要检验目标函数 f_1 对约束条件 f_i 的灵敏度和稳定性。

（5）帕累托模型　在多目标决策过程中，所有非劣解都具有下述特征：所有非劣解若不以降低其他目标函数为代价，任何一个目标函数的值就不可能得到改善。非劣解的这种特性称作帕累托性质。

通常，一个多目标环境决策问题得到的不是一个解，而是一系列非劣解。这些解组成一个有效边界。帕累托模型认为：多目标环境决策的最满意解一定在有效边界上某一点，由这一点至各目标的"理想解"的距离最小。

帕累托模型可以用图 9-5 说明。该图表示由两个目标构成的环境决策问题。图中 $ABC\text{-}DEF$ 围成的空间表示多目标环境决策问题的可行域，Z 点表示目标 1（f_1）与目标 2（f_2）的共同"理想解"，由 Z 至有效边界的最短距离为 ZM，M 点就被定义为帕累托最优解。

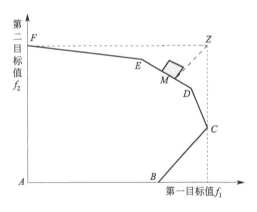

图 9-5　帕累托模型示意

四、交互式多目标环境决策过程

综上所述，各种参数与权重向量是多目标环境决策的重要依据。由于某些参数与权重的不确定性，最终的决策分析结果也有不确定性。这种不确定性在环境决策过程中尤为突出。为了消除这种不确定性，取得满意的决策结果，可以采用递归求解的方法。

寻求多目标环境决策满意解的递归过程包括：

① 由系统分析人员提出一组非劣解，作为决策者的第一暂定解；

② 由决策者提出一定修订意见，再由分析人员提出新的决策方案，这一过程在分析者与决策者之间交替进行，直到取得满意解为止。这种决策方法称作交互式多目标环境决策方法。

在交互式多目标环境决策过程中，分析者可以采用前文所介绍的各种多目标决策模型寻求决策方案，而决策者的任务就是修正模型中的各种参数与权重，或指明它们的修订方向。下面以递阶模型为例，说明交互式多目标环境决策的过程。

在递阶模型中，关键是要确定对每个目标的权重向量 $\boldsymbol{\beta}$ 的值。交互式多目标环境决策的基础是决策者可以根据前一步的输出提出对目标的修正值或允许域。也就是说，权重向量 $\boldsymbol{w}$ 在整个决策过程中不是常数，而是决策者根据前面步骤产生的输出结果来确定的。

递阶模型的第 n 步可以写作：

$$\begin{cases} \text{Max} f_n(\vec{x}) \\ f_1(\vec{x}) \leqslant \vec{g} \\ \quad\vdots \\ f_{n-1}(\vec{x}) \geqslant \beta_{n-1} f_{n-1}^0(\vec{x}) \end{cases} \tag{9-26}$$

为了求得 $f_n(\vec{x})$ 的最优值，必须给定权重向量 $\boldsymbol{\beta}$。假定对每个目标函数 f 可以由决策者给出一个允许的最低值 $f_{\max}$，同时可以取得独立的最优值 $f_i^0(\vec{x})$。那么，与 $f_i^0(\vec{x})$ 有关的 $\boldsymbol{\beta}$ 允许域可以定义为：

$$\beta_i^0 = \frac{f_i^{\min}}{f_i^0} \tag{9-27}$$

在连续迭代过程中，$\boldsymbol{\beta}$ 受到如下约束：$\beta_i^0 \leqslant \beta_i \leqslant 1$。在分析人员确定每一步目标修正可行域后，由决策者选择其中的某一个值给分析人员，由分析人员继续进行决策分析，直到获得满意解。

第四节　环境决策支持系统

一、概述

1. 环境决策支持系统（EDSS）的定义

环境决策支持系统（environmental decision supporting system，EDSS），是以环境管理科学、运筹学、控制论和行为科学为基础，以计算机技术、仿真技术和信息技术为手段，针对半结构化的环境决策问题，支持环境决策活动的具有智能作用的人机系统。该系统能够为决策者提供环境决策所需的数据、信息和背景材料，帮助明确环境决策目标和进行环境问题的识别，建立或修改环境决策模型，提供各种环境决策的替代方案，并且对各种替代方案进行评价和优选，通过人机交互功能进行分析、比较和判断，为正确的环境决策提供必要的支持。

环境决策支持系统的定义包含如下 3 个方面的内容。

① 问题结构的维度，即环境决策或者制定环境决策的环境所表现出的结构化的程度。如果决策的目标简单，没有冲突，可选替代方案数量较少或者界定明确，决策所带来的影响是确定的，我们称这类环境决策是高度结构化的。与之相反，高度非结构化的决策，其决策

目标之间往往是相互冲突的，可供决策者选择的替代方案很难加以区分，某个替代方案可能带来的环境影响具有高度的不确定性。环境决策支持系统的作用就是在环境决策的"结构化"部分为决策者提供支持，从而减轻决策者的负荷，使之能够将精力放在问题非结构化的部分。处理决策的非结构化部分的过程可以看成是人的处理过程，因为我们还不能通过自动化技术来有效模拟这种过程。

② 环境决策的效果，即环境决策达到其目标的程度是环境决策过程中一个最基本的元素。

③ 管理控制，即环境决策是不同层面的环境管理部门在任何时间上分配和组织资源的手段，它是实现环境战略目标的环境管理活动中的一个主要方法。为了达到目的，环境决策支持系统应该能够对整个环境管理过程提供支持，而决策结果的最终职责、义务取决于环境管理人员。

2. 环境决策支持系统的金字塔结构

图 9-6 所示为环境决策支持系统的金字塔结构。

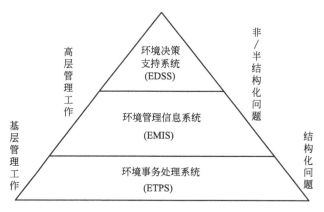

图 9-6　环境决策支持系统的金字塔结构

首先，环境事务处理系统是环境管理信息系统的基础，它面向的是基层环境管理人员。环境管理信息系统则更加强调科学的管理方法和定量化管理模型的运用，强调对环境信息的深层次开发，强调高效低成本的系统结构与数据处理模式，强调科学的、系统化的开发方法。

其次，环境管理信息系统是环境决策支持系统的基础。尽管环境决策支持系统主要针对的是半结构化问题，但是离开处理结构化问题的环境管理信息系统，环境决策支持系统无法发挥其功能。EDSS 与 EMIS 虽然功能目标不同，但它们都是以不同的方式，为解决性质不同的环境管理问题提供信息服务。EMIS 收集、存储及提供的大量基础环境信息是 EDSS 工作的基础，而 EDSS 使 EMIS 提供的环境信息在深层次上发挥更大的作用。EMIS 需要担负起收集、反馈环境信息的作用，支持 EDSS 执行结果的验证和分析；EDSS 经过反复使用，逐步明确起来的新的数据模式与问题模式，将逐步实现结构化，并纳入 EMIS 的工作范围。EDSS 是 EMIS 的发展，是环境管理信息系统向纵深发展的一个新的阶段。

最后，环境决策支持系统面向高层环境管理工作者，即环境决策者，它以解决半结构化的管理决策问题为主，强调决策过程中人的主导地位，环境管理信息系统只是对人（环境决策者）在决策过程中的工作起支持作用。环境决策支持系统的应用可以使环境决策过程更加有效，在决策者的智能范围内辅助制定环境决策，决策者最终控制环境决策的过程。

二、环境决策支持系统的基本功能

环境决策支持系统的宗旨在于辅助环境决策者进行环境决策，其基本功能如下。

1. 环境信息管理功能

① 管理并随时提供与环境决策问题有关的组织内部信息，如排污申报信息、环境统计信息与排污收费信息等。

② 收集、管理并提供与环境决策问题有关的组织外部信息，如环境政策法规、环境功能区划及其标准与环境背景信息等。

③ 收集、管理并提供各项环境决策方案执行情况的反馈信息，如污染源监测信息、环保项目跟踪监督信息与"三同时"执行状况等。

2. 环境模型管理功能

① 能以一定的方式存储和管理与环境决策问题有关的各种数学模型，如环境质量模拟仿真模型、污染控制规划优化模型与环境决策模型等。

② 能够存储并提供常用的数学方法及算法，如回归分析方法、线性规划、最短路径算法等。

③ 上述数据、模型与方法能容易地修改和添加，如数据模式的变更、模型的连接或修改等。

④ 能灵活地运用模型与方法对数据进行加工、汇总、分析、预测，得出所需的综合信息与预测信息。

3. 人机交互功能

环境决策支持系统还应具有方便的人机对话和图像输出功能，能满足随机的数据查询要求，回答"如果……则……"之类的问题，并提供良好的数据通信功能，以保证及时收集所需数据并将加工结果传送给使用者。

三、环境决策支持系统的组成结构

随着计算机技术的发展，人们对环境决策支持系统的组成结构的认识也在不断变化，从三部件结构逐渐发展到五部件结构，如图 9-7 所示。

环境决策支持系统的三部件结构是 3 个子系统的有机结合，即人机交互系统、环境数据库与其管理系统以及环境模型库与其管理系统的有机结合，也称环境决策支持系统的两库结构。

传统的环境管理信息系统可以看作由人机交互系统与环境数据库及其管理信息系统组合而成，而环境决策支持系统是在环境管理信息系统基础上，增加了环境模型库与环境模型库管理系统。这使得环境决策支持系统不仅具有环境管理信息系统的功能，同时还具有为环境管理者提供决策支持的功能。

人机交互系统是环境决策支持系统与用户的交互界面，用户通过"人机交互系统"控制实际的环境决策支持系统的运行。它包括：

① 提供丰富的显示与对话方式。其中最基本的是菜单与窗口、命令语言与自然语言。随着多媒体技术的发展，多媒体与可视化技术在人机交互系统中得到广泛应用，极大地丰富了人机交互的内容，大大增加了计算机内部数据及其处理的透明度。

② 输入输出转换。这是一个相互的过程，用户输入的信息经过人机交互系统转化为系统

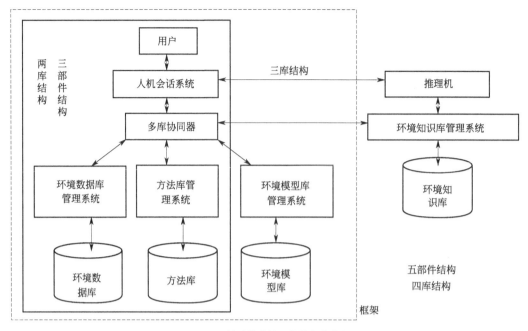

图 9-7　环境决策支持系统的部件结构

可以理解的内部表示形式，经过处理的信息经过人机交互系统按一定格式显示或打印给用户。

③ 控制环境决策支持系统有效运行。人机交互系统更主要的功能是将环境决策支持系统的各个部件有机地结合在一起，集成一个系统，并由此达到控制环境决策支持系统有效运行的目的。

环境决策支持系统是辅助决策者进行决策的计算机工具，其辅助过程中，无论是替代方案模拟仿真还是优选，都需要运行模型，而模型的运行需要数据。环境数据库及其管理系统是环境决策支持系统的基础，一方面具有提取、浓缩和过滤环境决策支持系统外部数据的能力，另一方面还能够从管理信息系统已有的基础数据库和专业数据库中提取自己需要的环境数据，并对这些环境数据进行浓缩与过滤，如将环境质量日报原始数据浓缩为环境质量月报数据等，过滤掉与环境决策模型无关的环境数据。

环境数据库是与应用彼此独立，以一定组织方式将相关的环境数据存储在一起，彼此相互关联，具有较少数据冗余，能被多个用户共享的环境数据集合。其特点是：结构化数据存储，减少了数据冗余，真正实现了数据共享；数据库系统具有更高的数据独立性。另外，环境数据库不是具体应用，而是面向系统的，并为用户提供了方便的接口以及查询语言与交互命令，用以操纵数据库。

数据模型是环境数据库的核心，能够帮助人们理解和表达环境数据处理的静态特征与动态特征，它包括：概念模型（信息模型），即不涉及信息在计算机中的表示与实现，是按用户的观点进行数据建模，强调语义表达能力；数据模型，即面向数据库中数据的逻辑结构，如关系模型、层次模型与网状模型、面向对象的数据模型等。

环境数据库管理系统的主要功能包括：

① 数据库定义功能；

② 数据操纵功能，如插入、修改、删除、查询与统计等；

③ 数据库控制功能，如并发、数据完备性与权限等；

④ 数据库维护功能，如备份、导入导出、故障后恢复等；

⑤ 数据字典功能，即存放用户建立的表和索引、系统建立的表和索引，以及用于恢复数据库的信息等。

⑥ 数据安全性；

⑦ 数据通信等。

模型驱动是环境决策支持系统有别于其他环境管理信息系统的特点之一，模型库系统设计成功与否是成败的关键。环境决策支持系统的模型库及其管理系统的关键又在于环境模型管理部分的设计。

环境模型库是指存储于计算机内，用来描述或模拟环境决策过程的各类结构化、半结构化问题的定量分析模型的集合。环境模型总是以某种计算机程序形式表示，如数据、语句、子程序甚至对象等。这些物理形式在环境模型库中具体为环境模型的名称及相关计算机程序、功能分类、输入输出数据库与控制参数等。一般利用环境模型字典存放这些环境模型的信息。环境模型字典的主要内容包括：

① 环境模型的名称和编码；

② 环境模型的功能和用途；

③ 环境模型的变量数和维数；

④ 环境模型所需的数据库名、数据名、单位等信息；

⑤ 环境模型相应的计算方法；

⑥ 环境模型的适用范围和条件；

⑦ 环境模型在模型库内存放的位置；

⑧ 环境建模的原始文档（建模作者和时间、修改模型作者和时间等）等。

环境模型管理部分是管理环境模型库的程序，应具有模型的生成、调用、修改、删改、查询和存储，以及环境模型库与环境数据库和会话系统的接口管理等功能。

1. 环境决策支持系统的三库结构

环境决策支持系统的三库结构是二库结构的一种进化，是一种将方法库独立出环境模型库的结构形式（如图 9-7 所示），属于早期环境决策支持系统的形式。对于模型与方法有不同的理解。

首先，是用数学表达式表示模型，用求解算法表示方法。在方法库中用算法程序表示方法（如求解线性规划的单纯型法），而在模型库中存储为解决环境问题用到的评价、模拟与优化模型。在这种三库结构中，模型库的作用被削弱了，而更强调方法库的作用。它只适合于从模型方程等自动生成方法库中程序的环境决策问题。

其次，是将环境模型理解为算法加上数据。同样，在方法库中存放算法程序，但在模型库中存储的不是环境问题的方程表达式，而是包括算法程序文件的地址和它所需要的数据地址的索引。其特点是可以将不同数据应用于同一算法，而产生不同环境模型。例如线性规划算法运行水污染控制规划数据，则生成水污染控制规划模型；而应用于大气污染控制规划，则生成大气污染控制规划模型。

最后，是将环境模型库与方法库合二为一。环境模型与方法只是在表现形式上有所不同，实际上都可以看成模型。特别是在计算机中，模型的数学表达式只是模型的文本说明，最主要的还是环境模型的算法，因此可以用环境模型的计算程序代表环境模型。对于那些一个环境模型有多种方法的情况，用一种方法表示该模型即可。例如某个多目标规划模型可有多个算法，如递阶法与罚款法等；在开发环境决策支持系统过程中，用常用的递阶法的程序代表多目标规划模型即可。对于那些多个方法组成的模型，则称组合模型。组合模型是由构成模型的基础模型组合而成的。由于省略了方法库，这种模型可大大简化环境决策支持系统的开发成本。

目前，在环境决策支持系统开发过程中，大多将环境模型库与方法库合并，这样三库结构就又回到两库结构，即三部件结构形式。

2. 环境决策支持系统的五部件结构

从环境决策支持系统的基本概念来看，它是用来帮助解决半结构化或非结构化的环境决策问题，而这类问题只有凭借决策者或专家的经验做出应变的决策。因此，环境知识系统在环境决策支持系统中占有重要的地位。由此，就在三库结构基础上进化出四库结构，也称五部件结构（见图 9-7）。

所谓环境知识系统是一个能提供各种环境领域知识的表示方法，能把环境知识存储于系统内，并能够实现对环境知识方便灵活的调用和管理的程序系统。它由知识库和知识管理系统构成。环境知识库是指存储于计算机内的环境知识集（包括描述客观事物属性的事实型知识，表达因果关系的规则型环境知识，以及已经完全确认的可以用抽象的或逻辑推理等充分表达的理论型环境知识等）。

环境知识库中的知识是从环境领域专家的设计实例中收集来的，包括环境领域专家在解决相关环境问题的过程中所使用的典型环境知识，如对象描述和关联、解决问题的操作、约束问题、启发性知识和不确定性问题等。环境知识与环境数据有着本质的区别。那些靠收集获取的资料是环境数据，而只有通过环境领域专家才能获取的资料才是环境知识。换句话说，描述事实的环境数据的集合就是环境数据库；环境领域专家的论据和启发性知识的收集就是环境知识库。相对于环境数据库，环境知识库包含了更加抽象的信息。环境知识库容纳了规则、框架、语义网、剧本、案例和模式匹配等信息。

环境知识库管理系统对环境知识库内存储的各种环境知识进行系统化管理，其主要功能有知识的获取、表达、存储、查询、增减、修改、更新、恢复和调用等，以便为用户接口、环境问题处理系统、动态构模及综合分析等提供必要的知识支持。

如果把环境知识库作为环境决策支持系统的大脑，那推理机（inference engine，IE）就是肌肉。环境决策支持系统通过推理机输入环境知识，并经过推理得到结论。推理机是基于规则和事实来执行演绎和推理的。另外，推理机也具有执行基于概率推理或模式匹配的模糊推理的能力。推理机的基本过程叫作一个控制循环，一个推理控制循环可以分成 3 步：

① 用给定的事实匹配规则；

② 选择下一个要执行的规则，然后执行第三步；

③ 执行规则，将推出的事实加入工作存储器中。

推理机的基本工作原理是基于演绎推理规则的，即如果 A 是真的，A 蕴含 B（A   B）也是真的，那么 B 也是真的。与演绎推进法相对的一种规则是：如果 A 蕴含 B（A   B）是真的，而且 B 是假的，那么可得出 A 也是假的结论。一个推理机用两种基本的方法来实施演绎推理的两种规则，并得出正确的结论。这两种基本方法就是推理链和分解法。

基于知识库与推理机的智能环境决策支持系统是当今环境决策支持系统的发展方向之一，它是管理决策科学、运筹学、计算机科学与人工智能相结合的产物。智能环境决策支持系统利用专家系统（ES）技术，预先把专家（决策者）的建模经验整理成计算机表示的知识，组织在知识库中，并用推理机来模拟决策专家的思维推理，形成一个智能的部件；在经典环境决策支持系统中需要决策者干预时，就先访问此智能部件，只有当它也无能为力时才请求人工干预，这样就可以大大提高决策效率并减轻管理决策人员的负担。

智能环境决策支持系统分为数据驱动、模型驱动、知识驱动、通信驱动等种类。其中应用最多的是数据驱动的智能环境决策支持系统，它强调按时间序列访问和操作公司的内部数据（或外部数据）。数据仓库是数据驱动的智能环境决策支持系统的有力工具，它允许应用于特定任务或设置的特定的计算工具或者较为通用的工具和算子来对数据进行操纵，为结合联机分析处理的智能环境决策支持系统提供最高级的功能和决策支持。

习题与思考题

1. 环境决策有哪些基本特征与要素？
2. 环境决策的一般过程是什么？环境决策如何分类？
3. 何为环境费用效益分析？其基本步骤有哪些？
4. 环境费用效益分析的基本方法有哪些？
5. 常用的环境决策分析技术有哪些？
6. 决策树有哪些组成部分？其进行决策的前提是什么？
7. 多目标环境决策的特点与所遵循的原则是什么？
8. 多目标环境决策分为哪几类？有哪些常用的多目标环境决策技术？
9. 简述环境决策支持系统的基本概念。它包括哪些方面的内容？
10. 环境决策支持系统应具有哪些基本功能？
11. 试从环境决策支持系统的组成结构变迁角度，概述环境系统决策支持系统的发展历程。
12. 某流域要修建成本为 500 万元的水坝，为了保护水坝要修建溢洪道，为此，流域管理委员会要决定建设成本为 300 万元的大溢洪道或是 200 万元的小溢洪道。按历史资料，估计水坝使用期间有一次或一次以上洪水发生的概率为 0.25，有一次或一次以上特大洪水发生的概率为 0.1，两种溢洪道在洪水与大洪水时的损坏概率见下表。若溢洪道损坏，则水坝被破坏，其修复费用与水坝原造价相同，还要蒙受洪水带来的损失，洪水时其他财产损失为 100 万元与 300 万元的概率分别为 0.7 与 0.3，大洪水时其他财产损失为 300 万元与 500 万元的概率分别为 0.7 与 0.3。试建立这个问题的决策树模型，并确定最优决策，根据最优决策，如何提醒流域管理委员会？

溢洪道	洪水		大洪水	
	损坏概率	安全概率	损坏概率	安全概率
大溢洪道	0.05	0.95	0.10	0.90
小溢洪道	0.10	0.90	0.25	0.75

参 考 文 献

[1] 程声通，陈毓龄．环境系统分析．北京：高等教育出版社，1990.

[2] 程声通，孟繁坚，徐明德．环境系统分析题解．北京：高等教育出版社，1994.

[3] 韦鹤平，徐明德．环境系统工程．北京：化学工业出版社，2009.

[4] 余常昭．环境流体力学导论．北京：清华大学出版社，1992.

[5] 姚重华．环境工程仿真与控制．北京：高等教育出版社，2001.

[6] 郑彤，陈春云．环境系统数学模型．北京：化学工业出版社，2003.

[7] 张永良，刘培哲．水环境容量综合手册．北京：清华大学出版社，1991.

[8] 金腊华，徐峰俊．水环境数值模拟与可视化技术．北京：化学工业出版社，2004.

[9] 童志权．大气环境影响评价．北京：中国环境科学出版社，1988.

[10] 谷清，李云生．大气环境模式计算方法．北京：气象出版社，2002.

[11] 黄河宁．污水排海工程导论．大连：大连理工大学出版社，1990.

[12] 国家环境保护总局监督管理司．中国环境影响评价培训教材．北京：化学工业出版社，2000.

[13] 常瑞芳．海岸工程环境．青岛：中国海洋大学出版社，1997.

[14] 韦鹤平，李行伟．环境工程水力模拟．北京：海洋出版社，2001.

[15] 郭怀成，尚金城，张天柱．环境规划学．北京：高等教育出版社，2001.

[16] 赵今声．海岸河口动力学．北京：海洋出版社，1993.

[17] 张兰生．实用环境经济学．北京：清华大学出版社，1992.

[18] 王金南．环境经济学．北京：清华大学出版社，1994.

[19] 林齐宁．决策分析．北京：北京邮电大学出版社，2003.

[20] 杨善林．智能决策方法与智能决策支持系统．北京：科学出版社，2005.

[21] 陈晓红．决策支持系统理论和应用．北京：清华大学出版社，2005.

[22] 金士博．水环境数学模型．北京：中国建筑科学出版社，1987.

[23] 汪应洛．系统工程导论．北京：机械工业出版社，1982.

[24] 中国人民大学管理系统工程教研室．管理系统工程——现代化管理的方法和应用．北京：国防工业出版社，1987.

[25] 何小荣．化学工程优化．北京：清华大学出版社，2003.

[26] 夏青．流域水污染物总量控制．北京：中国环境科学出版社，1996.

[27] 国家环境保护局，中国环境科学研究院．城市大气污染总量控制方法手册．北京：中国环境科学出版社，1991.

[28] 赵刚．非点源污染控制措施筛选研究．北京：清华大学，2001.

[29] 胡雪涛．滇池流域非点源污染负荷模型研究．北京：清华大学，2001.

[30] 杨爱玲，朱颜明．地表水环境非点源污染研究．环境科学进展，1998，7（5）：60-67.

[31] 何萍，王家骥．非点源（NPS）污染控制与管理研究的现状、困境与挑战．农业环境保护，1999（5）：234-237，240.

[32] 焦荔．USLE 模型及营养物流失方程在西湖非点源污染调查中的应用．环境污染与防治，1991（6）：5-8，17.

[33] 吴慧芳，陈卫．城市降雨径流水质污染探讨．中国给水排水，2002（12）：25-27.

[34] 尹炜，李培军，可欣，等．我国城市地表径流污染治理技术探讨．生态学杂志，2005（5）：533-536.

[35] 吴小寅，陈弦，余戈，等．城市环境智能决策支持系统的开发和应用．广西科学院学报，2004，20（4）：297-299.

[36] 宦茂盛，袁艺，潘耀忠．地区级城市环境管理信息系统的设计．北京师范大学学报（自然科学版），2000，36（1）：137-141.

[37] 颜昌宙，卓俊玲，姜霞．多目标决策分析模型在湖泊生态工程规划中的应用．环境科学研究，2003，16（4）：58-61.

[38] 朱宝宏，姚杰．决策分析理论在水利工程的应用初探．农机化研究，2004（5）：228-229.

[39] 翟丽丽．基于 Internet 的多属性评价群决策支持系统总体设计．哈尔滨理工大学学报，2004，9（1）：69-71.

[40] 范绍佳，黄志义，刘嘉玲．大气污染物排放总量控制 A-P 值法及其应用．中国环境科学，1994，14（6）：407-410.

[41] 龚光鲁，钱敏平．应用随机过程教程及其在算法与智能计算中的应用．北京：清华大学出版社，2003.

[42] 程声通．污水处理系统的厂群规划．信息与控制，1981，5（5）：26-31.

[43] 程声通．水污染控制的费用函数与收益-费用分析．环境科学丛刊，1983，4（5）：10-15.

[44] 程声通，杜文涛，张天柱，等．鸭绿江下游水质模型研究．环境污染与防治，1987，19（6）：12-19，25，39.

[45] 曾维华，程声通．流域水环境集成规划刍议．环境科学，1997（10）：78-83.

[46] 程声通．河流的环境容量与允许排放量．水资源保护，2003（2）：8-10，61.

[47] 程声通．污水处理程度计算及灵敏度分析．环境科学与过程论文集．北京：中国建筑工业出版社，2005.

[48] Su B L. Hydrological study of non-point source pollution considering catchment characteristics. Japan：Tohoku University，2003.

[49] Neitsch S L，Arnold J G，Kiniry J R，et al. Soil and water assessment tool theoretical documentation（Version 2000）. Texas Water Resources Institute，College Station，Texas TWRI Report TR-192，2001.

[50] Neitsch S L，Arnold J G，Kiniry J R，et al. Soil and water assessment tool users manual（Version 2000）. Agricultural Research Service.

[51] Jorgensen S E. Application of ecological modelling in environmental management，Part A. Amsterdam：Elsevier Publishing Company，1983.

[52] Fischer H B，Imberger J，List E J，et al. Mixing in inland and coastal waters. Pittsburgh：Academic Press，1979.

[53] James A. Mathmatic models in water pollution control. Hoboken：John Wiley &Sons，1978.

[54] Ambrose R B，Wool T A，Martin J L，et al. WASP5x，a hydrodynamic and water quality model model theory，user's manual，and programmer's guide. Draft：Environmental Research Laboratory，US Environmental Protection Agency，1993.

[55] Thomann R V，Fitzpatrick J J. Calibration and verification of a mathematical model of the eutrophication of the potomac estuary. Prepared for Department of Environmental Services，Government of the District of Columbia Washington，DC ，1982.

[56] Bierman V J，de Pinto J V，Young T C，et al. Development and validation of an integrated exposure model for toxic chemicals in green bay，lake michigan. US Environmental Protection Agency，Grosse lie，Michigan，1992.

[57] Beck M B. Water quality modeling：A review of the analysis of uncertainty. Water Resources Research，1987，23（8）：1393-1442.

[58] Hornberger G M，Spear P C. Eutrophication in feel inlet—Ⅰ. The problem-defining behaviour and a mathematical model for the phosphorus scenario. Wat Res ，1980，14：29-42.

[59] Spear R C，Hornberger G M. Eutrophication in peel inlet—Ⅱ. Identification of critical uncertainties via generalized sensitivity analysis. Wat Res，1980，14：43-49.

[60] Beven K，Binley A. The future of distributed models：Model calibration and uncertainty prediction. Hydrological Processes，1992，6：279-298.

[61] Gilks W R，Richardson S，Spiegehalter D J. Markov chain monte carlo in practice. London：Chapman & Hall，1996.

[62] 胡二邦，姚仁太，任智强，等．环境风险评价浅论．辐射防护通讯，2004，24（1）：20-26.

[63] HJ/T 2.1—2011.

[64] 鱼红霞，余杰．城市生活垃圾填埋场恶臭污染与周边限建区划分探讨．四川环境，2010，29（2）：100-103，108.

[65] 吴立，龚佰勋．城市生活垃圾焚烧发电设施二噁英实测分析．新疆环境保护，2002，24（4）：18-21.

[66] 李坚，彭淑婧，梁文俊，等．城市垃圾填埋场项目环境影响评价工作探讨．能源环境保护，2010，24（2）：58-62.

[67] 贾传兴，彭绪亚，刘国涛，等．城市垃圾中转站选址优化模型的建立及其应用．环境科学学报，2006，26（1）：1927-1931.

[68] 程声通．水污染防治规划原理与方法．北京：化学工业出版社，2010.

[69] 郝芳华，程红光，杨胜天．非点源污染模型——理论方法与应用．北京：中国环境科学出版社，2006.